Xiaowutaishan
Kunchong Ziyuan

小五台山昆虫资源

第一卷

◎ 徐志华　郭书彬　彭进友　主编

中国林业出版社

图书在版编目（CIP）数据

小五台山昆虫资源．第一卷／徐志华，郭书彬，彭进友主编．－北京：中国林业出版社，2013.6
ISBN 978-7-5038-7069-9

Ⅰ．①小… Ⅱ．①徐… ②郭… ③彭… Ⅲ．①昆虫－动物资源－河北省 Ⅳ．①Q968.222.2

中国版本图书馆 CIP 数据核字（2013）第 117632 号

策划编辑 徐小英 杨长峰 赵 芳
责任编辑 徐小英 杨长峰 赵 芳 刘香瑞
李 伟 何 鹏 曹 慧
统 稿 刘香瑞（第一卷） 李 伟（第二卷）
美术编辑 赵 芳 曹 慧
设计制作 骐 骥

出 版 中国林业出版社(100009 北京西城区刘海胡同 7 号)
http://lycb.forestry.gov.cn
E-mail:forestbook@163.com 电话：(010)83222880
发 行 中国林业出版社
制 版 北京捷艺轩彩印制版技术有限公司
印 刷 北京中科印刷有限公司
版 次 2013 年 6 月第 1 版
印 次 2013 年 6 月第 1 次
开 本 215mm × 280mm
字 数 1789 千字 约 4900 幅图片
印 张 43
印 数 1 ~ 3000 册
定 价 580.00 元（共 2 卷）

《小五台山昆虫资源》编辑委员会领导小组

主　任

郭书彬　郑建旭

副主任

郑　斌　于海东　毕学云　徐志华

成　员

李吉利　陈桂萍　武素然　亢海英

张爱军　郝明亮　仰素琴　李瑞平

第一卷　编写组

主　编

徐志华　郭书彬　彭进友

副主编

郑建旭　郑　斌　于海东

编著者

徐志华　郭书彬　彭进友　毕学云　李吉利　陈桂萍　武素然　李成生

仰素琴　王建梅　张爱军　李瑞平　郝明亮　袁新利　赵建成　郑建旭

郑　斌　于海东　王美平　刘文新　龚文奎　常玉军　赵金娥　亢海英

王丽华　左万星　李　白　郝　敏　杨晓洲　李晓东　刘晓东　刘　玲

白春柱　杨　照　杨　扬　杜　娟　马治国　汪　希　张小婧　高　山

薛文静　王　巍　周　超　葛　春　吴美娟　刘建萍

摄　影

郭书彬　徐志华　龚　湧　郝　敏　李瑞平

绘　图

郭书彬

主编简介

闲来写写画画走走看看
安得生活乐趣气定神逸

徐志华，高级工程师，1942 年 6 月生，江苏新沂市窑湾人，1963 年 7 月毕业于南京林学院森林病虫害防治专业。1983 年至退休任河北省森林病虫害防治（检疫）站站长、河北省林业调查规划设计院书记。曾任河北省昆虫学会副理事长、中国林学会森林病理分会理事等。

多年坚持深入生产第一线，调查和研究果树、园林、花卉、林木、蔬菜等植物病虫和生产中的其他问题，主持完成“平原农区林木蛀干害虫综合治理研究”等课题，积累了大量第一手资料，拍摄了数万幅植物病虫等图片。

编著、主编出版《果树林木病害生态图鉴》（国家科学技术学术著作出版基金资助）及其姊妹篇《园林花卉病虫生态图鉴》，以及《园艺植物病虫害防治系列图说》、全国“星火计划”丛书等 12 本；第一副主编出版《原色苹果病虫图谱》（第二版）、《林果花药病虫害防治》等 5 本；参编出版有《中国果树病虫原色图鉴》、《中国木本植物病原总汇》等 3 本，共计 300 余万字（自主）。发表学术论文多篇。获省部级科技进步三等奖 3 项、省厅级科技进步一等奖 8 项、北方十省市（区）优秀科技图书二等奖 1 项、优秀论文奖多次。摄影作品获河北书画摄影艺术联展二等奖。

既然确定了远方
就只顾风雨兼程

郭书彬，正高级工程师，1966 年 6 月出生，河北赵县人，硕士研究生，毕业于北京林业大学自然保护区管理专业。2004 年 8 月～ 2010 年 10 月在河北小五台山国家级自然保护区管理局任书记、局长，2010 年 10 月至今任河北省林业外资项目管理中心主任。

多年来，先后主持完成了“河北小五台山自然保护区褐马鸡生态生物学习性研究”课题，获河北省科技进步三等奖；主持编写了《小五台山总体规划设计》《小五台山自然保护区综合考察报告》《河北小五台山国家级自然保护区一、二期建设工程可行性研究报告》和《初步设计报告》等；参加的“桑天牛卵啮小蜂”生物学特性的研究，获河北农业大学自然科学二等奖；参加编写的《李实蜂发生规律及无公害治理技术》获保定市科技进步一等奖；参编《园林花卉病虫生态图鉴》，主持编写《河北小五台山景观昆虫研究Ⅱ：蛾类名录》等；撰写的《自然保护区投资机制探讨》等多篇论文获优秀论文奖。

作为一名保护区管理者，在林业生产、资源保护、护林防火、科研宣教、保护区基础设施建设等工作方面，做出了重要贡献；在河北小五台山启动了生物多样性保护工程，使野生动物栖息地生境得到明显改善，典型的自然生态系统得到有效保护，2008 年获“全国自然保护区先进个人”称号。

人生就像登山，
登上一山，前面还有一山。

彭进友，正高级工程师，1964 年出生，河北晋州人。1984 年参加工作，1996 年加入中国共产党。大学本科学历，在职硕士研究生学位。河北省林业系统“121”人才工程第二层次人选，河北省“三三三人才工程”第二层次人选。现任中共河北小五台山国家级自然保护区管理局党委书记。

1984 年毕业于河北农业大学植物保护系植物保护专业，2010 年在河北农业大学园林与旅游学院取得风景园林硕士研究生学位，1988 年赴日本鸟取县研修学习林果病虫害防治技术。参加工作以来，主要从事林业有害生物防治检疫、林权制度改革和自然保护区管理工作，历任河北省林业局机关服务中心主任助理、河北省森林病虫害防治检疫站副站长、河北省林业局林改办副主任等职。

撰写专业论文 20 余篇在省级以上科技杂志发表；参加 6 部专著的编写工作；曾获农业部科技进步三等奖 1 项、河北省科技进步三等奖 2 项、河北省科技进步四等奖 1 项、河北省山区创业二等奖 1 项、河北省山区创业三等奖 1 项；获国家专利 1 项；河北省林业厅（局）给予嘉奖奖励七次，荣立三等功一次。

序 言

小五台山国家级自然保护区位于北京西100多公里，主峰海拔2882米，为京津冀地区最高峰，这里植物种类丰富，盖度高，生长良好，植物垂直分布带谱明显，是华北地区的典型代表，因而该山区昆虫种类繁多，资源丰富。摸清其昆虫区系的组成、特点及动态，对于研究华北地区昆虫多样性，搞好各级自然保护区昆虫多样性调查，加强自然保护区生物多样性管理，都有重要的参考价值。《小五台山昆虫资源》一书的编著，无疑是一件很有益的工作。

《小五台山昆虫资源》一书，利用了丰富的第一手资料，较系统的阐述了昆虫多样性及其形成的必然性，昆虫在复杂自然生态环境中的地位及同其它生物相生相克的关系；论述了昆虫的垂直分布、高山适应及一些重要昆虫的时空、地域变化；图文并茂，有昆虫等图片4000余幅，在地域性昆虫学著作中非常少见；生态照片注有拍摄时间、地点和高程，体现了昆虫分布与植物、气候、海拔的关系，内涵深刻；是编著者从20世纪60年代初至2010年近半个世纪调研积累的结晶，论述简明，文字表达清楚、准确。本书在学术上与国内外同类图书相比有特色。

编著者基础理论知识面广而扎实，专业知识和实践经验丰富，有严谨的科学态度和活跃的学术思想，业务水平较高。编著者长期从事生产或者行政管理及党务工作，无论岗位怎样变化，却一直情系昆虫学，把昆虫和植物的调查研究作为精神的乐园，这是难能可贵的。借此机会，我谨向本书的出版表示祝贺，并希望编著者再接再励，继续努力，为我国的昆虫学事业做出新的贡献。

中国科学院院士、河北大学教授

2010 年 11 月 6 日

于河北大学生命科学院

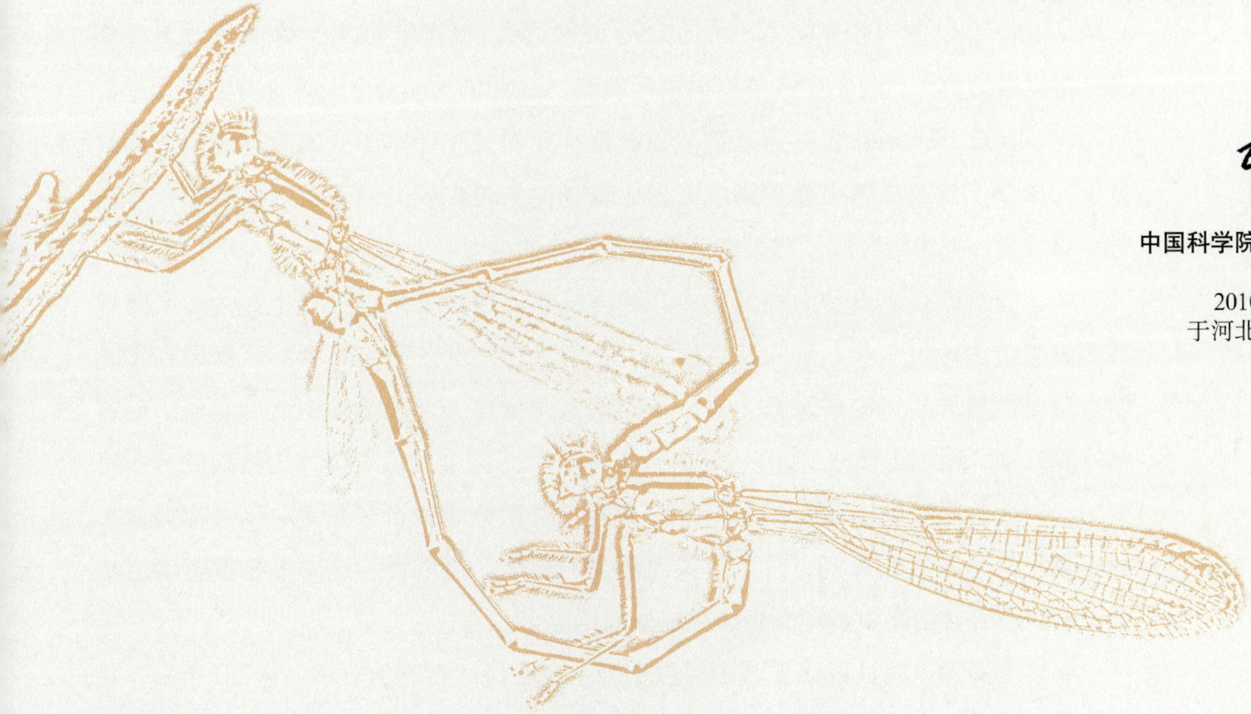

前言

自然保护区是天然的生物基因库。建立自然保护区是保护生物基因库、自然环境、自然资源和生物多样性的有效途径，是经济社会可持续发展的客观要求，是促进人与自然和谐发展的重要手段，是建设生态文明和环境美好型社会的重要内容。为加强小五台山自然保护区建设，提高科学管理水平，普及昆虫学知识，推动昆虫学研究的发展，我们编著这本书。

对小五台山昆虫等自然资源的调查和研究，20 世纪 20 ~ 40 年代曾有国人孔宪武、俞德浚及外国人 H. Smith 等，对植被、菌物和昆虫进行过调查，20 世纪 50 年代至 21 世纪初，中科院有关人员和科考队、省内外有关院校师生、河北省林调队等分别对其进行过不同程度的调查。早期采集的部分昆虫标本现存中科院动物研究所。编著者于 20 世纪 60 ~ 70 年代曾结合该山区黄褐幕枯叶蛾 *Malacosoma neustria testacea*、华北落叶松鞘蛾 *Coleophora sinensis*、舞毒蛾 *Lymantria dispar* 等森林有害昆虫的防控，对主要森林昆虫进行调查，编写了《小五台山森林害虫名录》。1979 ~ 1982 年，河北省林业局按照原国家林业部关于在全国开展森林病虫普查的意见，成立了省森林病虫普查组小五台山森林昆虫普查队，编著者为省普查技术指导小组成员，并组织实施了对该山区昆虫较深入的调查。

编著者长期在小五台山地区工作，具体从事或负责指导、主管小五台山区的森林病虫害防治检疫工作。进入新世纪，河北小五台山国家级自然保护区管理局新的领导班子解放思想，锐意进取，进一步强化资源管理，为摸清昆虫资源底码，经省林业局立项，组织人员于 2007 ~ 2009 年开展了“昆虫发生与植物物候期关系的研究”。前后共采集制作昆虫标本 12000 余号，并对标本进行了鉴定。这些都为该书的编著积累了丰富的资料，打下了较为坚实的基础。可以说，这本书是编著者近半个世纪对小五台山昆虫资源调查研究成果的结晶。

客观全面深入的认识小五台山昆虫资源，是个持续不断的过程。近 50 年来，我们虽做了一些工作，对这里的昆虫有一个基本的认识，但仅揭开其神秘面纱的一角，尤其是受制于诸多因素，还有很多昆虫种类没能采集到，不少已采到的昆虫标本不

能鉴定，对种类的记述远远不够，对昆虫资源的认识是很肤浅的。编著这本书只是对过去的工作和已掌握的资料予以初步总结，向历史和社会做个交代。该书的面世，只是抛砖引玉，如果能给后来者起到一点垫脚石的作用，对工作有所启发，对研究有所参考，对精神有所愉悦，那是我们非常欣慰和期待的。

本书的昆虫分类，“目”的排序，依据《普通昆虫学》(雷朝亮等，2003)；“科”的排序基本依据《昆虫学通论》(北京农业大学，1980)。因保护区标本保存条件有限，所藏标本有的有残缺，也有的昆虫标本制作或拍摄不规范，但为展示昆虫特征，也收录于本书中。图片中昆虫体翅的大小，以文字描述为准。图注中所标高程，均指海拔。分布中所述在小五台山的地名和高程，是指标本采集地或图片拍摄地，并不说明其他地方无分布。有的昆虫未能拍摄到生态图片，采集的标本也未保存下来，但小五台山确有分布，故也收入。尚有一些昆虫标本未作鉴定，以“未定种”的形式附于相应位置，作为资料加以保存，供有志于昆虫学研究的同仁以及昆虫爱好者参考，并藉以展示小五台山昆虫资源斑斓绚丽、异彩纷呈、灵动鲜活的景观。

本书编著得到河北省林业厅(局)领导的大力支持，中科院院士印象初教授在百忙中热情给予指导，任国栋教授鉴定部分昆虫标本，张星耀、徐梅卿、张培毅、李镇宇、赵清山、盛茂岑、张锋、钱进源、邱济民、滕起和、刘玉芬、张彦威等专家学者在不同方面给予支持和帮助；参阅了大量文献资料。谨向以上诸位和文献作者表示诚挚的感谢。编著者学识浅薄，书中疏漏、缺憾以至谬误处，真诚地请读者鉴谅，并提出宝贵意见。

编著者

2010 年 10 月

总目录

第一卷

第二卷

第一卷

目 录

上　篇

自然资源概况

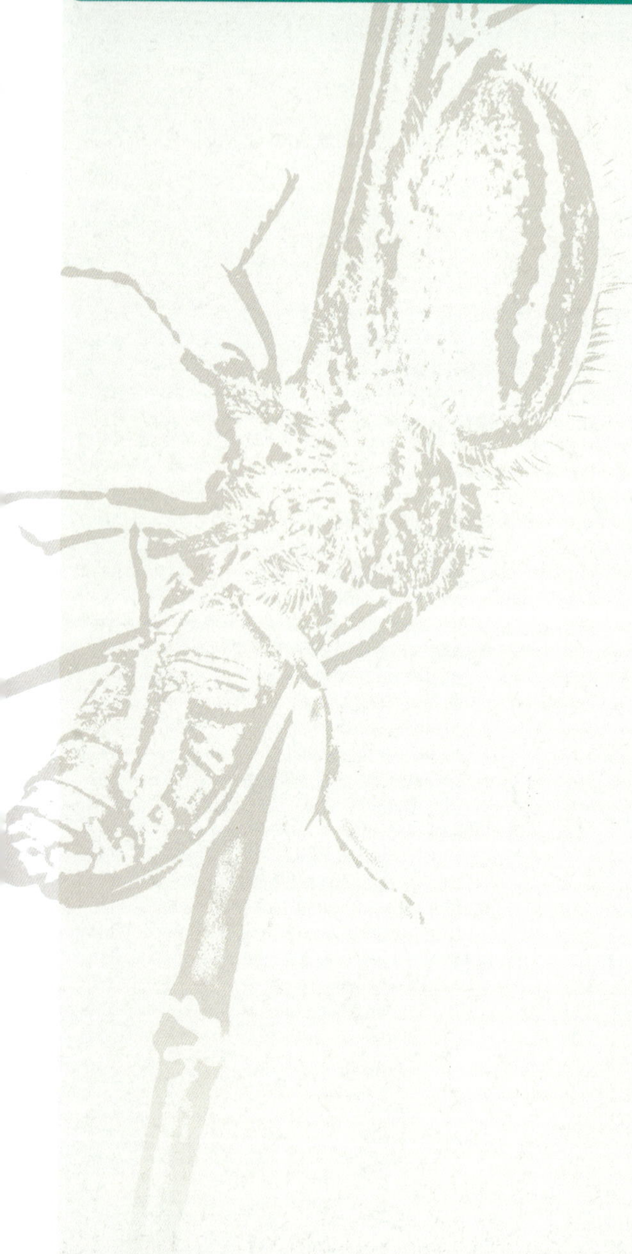

小五台山位于北京西 100 多 km，跨河北省蔚县、涿鹿两县，地理坐标为东经 114° 07′ ～ 115° 30′，北纬 39° 50′ ～ 40° 07′。属冀西北山地。山顶 8 月即飞雪，古称倒剌山（始见于唐元和年间）。五台突起，雄伟壮观。朝岚夕烟，气象万千。主峰东台海拔 2882m，为京津冀地区最高峰，被誉为“京门屏障”。这里群峰争奇，谷幽峰峻，蝶飞鸟鸣，植被茂密，有着浓密的原始神韵。五座山峰挺拔高耸，主峰较山西五台山稍低，故名小五台山。

国家对小五台山丰富森林资源的管理，历来重视，几经变迁，逐步强化。1953 年成立“小五台山森林经营所”，办公地点在蔚县西金河口村，直属于国家林业部。1959 年下放归河北省管理，更名为小五台林场（一度改称蔚县东风林场），并成立了杨家坪林场、岔道林场，分别管辖东台及中台的一部分。先后直属于永定河上游造林局、坝下国营林场管理局、蔚县林业局、涿鹿县林业局。1984 年收归河北省林业厅管理。1983 年由河北省人民政府批建为省级森林和野生动物自然保护区，即“河北省小五台山自然保护区”，包括原小五台林场、杨家坪林场（辖东台的狮子台林区和西山山脉的灵山、西灵山）以及岔道林场的山涧口营林区。2002 年经国务院批准为国家级自然保护区，即现今的“河北小五台山国家级自然保护区”。

一、地 理

（一）地质地貌

小五台山位于太行山、燕山和恒山交汇处，属于燕山—太行山山系区的太行山脉，是太行山脉的主峰。其基本轮廓形成于发生在中生代的燕山运动，又经第三、四纪强烈的喜马拉雅运动，使山区已有的隆起和凹陷更加增大，形成了现在的以东、西、南、北、中 5 个台峰为主体，以构造侵蚀为成因的山峰峻峭、沟深坡陡的中、亚高山峡谷地貌。总的看，其地理类型有亚高山、中山和沟谷三大类型。大地构造为大背斜构造，称小五台山大背斜。其走向为东北—西南转北西—南东。

该山区岩石多为岩浆岩，主要是花岗岩、玄武岩和流纹岩，其次有花岗斑岩、正长斑岩、辉绿斑岩等，尚有少量沉积岩和变质岩。其基岩为震旦纪初期火山喷发物，岩石质地坚硬，经长期风化侵蚀崩溃，基岩裸露到处可见，错综复杂。

自东台峰顶望群峰（2010 年 8 月 15 日，东台 2882m）

自金河口望西台主峰（远处积雪山峰，2007 年 5 月 1 日）

自东台望南台主峰（2009 年 6 月 24 日）

西台峡谷（2007 年 5 月 5 日，1320m）

该山区山头林立，群峰竞秀，海拔 2300m 以上的山峰有 50 多座，超过 2800m 的有 3 座，即东台最高为 2882m、北台 2837m 和中台 2801m。另外两台中，南台 2743m、西台 2671m。该山区海拔变幅在 1000 ~ 2882m，相对高差最高达 1882m。

小五台山各台峰间皆具梁，台峰间可相互贯通，为台峰间的通道。多沟谷，台峰间各有主沟 1 ~ 2 道，如东台的老人沟，西台的金河沟，南台的湖上沟和南台道沟，北台的赤崖沟和上寺沟，中台的唐音寺沟和石片沟。山梁沟谷间的相对高差在 300 ~ 500m，坡度多在 35° ~ 70°，有的在 80° 以上，沟谷大多为十多米至几十米宽，有的只有几米宽，沟窄深而坡陡长。有的沟内石柱挺拔，个别沟段沟崖直立，岩石崩溃，甚为惊险。

金河沟峡谷（2008 年 6 月 14 日，西台 1250m）

石柱（2009 年 8 月 18 日，东台 1700m）

地貌（2006 年 7 月 28 日，东台 2450m）

地貌（2006 年 7 月 30 日，东台 2400m）

地貌（2008 年 4 月 30 日）

地貌（2009 年 6 月 23 日）

地貌（2009 年 4 月 30 日）

（二）水 文

小五台山水资源丰富，主要沟谷皆有泉水溪流，经年不息，且水质良好，均达到饮用水标准。主要水源为地下水，还有降水和潜水等。因沟深坡陡、落差大，常常形成急流和多阶梯瀑布。五个台峰、台峰间的主梁为天然的分水岭。

北台、西台的流水，经赤崖沟、上寺沟、金河沟入定安河。南台北坡、中台的流水由湖上沟、石片沟出松枝口峪入壶流河。南台南坡的流水，经龙降庄流入涞水县境内。定安河于蔚县西合营注入壶流河后流入阳原境内，汇入桑干河。东台的流水出老人沟与中台部分流水出唐音寺沟汇于美吉村后在大龙门注入拒马河。各沟口均对应着季节性河流，当地称“干沙河”。

山间泉水（2007 年 5 月 12 日，北台上寺沟）

林间泉流（2008 年 7 月 20 日，中台石片沟）

该山区的水系，南、中、北、西四台的蔚县部分，绝大部分流向西北（仅南台南坡向南流入涞水县），属永定河上游桑干河流域；而东台以及中台的涿鹿县部分，流向东南，为大清河上游拒马河流域。永定河、大清河均为海河支流，注入渤海。

该山区的水土保持，总的看是好的，各主沟常年清水长流，一般小到中雨都不会形成地表径流。但因山高坡陡，如遇连降大雨，在山脚黄土区的地表会形成径流，流水变得混浊。在陡坡的个别坡段，偶见小片陈旧性“龙扒”。

沟谷溪水（2007 年 5 月 30 日，东台 1200m）

沟谷泉水（2008 年 6 月 29 日，东台 1100m）

林间溪流（2009 年 4 月 15 日，东台 1180m）

沟谷泉流（2007 年 5 月 24 日，西台金河沟 1350m）

瀑布连叠（2008 年 6 月 14 日，西台金河沟）

山谷泉水（2007 年 5 月 24 日，西台金河沟）

泉流激荡（2007 年 10 月 7 日，南台湖上沟 1500m）

山间泉水（2007 年 5 月 18 日，西台 1700m）

沟谷泉流（2007 年 5 月 24 日，南台道沟 1650m）

林间溪水（2005 年 10 月 5 日，东台 1300m）

油松林雪景（2009 年 3 月 30 日，西台 1100m）

秋景（2004 年 9 月 18 日，北台 1900m）

（三）气候气象

小五台山属暖温带大陆季风型山地气候，冬长夏短，日气温温差大，寒暑变化剧烈。冬季风大寒冷，冻结期长，无霜期短。据观测，2007 ~ 2009 年 3 年年均气温低于 8.53℃，3 年平均 1 月份气温低于 -9.9℃，山顶可达 -38℃。7 月份最热，3 年平均气温低于 23.5℃。3 年平均降水量 331mm，高于周围其他地区，而且时间集中，7、8 两月降水约占全年降水量的 50%，所以雨季易暴发山洪。冬季降水以雪为主，有些年份降大雪、暴雪，造成灾害，如 2000 年冬天一场大雪，仅在金河口林区压断 100 多株 25 年生的油松。低温可对某些木本植物造成伤害，如可致新疆杨发生破腹病。

季风明显，冬天多西北风，夏天多东南风。山麓平均风速 2m/s，向高处渐大，最大曾记录到 22.7m/s。大于 17m/s 的大风日数，年平均多于 19.2 天，其中 1954 ~ 1979 年的 26 年间，平均多于 20.6 天，1956 年多达 44 天。多暴风，西北向，集中于 5、6 月间，如 1955 年 6 月一场暴风，唐音寺红岭沟胸径 10 ~ 30cm 的华北落叶松自地面 1m 左右风折数百株。山高风大，多西北风，生长在北台、西台、东台等海拔 2400m 以上的华北落叶松均斜向东南匍匐生长，远望似灌丛。

秋季华北落叶松林（2007 年 9 月 2 日，西台 1600m）

冬雪（2009 年 11 月 20 日，西台前山）

东部晴日（2008 年 7 月 20 日）

月华（2009 年 12 月 20 日晚 10:00，东台 1100m）

冰雹（2009 年 6 月 16 日，东台 1200m）

春雪，右侧近景为山桃花（2008 年 5 月 12 日，北台 1200m）

落日余晖（2009 年 12 月 5 日，西台前山）

无霜期随海拔升高而渐减，约 60 ～ 120 天。有的年份如 1975 年 8 月 15 日北台顶峰见到飞雪，若遇气温骤变，6 月中旬山顶亦会降雪。结冻期长达 6 个月，最大冻土厚度 1.5m，深山洞穴处冰雪经年不化。

受西伯利亚蒙古高压中心的影响，春、秋、冬三季均有寒流侵入，一般多出现在 3 ～ 5 月，个别年份在白露前后出现。晚霜过迟，常常致杏花遭受冻害，造成山麓的仁用杏和山坡上的山杏绝收。常出现强对流天气，5 ～ 9 月有雷暴或冰雹。

秋景（2007 年 9 月 30 日，东台 1850m）

山麓云雾（2009 年 9 月 10 日，北台 1250m）

金河口晚霞（2007 年 8 月 6 日傍晚，西台 1180m）

晴日（2008 年 8 月 20 日，东台 1200m）

雾锁群山（2009 年 8 月 25 日，北台赤崖沟口 1400m）

沟谷积冰（2009 年 6 月 30 日，东台 2400m）

赤崖沟口云彩（2007 年 7 月 22 日，北台 1100m）

冬季低温致新疆杨发生“破腹病”（2010 年 8 月 17 日，西台 1250m）

常年西北风致华北落叶松匍匐状生长（2010 年 8 月 15 日，东台 2450m）

（四）土 壤

小五台山土壤大体分为四种类型，按海拔高度呈现垂直变化，分布带谱依次为：

1．亚高山草甸土

处于阴坡海拔 2500m 以上，阳坡海拔 2100m 以上。黑褐色，疏松肥沃，pH 值 6.0，有机质含量 10% 以上。主要植被有嵩草属 *Kobresia*、苔草属 *Carex*、委陵菜属 *Potentilla* 等草本植物，木本植物仅见金露梅 *Dasiphora fruticosa*、银露梅 *Dasiphora glabra*、密齿柳 *Salix characta*、红丁香 *Syringa villosa* 以及矮化弯曲的硕桦 *Betula costata*、坚桦 *Betula chinensis* 等灌丛。

2．山地棕壤

处于阴坡海拔 1600 ～ 2500m，阳坡海拔 1400 ～ 2100m。是在森林植被作用下，较强度淋溶过程形成的。有机质含量 4% 以上，pH 值 6.5。主要植被为天然针叶林、针阔叶混交林及桦林，林下主要有深山柳 *Salix phylicifolia*、六道木 *Abelia biflora*、毛榛 *Corylus mandshurica*、五台忍冬 *Lonicera kungeana*、毛丁香 *Syringa pubescens*、苔草 *Carex tristachya*、鹿蹄草 *Pyrola rotundifolia*、升麻 *Cimicifuga dahurica* 等，林下阴湿，多苔藓植物。

落花后

银露梅（2007 年 7 月 29 日，西台 2200m）

委陵菜（2007 年 7 月 23 日，东台 2100m）

山丹 *Lilium pumilum*(2008 年 7 月 25 日，北台 1600m)

鸢尾（2009 年 6 月 15 日，西台 1400m）

乌头（2010 年 7 月 18 日，北台 1600m）

示花（2010 年 6 月 10 日）

灌丛（2010 年 8 月 18 日）

六道木（北台 1700m）

刺玫蔷薇 *Rosa davurica*(2009 年 8 月 20 日，西台 1600m)

苔藓（2007 年 7 月 29 日，北台赤崖沟 1800m）

地衣和苔藓（2007 年 7 月 29 日，北台赤崖沟 1850m）

地衣（壳状、枝状）（2007 年 7 月 20 日，北台 1800m）

深山柳罐丛（2009 年 8 月 24 日，西台 1700m）

3. 淋溶褐土

处于阴坡海拔 1300 ～ 1600m，阳坡海拔 1400m 以下，呈黄褐至褐色。主要是在森林或草丛植被下发育的，淋溶作用减弱，有机质含量 1% ～ 2%，pH 值 7.0 ～ 8.0。主要植被有白桦 *Betula platyphylla*、沙棘 *Hippophae rhamnoides*、虎榛子 *Ostryopsis davidiana*、嵩草 *Kobresia bellardii*、六道木 *Abelia biflora*、深山柳 *Salix phylicifolia*、大针矛 *Stipa grandis*、铁杆蒿 *Artemisia sacrorum* 等。

卷丹 *Litium lancifolium*（2010 年 7 月 30 日，南台 1400m）

贝加尔唐松草 *Thalictrum baicalense*（2007 年 6 月 28 日，东台 1500m）

蒲公英 *Taraxcum mongolicum*（2009 年 5 月 12 日，西台 1400m）

虎榛子（2009 年 6 月 16 日，西台 1300m）

中国菟丝子 *Cuscuta chinemsis*（2010 年 8 月 5 日，西台 1350m）

白桦林（2005 年 10 月 1 日，南台 1600m）

4. 黄 土

处在海拔 1300m 以下，主要在南台、西台、北台以及东台的山麓，断续堆积着次生黄土层，风成，为第四季河湖相亚沙土，厚度为 50 ~ 100m，沟蚀和陷穴侵蚀严重，瘠薄，碱性反应。主要植被有沙棘、白莲蒿 *Artemisia gmelini*、杠柳 *Periploca sepium* 等，坡度较缓处多开垦为农田，种植马铃薯、谷子等。

甘草 *Glycyrrhiza uralensis*(2009 年 8 月 10 日，西台 1300m)

顶冰花 *Cagea* sp.（2002 年 5 月 2 日，西台 1280m）

沙棘（2010 年 9 月 10 日，西台 1250m）

杠柳（2008 年 6 月 1 日，南台 1280m）

二、生 物

（一）植 物

小五台山植物区系整体上属泛北极植物区，中国－日本植物亚区，华北地区山地亚区。该区系有如下特征：

1．种类较丰富，温带成分占优势

据调查，高等植物约有1350种，隶属于106科486属，其中蕨类、拟蕨类植物14科47种，裸子植物4科11种，被子植物88科1292种。被子植物中主要为温带广布的菊科Compositae、禾本科Gramineae、豆科Leguminosae、蔷薇科Rosaceae、百合科Liliaceae等，共881种，约占总数的68.2%。而热带、亚热带广布的茜草科Rubiaceae、杜鹃花科Ericaceae、萝藦科Asclepiadaceae等，种类极少。

广布野豌豆（2008年8月14日，北台1450m）

锦毛狗尾草（2008年8月6日，西台1350m）

有斑百合（2008年7月2日，东台1500m）

绣线菊（2009年5月12日，东台1100m）

三脉紫菀（2008年8月15日，南台1500m）

美蔷薇（2007 年 7 月 28 日，北台 1380m）

百合（2007 年 7 月 3 日，南台 1480m）

2. 区系成分复杂，具有明显的过渡性和古老性

多种地理成分交错渗透和生态环境复杂多样，决定了植被区系总体上看是邻近地区植被区系交汇而成的，在融合过程中衍生一些特有种，但过渡性明显，或欧洲西伯利亚成分东进之遗留，或热带成分北迁之过境、终止。有相对年轻的成分，如报春花属 *Primula*、杜鹃花属 *Rhododendron*、龙胆属 *Gentiana* 等，但久远的地质历史和处于比较稳定的华北陆台，决定了一些古老的孑遗植物，如第三纪的小五台山紫堇 *Corydalis pauciflora* var. *alaschanica*、臭椿 *Ailanthus altissima*、枣 *Ziziphus jujuba*、漆树 *Toxi-*

油松 *Pinus tabulaeformis*（2010 年 8 月 10 日，北台 1220m）

槲树（2008 年 9 月 19 日，西台 1800m）

codendron vernicifluum、酸枣 *Ziziphus jujuba* var. *spinosa*、文冠果 *Xanthoceras sorbifolia*、荆条 *Vitex negundo* var. *heterophylla*、白羊草 *Bothriochloa ischaemum*、黄背草 *Themeda triandra* var. *japonica* 等的存在。侏罗纪的松科 Pinaceae、柏科 Cupressaceae，白垩纪的桦木科 Betulaceae、壳斗科 Fagaceae 等，仍是现代植被的重要组成部分。

3. 有一些特有植物种类

该山区有一定的发育植物区系的特殊环境，因而形成了一些特有植物种类，如小五台山紫堇、槭叶铁线莲 *Clematis acerifolia*、小五台风毛菊 *Saussurea sulvatica* var. *hsiowutaishanensis*、小五台蚤缀 *Arenaria formosa*、边向花黄芪 *Astragalus moellendorffii* 等 13 种。

双黄花堇菜（2009 年 5 月 20 日，东台 1600m）

照山白（2009 年 6 月 15 日，东台 1000m）

臭椿（2010 年 8 月 17 日，西台 1200m）

侧柏 *Platycladus arientalis*（2010 年 8 月 17 日，西台 1200m）

小五台蚤缀（2009 年 6 月 30 日，东台 2400m）

4. 有国家重点保护植物

分布有国家重要保护植物核桃楸 *Juglas mandshurica*、野大豆 *Glycine soja*、膜荚黄芪 *Astragalus membranaceus*、内蒙古黄芪 *Astragalus membranaceus* var. *mongholicus*；中国特有植物虎榛子、蚂蚱腿子 *Myripnois dioica* 和文冠果；河北稀有的臭冷杉 *Abies nephrolepis* 等 。

核桃楸，示果实
（2007 年 7 月 7 日，东台 1100m）

核桃楸（2007 年 6 月 12 日，东台 1100m）

（2007 年 7 月 26 日，西台 1300m）

（2009 年 5 月 13 日，西台 1300m）

文冠果

幼树 成树

臭冷杉 *Abies nephrolepis*（2010 年 8 月 17 日，西台 2200m）

5. 植被垂直带谱明显

植被的垂直分布带谱是华北地区植被的典型代表，其完整性居京津冀晋地区之冠。

植被垂直分布带谱（2007 年 5 月 10 日，1100m，远处为西台主峰）

植被垂直分布带谱，海拔 1180 ~ 2671m（2008 年 5 月 15 日，远处为西台主峰）

植被垂直分布带谱自高海拔至低海拔依次为：

（1）亚高山草甸带。位于小五台山最上部，阳坡海拔2200m以上，阴坡海拔2500m以上。主要植物有嵩草、矮藨草*Scirpus pumilus*、金莲花*Trollius chinensis*、珠芽蓼*Polygonum viviparum*、野罂粟*Papaver nudicaule*、钝裂银莲花*Anemone obtusiloba*、假水生龙胆*Gentiana pseudo aquatica*、云间地杨梅*Luzula wahlenbergii*等。

长蕊金莲花*Trollius chinensis*（2009年7月7日，西台2400m）

金莲花（2008年7月20日，北台2400m）

亚高山草甸景观（2009年6月24日，东台主峰下2500m）

点地梅（2009 年 6 月 26 日，北台 2600m）

小丛红景天（2009 年 6 月 30 日，西台 2500m）

野罂粟 *Papaver nudicaule*（2007 年 7 月 29 日，西台 2200m）

野罂粟群落（2008 年 6 月 19 日，北台 2300m）

凹舌兰（2009 年 6 月 30 日，东台 2300m）

胭脂花（2009 年 5 月 20 日，东台 2200m）

灯心草 *Juncus effusus*（2009 年 6 月 30 日，东台 2500m）

（2）亚高山灌丛带。位于亚高山草甸带下约 50m 的地带。主要树种有硕桦、密齿柳、悬钩子 *Rubus corchorifolius*、小叶茶藨子 *Ribes pulchellum*、金露梅、银露梅等。草本植物主要有地榆 *Sanguisorba officinalis*、穗花马先蒿 *Pedicularis spicata*、梅花草 *Parnassis palustris*、嵩草等。

金露梅（2009 年 6 月 30 日，东台 1600m）

银露梅（2009 年 7 月 19 日，东台 1600m）

瘤糖茶藨子（2009 年 6 月 24 日，东台 2150m）

华北落叶松（2009 年 9 月 18 日，南台 1700m）

（3）针叶林带。仅见于亚高山灌丛带以下部山地的阴坡、半阴坡和半阳坡。主要树种有华北落叶松 *Larix principis-rupprechtii*、青杆 *Picea wilsonii*、白杆 *Picea meyeri*、臭冷杉、杜松 *Juniperus rigida*，林下有少量灌木，以及升麻、乌头 *Aconitum carmichaeli*、苔草 *Carex* spp.、鹿蹄草 *Pyrola calliantha*、高山露珠草 *Circaea alpina* 等。

植被景观（2007 年 7 月 7 日，东台 1800m）

云杉 *Picea* spp. 幼林（2010 年 8 月 17 日，西台 1850m）

针叶林景观（2009 年 6 月 30 日，东台 1900m）

白杄，示果实
（2010 年 8 月 17 日，西台 1900m）

白杄，示幼树（2010 年 8 月 17 日，西台 1820m）

鹿蹄草（2009 年 7 月 7 日，东台 2000m）

杜松（2010 年 9 月 20 日，西台 2000m）

红皮云杉 *Picea koraiensis*，示幼树（2010 年 8 月 17 日，北台 1780m）

（4）针阔混交林带。位于阳坡海拔 1700 ~ 2150m，阴坡海拔 1400 ~ 2400m。主要树种有华北落叶松、青杆、白杄、臭冷杉、白桦、红桦 *Betula albosinensis*、辽东栎 *Quercus liaotungensi* 等，下木主要为花楸 *Sorbus pohuashanensis*、六道木、金银忍冬 *Lonicera maackii*、荚蒾 *Viburnum dilatatum*、毛榛 *Corylus mandshurica*、平榛 *Corylus heterophylla*、深山柳、北京丁香 *Syringa pekinensis* 等，草本植物主要有唐松草 *Thalictrum aquilegifolium*、金莲花、地榆 *Samguisorba officinalis*、升麻等。

针阔混交林带景观（2008 年 6 月 19 日，东台 1500m）

土庄绣球菊（2009 年 5 月 25 日，南台 1400m）

金莲花（2007 年 8 月 30 日，西台 2000m）

草原老鹳草（2007 年 7 月 29 日，北台 2000m）

狼毒（2009 年 6 月 30 日，东台 1800m）

金银忍冬（2008 年 7 月 2 日，东台 1600m）

北京丁香（2007 年 5 月 24 日，南台 1400m）

大花杓兰（2008 年 7 月 25 日，东台 2200m）

黎芦（2007 年 7 月 29 日，南台 1800m）

灯芯草蚤缀 *Arenaria juncea*（2009 年 6 月 7 日，东台 1700m）

高山紫菀 *Aster alpinus*（2009 年 6 月 30 日，东台 1800m）

白桦林（2007 年 7 月 29 日，西台 1700m）

成树

幼树

青杆（2010 年 8 月 17 日，西台 1800m）

（5）落叶阔叶林带。位处山地约 1400 ~ 1700m。主要树种为白桦、山杨，零星分布云杉。在立地条件较好的坡段人工营造了成片的油松林。白桦林下主要有深山柳、花楸、金银忍冬、蓝锭果 *Lonicera caerulea*、荚蒾、黑果栒子 *Cotoneaster melanocarpus*、绣线菊 *Spiraea salicifolia*、胡枝子 *Lespedeza bicolor*、辽东栎、蒙古栎 *Quercus mongolicus*、大果榆 *Ulmus macrocarpa*、东陵八仙花 *Hydrangea bretschneideri*、软枣猕猴桃 *Actinidia arguta*、黄花菜 *Hemerocallis citrina*、白羊草、接骨木 *Sambucus willamsii* 等。另外，在海拔 1300 ~ 1600m 的阴坡、半阴坡分布有块状的油松人工林。

东陵八仙花（2009 年 6 月 23 日，东台 1300m）

刺玫 *Rosa xanthina*（2007 年 7 月 29 日，西台 1400m）

野蓟 *Cirsium maackii*（2007 年 7 月 29 日，西台 1500m）

翠雀 *Delphinium grandiflorum*（2007 年 8 月 6 日，西台 1400m）

落叶阔叶林景观（2007 年 5 月 25 日，西台 1500m）

黄海棠 *Hypericum ascyron*（2007年7月31日，北台 1700m）

山丹（2007年6月22日，西台 1500m）

紫花碎米芥 *Cardamine tangutorum*（2009年5月20日，西台 1650m）

榆 *Ulmus pumila*（2009年5月12日，东台 1100m）

大花杓兰（2008年5月29日，东台 1200m）

锦鸡儿 *Caragana rosea*（2009年6月30日，东台 1700m）

北沙参 *Adenaphora borearis*（2007年8月6日，西台 1480m）

紫点杓兰 *Cypripedium guttatum*（2009 年 6 月 30 日，东台 1700m）

接骨木（2007 年 8 月 10 日，南台 1400m）

短毛独活 *Heracleum moellendorffii*（2007 年 7 月 29 日，北台 1400m）

红花鹿蹄草 *Pyrola incarnata*（2009 年 6 月 20 日，东台 1500m）

中国马先蒿 *Pedicularis chinensis*（2009 年 6 月 20 日，东台 1500m）

（6）农田果林—次生灌草丛带。约在阴坡海拔1400m以下，阳坡海拔1700m以下。以农田和人工栽植的仁用杏、苹果、梨、红果等为主，零星分布白桦、油松、侧柏，灌木有沙棘 、虎榛子、平榛等。

长柱沙参 *Adenophpra stenanthina*（2010年7月20日，北台1400m）

紫花地丁 *Viola yedoensis*(2005年6月2日，西台1250m)

仁用杏 *Prunus* sp.（2010年7月28日，北台1220m）

沙棘 *Hippophae rhamnoides*（2010年8月17日，西台1220m）

农田果林—次生灌草丛带景观，示1400m以下连片的仁用杏和农田（2009年8月24日，西台脚下）

藿香 *Agastache rugosa*（2007 年 7 月 25 日，东台 1300m）

党参 *Codonopsis pilosula*（2007 年 7 月 28 日，西台 1300m）

苍耳 *Xanthium sibiricum*（2007 年 7 月 28 日，北台 1300m）

华北耧斗菜 *Aguilegia yabeana*（2007 年 5 月 6 日，西台 1300m）

白头翁 *Pulsatilla chinensis*（2009 年 4 月 12 日，东台 1000m）

地黄 *Lehmannia glutinosa*（2009 年 7 月 20 日，东台 1000m）

农田果林—次生灌草丛带景观（2010 年 9 月 2 日，北台山脚 1220 ~ 1320m）

唐松草 *Thalictrum aguilegifolium*（2009 年 6 月 30 日，东台 1200m）

黄花铁线莲 *Clematis intricata*（2007 年 8 月 6 日，西台金河沟 1350m）

赤爬 *Thladiantha dubia*（2008 年 9 月 18 日，东台 1100m）

展枝沙参 *Adenophora diraricata*（2009 年 7 月 11 日，东台 1200m）

瓦松 *Orostachys fimbriatus*（2008 年 8 月 27 日，北台 1300m）

达乌里黄芪 *Astragalus dahuricus*（2007 年 7 月 28 日，西台 1350m）

少花顶冰花 *Gagea pauciflora*（2009 年 4 月 22 日，东台 1250m）

荆条 *Vitex negundo* var. *heterophylla*（2009 年 6 月 16 日，西台 1200m）

草木麻黄 *Ephedra sinica*（2007 年 7 月 29 日，北台 1300m）

瓣蕊唐松草 *Thalictrum petaloideum*（2009 年 6 月 18 日，东台 1100m）

槲寄生 *Viscum coloratum*，示其寄生于小叶杨主干上（2007 年 5 月 10 日，东台 1000m）

大黄花 *Cymbaria dahurica*（2007 年 5 月 29 日，西台 1200m）

细叶小檗 *Berberis poiretii*（2008 年 8 月 28 日，东台 1100m）

黄花列当 *Orobanche pycnostachya*（2007 年 6 月 1 日，东台 1150m）

串铃草 *Phlomis mongolica*（2009 年 6 月 19 日，东台 1250m）

尖唇鸟巢兰 *Neottia acuminata*（2009 年 7 月 7 日，东台 1380m）

瓦松（2010 年 9 月 8 日，北台 1300m）

金银花 *Lonicera japonica*（2007 年 7 月 30 日，北台 1220m）

西伯利亚远志 *Polygala sibirica*(2009 年 5 月 19 日，东台 1200m)

并头黄芪 *Scutellaria scordifolia*（2009 年 7 月 11 日，东台 1050m）

桔梗 *Platycodon gradiflorus*(2008 年 9 月 6 日，东台 1200m)

刺果茶藨子 *Ribes burejense*（2007 年 7 月 17 日，西台 1350m）

6. 植被盖度高

整个山区除裸岩，基本都被植物所覆盖，森林覆被率达 60.6%。

植被覆盖状况（2010 年 8 月 15 日，北台山涧口 1220 ~ 1500m）

植被覆盖状况（2008 年 7 月 22 日，东台 2500m）

植被覆盖状况（2009 年 7 月 25 日，北台 2200m）

植被覆盖状况（2007 年 8 月 1 日，北台 2000m）

植被覆盖状况（2008 年 7 月 29 日，东台 2400m）

（二）脊椎动物

据初步调查，小五台山已知陆生脊椎动物 139 种，隶属于 4 纲 18 目 49 科。分别是：

两栖纲 Amphibia 无尾目 Anura 共 1 科 3 种。

爬行纲 Reptilia 有鳞目 Squamata 共 4 科 7 种。

鸟纲 Aves 隼形目 Falconiformes、鸡形目 Galliformes、鹤形目 Gruiformes、鸽形目 Columbiformes、鹃形目 Cuculiformes、鸮形目 Strigiformes、夜鹰目 Caprimulgiformes、雨燕目 Apodiformes、佛法僧目 Coraciiformes、䴕形目 Piciformes、雀形目 Passeriformes，共 31 科 96 种，其中以雀形目的种类最多，共 18 科，约占总科数的 58%。

哺乳纲 Mammalia 食虫目 Insectivora、兔形目 Lagomorpha、啮齿目 Rodentia、食肉目 Carnivora、偶蹄目 Artiodactyla，共 13 科 33 种。其中啮齿目、偶蹄目共 7 科，占总科数的 58.8%。

小五台山分布有国家一级保护动物金钱豹 *Panthera Pardus*、褐马鸡 *Crossoptilon mantchuricum* 等 5 种，国家二级保护动物青羊（斑羚）*Naemorhedus goral*、兔狲 *Felis manul*、豺 *Cuon alpinus* 等 15 种。

陆生脊椎动物多为典型的山林型动物种类，物种组成比较丰富，其季节性物种丰富度指标，在我国北方地区是比较高的，季节性分配也比较均一。尤其是食虫和食鼠动物多达 105 种，约占陆生脊椎动物总数的 75.5%。而两栖纲、爬行纲的种类极少，鸟类中缺乏诸如雁形目 Anseriformes、鹳形目 Ciconiiformes、鸥形目 Lariformes、鸻形目 Charadriiformes 等湿地种类。

另外，尚有鱼纲 Pisces 的数种小型鱼类等水生脊椎动物。

褐马鸡（2008 年 9 月 6 日）

褐马鸡（雏鸟）（2008 年 7 月 1 日）

褐马鸡（2009 年 12 月 30 日）

环颈雉 *Phasianus colcicus*（2008 年 6 月 19 日，西台 1500m）

喜鹊巢（2010 年 1 月 8 日，东台 1130m）

喜鹊 *Pica pica sericia*（2009 年 12 月 8 日，东台 1100m）

岩鸽 *Columba rupestris*（2007 年 6 月 10 日，北台 1300m）

白鹡鸰 *Motacilla alba leucopsis*（2007 年 4 月 18 日，西台 1400m）

雀鹰 *Accipiter nisus nisosimilis*（2007 年 6 月 10 日，北台 1300m）

星鸦 *Nucifraga caryocatactes*（2009 年 6 月 20 日，东台 1200m）

斑啄木鸟 *Dendrocopos major cabanisi*（2009 年 2 月 18 日，北台 1300m）

麻雀（2010 年 9 月 6 日，西台 1280m）

戴胜 *Upupa epopus saturata*（2000 年 7 月 20 日，北台 1250m）

中国林蛙 *Rana chensinensis*（2009 年 9 月 21 日，西台 1800m）

黑斑侧褶蛙 *Pelophylax nigromaculata*，示其蝌蚪（2009 年 6 月 17 日，东台 1100m 溪水中）

示幼仔

幼仔入土洞口

草原鼢鼠 *Myospalax aspalax*（2010 年 8 月 12 日，北台 1220m）

（2007 年 5 月 10 日，西台 1400m）

示成体和幼体（2008 年 7 月 20 日，东台 1300m）

丽斑麻蜥 *Eremias argus*

中华鼢鼠 *Myospalax fontanierii*，示其掘出的土堆（2007 年 8 月 20 日，西台 1500m）

（三）菌 物

真菌落叶松球腔菌 *Mycosphaerella lariciIeptolepis*，侵染华北落叶松引起叶早落病（1998 年 8 月 20 日，西台 1700m）

据调查和有关文献，小五台山菌物种类丰富，对植物病虫防控，食用菌、药用菌开发等都有重要的价值。现已记录原生生物、管毛生物和真菌共 24 个目、140 多属，480 多种，含新种 7 个，国内新记录种 36 个，新组合种 1 个，绝大多数产生于活的植物体，少数产生于虫类、畜粪、木本草本植物残体和土壤。其中寄生主要经济植物造成一定侵害，甚至在个别年份、个别地块形成一定灾害的，主要有：*Valsa*、*Mycosphaerella*、*Colletotrichum*、*Guignardia*、*Fusarium*、*Phythium*、*Rhizoctonia*、*Phyllosticta*、*Polystigma*、*Uncinula*、*Macrophoma*、*Fumago*、*Schizophyllum*、*Lophodermium*、*Melampsora* 等属中的一些种。引起昆虫和蜱螨病害的主要有：*Beauveria*、*Metarrhizium*、*Aspergillus*、*Cordycepus*、*Fusarium*、*Verticillium*、*Cephalosporium* 等属的一些种。而闪光口蘑 *Tricholoma resplendens*、条柄蜡蘑 *Laccaria proxima*、圆托鳞鹅膏菌 *Amanita ceciliae* 等与华北落叶松、油松、栎等共生形成外生菌根，有利于树木生长。

真菌落叶松葡萄座腔菌 *Guignardia laricina* 侵染华北落叶松引起枯梢病（1980 年 2 月 29 日，西台 1600m）

其他菌物有：细菌 *Agrobacterium*、*Xamthomonas* 等属的部分种，寄生一些主要树种可造成一定侵害。偶见植物菌原体 MLO 侵染栎、松等形成丛枝病。核形多角体病毒寄生一些昆虫引起昆虫病毒病。杨树半边黄花叶病毒（类群待定）、榆碎锦花叶病毒（类群待定）、ACLSV、ASPV 、ASGV 等病毒侵染一些木本植物或草本植物引起病毒病。

土壤中含有多种放线菌，有的能引起植物病害，如致马铃薯、甜菜疮痂病的疮痂链球菌 *Streptomyces scabies* 和酸疮痂链球菌 *Streptomyces acidiscabies* 等。

真菌黑腐皮壳菌 *Valsa sordida* 的孢子角和孢子堆，寄主：杨树（2008 年 4 月 30 日，东台 1100m）

真菌玉蜀黍黑粉菌 *Ustilago maydis* 侵染玉米引起黑粉病（2008 年 8 月 20 日，北台 1200m）

细菌 *Xanthomonas campestris* pv.*juglandis* 侵染核桃楸果实引起黑斑病（1997 年 7 月 8 日，东台 1100m）

真菌落叶松杨栅锈菌 *Melampsora larici-populina* 侵染小青杨引起锈病，示其锈孢子堆（1999 年 7 月 20 日，南台 2100m）

真菌马格栅锈菌 *Melampsora magnusiana* 寄生毛白杨引起锈病（2007 年 6 月 28 日，西台 1300m）

真菌白粉菌 *Pleochaeta* sp. 侵染深山柳引起白粉病（2010 年 6 月 2 日，西台 1500m）

真菌钩丝壳 *Uncinula abunca* 寄生杨树，形成白粉病（1998 年 6 月 20 日，东台 1450m）

真菌散斑壳菌 *Lophodermium pinastri* 侵染油松引起落针病（2010 年 8 月 2 日，南台 1500m）

真菌杏疔座霉 *Polystigma deformans* 侵染杏树发生杏疔病，示越年病梢枯死状（2007 年 8 月 17 日，西台 1200m）

真菌槭斑痣盘菌 *Rhytisma acerinum* 寄生槭树叶引起漆斑病（2003 年 8 月 20 日，西台 1450m）

真菌朝鲜槐尾孢霉 *Cercospora cladrastidis* 寄生朝鲜槐叶片引起叶斑病（1996 年 7 月 28 日，东台 1750m）

真菌黑粉菌目的一种，示其厚垣孢子（2007 年 7 月 20 日，西台 1440m）

真菌东方胶锈菌 *Gymnosporangium yamadai* 侵染苹果叶、果实引起锈病，示锈孢子器（2007 年 7 月 20 日，西台 1200m）

真菌榛叉丝壳 *Microsphaera coryli* 侵染榛树引起白粉病

示侧面观 示顶面观

灵芝 *Ganoderma* sp.，横向最大直径 40cm，寄主：栎伐根（2009 年 8 月 20 日，东台 1100m）

火木层孔菌 *Phellinus igniarius* 子实体，寄主：栎（2007 年 6 月 25 日，南台 1600m）

灵芝 *Ganoderma* sp.（2009 年 8 月 28 日，东台 1250m）

白橙盖鹅膏菌 *Amanita caesarea* var. *alba* 子实体（2008 年 8 月 25 日，西台 1450m）

盘状蜡伞 *Hygrophorus discoideus* 子实体（2007 年 8 月 19 日，北台 1500m）

层孔菌 *Phallinus* sp. 子实体，寄主：杏（2008 年 6 月 30 日，东台 1100m）

牛肝菌 *Leccinum* sp. 子实体（2009 年 8 月 1 日，北台 1600m）

蜡伞 *Hygrophorus* sp. 子实体（2007 年 8 月 17 日，西台 1500m）

白秃马勃 *Calvatia candida* 子实体（2007 年 8 月 10 日，南台 1300m）

普通羊肚菌 *Morchella vulgaris*（2009 年 8 月 26 日，东台 1250m）

湿伞 *Hygrocybe* sp. 子实体（2007 年 7 月 30 日，北台 1600m）

小白菇 *Russula albida* 子实体（2008 年 8 月 10 日，西台 1800m）

中华散尾鬼笔 *Lysurus mokusin* f. *sineusis* 子实体（2009 年 7 月 10 日，东台 1100m）

SMV、CMV、AMV3 种病毒复合侵染引起菜用豆角花叶病（1996 年 7 月 10 日，西台 1220m）

毛白杨（1995 年 9 月 3 日，西台 1280m）

细叶益母草（2010 年 8 月 3 日，北台 1400m）

苍耳（2010 年 8 月 2 日，北台 1220m）

半边黄花叶病毒（类群待定）侵染一些木本、草本植物引起花叶病

核形多角体病毒，示槐尺蛾幼虫被感染状

放线菌疮痂链球菌等侵染马铃薯引起疮痂病（1980 年 9 月 20 日，西台 1200m）

细菌癌肿野杆菌 *Agrobacterium tumefaciens* 侵染针（云杉）、阔叶树引起冠瘿病（西台 1180 ~ 1380m）

（四）蜘蛛等

小五台山的蛛形纲 Arachnida 动物有蜘蛛目 Araneae、蜱螨目 Acarina、蝎目 Scorpiones 等约 300 种，而以蜘蛛类种类最多。

据调查和有关资料，该山区已知蜘蛛类共 31 科 120 属 250 余种，其中新种 12 个，如小五台幽灵蛛 *Phorcus xiaowutai*、蔚县艾蛛 *Cyclosa yuxian*、目扁蛛 *Plator oculus* 等。经对有明确海拔和生境记录的 172 种蜘蛛分析，低山带组（海拔 900 ~ 1550m）蜘蛛的种类最多，丰富度最大。在 172 种中，有 151 种分布于此带，约占总数的 87.79%。常见的优势种有真伸肖蛸 *Tetragnatha extensa*、板隅希蛛 *Achaearanea tabulata*、河北雷文蛛 *Ravenida hebeinica*、温室希蛛 *Achaeranea tepidariorum*、迷宫漏斗蛛 *Agelena labyrinthica* 等。中山带组（海拔 1550 ~ 2200m）59 种，种类相对较少，约占总数的 34.30%。主要优势种有亚东豹蛛 *Pardosa yadongensis*、篓盖蛛 *Neriene clathrata*、阴暗拟隙蛛 *Paracoelotes luctuosus*、锯齿掠蛛 *Drassodes serratidens* 等。高山带组（海拔 2200m 以上），蜘蛛只有 9 种，种类最少，约占总数的 5.23%，常见种有楔形舞蛛 *Alopecosa cuneata*、刺瓣拟隙蛛 *Paracoelotes spinivulva*、北国掠蛛 *Drassodes lesserti* 等。蜘蛛区系属于多种地理成分相互混杂的古北区系，其中古北成分占 68.8%，广布成分占 16.9%，东亚成分占 11.7%，东洋成分占 2.0%。其区系特点是：科、属数量占全国总数较大，而种的比例较小。小五台山蜘蛛已知的科、属、种数，分别占全国科、属、种数的 51.67%、26.08%、9.76%；优势种属明显。含 10 种以上的科 8 个，含 6 种以上的属 8 个，分别占总科、总属数的 25.81%、6.67%，而它们所包含的属、种数分别占总属、总种数的比例高达 72.5%、76.21%；单种科和单种属的比例较大。单种科 11 个，单种属 75 个，分别占总科、总属数的 35.48%、62.5%；特有种多，有 9 种，占总种数的 3.6%。

蜘蛛之一（2007 年 6 月 10 日，西台 1420m）

蜘蛛之二（2007 年 7 月 2 日，北台 1280m）

蜘蛛之三（2007 年 6 月 10 日，北台 1200m）

蜘蛛之四（2008 年 7 月 5 日，西台 1300m）

蜘蛛之五（2008 年 6 月 30 日，西台 1500m）

蜘蛛之六（2010 年 5 月 30 日，南台 1300m）

蜘蛛之七（2006 年 9 月 30 日）

蜘蛛之八（2008 年 5 月 20 日，西台 1180m）

蜘蛛之九（2009 年 7 月 20 日，西台 1500m）

蜘蛛之十（2007 年 8 月 10 日，东台 1150m）

蜘蛛之十一（2008 年 6 月 27 日，南台 1500m）

蜘蛛之十二（2008 年 7 月 29 日，北台 1200m）

蜘蛛之十三（2007 年 5 月 10 日，西台 1180m）

蜘蛛之十四（2010 年 8 月 14 日，北台 1220m）

蜘蛛之十五（2010 年 8 月 15 日，北台 1220m）

蜘蛛之十六（2008 年 5 月 30 日，西台 1300m）

蜘蛛之十七（2010 年 8 月 20 日，东台 1250m）

蜘蛛之十八（2007 年 6 月 1 日，东台 1100m）

蜘蛛之十九（2007 年 7 月 15 日，中台 1400m）

蜘蛛之二十（2010 年 9 月 1 日，北台 1400m）

蜘蛛之二十一（2007 年 8 月 19 日，西台 1420m）

蜘蛛之二十二（2010 年 8 月 15 日，北台 1220m）

蜘蛛之二十三（2009 年 6 月 20 日，西台 1550m）

蜘蛛之二十四（2008 年 9 月 2 日，东台 1150m）

蜘蛛之二十五（2010 年 8 月 18 日，北台 1220m）

蜘蛛之二十六（2009 年 5 月 20 日，西台 1400m）

蜘蛛之二十七（2007 年 7 月 29 日，西台 1200m）

蜘蛛之二十八（2009 年 7 月 18 日，东台 1080m）

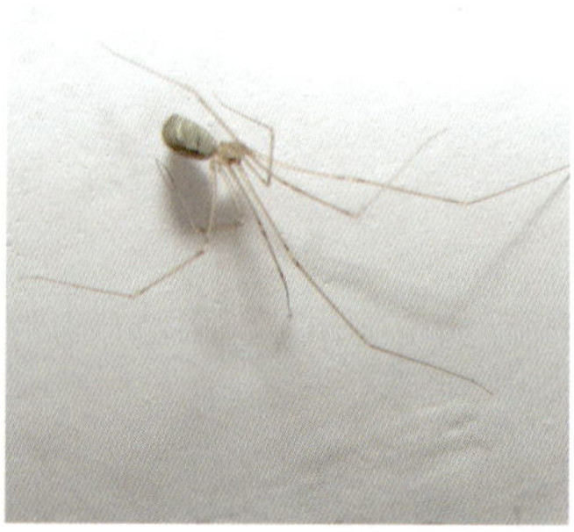
蜘蛛之二十九（2009 年 8 月 20 日，东台 1100m 室内）

蜘蛛之三十（2007 年 6 月 25 日，西台 1380m）

蜘蛛之三十一（2010 年 6 月 30 日，西台 1580m）

蜘蛛之三十二(2009年7月8日，西台1550m)

蜘蛛之三十三(2009年8月30日，西台1450m)

蜘蛛之三十四(2007年6月29日，北台1450m)

蜱螨目主要有虱形螨 *Pediculoides ventricosus*、侧多食跗线螨 *Polyphagotarsonemus latus*、朱砂叶螨 *Tetranychus cinnabarinus*、山楂叶螨 *Tetranychus viennensis*、针叶小爪螨 *Oligonychus ununguis*、榆全爪螨 *Panonychus ulmi*、柳瘿螨 *Eriophyes tetanothrix*、葡萄瘿螨 *Colomerus vitis*、槭绒毛瘿螨 *Eriophyes macrochelus eriobius* 等。寄螨目有羊蜱 *Melaphagus ovinus* 等。

蝎目有蝎子 *Buthus martensii* 等。

瘿螨 *Eriophyes* sp. 寄生虎榛子 *Ostryopsis daviana* 状（2007年6月25日，西台1300～1450m）

瘿螨 *Eriophyes* sp. 寄生悬钩子 *Rubus crataegifolius* 状（2001 年 6 月 5 日，北台 1400m）

瘿螨 *Eriophyes* sp. 寄生杏 *Prunus armeniaca* 叶，生出小柱状突起（2007 年 5 月 6 日，西台 1200m）

瘿螨 *Eriophyes* sp. 寄生核桃楸叶状（1997 年 7 月 10 日，东台 1000m）

柳瘿螨 *Eriophyes tetanophrix* 寄生柳叶状（2007 年 6 月 10 日，西台 1300m）

山楂叶螨 *Tetranychus viennensis* 寄生桃叶，致叶面失绿，枯死（2003 年 7 月 30 日，西台 1100m）

槭绒毛瘿螨 *Eriophyes macrochelus eriobius* 寄生槭树叶，引起毛毡病（1996 年 7 月 28 日，东台 1800m）

羊蜱 *Melaphagus ovinus*（体长 7mm，2007 年 7 月 25 日，东台 1200m）

蝎子 *Buthus martensii*（1990 年 8 月 20 日，东台 1400m）

节肢动物尚有甲壳纲 Crustacea 等足目 Isopoda 的鼠妇 *Armadillidium vulgare* 等，重足纲 Diplopoda 的马陆 *Orthomorpha pekuensis*、*Spilobolus marginarus* 等。唇足纲 Chilopoda 的蜈蚣 *Scolopendra* sp.、钱串子 *Scutigira* sp.。软体动物有腹足纲 Gastropoda 的蛞蝓 *Agriolimax agrestis*、同型灰巴蜗牛 *Bradybaena similaris* 等。环节动物有毛足纲 Chaetopoda 的直隶环毛蚓 *Pheretima tschiliensis* 等。另外土壤中有线形动物的多种线虫，其中根结线虫 *Meloidogyne* sp.，引起一些蔷薇科植物、菊科植物的根结线虫病。有一种线虫（学名待定）引起松苗立枯病。

鼠妇（1992 年 7 月 5 日，西台 1400m）

马陆 *Orthomorpha pekuensis*（1990 年 6 月 28 日，西台 1550m）

蜈蚣 *Scolopendra* sp.（2007 年 6 月 11 日，东台 1450m）

钱串子 *Scutigira* sp.（2007 年 7 月 10 日，西台 1200m）

蛞蝓 *Agriolimax agrestis*（1993 年 7 月 8 日，西台 1200m）

蚯蚓（2007 年 6 月 30 日，南台 1450m）

壳高约 22mm

壳高约 12mm

壳高约 15mm

壳高约 8mm

蜗牛（2007 年 6 ~ 7 月，西台、南台 1180 ~ 1450m）

根结线虫 *Meloidogume* sp. 寄生杜梨根系引起根结病（1998 年 7 月 20 日，西台 1250m）

三、昆 虫

小五台山昆虫的地理区划，属于古北界中国华北区黄土高原亚区的冀西北间山盆地，位处古北界南端，靠近东洋界。这里地势高寒，挺拔峻峭，气候多变。复杂的自然条件，孕育着比周围地区较为复杂丰富的植物资源。4 ~ 9 月山花不断，春夏秋冬四季有果，为以花、果、种子、根、茎、叶等为食料的各类昆虫，提供了丰富的寄主。不同高程、坡向的水热条件和形成的不同类型的多样土壤，又适生着不同种类的昆虫，从而滋养、繁衍着丰富多样的植食性昆虫。植食性昆虫的多样性又为不同形式的寄生性、捕食性昆虫的生存、繁育创造了条件。加之地质的变迁，气候的演变，植物群落的演替以及社会经济的发展等，使其孕育、影响的昆虫世界多姿多彩、充满灵性、斑斓绚丽。

（一）区系组成

昆虫是小五台山节肢动物中种类最多的一个纲，是自然资源的重要组成部分，受生态学、生理学、遗传学诸因素影响，这些昆虫是客观存在的。目前已采集到昆虫标本 12000 余号，已鉴定的分属于 24 个目、295 科、2124 种（表 1）。由表 1 可见：

（1）昆虫种数超过 100（含）个的目有 5 个，它们是同翅目 Homoptera、半翅目 Hemiptera、鞘翅目 Coleoptera、鳞翅目 Lepidoptera 和膜翅目 Hymenoptera，共 162 科 1948 种，分别占总科、总种数的 72.20% 和 91.70%，它们构成了小五台山昆虫的主要类群。

(2)鳞翅目昆虫的种数最多，科、种数分别占总科、种数的 23.32% 和 57.94%。而该目中的螟蛾科 100 种，尺蛾科 182 种，夜蛾科 268 种，3 个科占总科数的 1.35%，而种数达 550 种，占总种数的 25.93%，是该山区种数占绝对优势的 3 个科，而夜蛾科为该山区昆虫的第一大科。

（3）含单科的目高达 10 个，占总目数的 41.67%，而种数只有 21 个，仅占总种数的 1%。

表 1　小五台山昆虫分类统计表

目别		石蛃	衣鱼	蜉蝣	蜻蜓	襀翅	蜚蠊	螳螂	革翅	直翅	啮虫	食毛	虱	缨尾	同翅	半翅	广翅	蛇蛉	脉翅	鞘翅	双翅	蚤	毛翅	鳞翅	膜翅	合计
科数		1	1	2	6	1	3	1	2	12	1	2	2	1	20	19	1	1	4	36	19	1	1	52	36	225
其中	9 种以下	1	1	2	6	1	3	1	2	11	1	2	2	1	18	16	1	1	4	24	18	1	1	33	34	185
	10 ~ 49 种									1					2	3				10	1			12	2	31
	50 ~ 99 种																			1				4		5
	100 种以上																							3		3
种数		1	1	4	24	1	5	7	5	42	1	5	4	1	100	103	4	1	13	383	53	3	1	1229	132	2124

蛾，体长约 10mm（2010 年 8 月 13 日，北台 1220m）

蛾，体长约 8mm（2010 年 8 月 2 日，北台 1280m）

螽蟖，体长约 22mm（2010 年 8 月 17 日，西台 1220m）

天蛾，体长约 28mm（2010 年 8 月 9 日，西台 1180m）

（4）植食性昆虫种类多，数量少，约 1800 种，种数虽较多，但每种的个体数量（种群数量）较少，所以该山区绝大多数昆虫的经济价值较小。捕食性、寄生性昆虫约 300 种，与植食性昆虫种数的比例约为 1∶7（编者掌握的捕食性、寄生性昆虫鉴定资料较少，该比值应该更大些）。

（5）有一定种数量的粪食、尸食性昆虫，从低海拔到高海拔都有分布，种群数量也较多，这对促进山区森林生态系统物质能量转化，维护生态平衡，有着重要的积极意义。

小五台山昆虫的种类组成和种群数量有相对的稳定性，又是动态的、变化的，主要表现在：种群间、种群内部、年际间等都处于不断变化之中。如 20 世纪 60 年代中期（1966 ~ 1968）黄褐幕枯叶蛾 *Malacosoma neustria testacea* 为南台、西台的主要森林昆虫。在以桦、柞为主的阔叶林中发生 7500 余亩，有虫株率达 80%，虫口密度平均 210 头 / 株，大面积树叶被吃光。曾在白桦上的 1 个网幕中捉到幼虫 1505 条，暴发 3 年。据在海拔 1200 ~ 1300m 的 3 块固定标准地调查，1966 年其雄雌比为 1∶1.4，1968 年则降为 1∶0.3。而在 2007 年的调查中，林中已很难找到该虫的卵块，多次灯诱也仅诱到极少成虫。20 世纪 70 年代初期舞毒蛾 *Lymantria dispar* 在西台、南台大面积发生，阔叶林树叶被吃光，山崖石块上、树干屋檐下到处都是卵块，发动群众捡拾，1971 年蔚县林业部门曾收购卵块千余斤，以后逐年减少，每年在村边可偶见卵块，但林中很难见到虫子，更不见树叶被吃光。20 世纪 80 年代初期青杨楔天牛 *Saperda populnea* 在西台海拔 1000 ~ 1250m 的小叶杨上普遍发生，而目前则很少见了。油松毛虫 *Dendrolimus tabulaeformis* 在 20 世纪 80 年代中期仅在西台发生约 200 亩，而 2004 ~ 2006 年却在北台严重发生 400 余亩。

蛾，体长约 8mm（2010 年 8 月 7 日，北台 1220m）

蚜虫（2010 年 8 月 10 日，西台 1300m）

蜂，体长约 20mm（2007 年 7 月 10 日，西台 1380m）

蜂，体长约 17mm（2007 年 7 月 23 日，西台 1180m）

蜂，体长约 12mm（2010 年 8 月 12 日，西台 1180m）

蜂与蛾（2010 年 8 月 11 日，北台 1300m）

红弄蝶（2010 年 8 月 16 日，东台 2000m）

蜻蜓，体长约 28mm（2010 年 8 月 13 日，西台 1220m）

蝶（2010 年 7 月 30 日，北台 1320m）

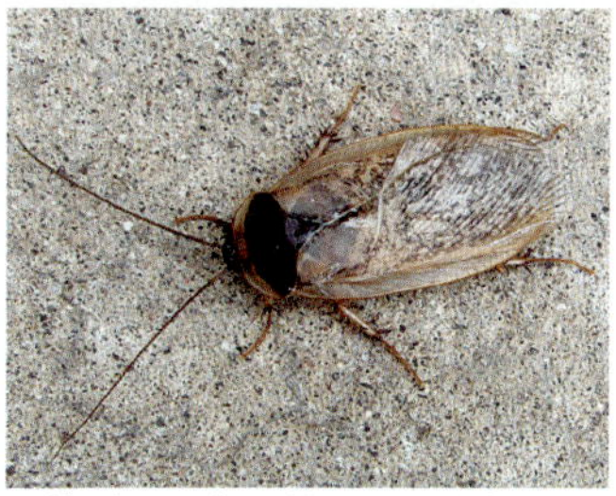
蜚蠊（2010 年 8 月 2 日，西台 1220m）

蚱，体长约 9mm（2010 年 8 月 13 日，南台 1220m）

沟眶象（2008 年 8 月 5 日，东台 1100m）

食蚜蝇，体长约 12mm（2010 年 8 月 12 日，西台 1320m）

天牛，体长约 30mm（2010 年 8 月 5 日，北台 1180m）

麻皮蝽（大）与草履蚧（♀）（2007 年 5 月 6 日，西台 1100m）

蚁蛉（2010 年 8 月 15 日，中台 1320m）

蚁蛉（2010 年 8 月 15 日，中台 1300m）

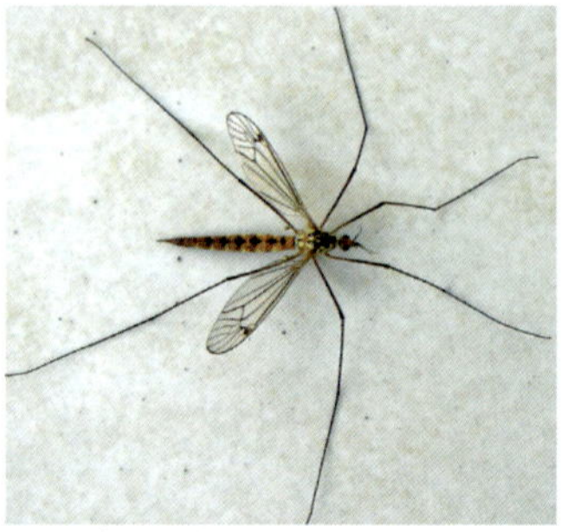
大蚊（2010 年 8 月 8 日，北台 1300m）

弯角蝽（2007 年 6 月 5 日，北台 1450m）

缘蝽（2007 年 6 月 23 日，西台 1500m）

（二）区系分析

小五台山昆虫已知其区系成分属性的有 504 种，包括 12 个目 91 科，涉及蜚蠊目 1 科、螳螂目 1 科、直翅目 3 科、蜻蜓目 1 科、半翅目 6 科、同翅目 8 科、广翅目 1 科、脉翅目 3 科、鳞翅目 37 科、鞘翅目 20 科、双翅目 2 科、膜翅目 8 科。其区系成分属性见表 2。

由表 2 可见：

（1）古北区系（含泛古北）的种类占绝对优势，占总数的比例高达 48.6%。如按昆虫区系成分中，凡含有古北区成分的份额都加以统计，则古北区的份额高达 57.1%。

（2）古北、东洋区系共有种类较多，占 23.61%。如按有古北、东洋区成分的份额都统计，则古北、东洋区系成分的份额为 37.3%。

（3）有一定数量的古北、新北区系共有种，占总数的 4.76%。这与冀西北间山盆地和北美洲同属于北半球，纬度相近有一定关联。

（4）传入一定数量的东洋（泛东洋）区系种类，占总数的 4.77%。如统计所有含东洋区系的成分，则东洋区系成分的份额达 25.9%。这是该山区位处古北区南端，毗邻东洋区，其东南部为广阔的华北大平原，地势平坦通畅，没有阻隔昆虫传播的天然屏障的地理位置所决定的。

（5）有少量中国特有种分布，如中华草蛉 *Chrysopa sinica*、核桃举肢蛾 *Atrijuglans hetauhei*、东方巨齿蛉 *Acanthacorydalis orientaris*、银刀奇舟蛾 *Allata argyropeza* 等。

东方巨齿蛉（♂），翅展 16cm（2007 年 7 月 8 日，东台 1200m）

银刀奇舟蛾（1980 年 7 月 11 日，中台 1650m）

中华草蛉（2007 年 5 月 30 日，北台 1400m）

核桃举肢蛾，示核桃果实被害状（2007 年 7 月 20 日，东台 1100m）

表 2　小五台山昆虫区系成分属性统计表

	界（区）别							种 数	占总数比例 %	备 注
昆虫区系成分属性	古北							185	36.70	
	泛古北							60	11.90	
		东洋						15	2.98	
		泛东洋						9	1.79	
	古北	东洋						119	23.61	
	古北	东洋	非洲	大洋洲				10	1.98	
	古北	东洋	非洲	大洋洲	新北			5		
	古北	东洋	非洲	大洋洲	新北	新热		13	2.58	
	古北	东洋	非洲		新北	新热		4		
	古北	东洋	非洲		新北			4		
	古北	东洋			新北	新热		1		
	古北	东洋	非洲					7		
	古北	东洋		大洋洲	新北			1		
	古北	东洋					中国特有	1		中华草蛉
	古北	东洋		大洋洲				13	2.58	
	古北	东洋			新北			14	2.78	
	古北		非洲	大洋洲	新北	新热		1		
	古北		非洲		新北	新热		1		
	古北		非洲		新北			1		
	古北		非洲					4		
	古北				新北			24	4.76	
	古北						中国特有	1		核桃举肢蛾
		东洋	非洲					4		
		东洋	非洲	大洋洲				1		
		东洋		大洋洲				1		
		东洋				新热		1		
		东洋					中国特有	1		银刀奇舟蛾
			非洲	大洋洲	新北	新热		1		
			非洲		新北			1		
							中国特有	1		东方巨齿蛉
合计								504		

（三）外地昆虫传入

随着交通便利，物流通畅，外地昆虫开始传入该山区。20 世纪 80 年代初的普查和以往多年观察，小五台山所在的蔚、涿两县及其毗邻的涞源、涞水两县境内均无光肩星天牛 *Anoplophora glabripennis*、皱大球蚧 *Eulecanium kuwanai*、水木坚蚧 *Parthenclecanium corni*、圆盾蚧 *Aspidiotus hederae* 分布，但在 2007 年 7 月至 2010 年 8 月的调查中，北台赤崖沟、柳湾海拔 1220 ～ 1480m 的白榆、槭树等树木上发现有光肩星天牛零星或小块状分布；另 3 种虫在西台金河口海拔 1180 ～ 1250m 的苗圃和办公区发现有零星分布。圆盾蚧在当地野外能否越冬，待观察。外地昆虫传入的情况今后可能还会发生。

光肩星天牛（2007 年 8 月 10 日，北台 1400m）

（四）垂直分布

水分、热量是生物生存繁衍最基本的条件，不同昆虫要求不同的水热条件。小五台山海拔较高，相对高差大。高程的变化，使水热条件在不同的空间有着不同的组合，形成了不同的气候、土壤、植被类型和昆虫组成。随着海拔的增高，气温递减，湿度增大，降水量逐渐增加，昆虫种类越来越少。食料是许多昆虫赖以生存的物质基础，所以昆虫分布的垂直带谱与植物的垂直分布带谱有明显的相关性，但带与带之间有一定的过渡阶段，有一定的内在联系，又不是截然分开。同时阴坡与阳坡，因植物类型的明显差异，即使处于同一海拔高程上，昆虫的组成也不尽相同。小五台山经济价值大的森林植物大多分布在阴坡。以阴坡为例，记录有采集地点高程的昆虫种类进行分析，小五台山昆虫的垂直分布，大体可划分为三个带。

（1）农田果园—落叶阔叶林带（山麓至海拔1700m）。本带昆虫种类丰富，已知24个目昆虫都有分布，共160科，1550余种。其中除跨带分布的以外，仅分布在本带的有108科，1325种，占总数约62.5%。大多数的夜蛾、尺蛾、螟蛾、卷蛾、蝶类，以及约45%的捕食性、寄生性昆虫分布在这里。

夜蛾（1988年7月10日，中台1600m）

尺蛾（2008年8月18日，西台1300m）

蛾（2007年8月14日，西台1220m）

蛾（2010年8月15日，北台1220m）

尺蛾（2009年8月2日，西台1300m）

蛾（2010年8月16日，北台1220m）

豹蠹天蛾（2009年8月10日，东台1200m）

苔蛾（2009年8月10日，北台1350m）

女贞尺蛾（2008年7月13日，南台1500m）

蝶（2010年8月25日，北台1300m）

意大利蜜蜂（2009年6月12日）

蜂（2010年8月10日，北台1300m）

蚁（2007年7月30日，西台1400m）

寄蜂（2007年7月2日，西台1300m）

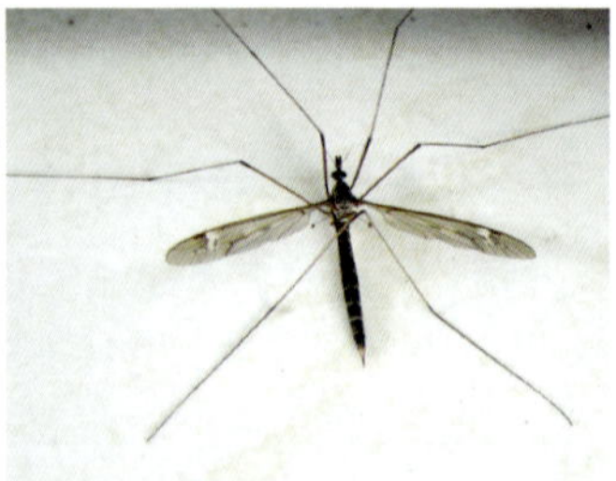
蚊（2010年8月10日，西台1210m）

蝽（2007年6月20日，北台1450m）

(2) 针阔混交—针叶林带（海拔1700～2500m）。本带昆虫种类明显减少，约为上一带的38.5%，其中鳞翅目昆虫种类从上一带所占57.3%下降到43.1%。而鞘翅目、膜翅目、双翅目昆虫种类所占的比例，却分别比上一带增加了6.1%、4.2%、2.2%。

叶甲（2004年6月30日，西台1800m）

蝶（2005年6月30日，西台1800m）

蝽（2007年7月10日，西台1700m）

红斑郭公虫（2008年8月10日，北台1810m）

芫菁（2007年7月20日，北台1750m）

蜂（2007年6月25日，南台1720m）

蜂（2008年7月15日，西台1800m）

蝇（2006年7月20日，南台1750m）

蜂（2001年7月25日，南台1800m）

（3）亚高山灌丛—草甸带（海拔 2500m 以上）。本带昆虫更为稀少。只有 17 科，35 种，主要为小型的尺蛾、蝶类、锤角叶蜂科、蜜蜂总科的一些种类以及小型甲虫。除仅分布在本带内的昆虫外，88% 为跨带分布的种类。说明这些昆虫对高山有更强的适应性。暗脉粉蝶 *Pieris napi*、黑灰蝶 *Niphanda fsca*、锤角叶蜂科的 *Cimbex* sp.、胡蜂科的 *Vespula* sp.、熊蜂科的 *Bombus* sp. 等为常见种。

另外，即使在同一分布带内，某些种类昆虫在各台的分布也不尽相同，而且较长时期不变。如山杨绿卷象近 50 年都只在西台海拔 1200 ~ 1700m 的一片坡上采到，几种蚜蝣则集中分布在东台海拔 1000 ~ 1200m 的一条沟内，别处不曾见到。可见昆虫种群的自然分布有一定的地域性和相对的稳定性。

（五）气候变暖对昆虫的影响

小五台山大部分在蔚县，山区气温比全县的平均值稍低，而降水量比全县平均值略高。据位处东经 114° 34′、北纬 39° 56′、海拔 910.05m 的蔚县气象站观测，蔚县 1954 ~ 1956 年 3 年均温 5.97℃，1 月份均温 −11.72℃，7 月份均温 19.3℃，≥ 10℃的积温 2844.6℃，平均降水量 510.76mm。1964 ~ 1966 年 3 年均温 6.73℃，1 月份均温 −11.1℃，7 月份均温 20.0℃，≥ 10℃的积温 3003.4℃，平均降水量 410.86mm。1974 ~ 1976 年 3 年均温 6.53℃，1 月份均温 −11.40℃，7 月份均温 21.6℃，≥ 10℃的积温 3276.6℃，平均降水量 324.03mm。由此可见，20 世纪 50 ~ 70 年代的 30 年间，≥ 10℃的积温递增，降

蜂（2001 年 7 月 25 日，东台 2510m）

锤角叶蜂（1980 年 8 月 5 日，中台 2600m）

暗脉粉蝶（1981 年 7 月 25 日，东台 2710m）

蜂（1981 年 7 月 19 日，西台 2650m）

蜂（2009 年 7 月 10 日，西台 2700m）

蜂（2010 年 7 月 19 日，北台 2700m）

小五台山主要森林昆虫垂直分布变化图

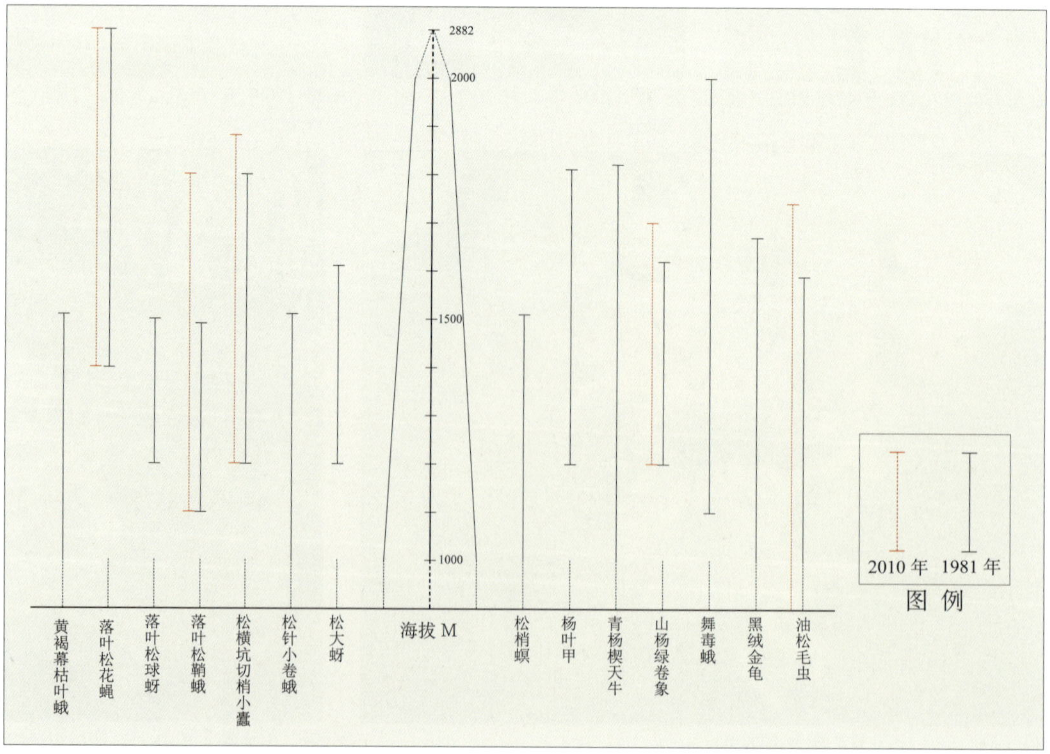

水量递减。近 30 年，年均温按 0.4℃ /10 年速率递增，冬季按 0.65℃ /10 年速率递增，冬季增温显著，夏季高温常超过历史极值。近 10 年 (2000 ～ 2009) 年均温在 8.44℃以上，其中 2007、2008、2009 年年均温分别为 9.1℃、8.2℃、8.3℃，3 年均温为 8.5℃；降水量呈波动减少趋势，多年不足 400mm，2007、2008、2009 年三年降水量分别为 265mm、387mm、400.9mm，三年平均降水量 331mm，地下水位下降。小五台山海拔较高，气温应低于上述相关值。

小五台山自建保护区以来，森林有害昆虫的发生，尽管个别种类或种群数量有变化，但总体看属于低水平的。到目前为止，就整个保护区而言，森林有害昆虫发生数量和危害程度与气候变暖的相关性不明显，这是通过如下分析得出的结论：对金河口管理区自 20 世纪 60 年代初至今每 10 年平均气温以及按年度平均气温与森林有害昆虫发生面积之间进行方差分析，结果均为相关性不显著，更确切地说是负相关不显著。若加入山涧口、杨家坪两个管理区虫害发生情况进行方差分析，虽然也是相关不显著，却为正相关关系，变化是巨大的。

小五台山主要森林昆虫发生与成灾情况，2007 ～ 2010 年与 30 年前相比，总的看，有如下明显不同：① 30 年前，尤其是 20 世纪 60 年代中后期黄褐天幕毛虫、舞毒蛾在南台、北台海拔 1700m 以下，几百亩连片发生、成灾，总面积曾达数千亩，如今在全山区不见小片状成灾，只能零星采到成虫标本。②过去不见的黄色梢小蠹 *Cryphalus fulvus* 等几种小型小蠹，目前在东台低海拔油松林内连片发生，成灾 200 ～ 300 亩，已造成近千株十多年生油松死亡，有继续蔓延的趋势。③ 2007 ～ 2010 年对 1980 年初成灾（局部）的 14 种森林昆虫中的 5 种进行垂直分布调查分析，其中 4 种的分布上限有不同程度提高，只有落叶松花蝇的垂直分布变化不明显。④过去该山区没有的光肩星天牛、皱大球蚧、水木坚蚧、圆盾蚧，已在北台、西台发现。⑤油松毛虫近几十年来约以每 10 年一个周期，在西台、北台局部、小面积成灾。⑥云杉球果螟过去只在云杉天然林内发生，目前在西台海拔 1160m 的几十亩云杉苗圃内中度发生，影响苗木质量。上述发生情况，相对于该山区林地面积，显然是小的。

形成上述状况的原因，主要是自成立保护区以来，逐渐强化了山区生态环境的保护管理，森林植被逐渐得到恢复，进山樵采、盗伐、放牧等破坏森林生态的行为大大减少，管理者和周围群众对山区资源的经济依赖性有所降低，森林生物间逐渐形成一种较好的良性互动和基本平衡，抑制着某些昆虫的有害性。这种效应大于气候变暖对昆虫等生物的负面影响，这在保护区的核心区表现更为明显。但在海拔 1700mm 以下的区域，气候变暖对昆虫等的负面影响相对较大，如东台低海拔处油松林小蠹虫的发生成灾，西台、北台油松毛虫局部、小面积周期性成灾，西台山杨绿卷象的小片成灾等。而落叶松球果花蝇垂直分布的无明显变化，则与该虫对温度变化有较强的适应性和对寄主的强依赖性有关。光肩星天牛等昆虫的传入和云杉球果螟垂直分布的下移，则与人为经济活动频繁直接相关。

（六）高山适应

昆虫和其他生物体一样，种类的形成是长期自然选择、遗传变异的结果。一般来说，昆虫的外部形态、生物学特性等是与周围环境相统一、相适应的。小五台山山高寒冷，年有效积温少，昼夜温差大，风大而频繁，气候恶劣。生活在这里的昆虫，在长期的进化历史中，形成了一些适应这种环境的形态特征和生物学特性等。

（1）体形大小。生活在不同海拔高度的昆虫，体型大小往往有差别。同一种昆虫，随海拔的增高，体型常变小。如雌性黑足草蛾 *Ethmia nigripedella* 在海拔 1100 ~ 1200m 采的，平均体长 9.25mm（最大最小分别为 10.00、9.00mm），平均翅展 24.75mm（最大最小分别为 27.00、21.00mm）；而在海拔 2000m 以上采的，平均体长 8.67mm（最大最小分别为 9.00、8.00mm），翅展 20.67mm（最大最小分别为 21.00、20.00mm）。雌性帝网蛱蝶 *Melitaea diamina*，采自海拔 1400m 以下的体长 14.83mm（最大最小分别为 15.00、14.50mm），翅展 39.00mm（最大最小分别为 41.00、38.00mm）；而采自海拔 2000 ~ 2300m 的平均体长 13.57mm（最大最小分别为 14.00、13.00mm），翅展 35.50mm（最大最小分别为 38.00、34.00mm）。另一方面，体型大的昆虫多分布在低海拔处，高海拔处则少见。绿尾大蚕蛾 *Actias selene ningpoana*、黄豹大蚕蛾 *Leopa katinka*、丁目大蚕蛾 *Agjiatau amurensis* 和合目大蚕蛾 *Caligula boisduvali fallax* 等大蚕蛾科昆虫，以及翅展 130mm 的豹蠹天蛾 *Langia zenzeroides* 等，都采自海拔 1300m 以下。采自海拔 1500m 的波水蜡蛾 *Brahmaea undulata*，翅展 123mm，体长 40mm，是分布最高的大型蛾类。

但昆虫也有对高山的另一种适应，即随着海拔的增高，个体大而粗壮的多，如膜翅目的胡蜂、熊蜂等，这可能是昆虫对山高风大的适应。在小五台山采到胡蜂 16 种，最大的为金环胡蜂 *Vespa mandarinia mandarinia*，体长达 37.00mm；熊蜂 8 种，体长都在 20.00mm 以上，最大的台湾熊蜂 *Bombus bicoloratus*，体长达27.00mm，比西藏高原（海拔3800～7400m）的*Bombus difficillimus*长2.60mm。这些膜翅目昆虫种类数量之多，体型之大，是华北其他地区所少见的。

（2）体色深浅。小五台山昆虫的体色一般都较深，较灰暗，艳丽的种类很少。小五台山的蝶类，已采到225种，大多为黄褐色、灰褐色或黑色的，翅上有几个红点的红珠绢蝶*Parnassius bremeri*算是该山区艳丽的昆虫了。柳紫闪蛱蝶*Apatura ilia*是黑色型的。颜色较深的北方蓝目天蛾*Smerinthus planus alticola*、猪秧赛天蛾*Celerio gallii*等，在华北南部地区都很少见。

同一种昆虫，随着海拔的增高，体色也有变化。如日本鳃角金龟*Melolontha japonica*，采自海拔1000m处的，体翅为黄褐色，体长28.00mm；而采自海拔2650m处的，体翅黑褐色，体长25.00mm。这可能是昆虫对高海拔处较为强烈紫外线照射的适应，能较好地吸收光和热，在有效积温少的情况下完成其生长发育，延续后代。

(3) 年发生代数。小五台山的昆虫，绝大多数，包括一些主要森林昆虫如油松毛虫、落叶松毛虫、黄褐幕枯叶蛾、舞毒蛾、青杨楔天牛、山杨绿卷象等是1年发生1代的；有些是2～3年发生1代，如一些金龟子，有的甚至是5年以上发生1代，如蚱蝉*Cryptotympana atrata*等。只有一些小型种类，如鳞翅目的黑鹿蛾*Amata ganssuensis*，1年发生2～3代；同翅目的蚜虫类，如杠柳蚜*Aphis periplocophila*、萝藦蚜*Aphis asclepiadis*、牛蒡指管蚜*Uroleucon gobonis*等1年发生多代。这是昆虫的生物学特性对山区温度较低、有效积温少等自然条件的适应，也是长期自然选择的结果。

（七）相生相克

昆虫是小五台山整个自然生态系统的一个重要组成部分，是该山区种类最多，数量最大的生物类群。在该山区自然生态系统中，存在着多种多样的生物。这些生物在环境的物质和能量的转换中起着不同的作用，扮演着不同的角色。在“食”与“被食”中相互间形成了“食物链”与“食物网”，形成了相互依存、相互制约的相生相克关系，也就是世间万物的互补性。物种的不同和多样，不意味着对立，而是表明环境和生态的繁荣与昌盛。自然生态系统依靠物种的不同相生相克、互补互制，从而维护着自身的平衡与和谐。昆虫和其他生物一样，都本能地进行着生存和繁衍的斗争，力图扩大其种群，但却受着其他生物种（类）群的制约。在该山区，每种生物种（类）群都不能脱离其他生物种（类）群而单独存在，而与其他生物种（类）群有着千丝万缕的联系。小五台山成立自然保护区后逐步强化管理，植被恢复保护良好，与30年前海拔1500m以下林相破碎，黄褐幕枯叶蛾、舞毒蛾等昆虫连年较大面积严重发生成灾相比，植被景观有了明显改善。受复杂环境和生物间相生相克作用的影响，目前总的看，该山区各生物种（类）群间的消长变化保持着动态平衡，表现为各带谱内的植物生长良好，形态完整，没有遭受明显的、较大面积的昆虫等生物性灾害。

在一定的空间（食料、地域）、时间范围内，昆虫的相生相克表现在昆虫与其他生物类（种）群（含寄主）、昆虫种群间以及昆虫种群内部三个层面，而这三个层面往往又相互交织在一起，形成错综复杂的关系网。

昆虫与其他生物种（类）群间的生存斗争，在该山区随处可见。斑啄木鸟*Dendrocopos major cabanisi*、灰喜鹊*Cyanopica cyana interposita*、红尾伯劳*lanius cristatus lucionensis*等64种食虫鸟类，普通刺猬*Erinaceus europaeus*等6种食虫兽类，中国林蛙*Rana chesinensis*、大蟾蜍*Bufo gargarizans gargarizans*、丽斑麻蜥*Eremias argus*等5种两栖爬

蜘蛛捕食蚂蚁（2007年7月16日，南台1500m）

蜘蛛网网住多个甲虫（2007年5月9日，西台1200m）

蜘蛛攻击蚂蚁，最后蚂蚁失败（2007年5月25日，西台1250m）

蜘蛛捕食朽木甲（2007年6月2日，西台1380m）

蜘蛛捕捉叶蜂（1989年6月25日，西台1300m）

蚁访蚜（2007年7月12日，西台1300m）

行类，都以昆虫为主要食料。这些脊椎动物处于食物链的高端。绝大多数昆虫都处于被食地位，但食毛目 Mallophaga、虱目 Anoplura、蚤目 Siphonaptera 昆虫等却以一些鸟兽等脊椎动物为寄主。

小五台山广泛分布的近300种蜘蛛，主要以各种昆虫为主要食料，它们网捕、猎获同翅目、鞘翅目、半翅目、鳞翅目等昆虫，蜈蚣也捕食昆虫；白僵菌寄生鳞翅目、鞘翅目等昆虫，核形多角体病毒寄生于黄褐幕枯叶蛾、槐尺蛾等鳞翅目幼虫等。它们对抑制昆虫种群数量的增长有一定作用。但胡蜂、蜾蠃等大型捕食性昆虫又取食蜘蛛。蛛蜂、泥蜂用螯蛰蜘蛛致其麻痹后，拖至巢中，在其体上产卵，蜘蛛就成为它们幼虫的食料。一些姬蜂亦产卵于蛛卵或卵囊中，卵孵化后，以蜘蛛为寄主。鸟类、蜥蜴、蟾蜍、蜈蚣等也捕食蜘蛛，这些又都抑制蜘蛛种群数量的增长。

小五台山昆虫绝大多数是被食者，该山区80%的昆虫以植物为食料，植物满足了昆虫生长发育所需要的营养，从而繁育增殖后代，扩大种群。但如果昆虫种群数量过大，比如1966～1968年南台、西台黄褐幕枯叶蛾大发生，将发生区内阔叶树叶吃光，造成食料不足，大量黄褐幕枯叶蛾就会因饥饿而死亡。植物被昆虫取食后，所受的影响是两方面的。以植物叶被食为例，在小五台山一般年份不见油松毛虫成灾，少量植物叶被食对植物生长没有负面影响，据1988年在西台的调查试验，当油松毛虫取食油松50%～55%的针叶时，反而有刺激油松生长的作用；80%针叶被食对油松高生长有明显的抑制作用；当6～10年生油松林针叶连续3年被成片吃光，则90%以上的植株枯死。

蜘蛛捕食蟠象（2007年7月17日，西台1450m）

另外，在该山区分布的菌瓢虫是以真菌为食料的，对真菌的繁殖有一定的抑制作用。总的看，昆虫在与其他生物类（种）群间的相互作用中是弱者，是处于劣势的，被动的，但由于昆虫在整个自然生态系统的动物中，是种类最多，数量最大的生物类群，繁殖速率又较快，所以在自然界中，昆虫仍彰显出朝气蓬勃的景象。

在一定的空间范围内，昆虫种群间相生也很常见。在该山区，同翅目的蚜虫、角蝉与膜翅目的蚂蚁常共生共栖。某种植物上如有蚂蚁爬来爬去，常可发现蚜虫。而有角蝉生活的地方，也常有蚂蚁在活动。蚜虫的排泄物蜜露如过多，而没有蚂蚁取食，可滋生致蚜虫生病、死亡的煤炱菌、霉菌等，蜜露过多，还可黏

蜘蛛吸食被网住的双翅目昆虫（2010年8月15日，北台1220m）

蜈蚣捕食蛾类（2007年7月10日，西台1250m）

槐尺蛾幼虫被核形多角体病毒寄生死亡状（1998年7月10日，西台1200m）

黑圆角蝉若蝉与蚁共生（2009 年 6 月 20 日，西台 1150m）

鸢尾叶基部蚜虫蜜露过多，没有蚂蚁取食而滋生霉菌，致蚜虫不能活动而死亡，鸢尾自叶鞘处枯死（2010 年 8 月 20 日，西台 1350m）

住蚜体，使其不能活动，甚至死亡。而蜜露又是多种昆虫，如普通黑蚂蚁等多种蚂蚁、多种姬蜂、寄生蜂、瓢虫、食蚜蝇以及一些蛾类成虫的食料。蜜露还是蜂蜜的蜜源之一。蚁访可使角蝉、蚜虫取食量、排蜜量和繁殖量大为增加。蚂蚁还常赶走取食蚜虫的瓢虫，从而减少蚜虫的死亡率。而蚂蚁等取食蜜露则是良好的营养食品，利于生长和繁殖。蚁与蝉、蚜共生，各得其益。

昆虫种群间的相克、斗争表现为直接捕食、体内体外寄生、食料争夺等方面。螳螂捕食小型蝉类、直翅目昆虫以及其他昆虫，多种草蛉捕食蚜虫等，食虫虻、食蚜蝇捕食多种昆虫，蚂蚁攻击步甲，猎蝽攻击其他昆虫等，都是常见的现象。

绒茧蜂外寄生于天蛾、油松毛虫等鳞翅目昆虫的体外，赤眼蜂产卵于松毛虫体内，使寄主慢慢死去。这些在小五台山也常见，这对扩大其种群，抑制寄主繁衍都有一定的作用。

胡蜂抓捕膜翅目昆虫（2009 年 6 月 6 日，北台 1400m）

食虫虻捕食甲虫（2007 年 7 月 5 日，南台 1600m）

螳螂捕食直翅目昆虫（1986 年 8 月 18 日，西台 1350m）

食虫虻捕食膜翅目昆虫（2009 年 7 月 3 日，东台 1100m）

食虫虻捕食大青叶蝉（2009 年 7 月 9 日，东台 1200m）

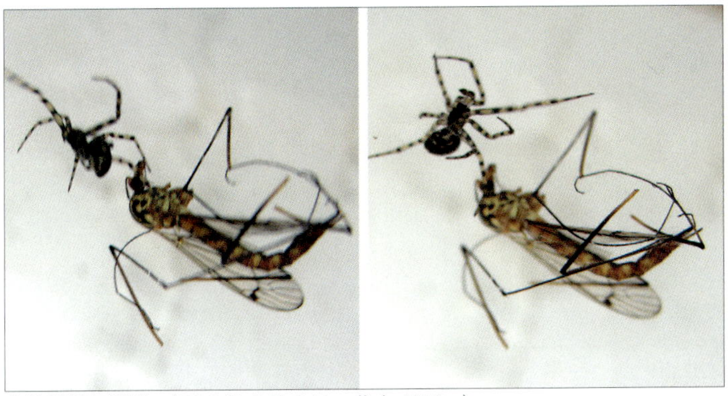

大蚊被蛛网粘住（2010 年 8 月 9 日，北台 1250m）

昼鸣蝉被寄蛾和白僵菌寄生，而寄蛾又被白僵菌所寄生（双寄生和重寄生）（1996 年 8 月 2 日，西台 1350m）

食虫虻捕食昆虫（2007 年 7 月 25 日，南台 1500m）

猎蝽捕食昆虫（2007 年 5 月 29 日，西台 1300m）

益蝽攻击毒蛾幼虫（2007 年 5 月 28 日，东台 1200m）

益蝽刺吸毒蛾幼虫（2007 年 5 月 26 日，东台 1050m）

益蝽刺吸刺蛾幼虫（2007 年 7 月 9 日，东台 1100m）

益蝽攻击杨叶甲（2007 年 7 月 8 日，西台 1300m）

蚂蚁拖食甲虫（2009 年 7 月 29 日，西台 1300m）

蚂蚁拖食蜂类（2009 年 7 月 17 日，南台 1400m）

蚂蚁拖食蜣螂（2007 年 8 月 10 日，西台 1450m）

蚂蚁捕食蛾类（2007 年 7 月 14 日，北台 1220m）

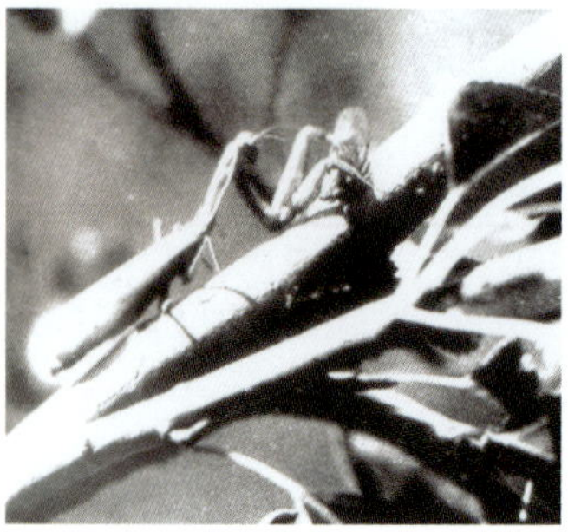

薄翅螳捕蝉（1980 年 7 月 29 日，西台 1300m）

蠋蝽攻击毛虫（2007 年 5 月 30 日，西台 1300m）

毒蛾绒茧蜂寄生于天蛾幼虫体外（1999 年 7 月 21 日，西台 1400m）

昆虫种间的斗争还表现为陷阱诱杀，如条斑次蚁蛉 *Deutoleon lineatus* 的幼虫蚁狮（当地群众称为倒退虫）生活于林缘沙地，会造出一个个漏斗状的小坑，当蚂蚁等小型昆虫不慎滑入其中时，它就会用强大的上颚不断拨动沙粒，使猎物下坠被埋而将其捕获。

食料争夺是昆虫种群间斗争的又一种形式。在该山区都以油松针叶为食料的油松毛虫和松针卷叶蛾，只偶见散生于西台、北台的人工油松林，几十年来一直没有见过这 2 种昆虫同时在一个林分内大量发生而成灾。油松毛虫的密度高，吃掉了松针，就没有松针卷叶蛾的食料，后者就不能大量发生，反之亦然。

昆虫种群内部斗争也是存在的。同种昆虫在同一空间生活，食料充足时，有合理的雌雄性比，有利于种群的繁衍、增殖。但当食料缺乏时，优胜劣汰，或者疾病流行等原因，则有大量弱者死亡。在小五台山区常可见到同种昆虫个体间互相争斗、残杀的现象，如两只普通黑蚁 *Lasius niger* 互相争斗，在争斗中弱者逃走，或者被残杀，其同类有时还将死者尸体拖回洞穴，原因待查。

在小五台山南台、北台，20 世纪 60 年代初期，作为食料的桦、柞、杨等阔叶林树叶充足时，黄褐幕枯叶蛾迅速增殖，而到 20 世纪 60 年代中后期，当有限的食料不能满足其需求，天敌又增多时，雄虫增多，雌虫减少，虫口密度则急剧下降，食料则成为抑制其种群数量的关键因素，生产上则表现为其成灾 3 年后，树势开始恢复。这则是食料和天敌两个因素共同作用的结果。

综上所述，可以说在小五台山森林生态系统中，在一定的时间、空间范围内，各生物种（类）群之间是平等的，无高低强弱之分，各自在生态平衡中扮演着不同的角色。所谓食物链的“高端”、“低端”、“强者”、“弱者”只是相对的。回顾自 20 世纪 60 年代初至今约 50 年来，小五台山主要森林昆虫种群数量消长的状况，可以看出，森林生态系统有一定的自然修复和维护动态平衡的能力。只要加强森林资源的保护和管理，少一些人为的干扰或破坏，各类生物间可以相互依存，相互制约，较为和谐地共处于该山区。

若虫蚁狮

蚁狮挖掘的漏斗状陷阱

条斑次蚁蛉若虫蚁狮（2007 年 6 月 28 日，西台 1300m）

（1）　（2）　（3）

2 只黑蚁决斗，最后其中 1 只受伤被咬死（2010 年 8 月 5 日，北台 1220m）

（八）美学鉴赏

昆虫是小五台山生物大家庭的重要成员之一，是自然界的精灵。它能够养眼、悦耳、怡心，是个美的世界。古今中外，从顽皮少年到耄耋翁叟，从凡夫俗子、文人雅士到皇室贵族，很多人都喜欢昆虫，或潜心观赏，或饲养把玩，或入诗入画入影视，作为诗文、绘画、摄影、邮票和布匹图案设计等的题材，作为建筑物、服装、工艺品、化妆的装饰品，借以寄托情思、愉悦心情、陶冶情操，给人以美的享受，唤起人们对大自然的无限热爱。

（1）形态美。昆虫种类多，形态多样。看虫体，圆形、椭圆形、长柱形、扁平状、似马头琴、似月琴、似枯叶，应有尽有。有的体型圆润流畅，丰满肥腴，有的骨感粼粼，曲线优美。看懒螽、笨蝗憨态可掬，又不失机敏。那停息在垂柳叶上的姬蜂随风荡漾，嫣然是素装淡抹、婀娜多姿的时尚女郎。看虫的触角，羽毛状、丝状、线状、锯齿状、栉齿状各不相同。有的1只昆虫头上的2个触角形状各不相同，一根线状，一根栉齿状；有的1只昆虫2个头，是一种病态美。虫的足有的善于跳跃、善于行走，有的长于挖掘、长于携粉而各具特点。

樗蚕（1980年7月30日，南台1450m）

杨二尾舟蛾（2009年7月27日，西台1400mm）

粉蝶交尾状（2010年7月，北台1300mm）

弄蝶（2008年7月6日，东台860mm）

姬蜂（2007年6月2日，西台1300mm）

赤条蝽（2008年8月1日，西台1420mm）

蜉蝣（2008年7月2日，东台1000mm）

密暗尺蛾 *Gnophos myrtillala* 雌雄嵌合体的触角（1980年7月20日，西台1450mm）

甲虫（2009年6月25日，东台1200mm）

芫菁（2007年6月28日，西台1400mm）

（2）颜色美。小五台山昆虫的色彩以黄褐色、黑褐色居多，显得那么质朴无华。而黑色种类又显得庄重、肃穆、诚实、可信。绿色种类更显得生机盎然、通达顺畅。象征美丽爱情又经常双飞的蝴蝶，则色彩斑斓，绚丽多姿。有的一生颜色多变，越变越好看，如斑衣蜡蝉*Lycorma delicatula*，三龄前的若虫为黑色，四龄时红黑相间，而成虫则红、粉红、黑三色扮妆得精细绝伦。而金绿宽盾蝽*Poecilocoris lewisi*的一身装束，又是那么雍容华贵。有的胸部装饰呈骷髅形，是一种怪异和猎奇，给人以视觉上的冲击和震撼。瓢虫因其“脸谱”多样，美丽漂亮，又多以蚜虫、介壳虫为食，是人类的好朋友。

示4龄前

示4龄后

示成虫

斑衣蜡蝉越变越美丽

丝带凤蝶（2008年6月2日，西台1280mm）

异色瓢虫（2007 年 8 月 3 日，北台 1300mm）

瓢虫（2008 年 7 月 27 日，西台 1380mm）

若虫（2008 年 5 月 24 日，东台 1100m）

成虫（2007 年 6 月 6 日，东台 1100m）

金绿宽盾蝽

（3）声音美。夏日来临，漫步于林间，你会听到多种多样虫子的鸣叫声，仅蝉的叫声就有蚱蝉 *Cryptotympana atrata* 的“知——了，知——了”的主旋律高音部，伴以斑头蝉 *Oncotympana maculaticollis* 的“喔喔喔……”，蟪蛄 *Platypleura kaempferi* 的“吱吱吱……”，再加上螽斯的“唧唧唧……”，蟋蟀的“咕咕咕……”，那真是一部气势恢宏的《森林交响曲》。

蟪蛄（1980 年 7 月 15 日，南台 1300m）

蝉（1980 年 7 月 28 日，西台 1200m）

蚱蝉（1980 年 8 月 2 日，东台 1100m）

螽蟖（2007 年 8 月 1 日，北台 1400mm）

蝉（2003 年 8 月 2 日，北台 1220m）

斑头蝉（2008 年 7 月 30 日，西台 1300m）

（4）行为美。小五台山昆虫有着丰富的感情世界，这是昆虫的生物本能，还是人们赋予它的想象？但不管怎么说，下述现象确实让人感动。如蚜虫干母胎生小蚜虫后，任凭许多小蚜虫爬到它的躯体上而一动不动，显得那样安详幸福，偶尔用触角轻轻拍打小蚜虫，又显得那样慈祥，给下一代以无限的爱。以蚜虫为食料的草蛉、瓢虫等，其母体会将卵产在蚜虫密集的地方，以便下一代出生后能有充足的食料，保证营养。一对黑鹿蛾头朝相反方向，尾部对尾部交合结束后，雄蛾会飞过来与雌蛾拥抱一会儿，再飞起绕雌蛾转几圈，依依不舍，然后飞离。另外，粪蜣、牧场金龟等制作、推动粪球，以牛、骡、马等大牲畜粪便为食，而葬甲则食用动物尸体。它们与其他微生物一起，降解粪便、尸体，参与森林生态系统中“废物”的转化、利用，净化环境，是大自然的“清洁工”。

齿棱颚锹甲（2007 年 7 月 31 日，南台 1600m）

草蛉将卵产在蚜虫密集处（卷叶内）（2010 年 7 月 5 日，北台 1320m）

在牛粪堆中做粪球

在推动粪球

蜣螂（2007 年 5 月 29 日，南台 1400m）

豆娘交尾状（2008 年 7 月 6 日）

蝽“叠罗汉”（2009 年 7 月 5 日，南台 1480m）

“相亲相爱”的两只象甲（2007 年 6 月 23 日，东台 1550m）

大青叶蝉（2008 年 7 月 29 日，东台 1250m）

交尾

交尾后雌雄拥抱

黑鹿蛾（2007 年 6 月 2 日，西台 1350m）

（5）精神美。两只雄性斗灶蟋 *Gryllodes hemelytrus* 争斗的场面十分有趣，各张着大颚，鼓动着翅膀，勇往直前向对方进攻，或进或退，或左或右，昂首向前，各不相让。有时被对方咬断触角或掉一条腿，仍不退缩。若弱者落荒而逃，对手则穷追不舍，弱者仍会猛回首反击强者，彰显出蟋蟀奋发向上，英勇拼搏、顽强斗争的精神。多型虎甲 *Cicimdera hybrida* 在追捕猎物时，步行速度极快，可将飞行中突然停息于地面的蝗虫瞬间捕获，人们看到的是它矫健的身姿和机警、勇猛的神态。

斗灶蟋（1980 年 8 月 2 日，西台 1280m）

之一

之二

之三

山杨绿卷象“齐心协力”卷叶产卵繁殖下一代（2007 年 5 月 29 日，西台 1300m）

黄连木尺蛾幼虫保护色（1996 年 7 月，东台 1350m）

杨褐枯叶蛾成虫栖息时似枯叶（2008 年 7 月 20 日，西台 1500m）

杨锦纹吉丁的保护色（2007 年 5 月 29 日，南台 1350m）

（6）和谐美。昆虫的形体、色彩是与周围的环境相统一，一致和谐的。绿色的优雅蝈螽 *Gampsocleis gratiosa* 隐蔽于绿叶丛中，人们只能听到阵阵悦耳的鸣声，却难见尊容。当你寻声觅去时，稍微有点动静，鸣声就戛然而止，更难觅踪影。黄连木尺蛾 *Culcula panterinaria* 幼虫有多种颜色，当它生活在绿叶、绿枝上时是绿色的，而生活在树枝上时又是褐色，似枯枝。杨褐枯叶蛾 *Gastropacha populifolia* 成虫停息时极似脱落的枯叶，有叶柄、叶片，让人很难发现。日本蚱 *Tetrix japonica* 停息在地面上，黄褐色的体色，与地面的土粒颜色非常相似。

以上所述，是人们对昆虫世界的观察、感觉、认知。母爱和性爱是昆虫和其他动物的通性和本能。美，其实是昆虫在长期与自然环境适应和斗争中本身所形成的一种竞争力，一种生存手段，以图扩大生存空间，繁衍种群，是自然选择的结果。

（九）对森林植物危害的特点及其原因分析

昆虫是小五台山生物多样性的重要组成部分，与其他自然资源一起，组成统一和谐的小五台山森林生态系统。但当某些昆虫的种群数量在一定时间内过多而与森林植物的关系出现不和谐时，就表现为该昆虫对森林植物的危害。据作者徐志华 20 世纪 60 年代初期至今 50 年的观察，小五台山昆虫能对森林植被造成中等程度以上危害的所谓灾害，都是小面积的，没有大面积集中连片的，表现如下特点：

（1）成灾的食叶昆虫种类多，但这些年种类逐渐减少。20 世纪 60 年代主要为黄褐幕枯叶蛾 *Malacosoma neustria*、舞毒蛾 *Lymantria dispar*、落叶松鞘蛾 *Coleophora laricella*、松针小卷蛾 *Epinotia rubiginosana*、杨叶甲 *Chrysomela populi*、山杨绿卷象 *Byctisus princeps* 等。80 年代初中期主要有山杨绿卷象、杨叶甲、落叶松球蚜 *Adelges laricis*、油松毛虫 *Dendrolimus tabulaeformis* 等。90 年代后期至今主要为油松毛虫、山杨绿卷象、绿芫菁 *Llytta caraganae* 等。

（2）食叶昆虫成灾面积越来越小。其多为点状或几亩、几十亩的小片状发生，个别上百亩，主要分布在山麓和人为活动较为频繁的浅山地带，而且面积越来越小，没有大面积连年成灾的记录。

(3) 潜隐性昆虫发生较为稳定，并逐渐上升为主要有害昆虫。20 世纪 80 年代蛀干、蛀枝、蛀果等昆虫主要有青杨楔天牛 *Saperda populnea*、松梢斑螟

Dioryctria spleudidella、松横坑切梢小蠹 *Blastophagus minor*、落叶松球果花蝇 *Lasicmma laricicola*，90 年代后期增加了小小蠹 *Scolytus confesus*、黄色梢小蠹 *Cryphalus fulrus* 等。目前这 2 种小蠹在东台低海拔处小片重度发生，已造成近千株油松枯死。在北台、西台海拔 1700m 以上的落叶松林内，落叶松花蝇多年来一直发生普遍，为该山区最主要的种实害虫。

（4）外地昆虫开始传入。小五台山及其所在的蔚县、涿鹿两县，以及与其毗邻的涞水、涞源、阳原、怀来等县，历史上没有光肩星天牛等 4 种昆虫，但目前已在北台山麓、西台山麓苗圃、管理区办公区等交通方便的多个点（非保护区范围内）发现，显然是近年来传入的。

小五台山森林昆虫发生、危害的上述特点，主要是由下列原因形成的：

一是该山区内 80% 以上为天然次生林、混交林。林冠下有较为丰富的下木和伴生树种，植被盖度高。50 多年来虽营造了 4.83 万亩人工针叶林，因地理因素，多呈片状分布在海拔 1700m 以下的山裙地带的阴坡，有阳坡相隔，不能连成大片，造林时没有破坏原有植被。建立自然保护区，尤其是成立自然保护区管理局后，强化了有效管护，昆虫发生危害后，没有大面积施用化学农药，而多采用人工方法，如用收集卵块法防控舞毒蛾等，减少了对环境的污染。随着林相的逐渐恢复，这些次生林、混交林良好的生态效应，对维护本系统生物生存、繁衍的能力，维护其多样性，抵御自然灾害，发生着越来越明显的作用。

二是山势挺拔陡峭，各台均有 1 ~ 3 道主沟，台间又有主梁相连，小沟更多。沟梁间的相对高差 300 ~ 500m，坡度一般都在 25° 以上。降水量相对较少，蒸发量高达降水量的 6 倍，土壤结构不同，光照不一，即使在同一道梁，阴坡和阳坡的植被也截然不同，因此昆虫的横向传播受到了地形地势和食料的阻拦。另一方面，由于植被垂直分布带谱较明显，山上山下的气候差异较大，昆虫的纵向传播又受到食料和气候的不利影响。

三是天敌资源较丰富，已知天敌昆虫 7 个目约 300 种。据在西台杨树林调查，青杨天牛的天敌昆虫有 6 种，寄生率达 34.4%。黄褐幕枯叶蛾、舞毒蛾、油松毛虫、落叶松鞘蛾等也都有几种天敌。这些天敌对于抑制害虫发生，维护生态平衡，起到了一定作用。

四是蛀干、蛀梢、蛀果等潜隐性害虫的天敌相对较少。近 10 年来连年干旱，油松等针叶树树势较弱，为小蠹虫等次生性害虫的发生发展创造了条件。

（十）综合管理

昆虫的综合治理是以应用生态学为基础，利用生物间相生相克的关系，对有害生物进行科学管理的体系。它从农林生态系统总体出发，根据生物与生物、生物与环境之间的相互关系，充分发挥自然控制因素的作用，因地制宜协调应用必要的措施，将有害生物控制在经济受害允许水平以下，以获得最佳的生态、经济和社会效益。总结几十年来小五台山成灾昆虫的防控实践，我们认为对该山区昆虫的综合管理应从以下方面进行：

（1）注意提高公民科学素养。认真学习，广泛深入地开展宣传活动，使山区民众和保护区职工充分认识到环境问题的重要性，对保护自然环境、保护自然资源，每个公民都是利益相关者，自觉行动起来，投入到环境和生物多样性的保护中去。

（2）继续强化自然资源的保护和管理。尤其是以动、植物为主的生物资源保护和管理，进一步减少保护区内人为的干扰或破坏，尤其注意防止森林火灾，搞好封山育林，改善林分环境，加快恢复自然生态。

（3）注意保护和利用昆虫、蜘蛛、鸟兽等昆虫天敌。创造条件人工饲养、释放天敌昆虫，研究推广应用天敌如管氏肿腿蜂 *Scleroderma guani* 等在当地防控小蠹虫、天牛等的方法。

（4）搞好虫情监测。特别是对保护区边缘历年有小片昆虫成灾的地带，加强虫情调查，对可能成灾的昆虫及早采用防控措施。

（5）对可能对森林造成中度以上危害的昆虫，尽量采用人工的、物理的方法防控，科学施用化学农药，必须采用时，要用无公害技术，防止对环境的污染。

（6）强化植物检疫，严防有害生物侵入保护区。

（7）进一步加强保护区内生物多样性的研究，探讨其内在规律，用以指导生态环境保护实践。

中　篇

昆虫区系组成（Ⅰ）

昆虫纲 Insecta 与弹尾纲 Collembola、原尾纲 Protura、双尾纲 Diplura 同隶属动物界 Kingdom Animal 节肢动物门 Phylum Arthropoda。昆虫纲分为无翅亚纲 Apterygota 和有翅亚纲 Pterygota，其虫体大小差异很大，体长从 0.25～300mm 以上不等，体形有椭圆形、圆球形、圆筒形、棍棒状、叶状以及横扁、侧扁等，头部具复眼和数目不等的单眼，触角形状多变，一般为 3 节或更多。口器在头外，上颚与头壳有 1～2 个关节点，头内有后幕骨。胸部由 3 体节组成，常具 3 对足 2 对翅，跗节分亚节。腹部由 8～11 个体节组成，雌成虫具产卵器。变态类型较多，一般为全变态、不全变态，还有复变态、渐变态、过渐变态、半变态、原变态等。昆虫纲分为 32 目，本书记述小五台山昆虫 24 目 223 科 2143 种。

一、石蛃目 MICROCORYPHIA

原始无翅中、小型昆虫，体长常短于 20mm。体近纺锤形，胸部较粗而背侧隆起，向后渐细。体表常密被鳞片。成虫体色与环境接近，多为棕褐色，具金属光泽。幼虫色较淡，体毛丛生，形态多样。头卵圆形。触角长丝状，位于单眼下方、额的两侧。下口式，咀嚼式口器。下颚须发达，7 节。下唇须 3 节。单眼 1 对，复眼大而近圆形。胸部 3 节，无翅，3 对胸足形状相似。腹部 11 节，第 1 ～ 4 节较相似，腹板退化为三角形或更小；生殖前节的肢基片上常有 1 ～ 2 对伸缩囊；腹部末端有 1 对侧尾须和 1 根中尾丝；中尾丝的长度一般不短于侧尾丝，其长超过虫体长的 1/2。无变态，初孵幼虫的体形与成虫基本相似。幼虫寿命可达 5 年。主要栖息于阴湿处，如苔藓、地衣上，石缝中以及靠近海岸的岩石上。以植食为主，个别取食动物产品。

石蛃科 Machilidae

体形隆起；眼大，互相接触；下颚须 7 节；中后足基节有刺突；腹部各节常有 2 对泡囊。

1.1 石 蛃

Machilis sp.

体长约 10mm，体隆起，常见于山间水边石头上，幼虫似成虫。

成虫见于 7 ～ 8 月。食地衣、苔藓、腐殖质等。

分布：小五台山南台海拔 1350m 左右；张家口。

1.1a 石 蛃（触角、中尾丝、足缺损；2007 年 7 月 7 日，西台 1700m）

1.1b 石蛃生息地（2007 年 7 月 7 日，西台 1700m）

二、衣鱼目 ZYGENTOMA

又称缨尾目 Thysanura，原始无翅。体长 4～20mm，呈纺锤形，背腹扁平，柔软，多密被鳞片，乳白、银灰或银白色，常具金属光泽。触角长丝状或念珠状，30 节以上。外生咀嚼式口器。下颚较大，下颚须 5～6 节，下唇须 3 节。复眼退化，常缺单眼，有的有 3 只单眼。胸部 3 节，宽大；胸节的腹板前缘宽大，向后骤窄略成三角形。足 3 对，基节无刺突。腹部 11 节，第 11 背板向后延伸为细长的中尾丝，其两侧有尾须 1 对，第 2～9 节具刺突。无变态。广布世界各地，喜温暖环境，多夜出活动。生活在室外阴湿的土壤中、朽木、落叶、苔藓、砖石下或树洞、树皮下以及蚂蚁、白蚁巢内；室内的衣服、纸张等杂物间，取食衣物、纸张等有机物。

衣鱼科 Lepismatidae

体略扁平；有眼，小，不相接触；下颚须 5～6 节；足基节无刺突，通常有鳞；常在室内自由生活。

2.1 栉衣鱼

Ctenolepisma vilosa (Fabricius)

又名：毛衣鱼。

体长 10mm 左右。体长而扁。腹端有 2 条等长的尾丝和 1 条较长的中尾丝。体被银色细鳞，无翅。

常栖于衣服和书籍中，啮食其上的胶质物和浆糊等。

分布：小五台山区村落民居中；张家口；世界各地。

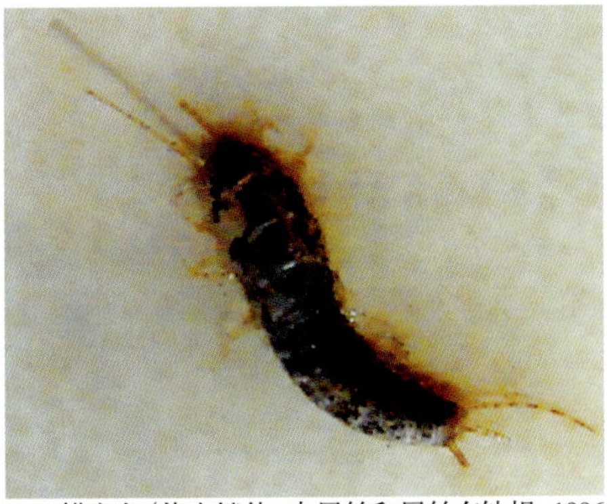

2.1 栉衣鱼（体上鳞片、中尾丝和尾丝有缺损；1996 年 7 月 18 日，西台 1200m）

附：未定种

(1988 年 8 月 18 日，西台 1160m)

(1988 年 7 月 28 日，北台 1220m)

三、蜉蝣目 EPHEMEROPTERA

体中型，细长，体壁柔软。复眼发达。单眼 4 个。触角刚毛状，短。极退化的咀嚼式口器。中胸很大。前翅膜质，很大，后翅退化，有的甚至无后翅。栖息时翅竖立在体背面。尾须线状、长，中尾丝有或无。成虫不取食，寿命极短，只能生活数小时，最长不超过 1 ～ 2 天。幼虫水生，杂食。原变态。

蜉蝣科 Ephemeridae

前胸大。前翅 M_{1+2} 由 Cu_1 基部分出。前翅的 Sc 发达，全部可见。翅透明，翅的后缘有多数不连接的短脉。前翅 Cu_1 简单，不分叉，翅缘连多数横脉。

3.1 短丝蜉

Siphlonurus sp.

前翅长约 26mm。

成虫见于 7 月上中旬。

分布：小五台山东台 1100 ～ 1300m，张家口。

3.2 蜉 蝣

Ephemare sp.

前翅长约 25mm。

成虫见于 7 月上中旬。

分布：小五台山东台海拔 1100 ～ 1300mm；张家口；全国各地。

四节蜉科 Baetidae

又称泥蜉科，前翅 MA 不分叉，与其后 2 脉的基部不相接触。翅透明。前翅有少数横脉，后翅小或无。前翅 Sc 脉发达，全部可见。后足跗节只有 4 可动节，如有 5 节，则基部 1 节不能动。

3.3 红眼四节蜉

Baetis sp.

前翅长约 18mm。

成虫见于 7 月中旬。

分布：小五台山东台海拔 1100m 左右；张家口。

3.4 四节蜉

Baetis sp.

前翅长约 17mm。

成虫见于 6 月下旬～ 7 月中旬。

分布：小五台山东台海拔 1150 ～ 1250m；张家口。

3.3 红眼四节蜉（2007 年 7 月，东台 1100m）

3.1a 短丝蜉（示羽化中；2007 年 7 月 10 日，东台 1100m）

3.2 蜉 蝣（2007 年 7 月 8 日，东台 1150m）

3.4a 四节蜉（2007 年 6 月 21 日，东台 1100m）

3.1b 短丝蜉（2007 年 7 月 8 日，东台 1150m）

3.1c 短丝蜉（1980 年 7 月 2 日，东台 1150m）

3.4b 四节蜉（2007 年 7 月 10 日，东台 1150m）

四、蜻蜓目 ODONATA

体中至大型，细长，体壁较坚硬。头大，能活动。复眼极发达，单眼3个。触角刚毛状，短。咀嚼式口器。前胸很小。足细长。翅狭长，翅脉网状，有翅痣及翅节。腹部细长。半变态。雄虫交合器在腹部第2～3节腹面。稚虫称水虿，水生。捕食昆虫。

大蜓科 Cordulegasteridae

大型古老种类。体黑色粗壮。两复眼在头顶接近或接触。有2条粗的结前横脉，无支持脉，增脉不发达，臀套界限清楚。生活在山谷溪流间，在水面飞行觅食、产卵。

4.1 双斑圆臀大蜓

Anotogaster kuchenbeiseri Foerster

雌虫腹长73mm左右，后翅长57mm左右。雄虫与雌虫体色、斑纹等相同，仅体较小。额黑色，头顶与触角黑色，复眼褐色，在头顶上方以一点相连。翅透明，翅痣及翅脉黑色。足黑色。腹部黑色，第2～8节前部具黄色环状斑纹。

成虫见于6月下旬～8月中旬。

捕食小型昆虫。

分布：小五台山西台、北台海拔1100～1300m；张家口、石家庄；山东、北京、四川、云南、浙江、江西、福建。

4.1a 双斑圆臀大蜓（示羽化蜕下的皮；2007年6月24日，西台1200m）

4.1b 双斑圆臀大蜓（1999年7月21日，西台1200m）

蜻科 Libellulidae

体多中、小型，大型不多，多数不具金属光泽。两眼在头上方有较长的一段接触，休息时翅呈水平状，雌雄两性前后翅臀角均为圆形，后翅三角室较前翅三角室近于弓脉。腹部横断面呈三角形。稚虫多在静水中爬行觅食。成虫常在旷野、池塘、河流等地捕食昆虫。

4.2a 红蜻（1982年8月16日，西台1300m）

4.2b 红蜻（2009年8月21日，西台1250m）

4.2 红蜻

Crocothemis servilia Drury

又名：赤卒。

腹部长26～35mm，后翅31～38mm。翅痣长约5mm。未成熟时体黄褐色，成熟时呈鲜红色，但腹部第8～9节背纵脊呈细黑线。翅透明，基部具橙黄色斑纹。

成虫见于8月中下旬。

捕食小型昆虫。

分布：小五台山西台海拔1200～1800m；河北；全国各地；亚洲、大洋洲。属东洋、古北、澳洲区系共有种。

4.3 黄蜻

Pantala flavescens Fabricius

又名：黄衣。

腹部长30～35mm，后翅长38～41mm。体浅黄褐色。头部黄色，单眼

4.3a 黄蜻（1980年8月20日，西台）

4.3b 黄蜻（2009年8月13日，北台1250m）

间有1条黑色横纹。胸部黄色，颈第1和第3侧缝上端以及第2侧缝下端具褐色斑点。翅透明，基部淡橙黄色，翅痣黄色。腹部黄褐色，第3～10节背面中央有一黑斑，第8节和第9节的黑斑大。足胫节和跗节为黑色。

成虫见于8月中下旬。

捕食小型蛾类。

分布：小五台山北台1100～1300m；河北各地；全国各地；国外热带和温带地区。属东洋、古北、非洲、澳洲、新北、新热带6大区系共有种。

4.4 黄翅蜻

Brachythemis contaminata Fabricius

前翅长34mm。

成虫见于9月上旬。

分布：小五台西台章家窑海拔1100～1300m；张家口。

4.5 异色多纹蜻

Deielia phaon Selys

腹部长27～28mm，后翅长约33～34mm。雄性额大部分为黑蓝色，具金属光泽，上部凹陷呈1条纵沟；头顶黑色、突出，胸部黑色，合胸前方灰色，合胸侧面黄色，条纹黑色；翅透明，翅痣黑黄色，翅脉黑色，腹部灰色。雌性外观与雄虫有明显差异，额黄色，后缘黑色，头顶黄斑较大；翅脉红色，翅痣黄色，翅基部黄色；腹部第1～7节黄色，8～10节黑色。有的个体在翅端内方具褐色横斑。

成虫见于7月上旬。

捕食蛾类、叶蝉、蝇、蚊等。

分布：小五台山北台上寺沟海拔1500m；山东、北京、天津、河南、浙江、江苏、广东。

4.4 黄翅蜻(1980年9月1日，西台1300m)

4.5 异色多纹蜻（缺头部；1981年7月8日，北台1500m)

4.6 灰 蜻

Orthetrum triangulare melania Selys

后翅长约32mm。

成虫期8月上旬。

分布：小五台山西台大桦峪海拔约1400m；张家口。

4.7 白尾灰蜻

Orthetrum albistylum Selys

后翅长约41mm，腹长约38mm，翅痣长约4mm。

成虫见于7月上旬。

分布：小五台山西台白乐道海拔820～1160m；张家口。

4.8 褐肩灰蜻

Orthetrum internum Mchachlan

后翅长约36mm。

成虫见于8月上中旬。

分布：小五台山西台白乐道海拔900～1160m；张家口。

4.6 灰 蜻(1980年8月7日，西台1400m)

4.7 白尾灰蜻(1984年7月2日，西台1600m)

4.9 旭光赤蜻

Sympetrum hypomelas Selys

后翅长约38mm。

成虫见于7月下旬。

分布：小五台山东台海拔1100m左右；张家口。

4.10 夏赤蜻

Sympetrum darwinianum Selys

后翅长约34mm。

成虫见于6月中旬。

分布：小五台山西台苗圃海拔约1200m；张家口。

4.11 斯赤蜻

Sympetrum striolatum imitoides Bartenef

成虫见于7月上旬。

分布：小五台山北台上寺沟海拔约1500m；张家口。

4.8 褐肩灰蜻(1980年8月10日，西台1100m)

4.9 旭光赤蜻(1980年7月25日，东台1100m)

4.10 夏赤蜻(1980年6月12日，西台1200m)

4.12 竖眉赤蜻

Sympetrum eroticum ardens Mclachlan

雌虫腹长约 28mm，后翅长约 30mm，翅痣长约 3mm。雄虫腹长略小，后翅略大。雄虫额前方黄色，上方及两侧暗黄色；头顶中央突起，其前方有较宽的黑色条纹；后头褐色。翅透明，赤黄色，后翅臀域淡黄褐色。足黑色。腹部赤黄色，第 1 腹节背面具黄色横斑，第 4 ～ 10 腹节背面多具黑褐色斑。雌雄特征基本相同，仅雌性体色较淡。

成虫见于 7 月下旬～ 8 月上旬。

捕食小型蛾类、叶蝉等。

分布：小五台山西台、北台海拔 1000 ～ 1400m；北京、山东、四川、浙江、云南。

4.13 半黄赤蜻

Sympetrum croceolum Selys

雌性腹长约 30mm，后翅长约 34mm，翅痣长约 4mm。雄性略小。额前面黄赤色，后部淡褐色。头顶前部具 1 条黑窄纹，中央有 1 个黄褐色突起，胸部黄色至黄褐色。翅透明，前缘区金黄色，后缘区大半部白色；翅痣赤褐色。足赤褐色，具黑刺。腹部赤褐色，雌虫色较深；第 2 腹节具褐色横纹。

成虫见于 8 月上旬。

捕食蛾、蝇类。

分布：小五台山；张家口；江苏、北京、山东、广西、福建、江西。

4.11 斯赤蜻 (1980 年 7 月 6 日，北台 1500m)

4.12 竖眉赤蜻 (1980 年 8 月 2 日，北台 1400m)

4.13 半黄赤蜻 (1980 年 8 月 8 日，小五台)

蜓 科
Aeschnidae

大至中型。体较粗壮，飞翔力强，有蓝、绿、黄、褐等花纹，复眼大，在头的上后方。下唇中叶稍凹裂。翅透明，有 2 条粗的节前横脉。前、后翅三角形室形状相似。在翅痣内端下方有 1 条支持脉；具径增脉；臀套明显，M_2 脉呈波状弯曲。雌性具发达的产卵器。稚虫生活在水草间，能攀缘，老熟时爬出水面，攀附草本植物或其他物体羽化为成虫。

4.14 碧伟蜓

Anax parthenope julius Brauer

体棕黄色。腹长约 52mm，后翅长约 51mm，翅痣长约 6mm。前额上缘有 1 条宽的黑色横纹。头顶中央为 1 个突起，顶端色浅；后头黄色。翅透明，前缘脉黄色，翅痣黄褐色。腹部第 1、2 节膨大；第 1 节绿色，第 2 节基部绿色，后部褐色；第 3 节褐色，第 4 ～ 8 节背棕黄色，第 9、10 节赤褐色，具黄色斑。雌虫体色不如雄虫鲜艳。

成虫见于 8 月上中旬。飞翔能力强，常在水面较高的上空往返飞翔。

捕食蚊、蝇及小型蝶、蛾等。

分布：小五台山东台海拔 1150 ～ 1300m；张家口；河南、山东、新疆、四川、西藏、云南、江苏、湖南、广东、福建。

4.14 碧伟蜓 (1980 年 8 月 3 日，东台 1150m)

箭蜓科
Gomphidae

体型一般较大，黑色，具绿色或黄色斑纹，飞翔力强。复眼较其他蜻蜓小，在头顶分离较远。翅透明，翅痣前端下方常具支持脉。雄性交合器大型外露，位于第 2、3 腹节的腹面。雄性腹部第 2 节两侧各具 1 个耳状突。雌虫无产卵器。

4.15 宽纹缅箭蜓

Burmagomphus kreyenbergi (Risso)

雄性腹长约 43mm，后翅长约 34mm，翅痣长约 6mm。头顶黑色，后头黄色。前胸黑色，前缘黄色，两侧各有 1 个大的黄色斑。合胸背前端黑色；领条纹黑色；合胸脊前端黄色。合胸侧方黄色，具黑色条纹。翅透明，翅痣、翅脉黑色；足黑色，具黄色斑。腹部黑色，各节前缘具暗黄色环斑，第 1、2 腹节较粗，第 3 ～ 6 节较细，第 7 ～ 9 节膨大，以第 8 节最粗。

成虫见于 8 月上旬。

捕食多种昆虫。

分布：小五台山东台、西台海拔 1100 ～ 1300m；张家口；山东。

4.15a 宽纹缅箭蜓 (示羽化蜕下的皮，2007 年 7 月 8 日，西台 1300m)

4.15b 宽纹缅箭蜓

附：未定种

（1981年7月3日，北台1220m）

（1981年7月17日，西台1320m）

（1980年8月1日，北台1350m）

（1981年8月5日，南台1450m）

（1980年7月15日，西台1200m）

（1980年4月25日，西台1120m）

色蟌科 Agriidae

体型较大，常具深的色彩和绿色金属光泽。翅宽，透明，黑色、金黄色或茶褐至深褐色等，翅脉密集，横脉极多；翅痣常不发达或缺；方室长，向前方凸；Cu_2脉（尤其后翅）在方室之后，其基部伸出1枝Cu_{2a}脉；M_{1a}脉与M_2脉平行。

4.16 透顶单脉色蟌

Matrona basilaris basilaris Selys

雄虫腹长约55mm。

成虫见于6月中旬。

捕食蚜虫、蚊等。

分布：小五台山东台海拔1100～1300m；张家口；安徽。

4.16b 透顶单脉色蟌（2009年6月17日，东台1100m）

4.16c 透顶单脉色蟌（2009年6月17日，东台1100m）

4.16a 透顶单脉色蟌（2009年6月17日，东台1150m）

4.16d 透顶单脉色蟌（2009年6月17日，东台1100m）

4.16e 透顶单脉色蟌 （示成虫群集状；栖主为刺槐。2009年6月17日，东台1100m）

4.17 单脉色蟌

Matrona sp.

后翅长约30mm。

成虫见于7月上旬～8月上旬。

分布：小五台山东台海拔1200～1300m；张家口。

4.18 白痣单脉色蟌

Matrona sp.

后翅长约31mm。

成虫见于8月上旬。

分布：小五台山东台海拔约1100m；张家口。

4.19 绿腹色蟌

Agrion grandaeva Selys

雄性腹长约50mm，后翅长约39mm。额褐色突出，中央凹陷。头顶褐色，闪蓝绿色金属光泽。胸部黑色，斑纹闪金属光泽。翅深茶褐色，闪微蓝色亮光，微透明。翅脉序密集，无翅痣。足细长，黑色，具黑色长毛。腹部黑色，背面闪蓝绿色金属光泽，除第8～10节外各节端部具暗黄色斑。

成虫见于7月下旬～8月上旬。

捕食多种昆虫。

分布：小五台山东台海拔1100～1300m；张家口；山东。

4.20 透翅绿色蟌

Mnais andersoni Mclachlan

后翅长约31mm。

成虫见于6月下旬。

分布：小五台山东台海拔1100m左右；张家口。

4.21 黄翅绿色蟌

Mnais auripennis Needham

后翅长约33mm。

成虫见于7月上旬。

分布：小五台山东台海拔1150m左右；张家口。

4.22 绿色蟌

Mnais sp.

后翅长41mm。

成虫见于7月。

分布：小五台山东台海拔1200m左右；张家口。

蟌 科
Coenagriidae

多小型，细长，多数种类在蜻蜓目中高度特化。体色不一，金属光泽无或局部有。翅狭而长，端部圆，有翅柄；翅痣形状、色泽有变化，多为菱形；有支持脉；方室四边形，前边短于后边，外角尖锐，内无横脉；翅室多五边形；翅端无插入的分脉。腹部中等长或细长，第8～10腹节比第1节短。

4.23 盔纹蟌

Coenagrion ecornutum (Selys)

4.17a 单脉色蟌（2007年7月31日，东台1200m）

4.17b 单脉色蟌（2007年8月2日，东台1200m）

4.17c 单脉色蟌 （2007年8月2日，东台1100m）

4.18a 白痣单脉色蟌（2007年8月1日，东台1200m）

4.18b 白痣单脉色蟌（2007年8月2日，东台1150m）

4.20 透翅绿色蟌（1981年6月28日，东台1100m）

4.21 黄翅绿色蟌（1980年7月8日，东台1150m）

4.22 绿色蟌（1980年7月20日，东台1200m）

4.23 盔纹蟌（1980年6月21日，东台1200m）

后翅长约 20mm。

成虫见于 6 月 11 日。

分布：小五台山东台海拔 1200m 左右；张家口。

4.24 黑 蟌

Cercion calamorum Ris

雄虫腹长 21 ～ 24mm。

成虫见于 7 月～ 9 月中旬。

捕食蚊等。

分布：小五台山；张家口、石家庄、邯郸；安徽。

4.24 黑 蟌

附：未定种

(1980 年 7 月，东台 1100m)

(1980 年 7 月，东台 1150m)

(2007 年 7 月 8 日，东台 1150m)

(2007 年 7 月 8 日，东台 1130m)

(2007 年 7 月 8 日，东台 1120m)

(2007 年 7 月 29 日，东台 1200m)

(2007 年 8 月 1 日，东台 1250m)

(2007 年 8 月 1 日，东台 1200m)

(2009 年 6 月 7 日)

(2007 年 7 月 8 日)

(2009 年 8 月 1 日)

(2008 年 7 月 13 日)

五、襀翅目 PLECOPTERA

又称石蝇，体中、小型，柔软，细长。复眼发达，单眼3个或无。触角线状，长，多节。咀嚼式口器，退化。前胸活动，翅膜质，栖息时平放在腹上，翅脉少，后翅臀区大。跗节3节。尾须1对，线状，多节，长。产卵器无。幼虫水生，肉食性；成虫不取食。

襀 科 Perlidae

上颚退化成薄片状，唇基和上唇为额所隐蔽。跗节第3节长。单眼3个或2个。前胸不比头阔。尾须长过前胸背板的宽度。后翅Cu脉间常有横脉。翅的前面端部无网状横脉。后翅臀区阔，A脉多数。

5.1 襀翅虫

Perla sp.

翅展25mm左右。

成虫见于7月中旬。

分布：小五台山北台约1800m；张家口。

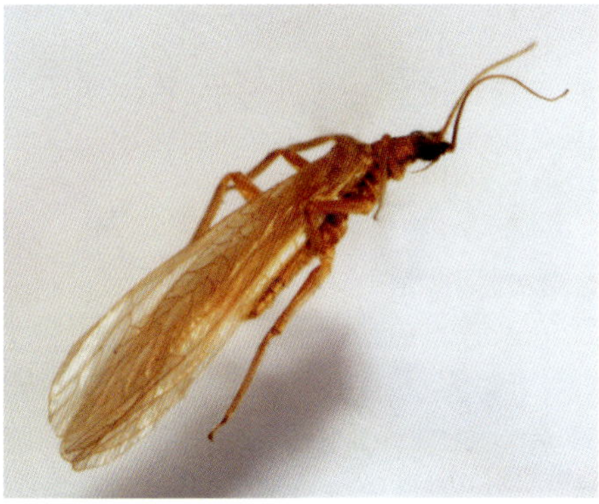

5.1a 襀翅虫（1998年7月28日，北台1800m）

5.1b 襀翅虫（示溪流边枯树，其羽化场所；2010年8月17日，北台1800m）

六、蜚蠊目 BLATTODEA

中至大型，翅有或无。体扁阔，很少有隆起的。口器为典型的咀嚼式。触角线状，很长。复眼发达或退化，单眼无或 2 个。前胸很大，盖住头部。如有翅，前翅皮革质，成复翅，后翅膜质，臀区很大。步行足，基节大，跗节 5 节。尾须短，常有能散发臭味的臭腺。幼虫似成虫，但无翅，渐变态，寿命长，需 1 ～ 5 年完成 1 个世代。多生活于地面，亦有生活在土中、蚁巢中，极少水生。有的取食植物、作物、木材等，生活在室内的种类则取食厨房储物、仓储物，常为重要的卫生昆虫，有的为药材。

地鳖科 Polyphagidae

体形隆起，雄性第 10 背板横阔，中间收缩。后翅如有，则臀区小，仅一褶或双褶。

6.1 冀地鳖

Polyphaga plancyi Bolivar

体长：雄性约 22mm，雌性约 25mm。雄前翅长约 27mm。体扁平，雌雄异型，雌性完全无翅。头顶不露出前胸背板，上唇隆起，唇基缝不到达触角窝下缘。触角长度不超过腹端。前胸背板近三角形，表面具颗粒和短毛。雌性各腹节背板后侧角尖形突出，表面具颗粒，基部具光滑的横带，两侧各具 1 个不明显的凹陷；肛上板横宽，后缘中央具极弱的凹口。雄性黑褐色，雌性淡黄色至赤黄色，各腹节背后缘暗黑色，两侧各具 1 列黑点，腹面周缘具橙色斑。雌雄两性前胸背板前缘具淡色宽边。雄性前翅暗褐色，近端部色较淡。

成虫见于 7 ～ 8 月。

雌虫入药。

分布：小五台山西台海拔 1180 ～ 1450m；张家口；河南、山西、内蒙古、辽宁、山东、江苏、浙江、湖南、陕西、甘肃、青海；俄罗斯。

（♀；西台 1200m）（♀；西台 1400m）（♂；北台 1220m）

（♀；示侧面观，西台 1250m）（♂；北台 1280m）

6.1 冀地鳖（1980 年 7 月 20 日～ 9 月 20 日）

6.2 中华真地鳖

Eupolyphaga sinensis (Walker)

体扁平。体长雄性约 20 mm，雌性约 33mm。雄前翅长约 25mm。雌雄异型，雌完全无翅。头顶不露出前胸背板，上唇隆起，唇基缝不到达触角窝下缘。触角不超过腹端。前胸背板近三角形，表面具颗粒和短毛。雌虫各腹节背板后侧角不突出，表面具颗粒，基部具光滑的横带，第 7 ～ 8 节腹节背板后缘弧形内凹，肛上板横宽，后缘中央具凹口。体淡黄色。头、前胸背板色暗。前胸背板前缘具淡色宽边。雄性前翅为半透明的淡黄色，具不明显的淡褐色斑纹。

成虫见于 7 ～ 8 月。

雌虫入药。

分布：小五台山北台赤崖堡海拔 1200 ～ 1300m；张家口；河南、山西、内蒙古、辽宁、山东、江苏、浙江、湖南、陕西、甘肃、青海；俄罗斯。

6.2 中华真地鳖（♂；1980 年 7 月 20 日，北台 1200m）

蜚蠊科 Blattidae

体中至大型，常具光泽和浓厚色彩，头顶常露出前胸背板之前，单眼明显。前、后翅发达，翅脉显著。飞翔力弱。足细长多刺。中、后足股节腹缘具刺，跗节各节有跗垫，爪对称，爪间具垫。

6.3 美洲大蠊

Periplaneta americana (Linnaens)

体长27～36mm，前翅长20～33mm。体赤褐色。头顶和复眼间黑褐色。单眼和前胸背板淡黄色。前胸背板中部具赤褐色至黑褐色小斑，该斑后缘中央向后延长，近前缘具1个“T”形黄斑，后缘具赤褐色至黑褐色宽边。

分布：小五台山区；张家口；北京、河南、安徽、上海、福建、海南、广西、四川、贵州、云南。世界各大区系共有种。

6.4 日本姬蠊（1981年6月12日，西台1100m）

姬蠊科 Blattellidae

雌性第7腹板不分瓣；后足腿节下方有强刺；两性之第10背板完整，三角形；尾须突出，前胸及翅盖光滑，足无侧垫。

6.4 日本姬蠊

Brattella nipponica Asahina

体长10～13mm，前翅长11～13mm。体狭长，淡黄至淡赤褐色，面色暗。前胸背板具1对稍宽的暗黑色纵条纹。

成虫见于6月上中旬。

分布：小五台山西台东坡海拔约1100m；张家口；河南、福建、广西、云南；缅甸、菲律宾、马来西亚、印度以及美国夏威夷。

6.5 德国小蠊（右为幼虫；1994年9月10日，西台1200m）

6.5 德国小蠊

Blattella germanica Linnaeus

体长约11mm，更为狭长。头部淡黄褐色，前胸背板接近梯形，上有2条纵向黑条纹。前翅狭长，淡黄褐色。尾须色淡，伸于翅的两侧。

分布：小五台山区；张家口；世界各大区系共有种，著名卫生昆虫。

附：未定种

（1980年8月20日，北台1300m）

（2007年7月10日，西台1250m）

七、螳螂目 MANTODEA

体中型或大型。头大，三角形，很活动。触角通常丝状。复眼突出。单眼有或无，有则3个，排成三角形。口器咀嚼式，上颚坚强。前胸极长，能活动。前翅成复翅，后翅扇状，不用时平叠在腹部上。前足为捕捉足，腿节及胫节下方有强刺，中后足细长适于步行。尾须短而分节，产卵器相当退化，雄虫第9腹节有1对刺突。渐变态，若虫与成虫相似，但翅短小，蜕皮3～12次变为成虫，均捕食昆虫。卵数10粒装在一卵鞘内，附于树枝或石上。1年或1年以上1代。多有保护色，有的还具拟态。

螳 科 Mantidae

体型多样。头顶缺粗大的锥形突起；如头顶锥形突起较大，则两眼附近各具1个小突起。前胸背板侧缘具不明显扩展；如有明显扩张，则前足腿节第1、第2刺之间具凹窝。雌雄两性非同时为短翅。前足腿节外列刺一般超过5个；如外列刺不超过5个，则前足胫节背面端爪之前具1～2个内列刺或雌性具翅。前足腿节内列刺的排列为1个大刺1个小刺相交替。雌性下生殖板末端通常缺刺。尾须锥状或稍扁，不扩展呈叶状。

7.1 枯叶大刀螳

Tenodera aridifolia (Stoll)

又名：南方刀螂、大刀螂。

体长86～96mm，褐色或绿色。前胸背板长31～33mm，侧角宽8～9mm，长宽比3.8：1。前胸背板侧缘水平部分窄小，前半部中纵沟两侧排列有许多小颗粒，侧缘齿列稀疏；后半部明显超过前足基节长度。前翅膜质，略长于腹部末端，前缘区较宽，绿色革质。后翅在腹部末端稍长于前翅，内缘角色暗，基部有明显的黑色大斑，其余部分暗褐或黑褐色不规则斑纹。

成虫见于8月中旬。

成、若虫均捕食多种昆虫。

分布：小五台山；河北各地；广东、台湾、江苏、浙江、河南、湖南、四川、西藏、云南、贵州、广西、福建、海南、安徽、辽宁、北京；日本、印度、印度尼西亚、菲律宾、马来西亚、越南、泰国、缅甸。古北、东洋区系共有种。

7.2 狭翅大刀螳

Tenodera angustipennis Saussure

又名：华北大刀螳、窄大刀螂。

体长60～70mm，雌性比雄性稍大。暗褐色或绿色。前胸背板细长，雌虫长21～23mm，侧角宽3.5～4.5mm，长宽比5.5：1；雄虫长20～22mm，侧角宽2.5～3.5mm，长宽比7：1；前半部中纵沟两侧排列许多小颗粒，侧缘齿列明显；后半部中隆两侧小颗粒和侧缘齿列均不明显；前胸背板后半部显著超过前足基节的长度。前翅狭长，超过腹部末端。后翅略超过前翅，后翅基部无较大黑斑，端部较尖。

成虫见于8月上旬。

捕食直翅目和鳞翅目的成虫、若虫，双翅目、同翅目昆虫、金龟子等。

分布：小五台山北台海拔1500m

7.1 枯叶大刀螳（1980年8月11日，中台1500m）

7.2a 狭翅大刀螳（1980年8月6日，北台1500m）

7.2b 狭翅大刀螳（1980年8月5日，北台1500m）

左右；河北各地；四川、云南、宁夏、山东、浙江、江苏、河南、上海、湖南、湖北、安徽、福建、广西、辽宁、黑龙江；日本、朝鲜、美国。

7.3 斯大刀螳

Tenodera stotzneri Wemer

体长 62 ~ 74mm，前胸背板长 21 ~ 25mm。后翅基部有 1 个较大的黑斑。前足基节基部内侧具黑斑。

成虫见于 8 月中旬。

分布：小五台山西台海拔 1100 ~ 1500m；张家口；北京、河南、湖北、四川、西藏。

7.4 中华大刀螳

Tenodera sinensis (Saussure)

又名：中国拟刀螂、中华螳螂、大刀螂。

体长：雌 74 ~ 90mm，雄 68 ~ 77mm。体褐色或绿色。前翅前缘区绿色或褐色，其余绿色或褐色。前胸背板雌虫长 23.5 ~ 28.5mm，侧角宽 5 ~ 7mm，长宽比 4.3 ：1.0；雄虫长 21 ~ 23mm，宽 4.0 ~ 4.8mm，长宽比 5.2 ：1.0。前胸背板前半部中纵沟两侧排列许多小颗粒，侧缘齿列明显，后半部中隆线两侧小颗粒和侧缘齿列均不明显；后半部稍长于前足基节长度。后翅黑褐色，前缘区紫红，具透明斑纹。

成虫见于 8 月上旬～ 9 月上旬。

捕食松毛虫、蚜虫、槐舟蛾、柳毒蛾、槐尺蠖等。

分布：小五台山东台、西台海拔 850 ~ 1500m；河北各地；广东、广西、四川、台湾、福建、浙江、江苏、上海、江西、湖北、安徽、河南、山东、陕西、辽宁、贵州、西藏、台湾、北京；日本、越南、朝鲜、美国。

7.3 斯大刀螳（1980 年 8 月 12 日，西台 1400m）

7.4a 中华大刀螳（示蜕皮状；2007 年 8 月 16 日，西台 1300m）

7.4b 中华大刀螳（2009 年 8 月 25 日，东台 1100m）

7.4c 中华大刀螳（2009 年 8 月 25 日，东台 1100m）

7.4d 中华大刀螳（1991 年 9 月 5 日，北台 1500m）

7.4e 中华大刀螳（1985 年 8 月 30 日，东台 1100m）

7.5 棕污斑螳

Statilia maculata Thunberg

又名：小刀螂。

体细长，雌 46 ~ 58mm，雄 39 ~ 45mm。灰褐或棕褐色，散布黑褐色小斑点。前胸背板细长、棱形，雌长 15 ~ 17mm，侧角宽 3.0 ~ 3.1mm，长宽比 5.3 ：1；雄长 11 ~ 13mm，侧角宽 1.1 ~ 1.7mm，长宽比 8.5 ：1。前翅窄小。棕褐色，臀膜烟色，后翅着烟色。前足基节和腿节内面中央各有 1 块大的黑色漆斑，腿节的漆斑嵌有白色斑。

成虫见于 8 月。

捕食鳞翅目等多种昆虫。

分布：小五台山中台海拔 1550m 左右；河北各地；广东、福建、台湾、

7.5 棕污斑螳（1980 年 8 月 12 日，中台 1550m）

7.4f 中华大刀螳（2007 年 8 月 14 日，西台 1300m）

7.4g 中华大刀螳（示若虫；2007 年 7 月 17 日，西台 1280m）

江苏、浙江、上海、安徽、江西、湖南、四川、重庆、云南、贵州、西藏、广西、海南、台湾、山东、北京；日本、印度、印度尼西亚、马来西亚、越南、泰国、缅甸。属东洋区系种。

7.6 薄翅螳

Mantis religiosa Linnaeus

又名：刀螂。

体长：雌 57 ~ 60mm，雄 47 ~ 56mm。淡绿至淡褐色。触角雄的粗而长，雌的细而长。前胸背板雌长 15.7 ~ 17.1mm，侧角宽 4.4 ~ 5.0mm，长宽比 3.5 ∶ 1.0；雄长 12.4 ~ 15.5mm，侧角宽 2.2 ~ 3.1mm，长宽比 5.3 ∶ 1.0。前翅雌的略带革质，雄的薄而透明。后翅在腹部末端超过前翅。前足基节长度等于或略长于前胸背板后半部，内侧基部有 1 个中心橙黄色或灰白色的长形大黑斑。

成虫见于 8 月上旬～ 9 月上旬。

若虫、成虫捕食鳞翅目等昆虫。

分布：小五台山西台、北台海拔 1100 ~ 1500m；河北各地；广东、云南、台湾、安徽、山东、河南、陕西、辽宁、黑龙江、新疆、山西、吉林、江苏、上海、四川、西藏、福建、海南、北京；欧洲、亚洲、非洲、大洋洲和美洲。属东洋、古北、非洲、澳洲、新北 5 个区系共有种。

7.7 广斧螳

Hierodula patellifera (Serville)

又名：两点广腹螳螂、拒斧、刀螂。

体长：雌 57 ~ 63mm，雄 51 ~ 56mm。体绿色或紫褐色，前翅淡绿色或淡褐色，翅斑黄白色，后翅末端绿色。前胸背板短粗，与前足基节约等长，横沟处明显膨大，侧缘具细齿，前半部中纵沟两侧光滑，无小颗粒。前胸腹板平，基部有 2 个褐色斑纹。前翅前缘区宽，翅长超过腹部末端，胫脉处有一黄白色翅斑。后翅与前翅等长。前足基节前龙骨具 3 个黄色圆盘突。

成虫见于 8 月中旬～ 9 月下旬。

捕食松毛虫、蚜虫、槐舟蛾、柳毒蛾、

7.6a 薄翅螳（1996 年 8 月 25 日，北台 1500m）

7.6b 薄翅螳，示卵鞘（1997 年 1 月 10 日，西台 1300m）

7.6c 薄翅螳（示捕蝉状；1980 年 7 月 29 日，西台金河口 1350m）

7.6d 薄翅螳（1996 年 8 月 25 日，北台 1500m）

7.6e 薄翅螳（示前足基节基部内侧大黑斑）

7.7a 广斧螳

7.7b 广斧螳（1990 年 9 月 30 日，西台 1280m）

7.7c 广斧螳（示若虫；1991 年 6 月 25 日，西台 1180m）

槐尺蠖等。

分布：小五台山；河北各地；广东、陕西、浙江、四川、海南、广西、贵州、台湾、福建、湖南、江苏、河南、山东、吉林、北京、上海；日本、印度尼西亚、菲律宾以及美洲。

7.7d 广斧螳（1993 年 8 月 30 日，中台 1300m）

7.7e 广斧螳（示卵鞘）

八、革翅目 DERMAPTERA

中等大小，体狭长，略扁平，表皮坚韧，褐至黑褐色。头活动，前口式，咀嚼式口器。触角线状。复眼发达，无单眼。前胸背板发达，长方形或方形。翅有或无。有翅者前翅革质，短小，无翅脉；后翅大，膜质，扇状，翅脉放射状，平时折叠放在前翅下，常露出前翅外。足细长，跗节3节。尾须钳状，不分节。无产卵器。渐变态。卵生或卵胎生。常生活于树皮下、石头下、垃圾堆、肥料堆、树洞、阴湿地或含腐殖质多的土壤中，有时见于居民卫生间、伙房内。夜出活动，杂食性，与人类经济意义不大。

蠼螋科 Labiduridae

大多具翅，极少无翅。触角25节以上，线状。臀板发达，后臀板及尾节不发达或无。第2跗节叶状或扩张，延伸到第3跗节的下方。

8.1 岸栖蠼螋

Labidura riparia (Pallas)

又名：海滨蠼螋、狗铗子、溪岸蠼螋。

体长16～21mm，尾铗长5～7mm。体褐黄色或赤褐色。头红色，触角淡黄色。前翅褐色。前胸背板侧缘平行，后缘弧形，背面中沟明显。前翅长于前胸背板，侧缘基半部具隆线；后翅短于或长于前翅（本标本长于前翅）。足较长。腹部从基部向端部渐宽。

成虫见于8月中旬。

分布：小五台西台海拔1100～1300m；张家口；河南、内蒙古、陕西、甘肃、新疆、江苏、浙江、福建、广东、海南、湖南、湖北、四川、贵州、云南；俄罗斯、日本、越南、缅甸、印度、菲律宾以及北非、欧洲。

8.1 岸栖蠼螋（♂；1980年8月13日，西台1200m）

球螋科 Forficulidae

前、后颈片愈合，其后缘与前胸腹板前缘分节。触角12～16节翅发达，极少无翅。第2跗节扩宽、扁平，心形。第3、4腹节背板具腺褶。尾铗对称。

8.2 斯氏球螋

Forficula tomis scudderi Bormans

体长14～21mm，尾铗长5.5～14.5mm。体稍扁平，暗褐色。口器、触角、前胸背板两侧缘和足黄色至淡红褐色，头部和尾铗色较深，有时为红褐色。头与前胸背板约等宽。复眼较小。触角12节。前胸背板长宽约相等，侧缘平行，后缘宽圆形，中沟明显。前翅稍长于前胸背板，端缘截形；后翅退化，不长于前翅。足较粗壮。腹部延长，中部稍扩宽。

成虫见于7～8月。

分布：小五台山西台海拔1220～1400m；张家口；河南、辽宁、黑龙江、陕西、山西、宁夏；日本、朝鲜、俄罗斯。

8.3 迷卡球螋

Forficula mikado Burr

体长8～16mm,尾铗长2.7～7.0mm。体黑褐、赤褐至栗褐色，翅和跗节色稍淡。体稍扁平。头部稍宽于前胸背板，后缘较平直。复眼较小，短于后颊。触角12节。前胸背板长宽约相等，侧缘平行，中沟明显。前翅稍长于前胸背板，端缘截形；后翅长于前翅。足较粗壮。腹部延长，中部稍扩宽。

成虫见于6月上旬。

8.2 斯氏球螋（示短铗形，♂；1980年7月20日，西台1300m）

分布：小五台山西台、南台海拔1200～1500m；张家口；河南、辽宁、吉林、黑龙江；日本、朝鲜。

8.4 球 螋

Forficula sp.

体长约9mm。

成虫见于6月下旬。

分布：小五台山南台、西台海拔1200～1550m；张家口。

8.3 迷卡球螋（♂；2007年6月5日，西台1420m）

8.4a 球 螋（♀；1980年6月21日，西台1500m）

8.4b 球 螋（♀；1980年6月28日，南台1350m）

附：未定种

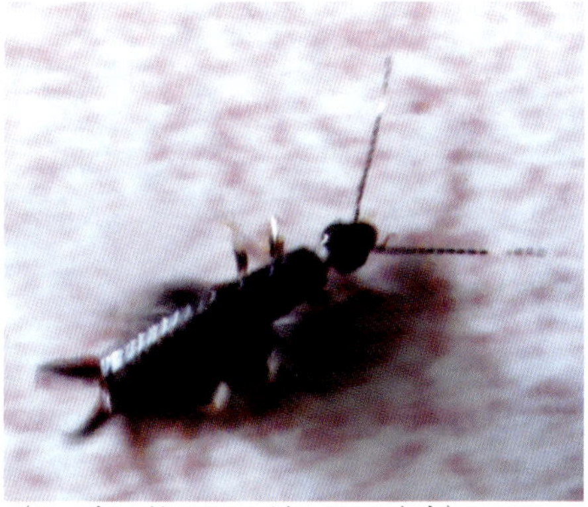

（1987年6月8日，西台1180m室内）

九、直翅目 ORTHOPTERA

中至大型。触角丝状、鞭状，少数剑状。单眼 2 ～ 3 个。口器咀嚼式。前胸大。前翅革质，成覆翅；后翅膜质，不飞翔时呈扇状折于前翅之下。产卵器发达，呈剑状（如蟋蟀）、刀状（如螽蟖）或齿状（如蝗虫）。雄虫多能依借翅上特化部分相互磨擦或后足腿节和翅磨擦而发音；发音的种类具听器，听器位于前足胫节基部（蝼蛄、蟋蟀、螽蟖），或在腹部第 1 节上（蝗虫）。尾须 1 对，常短形，分节或不分节。后足为跳跃足，或前足特化为开掘足。渐变态，生活史经卵、若虫及成虫 3 个虫态。一般散居栖息，个别种有群居栖息习性，甚至可远距离迁移飞行。绝大多数为植食性，取食农、林、园艺等经济作物。少数捕食性，捕食其他昆虫。

蚱 科 Tetrigidae

又称菱蝗科。体小，菱形。触角甚短，线状。前胸背板向后伸长，盖及全腹或超出；前胸腹板亦有向前伸长，形成颚状板盖及口部者。前翅呈小鳞片状，存于后翅基部，后翅一般发达。跗节前足和中足各 2 节，后足 3 节。产卵器短，锥状。无发音器和听器。

9.1 日本蚱

Tetrix japonica (Bolivar)

体长 7 ～ 11mm。灰褐色。触角短。前胸背板背面平坦，向后伸长盖没全腹直达腹端。前翅萎缩呈鳞片状，在后翅基部。后翅发达。后足腿节强大，适于跳跃。

成虫见于 6 月上旬。

寄主：蔬菜等。

分布：小五台山西台海拔 1100 ～ 1500m；张家口、唐山；内蒙古、山西、宁夏、江苏、浙江、山东；日本、俄罗斯。属古北、东洋区系共有种。

9.1a 日本蚱（♀；1980 年 6 月 8 日，西台 1420m）

9.1b 日本蚱（♂；1980 年 6 月 5 日，西台 1300m）

9.2 台 蚱

Formosatettix sp.

体长约 9mm。

成虫见于 5 月下旬。

分布：小五台西台海拔约 1350m；张家口。

9.2 台 蚱(2007 年 5 月 24 日，西台 1350m)

附：未定种

（2007 年 5 月 24 日，西台 1350m）

癞蝗科 Pamphagidae

中至大型。体表粗糙，常具颗粒状突起和短隆线。头近卵形，较短于前胸背板，颜面侧面向前突出、平直或略内凹。颜面隆起明显，中央具纵沟。触角丝状。前胸背板中隆线明显隆起，前胸腹板平坦或呈片状突起。前后翅发达、短缩、鳞片状或消失。后足股节外侧的中区具有不规则的短棒状或颗粒状突起，其基部外侧的上基片短于下基片；后足股节端部具外端刺或缺。多数具鼓膜器。腹部第 2 节背板两侧的前下方各具摩擦板。

9.3 笨 蝗

Haplotropis brunneriana Saussure

体长：雌 48 ～ 54mm，雄 37 ～ 43mm。前翅：雌 38 ～ 46mm，雄 36 ～

39mm。体形粗大，具粗密的颗粒和隆线，体色褐色或暗褐色。前胸背板的中隆线呈片状隆起，从侧面看上缘呈弧形，前、后缘均呈角状突出。前翅不发达，鳞片状，侧置，在背部较宽的分开，顶端不达或刚达腹部第 1 节后缘。

成虫见于 8 月中旬。

寄主：植物幼苗、豆类、高粱、玉米、棉花、南瓜等。

分布：小五台山；张家口、承德、保定、石家庄；内蒙古、山东、山西、河南、安徽、江苏。属古北区系种。

锥头蝗科 Pyrgomorphidae

小至中型。体一般细长呈纺锤形。颜面侧面观极向后倾斜；颜面隆起具细纵沟；头顶向前突出较长。触角剑状，基部数节较宽扁，其余各节较细。前胸背板具颗粒状突起。前后翅发达，狭长。后足股节外侧中区具不规则的短棒状隆线或颗粒状突起，其基部外侧上基片短于下基片或长于下基片。鼓膜器发达。

9.3a 笨 蝗（1980 年 8 月 12 日，北台 1450m）

9.3b 笨 蝗（1980 年 8 月 18 日，西台 1180m）

9.4 短额负蝗

Atractomorpha sinensis Boliva

又名：中华负蝗、尖头蚱蝗、呱嗒板、圆额负蝗。

雌体长 32mm，前翅长 26.5 ~ 28.0mm。雄虫体型明显较小。体色为绿色，冬型为褐色。体形细长。头呈长锥形，较短，短于前胸背板，自复眼前缘至头顶长度约等于复眼最大直径的 1.0 ~ 1.3 倍。触角粗短，剑状。前胸背板平坦，中隆线较低，中、后横沟明显，都割断中隆线；腹部板突呈小片状，顶端方形。雌虫中胸腹板侧叶间的中膈较宽；前翅狭长，超出后足腿节顶端的长度为全翅的 1/3，顶端较尖。后翅短于前翅，基部玫瑰色。

9.4a 短额负蝗（♀；2005 年 8 月 26 日东台 1100m）

9.4b 短额负蝗（2007 年 9 月 1 日，东台 1200m）

9.4c 短额负蝗（示交尾状；2008 年 8 月 20 日，北台 1300m）

在小五台山区 1 年 1 代，以卵囊在潮湿的土壤中越冬。成虫见于 8 月上旬～ 9 月上旬。

寄主：多种禾本科植物、鸡冠花、迎春、茶花、柳、柿、泡桐、梧桐、竹、甘薯、甘蔗、白菜、甘蓝、萝卜、豆类、茄子、马铃薯、水稻、玉米、小麦、烟草、棉花、麻、亚麻等多种花卉、作物及蔬菜。若虫、成虫将寄主叶片咬成孔洞或缺刻。

分布：小五台山西台、北台、东台海拔 1100 ~ 1300m；河北各地；山西、北京、天津、安徽、青海、甘肃、内蒙古、陕西、山东、江苏、贵州、四川、广西、广东、福建、湖北、湖南、浙江、江西等地。

斑腿蝗科 Catantopidae

体表光滑。头卵形或长卵形，颜面垂直或向后倾斜，头侧窝不明显或缺；头顶中央前缘缺细纵沟。触角丝状，触角节长于宽，不侧扁。前胸背板常具明显的中隆线，一般较低，两侧有时具平行的中隆线。前胸腹板明显，呈圆柱形、圆锥形或三角形，有时前胸腹板前缘形成片状隆起。前翅中脉域常缺中闰脉，后翅透明，有的基部有玫瑰色。后足股节上基片长于下基片；外侧具羽状隆线。腹部第 1 节背板两侧鼓膜明显。

9.4d 短额负蝗（2009 年 8 月 10 日，西台 1200m）

9.4e 短额负蝗（左♀，右♂；示♀♂个体大小比较）

9.5 中华稻蝗

Oxya chinensis (Thunberg)

雌虫体形较宽，长 25 ～ 31mm；雄虫体形较狭，长 18 ～ 27mm。前翅长：雌 21 ～ 31mm，雄 14 ～ 24mm。体色除头胸背面淡赤褐色，其余绿色。触角褐色。从复眼向后至前胸背板侧片上端有 1 宽黑色带，带的两侧微黄。前翅与头、胸的背面同色，明显长于腹端。后足胫节的顶端具有外端刺和内端刺，上侧内缘具刺 9 ～ 11 个，刺顶黑褐色。

成虫见于 7 月中旬～ 8 月中下旬。

寄主：茶、稻、玉米、高粱、芦苇、燕麦、马铃薯、豆类、亚麻等。

分布：小五台山；张家口、邯郸、邢台、承德；江苏、甘肃、云南、贵州、浙江、福建、广东、广西、海南、台湾、山东、安徽、江西、湖北、湖南、四川、内蒙古、陕西、山西；朝鲜、日本、印度、锡兰、澳大利亚。

9.6 山稻蝗

Oxya agavisa Tsai

体长 21 ～ 29mm，雄性较小。前翅长 13 ～ 20mm。体绿色或黄绿色，具明显的宽黑褐色眼后带，直延至前胸背板后缘。前翅臀域绿色，其余部分褐色。后足股节绿色或黄绿色，膝部黑色。后足胫节绿色。头顶略突出，顶圆形。触角丝状，超过前胸背板后缘。

成虫见于 8 月上中旬。

寄主：禾本科杂草、水稻等。

分布：小五台山北台海拔 1200 ～ 1600m；张家口；河南、湖北、江西、浙江、福建、广东、贵州、四川、甘肃。

9.7 稻 蝗

Oxya sp.

体长 28mm 左右。

成虫见于 8 月中旬。

分布：小五台山；张家口。

9.8 棉 蝗

Chondracris fosea fosea(De Geer)

体长：雄 42 ～ 50mm，雌 58 ～ 78 mm。前翅长：雄 41 ～ 42mm，雌 55 ～ 60mm。体青绿色或黄绿色，沿背中线有 1 条淡黄绿色纵条。在复眼下颊部具 1 条淡蓝绿色纹，纹的前后侧包以淡黄色条。前胸背板侧片中部具 2 个淡黄色方块斑。后翅基部玫瑰色。后足股节外侧上半青绿色，下半淡黄色；上侧青绿色；内侧及下侧黄褐色。后足胫节暗红色。

成虫见于 8 月中下旬。

寄主：紫穗槐、玉米、高粱、大豆、谷子、绿豆、红豆、红薯、马铃薯、苎麻、棉花、瓜类、蔬菜等。

9.7a 稻 蝗（背面；1980 年 8 月 15 日，西台 1300m）

9.7b 稻 蝗（侧面）

9.5 中华稻蝗（1980 年 8 月 15 日，西台 1180m）

9.6b 山稻蝗（示蜕下的皮；2007 年 5 月 29 日，西台 1280m）

9.8a 棉 蝗（交尾状；1997 年 8 月 17 日，西台 1300m）

9.6a 山稻蝗（2007 年 8 月 10 日，北台赤崖沟 1300m）

9.6c 山稻蝗（2008 年 8 月 5 日，北台赤崖沟 1400m）

9.8b 棉 蝗（♀；1997 年 8 月 17 日，西台 1200m）

分布：小五台山西台、北台海拔 1100 ~ 1300m；张家口、石家庄、保定；内蒙古、山东、陕西、四川、湖南、湖北、江苏、浙江、福建、云南、贵州、广东、广西、海南、台湾；日本、朝鲜。

9.9 短角斑腿蝗

Catantops brachycerus Will

体长：雌 24 ~ 27mm，雄 16.0 ~ 17.5mm。体具稀疏的绒毛。头较短，头顶略向前倾斜。触角粗短，仅达前胸背板后缘。头侧窝不明显。颜面隆起纵沟明显。前胸背板中隆线较低，3 条横沟均明显，并割断中隆线。后足腿节上侧的隆线呈细齿形，外侧有 2 个完整的倾斜横斑。

成虫见于 8 月。

寄主：水稻、小麦、甘薯等。

分布：小五台山南台海拔 1100 ~ 1300m；张家口；山东、甘肃、四川、湖北、江苏、浙江、福建、广东、广西、江西。

9.10 短星翅蝗

Calliptamus abbreviatus Ikonnikou

体长约 30mm。

成虫见于 9 月上旬。

分布：小五台山西台大苗圃海拔 1280m；张家口、保定、承德；黑龙江、吉林、辽宁、内蒙古、山东、安徽、湖北、江西、江苏、浙江、广东、贵州、四川、甘肃、陕西；俄罗斯、蒙古、朝鲜。

9.11 鼓翅皱膝蝗

Angaracris barabensis (Pall.)

体长：雄 22 ~ 27mm，雌 28 ~ 34mm。前翅长 25mm 左右。体较匀称，具粗大刻点和短隆线。头短，头顶宽短。前胸背板前端较狭，后端较宽，短的隆线很明显。中隆线全长明显，但较低，被 2 个横沟所割断。前、后翅均很发达。前翅中脉域较狭，狭于肘脉域，中脉域的中闰脉粗而隆起。后翅略短于前翅，无暗色横带纹，基部淡绿色。后足胫节的基部上侧有细的横皱纹。

成虫见于 7 月中旬 ~ 8 月中旬。

寄主：禾本科、莎草科牧草。

分布：小五台山西台海拔 1300 ~ 1500m；张家口、承德；辽宁、黑龙江、吉林、陕西、内蒙古。

9.12 红翅皱膝蝗

Angaracris rhodopa (F.-W)

体长：雌 28 ~ 32mm，雄 23 ~ 29 mm。前翅长：雌 23 ~ 32mm，雄 23 ~ 31mm。形态似鼓翅皱膝蝗 *A. barabensis*，但后翅基部玫瑰色。

成虫见于 8 月上中旬。

寄主：禾本科、莎草科牧草。

分布：小五台山南台、中台海拔 1100 ~ 1550m；张家口、承德；内蒙古、山西、陕西、甘肃、青海。属古北区系种。

9.12a 红翅皱膝蝗（♂；1980 年 8 月 5 日，南台 1300m）

9.9 短角斑腿蝗（1980 年 8 月 20 日，南台 1300m）

9.10a 短星翅蝗（1980 年 9 月 7 日，西台 1280m）

9.10b 短星翅蝗（1980 年 9 月 7 日，西台 1280m）

（♀；中台 1400m） （♂；南台 1300m） （♀；南台 1500m）

9.12b 红翅皱膝蝗（1980 年 8 月）

9.11 鼓翅皱膝蝗（1980 年 8 月 25 日，西台 1480m）

9.12c 红翅皱膝蝗（♀；1980 年 8 月 8 日，中台 1400m）

9.12d 红翅皱膝蝗（♀；1980 年 8 月 2 日，南台 1500m）

9.13 大胫刺蝗

Compsorhipis davidiana (Sauss.)

成虫见于 8 月中下旬。

分布：小五台山；张家口。

斑翅蝗科 Oedipodidae

中、小型至大型。体较粗壮，体表具细刻点。头近卵形，头顶较短宽，颜面侧观较直。触角丝状。前胸背板背面常较隆起，有时较平。前后翅均发达，均具斑纹，网格较密。后足股节较粗短，上侧中隆线平滑或具细齿，膝侧片顶端圆形或角形。鼓膜器发达。

9.14 东亚飞蝗

Locusta migratoria manilensis (Mey.)

又名：蚂蚱、飞蝗。

体长：雌 39.5 ~ 51.2mm，雄 35.5 ~ 41.5mm；前翅长：雌 39.2 ~ 51.2mm，雄 32.3 ~ 46.8mm。体绿色或黄褐色，常因环境影响和类型而有所变化。颜面垂直。触角丝状，淡黄色。复眼卵形，其后有较狭的淡色纵条纹，有时不明显，前下方常有暗色斑纹。单眼 3 个。上颚青蓝色。前胸背板马鞍状，中隆线发达。从侧面看，散居型呈弧形，群居型微凹，两侧常具暗色斑纹，群居型色较深。前翅发达，常超过后足胫节中部，翅面具暗色斑纹和光泽。后翅无色透明。后足腿节内侧基半部黑色，近端部有黑色环。后足腿节上侧在群居型有时有 2 个不明显的暗色条纹，散居型常消失或不明显。后足胫节通常橘红色，群居型稍淡，沿外缘通常具刺 10 ~ 11 个。本山区偶见散居型。

寄主：以若虫、成虫咬食多种禾本科植物，如小麦、高粱、玉米、水稻等以及大豆、棉花及一些蔬菜的茎叶。

成虫见于 8 月。

分布：小五台山西台、南台；张家口、石家庄、保定；山西、河南、山东、陕西、四川、安徽、江苏、江西、湖北、湖南、浙江、福建、台湾、广东、广西、海南、甘肃、云南等。

9.15 大赤翅蝗

Celes akitanus (Shiraki)

体长：雄 26 ~ 28mm，雌 37 ~ 44mm。体暗褐至黄褐色。颜面具不规则黑褐色斑点。复眼下具暗色斑纹向后延伸至前胸背板侧缘后横沟前。复眼后具暗褐色纵条止于前胸背板前横沟处。前翅暗褐或黄褐色，散布不规则的黑斑点或斑纹，后翅基部玫瑰色，前缘的顶端暗色。后足股节上侧和内侧由基部到端部均匀分布 3 个黑斑纹，底侧淡色；外侧上下隆线上均具小黑点；后足胫节蓝黑色，近基部具 1 个淡色环纹；后足跗节黄色。

成虫见于 8 月上中旬。

分布：小五台的东台海拔 1100m 左右；张家口；吉林、内蒙古、山西、山东；日本、朝鲜。属古北区系种。

9.16 小赤翅蝗

Celes skalozubovi Adelung

体长：雄 22 ~ 26mm，雌 29 ~ 38mm。前翅长：雄 16 ~ 22mm，雌 26 ~ 32mm。复眼红褐色。触角褐色，颊部色较浅常具暗褐色斑。前胸背板背面较暗，侧片具浅色斑点。前翅黄褐色，具许多褐色斑点，有时黑斑聚集成横带。后翅基部红色，外侧褐色至黑色，顶角呈褐色。后足股节黄褐色，上侧和外侧具 3 个黑色横斑，内侧具 2 个大黑横斑，膝部黑色；后足胫节黄褐色，中部和端部具 2 个黑色横斑，在内侧和上侧 2 个横斑之间暗青色，胫节基部黑色。

成虫见于 7 月中下旬。

分布：小五台山东台、西台海拔 1150 ~ 1500m；张家口；辽宁、吉林、黑龙江、河南、山西、陕西、宁夏、甘肃、青海、四川。

9.17 疣 蝗

Trilophidia annulata (Thunberg)

体长：雌 15 ~ 26mm，雄 12 ~ 16mm。体黄褐色、暗褐色或暗灰色，常与生活环境色相一致。前翅暗褐色，散布黑色斑点。后翅基部黄绿色或色淡而透明，其余烟色。后足股节上具 3 个暗色横斑，内侧及底侧黑色，近顶角处

9.14a 东亚飞蝗（示群居型若虫）

9.16a 小赤翅蝗（1980 年 7 月 20 日，西台 1400m）

9.17a 疣 蝗（1980 年 8 月 5 日，西台 1300m）

9.14b 东亚飞蝗（示散居型成虫）

9.16b 小赤翅蝗（2007 年 7 月 22 日，西台 1180m）

9.16c 小赤翅蝗（示腹面观）

具2个淡色斑。后足胫节暗褐色，近基部和近中部各具1个淡色斑。

成虫见于8月上旬。

分布：小五台山；张家口；黑龙江，吉林、辽宁、内蒙古、宁夏、甘肃、陕西、山东、江苏、浙江、河南、安徽、江西、福建、广东、广西、四川、贵州、云南、西藏；朝鲜、日本、印度。

9.18 轮纹异痂蝗

Bryodemella tuberculatum dilutum (Stoll)

体长：雄29～39mm，雌34～48 mm。前翅长：雄30～38mm，雌29～36mm。体形粗大，具较密而粗大刻点和短的隆线。头顶较宽，侧缘隆线明显。前胸背板中隆线较低，在沟前区较高，后缘为钝角。前翅中脉域的中闰脉明显。后翅基部玫瑰色，中部具有较狭的暗色横斑纹，外缘淡色。后足腿节的下膝侧片不较宽，下缘几乎成直线，胫节污黄色，顶端暗色。

成虫见于8月中下旬。

寄主：苜蓿、棉花、玉米、谷子、大豆等。

分布：小五台山南台1200～1550m；唐山、承德、张家口；黑龙江、辽宁、吉林、山东、内蒙古、山西、陕西、河南。属古北区系种。

9.19 蒙古束颈蝗

Sphingonotus mongolicus Sarssure

体长约27mm，翅长25mm左右。体匀称，褐色，有暗色横斑纹。前胸背板的沟前区较缩狭，近乎圆柱形，沟后区较宽平、明显，中隆线甚低，线状，在横沟之间消失。前胸背板侧片的前下角直角形，后下角圆形。前翅具3个暗色横纹，近顶端的1个常不明显，有时仅呈小斑点。前、中足均具暗色横斑。后足腿节的外侧有3个暗色横斑，基部1个很小，不明显，中部1个常不完整，后1个完整。腿节内侧蓝黑色，近端部有1个淡色环。

成虫见于8月上旬至9月中旬。

分布：小五台山；保宁、承德、张家口；黑龙江、辽宁、吉林、内蒙古、甘肃、山东、山西、陕西；俄罗斯、蒙古、朝鲜。属古北区系种。

9.20 黄胫异痂蝗

Bryodemella holdereri holdereri Krauss

体长：雌34～40mm，雄31～36mm。前翅长：雌32～38mm，雄32～36mm。形态似轮纹异痂蝗*B. tuberculatum dilutum*，但后腿节的下膝侧片较宽，下缘呈圆形，胫节赭黄色，顶端无暗色。前翅中脉域无中闰脉。后翅无暗色带纹，仅在前缘基部具暗斑块。

成虫见于8月上中旬。

分布：小五台山；承德、张家口；黑龙江、吉林、辽宁、内蒙古、甘肃、青海。

9.21 云斑车蝗

Gastrimargus marmoratus (Thungberg)

体长：雄26～33mm，雌36～51mm。前翅长：雄25～32mm，雌36～46mm。体形较大，体色绿色、枯草色、黄褐色和暗褐色。触角褐色。复眼的前下方具有黑色斑点，其后有较狭的淡色纵条纹。前胸背板中隆线呈片状隆起，上缘褐色呈弧形，侧片中部有较大的黄褐色斑块。前翅密布云状暗色斑纹。后腿节顶端暗色，上侧绿色或黄绿色，外侧黄褐色，内侧和底侧污黄色，沿内侧上隆线和下隆线均有黑色小点。后腿节较粗短，基部较宽，上侧的上隆线有细齿。后胫节鲜红色，顶端无外端刺，胫节刺顶端黑色。

成虫见于8月上旬。

9.17b 疣 蝗

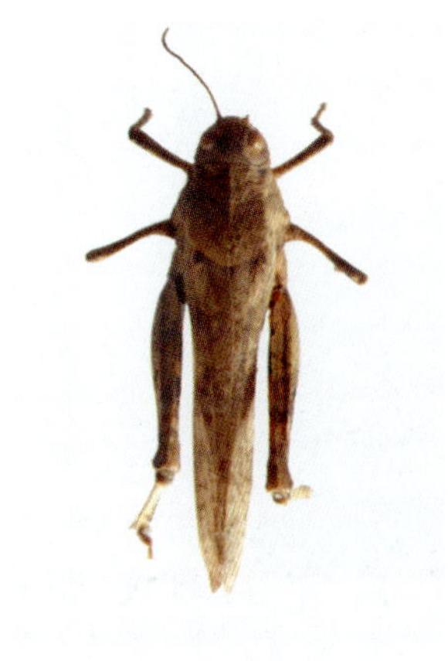

9.18a 轮纹异痂蝗

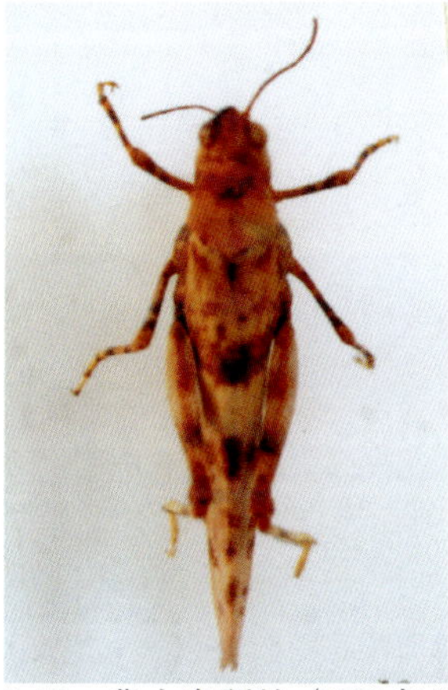

9.19a 蒙古束颈蝗（1980年8月20日，西台1400m）

9.20 黄胫异痂蝗（1980年8月10日，中台1500m）

9.18b 轮纹异痂蝗（1980年8月20日，南台1400m）

9.19b 蒙古束颈蝗（1980年9月1日，中台1450m）

9.21 云斑车蝗（1980年8月7日，中台1300m）

寄主：禾本科植物。

分布：小五台山；唐山、张家口；山东、江苏、安徽、浙江、福建、台湾、广东、江西、陕西、四川、河南、重庆、广西、海南；朝鲜、日本、印度、缅甸、越南、泰国、菲律宾、马来西亚、印度尼西亚。

9.22 黄胫小车蝗

Oedaleus infernalis Saussure

体长：雌 35mm，雄 25mm。前翅长：雌 34mm，雄 24mm。体褐色带绿，有深色斑。触角丝状，颜面隆起在中眼之下不紧缩，顶端有小刻点。前胸背板中部压缩，两侧有“X”形黄纹，侧片高长于宽，背板后缘为钝角。前翅长于腹端及后腿节顶端，翅面有大褐斑，翅端透明部分有四角形网孔。后翅中部具较窄的黑色月形带纹。雌虫后腿节底侧黄色，后胫节基部黄色，余黄褐色。雄虫后足腿节底侧红色，端部有黄环，胫节红色，基部也有黄环。

成虫见于 8 月上旬～ 10 月上旬。

寄主：禾本科作物和杂草。

分布：小五台山北台、西台海拔 1200 ～ 1350m；邯郸、承德、衡水、张家口；吉林、辽宁、黑龙江、内蒙古、山东、山西、陕西、江苏、安徽、江西、宁夏、甘肃、青海、北京；日本、蒙古、俄罗斯、韩国。属古北、东洋、新北区系共有种。

9.23 亚洲小车蝗

Oedaleus decorus asiaticus B.-Bienko

体长：雌约 35mm，雄约 18mm；前翅长：雌约 33mm，雄约 18mm。体形、大小、色泽与黄胫小车蝗 *O. infernalis* 相似。但此虫头胸及翅上的黑褐斑纹更鲜艳，绿色部分较多，背板中部压缩较甚，“X”形纹的后端 2 条斜线不比前 2 条纹宽，后翅的车轮形纹较宽。后足胫节红色，基部淡色不明显常混红色。

成虫见于 8 月中旬。

寄主：禾本科作物、豆类及亚麻。

分布：小五台山西台、北台海拔 1100 ～ 1380m；承德、张家口；内蒙古、山西、北京、青海、陕西、宁夏、山东、甘肃；蒙古、俄罗斯。属古北区系种。

9.24 黑条小车蝗

Oedaleus decorus decorus (Germar)

体长雄 21 ～ 25mm，雌 34 ～ 40 mm。

成虫见于 8 月上中旬。

分布：小五台山；张家口；河南、新疆、甘肃；阿富汗、叙利亚、伊拉克、俄罗斯、罗马尼亚、保加利亚、法国、意大利、利比亚。

网翅蝗科 Arcypteridae

小至中型。头部多呈圆锥形，头顶前端中央缺颜顶角沟。头侧窝明显，四角形，有时消失。颜面颇向后倾斜。触角丝状。前胸板中隆线低。翅发达、短缩或有时消失。前翅如发达，则中脉域常缺中闰脉，如具中闰脉，则其上不具发音齿；后翅透明，有时呈暗褐纹，但绝不具彩色斑纹。后足股节上基片长于下基片，外侧呈羽状纹。后足胫节缺外端刺。腹部第 1 节背板两侧常具发达的鼓膜器，但有时不明显，腹部第 2 节背板两侧无摩擦板。

9.25 隆额网翅蝗

Arcyptera coreana Shiraki

体长：雌 34 ～ 36mm，雄 27 ～ 30mm。前翅长：雌 21 ～ 22mm，雄 22 ～ 25mm。头大而短，头顶宽短，顶端较钝。触角丝状。颜面向后倾斜，隆起宽平，雌性颜面隆起仅在近上唇基部消失。头侧窝浅平，具有粗大的刻点。雌性前胸背板的后横沟较弯曲，中部明

（♂）　（♀）
9.22a 黄胫小车蝗（1980 年 9 月，西台 1300m）

9.22b 黄胫小车蝗（1997 年 10 月 5 日，北台 1200m）

9.22c 黄胫小车蝗（♂）

9.22d 黄胫小车蝗（♂；1980 年 8 月 12 日，北台 1200m）

9.23a 亚洲小车蝗（2007 年 8 月 18 日，北台 1300m）

9.23b 亚洲小车蝗（1980 年 8 月 12 日，西台 1200m）

显向前突出，侧隆线近平行。雄性头顶的侧缘明显弯曲，头侧窝在顶端相接近。前翅肘脉域较宽，后翅暗褐色。

成虫见于 8 月中旬。

寄主：禾本科植物。

分布：小五台山；张家口、承德；吉林、辽宁、黑龙江、山东、江苏、内蒙古、甘肃、四川、江西、河南、陕西；朝鲜。

9.26 黑翅雏蝗

Chorthippus aethalinus (Zubovsky)

体长：雌 22 ~ 25mm，雄 17 ~ 19mm。前翅长：雌 16 ~ 19mm，雄 16 ~ 19mm。体具稀疏绒毛。头侧窝呈狭长四角形。头顶宽短，顶端呈钝角。颜面隆起具纵沟。前胸背板的中隆线较低，侧隆线在沟前区呈弧形弯曲，后缘弧形。前翅前缘脉和亚前缘脉颇弯曲，呈“S”形，亚前缘脉域较宽。雄性前翅径脉域较宽，径脉域在径分枝基部的宽度明显宽于亚前缘脉域最宽处的宽度。

成虫见于 8 月上旬。

寄主：禾本科植物。

分布：小五台山；承德、张家口；吉林、陕西、黑龙江、内蒙古、山西、宁夏、甘肃；俄罗斯。

9.27 宽翅曲背蝗

Pararcyptera microptera meridionalis (Ikonnikov)

体长：雌 35 ~ 39mm，雄 23 ~ 28mm。前翅长：雌 17 ~ 21mm，雄 18 ~ 21mm。体褐色或黄褐色。触角丝状。前胸背板的背面暗黑色，侧隆线淡黄色在沟前区颇向内弯曲，侧隆线间的最宽处约等于其最狭处的 1.5 ~ 2 倍。前缘脉域较宽，最宽处约等于亚前缘脉域最宽处的 2.5 ~ 3 倍。雌虫肘脉域较狭，肘脉域的最宽处几乎等于中脉域的最宽处。后足胫节顶端无端刺，沿外缘具刺 12 ~ 13 个。

成虫见于 7 月下旬。

寄主：禾本科作物和杂草。

分布：小五台山；张家口、唐山、承德；河南、山东、内蒙古、山西、陕西、甘肃、青海、辽宁、吉林、黑龙江；俄罗斯、日本。

剑角蝗科 Acrididae

体型较细长，光滑。头部圆锥形或圆球形。颜面倾斜，与头顶呈锐角。触角剑状，触角节较扁，基部节宽大于长，向顶端明显趋狭。前胸背板具或不具侧隆线。前翅发达或呈鳞片状。后足股节上基叶长于下基叶，外侧具羽纹。

9.28 条纹鸣蝗

Mongolotettix japonicus vittatus (Uv.)

体长：雌 27 ~ 28mm，雄 16.5 ~ 18.5mm。前翅长：雌 3.0 ~ 3.5mm，雄 7 ~ 8mm。体较细长。头大，略短于前胸背板。触角剑状，基部数节宽阔，向端部渐细。颜面向后倾斜，隆起明显，具纵沟，中眼之下较宽，向下端展开。前胸背板宽平，中隆线较低。雄性前翅发达；雌性前翅不发达，长卵形，

9.25a 隆额网翅蝗（1980 年 8 月 12 日，小五台）

9.25b 隆额网翅蝗（1980 年 8 月 18 日，小五台）

9.25c 隆额网翅蝗（1980 年 8 月 12 日，小五台）

9.27a 宽翅曲背蝗（1985 年 7 月 2 日，小五台）

9.28a 条纹鸣蝗（足、触角缺失；1980 年 8 月 7 日，小五台）

9.28b 条纹鸣蝗（触角、足缺失；1980 年 8 月 8 日，小五台）

9.26 黑翅雏蝗（1980 年 8 月 7 日，小五台）

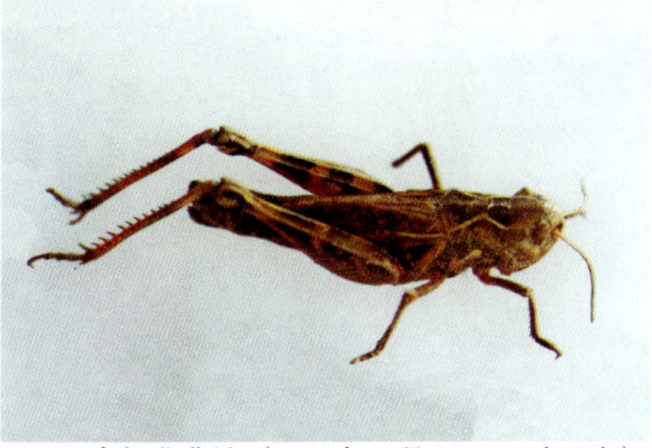
9.27b 宽翅曲背蝗（1980 年 7 月 30 日，小五台）

9.27c 宽翅曲背蝗（示若虫；1980 年 7 月 20 日，小五台）

有 1 条较狭的黑褐色纵条纹，在背部彼此不毗连。后足腿节外侧下膝侧片顶端较尖锐。

成虫见于 8 月上旬。

寄主：禾本科植物。

分布：小五台山；张家口、承德；陕西、甘肃、黑龙江、内蒙古、河南；蒙古、日本。

9.29 中华剑角蝗

Acrida cinerea Thunberg

又名：大尖头蜢、中华蚱蜢。

体长：雌 58 ~ 81mm，雄 36 ~ 47mm。前翅长：雌 47 ~ 65mm，雄 30.5 ~ 36.5mm。体形细长，雄性较小，雌性甚大。体色通常绿色或枯草色，背面具淡红色纵条纹，有时为单纯的绿色。头圆锥形，较长，明显长于前胸背板。头顶圆形，中央纵隆线明显。触角剑状，较短，基部数节较宽。复眼褐色，后下方有 2 个淡红色纵条纹，靠近复眼的 1 个较粗长，明显。前胸背板的中隆线、侧隆线和底缘呈淡红色，侧隆线背侧缘常有黑色条纹。

成虫见于 8 月中旬～ 9 月中旬。

寄主：水稻、玉米、茶、谷子、棉花等作物及杂草。

分布：小五台山；保定、唐山、承德、张家口；山东、江苏、安徽、浙江、江西、四川、广东、陕西。属古北、东洋区系共有种。

9.29a 中华剑角蝗（♀；1988 年 8 月 25 日，小五台）

9.29b 中华剑角蝗（♂；1988 年 8 月 25 日，小五台）

9.29c 中华剑角蝗（示雌雄个体大小对比；左♀，右♂）

9.29d 中华剑角蝗（1988 年 8 月 3 日，小五台）

附：未定种

（1991 年 7 月 30 日，小五台）

（2007 年 8 月 15 日，小五台山）

（2007 年 7 月 28 日，北台 1600m）

（2007 年 6 月 1 日，北台 1500m）

（2007 年 7 月 10 日，北台 1350m）

（2007 年 5 月 24 日，西台 1300m）

（1988 年 8 月 2 日，小五台）

(2007年7月25日，东台1300m)

(1995年7月25日，中台1500m)

(1988年7月20日，小五台山)

(2007年8月2日，北台1480m)

(1995年8月2日，西台1400m)

(1998年7月30日，南台)

(2008年9月5日，西台1300m)

(1996年7月27日，西台1250m)

(1980年7月25日，北台1400m)

(2007年8月2日，西台1180m)

(1994年8月10日，东台1400m)

(1987年8月1日，小五台山)

(2007年8月8日，北台1400m)

(2008年7月28日，北台1400m)

蝼蛄科 Gryllotalpidae

土栖昆虫，体中型。触角短。前翅短，发音器不发达。后翅长，伸出腹末如尾状。前足粗壮，开掘式，胫节阔，有4齿，跗节基部有2齿；后足腿节不甚发达，不能跳跃。听器位于前足胫节，不发达，状如裂缝。尾须长，产卵器退化。

9.30 华北蝼蛄

Gryllotalpa unispina Saussure

又名：大蝼蛄、单刺蝼蛄。

体长 38 ～ 42mm，黄褐或灰色，腹面略淡。头较小，狭于前胸背板。触角丝状。前胸背板盾形，中央有心脏形斑。前翅黄褐色，甚短，后翅纵褶成条，超出腹端。前足扁阔，后足胫节背侧内缘有可动棘刺 1 个，亦有 2 刺或无刺者。

成虫见于 6 月中旬～ 7 月下旬。

寄主：杨、榆、落叶松、油松、桑等多种树苗和农作物。

分布：小五台山西台、北台、东台海拔 850 ～ 1400m；河北各地；吉林、黑龙江、辽宁、内蒙古、山西、北京、陕西、宁夏、甘肃、江苏、安徽、湖北、江西、西藏、新疆；俄罗斯、土耳其。属古北区系种。

9.31 东方蝼蛄

Gryllotalpa orientaris Burmeister

又名：小蝼蛄、南方蝼蛄、非洲蝼蛄。

体长 24 ～ 32mm，黑褐色，密被细毛。前足腿节外下缘几成直线，胫节的齿短而尖锐；后足胫节背侧内缘有 3 ～ 4 个能动的棘刺。腹部末端具 2 尾毛。

成虫见于 5 月下旬～ 10 月上旬。

寄主：杨、柳、榆、落叶松、油松、茶、桑等多种树苗和农作物。

分布：小五台山西台、北台、东台、南台海拔 1150 ～ 1500m；河北各地；福建、陕西、辽宁、宁夏、吉林、黑龙江、内蒙古、青海、北京、天津、山东、江苏、上海、浙江、湖北、江西、湖南、广东、海南、广西、贵州、云南、西藏、四川；亚洲、非洲、大洋洲。

9.30a 华北蝼蛄（2007 年 7 月 10 日，西台 1200m）

蟋蟀科 Gryllidae

体粗壮，较大，色暗。头大而圆，下口式。触角比体长，端部尖细。产卵器细长，剑状。跗节 3 节。尾须长，不分节。雄虫发音器在前翅近基部，听器在前足胫节基部。

9.32 北京油葫芦

Telegryllus mitratus (Burmeister)

又名：黑油葫芦。

体长 20mm 左右。黑褐色。中胸腹板末端直或略有缺刻。头部沿复眼内缘无明显的淡色斑纹，复眼间无宽的褐色横带。单眼排列呈三角形，侧单眼间缺淡色横条纹。前胸背板几乎单色。前翅 Sc 脉具多条分支，雄前翅具 4 条斜脉，镜膜的长宽几乎相等。前足胫节内侧听器具鼓膜。后足胫节较粗，胫节具背距。产卵瓣较长，矛状。

成虫见于 7 月下旬。

寄主：玉米、谷子、糜子、高粱、蔬菜、棉花、烟草、豆类、甘薯、苜蓿等。

分布：小五台山南台、西台、北台海拔 1100 ～ 1400m；河北各地；陕西、福建、台湾、江苏、河南、海南、广西、贵州、云南、浙江、广东；日本。

9.33 油葫芦

Gryllus testaceus Walker

体长 27mm 左右。黄褐色或黄褐带绛色。头黑色有反光，口器和两颊赤褐色。前胸背板黑色，有 1 对半月形斑纹，中胸腹板后缘有"V"形缺刻。雄性前翅黑褐色，斜脉 4 条；雌虫前翅有黑褐和淡褐两型，背面可见许多斜脉；雌雄两性前翅均达腹端，而后翅超过腹端，似 2 条尾巴。

成虫见于 8 月上旬～ 9 月上旬。

寄主：刺槐、泡桐、杨树、沙枣、茶树、豆类、瓜果、玉米、杂粮、蔬菜等多种树苗、作物、蔬菜及杂草。

分布：小五台山西台、北台、东台海拔 1100 ～ 1500m；河北各地；陕西、新疆、宁夏、福建。

9.34 多伊棺头蟋

Loxoblemmus doenitzi Stein

又名：棺头蟋蟀。

体长 16 ～ 19mm。黑褐色。头畸形，颜面倾斜而平，雌颜面略平，雄颜面形成明显向两侧突出的侧瓣，三角形，超过复眼，从腹面观将复眼全部遮住。触

9.34a 多伊棺头蟋（2001 年 8 月 10 日，西台 1300m）

9.30b 华北蝼蛄（1980 年 7 月 2 日，东台 1100m）

9.31 东方蝼蛄（1980 年 6 月 5 日，小五台）

（♂；南台 1200m）

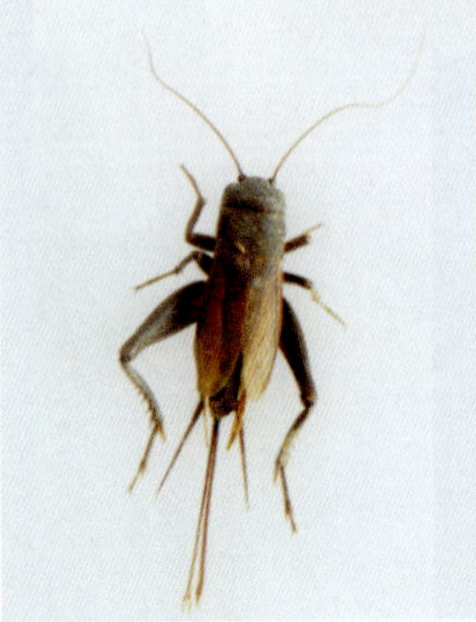

（♀；北台 1400m）

9.32 北京油葫芦（1980 年 7 月）

9.33 油葫芦（♀；1981 年 9 月 2 日，西台 1400m）

角第1节明显突起。前胸背板横长方形，前缘中央微凹，后缘直。足黄褐色，并散布不规则黑斑；后足第1跗节背面有沟及2列锯状的刺。

成虫见于7月中旬～8月下旬。

寄主：玉米、谷子、糜子、高粱等作物以及杂草。

分布：小五台山西台海拔1180～1400m；张家口、保定；陕西、江苏、河南、辽宁、北京、山西、山东、安徽、上海、浙江、江西、湖南、广西、四川、贵州。

9.35 斗灶蟋

Gryllodes hemelytrus Saussure

又名：斗蟋蟀。

体长14mm左右。黑褐色。头圆球形，额宽，颜面圆形隆起。雄前翅的斜脉2条，镜区方形，分界脉呈角度。雄下殖板略尖，雌产卵器向上弯曲。

成虫见于8月上旬～9月中旬。

寄主：玉米、谷子、糜子、高粱、苜蓿、豆类、烟草等。

分布：小五台山；张家口、承德；陕西。

9.34b 多伊棺头蟋（2001年8月10日，西台1300m）

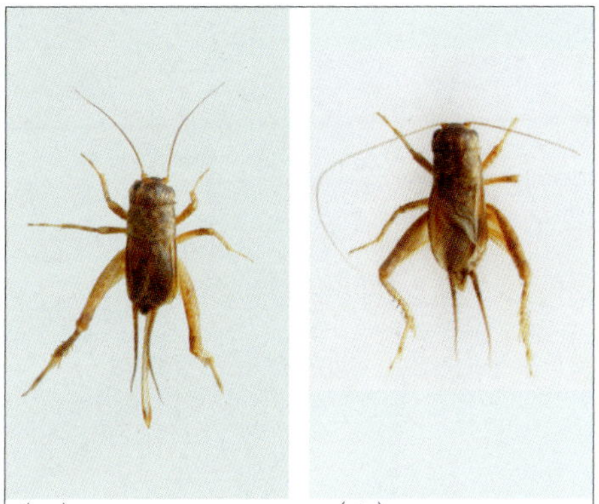

（♀） （♂）

9.35 斗灶蟋（1980年8～9月，小五台山）

9.36 黑褐针蟋

Nemobius candarus Shirak

体长约20mm。

成虫见于8月下旬。

分布：小五台山北台1300m；张家口。

螽蟖科 Tettigoniidae

体小至大型。体翅多为绿色，也有暗色或暗色斑纹。触角比体长，端部尖细。翅一般发达，也有短翅或无翅的种类。雄性具发音器，在前翅基部。产卵器刀状，扁而阔。前足胫节基部有听器，跗节4节。

9.37 乌苏里国螽

Gampsocleis ussuriensis Adelung

又名：乌苏里盾螽。

体长29～31mm，前翅长32～37mm。触角着生在复眼之间。头顶圆形，较阔，其宽度约为复眼间宽度的1/2。前胸背板横沟不明显。前翅绿色具褐色斑纹，其长超过后足腿节。前足胫节外侧有1端刺，后足第1跗节下方有能活动的角状垫。

成虫见于8月中下旬。

寄主：桃、瓜等。

分布：小五台山；张家口；陕西。

9.37 乌苏里国螽（1980年8月20日，小五台山）

9.38a 优雅蝈螽（♂；1996年8月20日，北台1400m）

9.38 优雅蝈螽

Gampsocleis gratiosa Brunner von Wattenwyl, 1862

又名：短翅鸣螽。

体长31～43mm，前胸背板长9～14mm，前翅长：雄16～22mm，雌9～10mm。体黄绿至褐绿色。前胸背板前区前部两侧具暗褐色。前翅绿色，径脉域和中脉域具不明显的暗斑；雄性前翅达腹部第6～7腹节，雌性仅达第1腹节基部；后翅退化。

成虫见于7月上旬～9月上旬。

分布：小五台山南台、北台、西台、东台海拔1000～1400m；张家口、保定、石家庄；河南、山东、北京。

9.39 布氏蝈螽

Gampsocleis buergeri (De Haan, 1842)

又名：长翅鸣螽、伯格螽。

体长：雌33～38mm，雄30～34mm。体黄绿或褐绿色。前胸背板侧缘具暗褐色条纹或完全褐色。前翅绿色，径脉域和中脉域具明显的暗斑。后足股节外侧具褐色纵条纹。前翅长不超过或

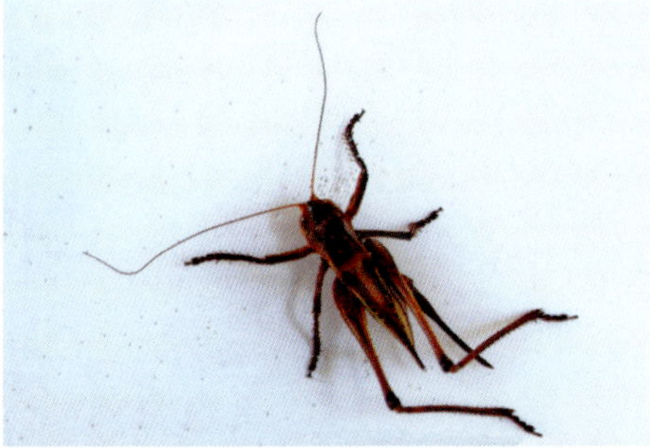

9.39a 布氏蝈螽（2008年8月29日，西台1350m）

9.38b 优雅蝈螽（♀；2008年8月29日，西台1350m）

超过股节端部。

成虫见于6月中旬～8月上旬。

分布：小五台山；张家口、邢台、石家庄、保定；内蒙古、吉林、黑龙江、河南；日本。

9.39b 布氏蝈螽（♀）

9.39c 布氏蝈螽（♂；1979年8月5日，小五台山）

露螽科 Phaneropteridae

小至中型。颜面几乎平直，触角生于复眼之间。前胸腹板缺刺突。前后翅一般发育完全或缩短；前翅形状如树叶，雄性具发音音器。后足胫节背面具端距，跗节缺侧沟。产卵瓣较短，侧扁，弯镰形，边缘常具刺。

9.40 日本条螽

Ducetia japonica (Thunberg)

体绿色，前翅后缘带褐色。体长16～23mm，前胸背板长3.1～5.6mm，前翅长23～34mm。产卵瓣长5.2～6.5mm，触角长50mm。头顶具明显纵沟。触角近后头而远离唇基缝。前胸背板无侧隆线，侧板长明显大于其高，约在2/5处具有深而近于垂直的沟，肩部略凹陷。雌性自后头至前翅末有一暗红褐色纵带，复眼后渐狭，到翅末不甚明显。雄性此纵带为灰白色。前翅发达，长约为宽的5倍。后翅长于前翅。前足基节具小刺，胫节外侧基部听器椭圆形，周围白色，不隆起。后足腿节下侧基部具明显的刺。各足胫节上侧均具明显的纵沟。

1年1代，以卵在地被物下、土缝及疏松土壤中越冬，8月上中旬成虫出现。

寄主：幼龄若虫少量取食豆类、瓜、蔬、杂草等植物的叶片和花蕾，3龄后若虫及成虫捕食多种鳞翅目小幼虫、卵及蚜虫等。

分布：小五台山西台、北台、南台、东台海拔1100～1400m；张家口；内蒙古、山西、陕西、河南、山东、江苏、安徽、江西、湖南、广东、海南、广西、贵州、云南、西藏、上海、浙江、福建、台湾；

9.39d 布氏蝈螽（♂；2009年6月19日，西台1180m）

9.39e 布氏蝈螽（♀；2007年7月28日，北台1320m）

9.39f 布氏蝈螽（♀；2007年7月28日，西台1200m）

9.40a 日本条螽（♀；1980年8月15日，南台1300m）

9.40b 日本条螽（♀；1980年8月20日，北台1400m）

9.40c 日本条螽（示若虫；2007年7月10日，西台1300m）

日本、朝鲜、菲律宾、新加坡、柬埔寨、印度尼西亚、印度、斯里兰卡、澳大利亚。

9.41 镰尾露螽

Phaneroptera falcata (Poda)

体长 12 ~ 18mm，前翅长 19 ~ 24mm。体绿色，具赤褐色散点。触角绿色。前翅和后翅超越前翅部分淡绿色，翅室内具细小的黑点，雄性左前翅发音部具 2 个暗斑。前胸背板背面圆凸，缺侧隆线，侧片长与高约相等。雄性尾须较长，端半部呈角形弯曲，指向上方，端部尖锐。雌性产卵瓣腹缘近基部明显突出。

成虫见于 8 月中下旬。

分布：小五台山南台、西台海拔 1100 ~ 1450m；张家口；黑龙江、吉林、北京、新疆、甘肃、陕西、江苏、上海、浙江、安徽、福建、台湾、湖南、湖北、四川；日本、朝鲜以及欧洲。

（♀；1980 年 8 月 18 日，西台 1450m）

（♂；1980 年 8 月 11 日，南台 1100m）

9.41 镰尾露螽

9.42 露 螽

Phaneroptera sp.

体长约 14mm。触角红褐色，而非绿色和黑色。

成虫见于 8 月中下旬。

分布：小五台山西台海拔 1400m 左右；张家口。

9.42 露 螽（♂；2000 年 8 月 20 日，西台 1400m）

（2007 年 7 月 7 日，西台 1300m）

附：未定种

（2007 年 5 月 5 日，小五台山）

（1987 年 7 月，小五台山）

（1988 年 8 月，小五台山）

十、啮虫目 PSOCOPTERA

微小型，长约 1 ～ 6mm，表皮柔软。头大，壳缝明显。复眼分离，单眼 3 个或无。线状触角。咀嚼式口器。前胸窄小。翅有或无；如有翅则前翅大，横脉少，有翅痣，后翅小，翅脉少；休息时翅放置呈屋脊状。跗节 2 ～ 3 节。无尾须和产卵器。渐变态。植食性和菌食性，取食植被和其他有机物的碎屑和菌类。生活在树干上、叶果上、树皮下、堆积物下，亦有生活在居室内或动物的巢穴内。

粉啮科 Liposcelidae

前胸大型，中、后胸愈合。常无翅，如有翅则翅脉退化，不分叉。跗节 3 节。

10.1 啮 虫

Liposcelis sp.

体长 2mm 左右。见于枯死树木的树皮下及阔叶树的老树皮缝内。

分布：小五台山；张家口。

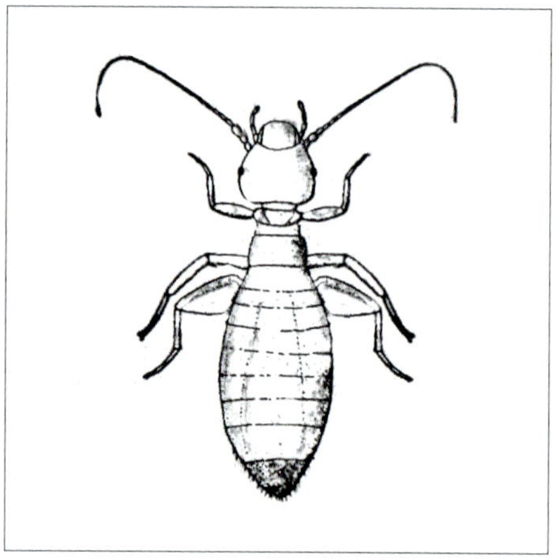

10.1a 啮 虫

10.1b 啮 虫（示生境；2009 年 8 月 20 日，中台 1500m）

10.1c 啮 虫（示生境；2010 年 7 月 25 日，北台 1450m）

十一、食毛目 MALLOPHAGA

体小型，约2～6mm，扁平，无翅。头大，触角短，3～5节。复眼不发达，无单眼。变形的咀嚼式口器。前胸分离，中后胸愈合。足为攀登式，跗节1～2节，1～2个爪。气门生在腹面，无尾须和产卵器。幼虫极似成虫，渐变态。多为禽、鸟类的外寄生虫，少数外寄生于哺乳动物体上，取食其鳞、羽毛、绒毛、毛、皮肤及其分泌物等。鸟虱是养禽业的重要昆虫。

兽虱科 Trichodectidae

触角丝状，显著，3节。跗节1个爪。寄生于哺乳动物体表。

11.1 马 虱

Trichodectus equi (Linnaeus)

马的外寄生虫，1980年以前常见，如今少见。

分布：小五台山；张家口。

11.2 羊 虱

Trichodectus caprae Gurlt

羊的外寄生虫。目前较少见。

分布：小五台山；张家口。

11.3 牛 虱

Trichodectus bovis (Linnaeus)

牛的外寄生虫。较少见。

分布：小五台山；张家口。

11.4 犬 虱

Trichodectus canis (De Geer)

犬的外寄生虫。目前较少见。

分布：小五台山；张家口。

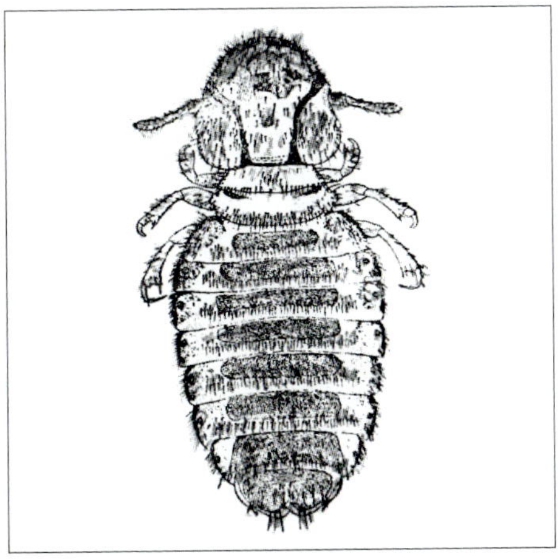

11.3 牛 虱

鸟虱科 Ricinidae

头近方形，不向前延伸，在着生眼处无刻入。触角棍棒状，4节，栖息时隐于头侧沟内。前胸短，中后胸分开。跗节短。寄生于禽、鸟类。

11.5 鸡毛虱

Menopon gallinae (Linnaeus)

又名：羽虱。

寄生于鸡的身上。目前仍可见。

分布：小五台山；张家口。

十二、虱 目 ANOPLURA

体小型，长3～7mm，无翅，扁平。头小，触角短，3～5节。复眼退化，无单眼。特殊的刺吸式口器。胸部3节全愈合。足攀登式，短粗，跗节1节，1个爪。无尾须。气门生在背面。渐变态，经卵、若虫、成虫3个发育阶段，全部在真兽类和人体等寄主上完成。

虱 科 Pediculidae

体无鳞片。腹部每节具1对气门。有眼，色素发达。寄生于灵长类。

12.1 头 虱

Pediculus capitis De Geer

似体虱*P. corporis*，但爪发达，附着头发的能力强，外寄生于人的头发间，产卵于头发上，吸食人血，传染一些疾病。

分布：小五台山；全国各地。近年罕见。

12.2 体 虱

Pediculus corporis De Geer

体长约3mm，体灰色至灰白色，酒精浸泡后为黄褐色至黑褐色。卵白色。

人类的体外寄生虫，平时藏于衣缝、被褥等处。吸食人体血液，传染疾病。

分布：小五台山；全国各地。30年前分布广泛，近年几乎绝迹。

兽虱科 Haematopinoididae

体无鳞片。腹部每节具气门1对。无眼。触角3～4节。寄生在陆生哺乳动物体上。

12.3 猪 虱

Haematopinus suis (Linnaeus)

体长约5 mm，黄褐至黑褐色。

猪的体外寄生虫，常寄生于猪体肢腋处，传染一些疾病。

分布：小五台山；全国各地。过去常见，近年少见。

12.4 牛 虱

Haematopinus eurysternus (Nitsch)

牛的体外寄生虫。目前仍可见。

分布：小五台山；张家口。

12.2 体虱（2007年8月20日，西台金河口1180m）

12.3 猪虱（左为腹面观；2008年7月25日，西台金河口1200m）

十三、缨翅目 THYSANOPTERA

又称泡脚目。小型，体长 0.5 ～ 2mm，最大不过 15mm。体黄色、黑色、黄棕色，有时苍白色。触角 6 ～ 9 节，鞭状、棍棒状或念珠状，末端 1 ～ 3 节称为节芒。复眼圆形或椭圆形，单眼有或无，如有则 3 个。有眼鬃。锉吸式口器，锥形。右上颚退化，左上颚发达。翅狭长，边缘有细长的缨毛，翅脉简单或退化。足前跗节有可伸缩的泡状物。腹部 10 ～ 11 节，纺锤形或圆筒形，较扁平。雌虫产卵器锯齿状或退化。过渐变态。

蓟马科 Thripidae

体扁平。触角非念珠状，6 ～ 8 节，常有端刺，第 6 节发达，常与第 5 节等长或更长。前胸背板无纵沟。产卵器发达。雌雄腹末节圆锥形，不太坚硬，第 9、10 节无粗的棘状刚毛。

13.1 烟蓟马

Thrips tabaci Lindeman

又名：葱蓟马、棉蓟马。

体长 1.2 ～ 1.4mm，淡褐色。触角 7 节。翅狭长，翅脉稀少，翅的周缘具长缨毛。

幼虫取食葱、蒜、大豆、棉花、烟草等，致叶面现灰白色细密斑点或局部环死。

分布：小五台山西台、北台、东台海拔 1200m 以下；张家口、石家庄、保定；全国各地。

13.1 烟蓟马（示葱叶被锉吸状；2001 年 7 月 2 日，西台 1150m）

十四、同翅目 HOMOPTERA

体小到中型，大型较少。体壁光滑、无毛。触角多为刚毛状或丝状，3～10 节，而雄蚧壳虫达 25 节。有翅种类单眼 2～3 个，无翅种类缺单眼。多数种类有蜡腺，能分泌蜡质或呈蚧壳状覆盖物，无臭腺。口器刺吸式，从头下后方生出，达于前足基节间，喙通常 3 节，也有 2 节或 1 节的。翅两对。前翅质地均匀，膜质或革质，不呈半鞘翅，停息时平置于背面或呈屋脊状。渐变态，但雄蚧及粉虱为过渐变态，有蛹期。繁殖方式多样；有性生殖、孤雌生殖或有性生殖与孤雌生殖交替进行，有卵生，也有卵胎生。植食性，取食植物汁液。许多种类是林果业的重要昆虫，既取食树木，又传播林果病，有些种类产蜡、胶，如白蜡蚧等，为重要的资源昆虫。

蝉科 Cicadidae

鬃状短触角着生于两复眼间前方，单眼 3 个，前翅膜质，有很粗的翅脉。前足腿节膨大，下缘具刺。雄虫腹部第 1 节多数具发音器。成虫刺吸果树、林木汁液，刺破木本植物皮部产卵。幼虫在土中刺吸木本植物根部。若虫的蜕皮，常选作药用，称为“蝉蜕”。

14.1a 斑头蝉（示在土洞内正要出土的老熟若虫；2007 年 8 月 1 日，东台 1100m）

14.1b 斑头蝉（示已出土的若虫；2007 年 8 月 1 日，东台 1100m）

14.1 斑头蝉

Oncotympana maculaticollis Motschulsky

又名：昭蟟、昼鸣蝉、雷鸣蝉、鸣鸣蝉。

体长 33～36mm，头顶到翅端长 56～63mm，雌雄个体同形同大。体背黑色较扁平，胸部背面有灰绿至黄褐色斑纹，腹端部 3 节稍尖。前翅横脉上有 4 个淡褐色斑，外缘脉端有 6 个颜色更淡的褐色斑，腹背两侧每节有灰绿至黄褐色边，愈向腹面，此边愈宽，腹面全为灰绿色至黄褐色。足内侧的颜色同腹面。

14.1c 斑头蝉（示新羽化的成虫及蝉蜕；2007 年 8 月 2 日早晨，东台 1100m）

14.1d 斑头蝉（1980 年 7 月 17 日，东台 1300m）

14.1e 斑头蝉（示成虫；2002 年 8 月 5 日，东台 1250m）

成虫见于7月上旬～8月中旬。多年完成1代。

寄主：杨、柳、榆、苹果、梨等林木和果树。

分布：小五台山东台海拔1100～1300m；张家口、石家庄、保定、唐山、秦皇岛、承德；辽宁、吉林、山东、江苏、湖北、安徽；日本、朝鲜。

14.2 蚱 蝉

Cryptotympana atrata (Fabricius)

异名：*Cryptotympana pustulata* Fabricius

又名：知了、黑蚱、蚱。

体长40～45mm，头顶到翅端长67～72mm。黑色、密被金黄色细短毛，但前胸和中胸背板中央部分毛少光滑。雌雄个体形状大小相似，只雄虫腹部第1节有发音器。中胸背面后部有"x"形突起，突起部分黄褐色；翅脉基半部黄褐色，往翅端逐渐到黑褐色。翅基部约1/4部分的脉间黑色。足黄褐色，有黑斑，前足腿节内侧的2根刺黑色。

成虫见于7月中旬～8月下旬。多年完成1代。

成虫产卵于杨、柳、苦楝、栎、槐树、刺槐、白蜡、枫杨、榆、桑、水杉、悬铃木、女贞、苹果、梨、杏、桃、李、樱桃、葡萄等树木嫩梢皮下，造成枯梢；若虫在土中吸食树木根部汁液。

分布：小五台山东台海拔1100～1400m；张家口、邢台、石家庄、保定、衡水、廊坊、沧洲、邯郸、唐山；福建、广东、江西、浙江、江苏、浙江、江苏、湖北、四川、陕西、山东、河南、北京、台湾、广西、安徽、上海、湖南、内蒙古。

14.3 蟪 蛄

Platyplcura kaempferi Fabricius

又名：花蝉。

体长雌21～24mm，雄20～23mm。头顶到翅端长雌35～40mm，雄32～37mm。体背黑色，胸部背面斑纹绿到黄褐色，前胸背板两侧向外扩展呈钝角。前翅有褐黑色的云状斑纹，斑纹的形状和多少个体间稍有差异；纵脉端有锚状纹。后翅黑色，外缘无色透明，黑色部分上的翅脉呈黄褐色。腹部背面黑色，每节有绿到黄褐色边。

成虫见于8月上旬。

寄主：成虫刺吸杨、柳、梨等汁液。

分布：小五台山；河北各地；福建、河南、山东、北京；日本。属古北、东洋、澳洲区系共有种。

14.4 梨 蝉

Glaptopsaltria colorata Stal

又名：梨蜩。

体长22mm左右。

成虫见于8月上旬。

寄主：蔷薇科植物。

分布：小五台山西台海拔1100～1300m；张家口。

14.2a 蚱 蝉（1980年8月20日，东台1400m）

14.2c 蚱 蝉（示侧面观）

14.3b 蟪 蛄（示侧面观）

14.2b 蚱 蝉（示蝉蜕；2007年8月3日，东台1200m）

14.3a 蟪 蛄（1980年8月4日，小五台山）

14.4 梨 蝉

14.1f 斑头蝉（示成虫侧面观；1980年2月25日，东台1200m）

14.5 拉蟪蝉

Melampsalta radiator uhler

体长 23mm 左右。

成虫见于 6 月中旬～ 8 月中旬。

分布：小五台山西台、北台、南台、东台海拔 850 ～ 2000m；张家口。

14.6 岩崎枯蝉

Mogannia iwasakii Matsumura

成虫见于 6 月中旬～ 8 月中旬。

分布：小五台山西台、北台海拔 1100 ～ 1350m；张家口。

14.7 山西姬蝉

Cicadetta shansinensis (Esaki et Ishihara)

翅展 39mm 左右。

成虫见于 1993 年 6 月上旬。

分布：小五台山；张家口。

14.8 震旦姬蝉

Cicadetta pieli (Kato,1940)

翅展 52mm 左右。

成虫见于 8 月上旬。

分布：小五台山西台金河口海拔 1280m；张家口。

14.9 凯库蝉

Lymosi kikuchii Kato

成虫见于 8 月中旬。

分布：小五台山西台海拔 2200 ～ 2400m；张家口。

附：未定种

14.5 拉蟪蝉（1980 年 7 月 20 日，南台 1950m）

14.6 岩崎枯蝉（1980 年 8 月 9 日，北台 1300m）

14.7 山西姬蝉（1980 年 6 月 7 日，小五台山）

14.8 震旦姬蝉（1980 年 8 月 6 日，西台 1280m）

（2007 年 8 月 1 日，西台 1200m）

（1980 年 8 月 2 日，小五台山）

（1980 年 7 月 10 日，小五台山）

角蝉科 Membracidae

小至中型。前胸背板畸形发达，向后延伸盖住小盾片甚至腹部，有时向前突伸盖及头部。单眼 2 个，位于复眼间。触角鬃状。

14.10 鸢色角蝉

Machaerotypus sibiricus Lethierry

又名：西伯利亚脊角蝉、褐拟沫角蝉。

体长 5.5 ～ 5.8mm。

成虫见于 4 月下旬。

分布：小五台山西台海拔 1220m；张家口；黑龙江、北京、山西、陕西、四川；俄罗斯西伯利亚、朝鲜、日本以及欧洲。

14.11 延安红脊角蝉

Machaerotypus yan-anensis Chou et Yuan

14.10 鸢色角蝉（1980 年 4 月 28 日，西台 1200m）

14.11a 延安红脊角蝉（2008 年 5 月 18 日，西台 1200m）

体长7mm左右。体黑色，惟复眼、上肩角与后突起橘红色，略有光泽。

成虫见于5月下旬、7月中下旬。

寄主：刺玫等。

分布：小五台山北台、西台；张家口；陕西（延安）。

14.12 黑圆角蝉

Cargara genistae (Fabricius)

体长雌4.6～5.5mm，雄3.9～5.0mm。肩角间宽雌2.2～2.8mm，雄1.9～2.4mm。体黑色、赤褐色或黄褐色。头部黄色，有稠密刻点和浅黄褐斜立细毛；基缘弓形弯曲，下缘倾斜，波状，明显上翘。复眼黄褐至深褐色，卵圆形。雌雄基本相同；仅雄体较小。

2010年6月下旬在小五台山西台金河口海拔1150m处的蛇葡萄上见到的全为若虫。成虫见于7月上中旬。

寄主：蛇葡萄、刺槐、槐树、酸枣、桑、枸杞、苜蓿、大豆、大麻、胡颓子、黄芪、锦鸡儿、烟草、柑橘。

分布：小五台山西台金河口海拔1150m；张家口；全国各地；美国以及东半球各国。

沫蝉科
Cercopidae

小至中型，体较宽短。无发音器。触角锥状。前胸背板大，但盖不住中胸小盾片。后足基节短，不向侧面扩展，胫节没有成列的刺毛，但有侧刺和端刺。中足基节短，左右互相接近。后足基节活动。前翅前缘基部没有肩板，前翅爪脉分离。后翅R脉分叉。若虫能从肛门或腹部第7、8节分泌白色泡沫物包围虫体，潜伏其内取食。

14.12a 黑圆角蝉（♀）

14.12b 黑圆角蝉（♂）

14.11b 延安红脊角蝉（示侧面观；2007年7月20日，西台1800m）

14.12c 黑圆角蝉（示若虫；2009年6月20日，西台1150m；寄主：蛇葡萄）

14.12d 黑圆角蝉（2010年7月10日，西台1150m）

14.12e 黑圆角蝉（示其成虫与蚂蚁共生；2010年7月10日，西台1150m）

14.13 大禾圆沫蝉

Lepyronia coleoptrata Linnaeus

体长约10mm。

成虫见于6月中旬～8月中旬。

分布：小五台山西台、南台海拔1500～2670 m；张家口。

14.14 白带尖胸沫蝉

Aphrophora intermedia Uhler

体长11～12mm。体黄褐色，密布黑色小刻点及灰白色短细毛。前翅褐色，在1/3处有1条明显的灰白色宽横带。

成虫见于7月上中旬。

寄主：柳、杨、桑、柞、桃、苹果、葡萄、枣、板栗等。

分布：小五台山西台海拔1150～1500m；张家口；山东、黑龙江、陕西、四川、贵州、云南、湖北、四川、浙江、江西、湖南、福建、河南、北京、山西、内蒙古。

14.13 大禾圆沫蝉（1980年7月25日，南台2600m）

14.15 女贞沫蝉

Mesoptyelus nigrifrons Matsumura

体长约 9mm。

成虫见于 6 月中旬～ 7 月下旬。

寄主：木樨科植物。

分布：小五台山西台、南台湖上沟海拔 1100 ～ 1450m；张家口。

14.16 柳肋尖胸沫蝉

Aphrophora costalis Matsumura

又名：吹泡虫、泡泡虫、柳沫蝉。

成虫体长约 10mm，长菱形，浅褐色。头，前缘扁，呈一弧形黑纹，中脊明显，头顶密布淡色微毛和细刻点，颜面略突，两侧黑褐色，中线明显。喙管长达后足基部。复眼黑褐色，单眼红色。前胸背板两侧有赤褐色斑，布有黑色刻点，中脊明显。小盾片色淡，端尖细。前、中足胫节有灰褐色斑，后足腿节外侧有 2 个枝刺。若虫腹部 9 节，第 7、8 节有发达的泡沫腺，分泌物被呼出的气体吹胀，形成大量泡沫，虫体包藏在泡沫中，腹末较尖。

成虫见于 7 月中下旬。

寄主：柳、杨、刺槐等。

分布：小五台山西台海拔 1300m 左右；张家口；宁夏、青海、甘肃、陕西、山西、北京等。

14.17 尖胸沫蝉

Aphrophora sp.

体长约 10 mm。

成虫见于 7 月下旬。

分布：小五台山南台、西台海拔 1300 ～ 1450m；张家口。

14.18 松尖胸沫蝉

Aphrophora flavipes Uhler

又名：松黄足菱沫蝉。

14.15a 女贞沫蝉（2007 年 7 月 20 日，西台 1400m）

14.16b 柳肋尖胸沫蝉(示低龄若虫;2007 年 7 月 1 日，西台 1300m)

14.17a 尖胸沫蝉（1980 年 8 月，小五台）

14.15b 女贞沫蝉（示若虫吐沫状；2007 年 6 月 9 日，南台 1400m）

14.16c 柳肋尖胸沫蝉（示若虫）

14.17b 尖胸沫蝉(示若虫吐沫状；2008 年 7 月 1 日，西台 1300m)

14.16a 柳肋尖胸沫蝉(示柳树枝条被若虫寄生状)

14.16d 柳肋尖胸沫蝉（示若虫吐沫状）

14.16e 柳肋尖胸沫蝉（示成虫）

成虫体长约9mm。头部前方突出，中央黑褐色，两侧黄褐色。触角针状。前胸背板淡黑褐色，前缘中央黑褐色，中低隆起。小盾片近三角形，黄褐色。翅灰褐色。后足胫节外侧有2个棘刺。

成虫见于7月下旬。

寄主：赤松、油松、黑松、华山松、白皮松、落叶松等。

分布：小五台山西台、北台海拔1250～1360m；张家口、承德；山东、辽宁、江苏、陕西、浙江、上海、北京、山西等。属古北区系种。

叶蝉科 Cicadellidae

小型。触角刚毛状。前翅革质。后足胫节下方有2列刺状毛。具跳跃能力。

14.19 大青叶蝉

Cicadella viridis (Linnaeus)

又名：青叶跳蝉、青叶蝉、大绿浮尘子。

体长雌虫约9mm，雄虫约8mm。头部突出，呈三角形，黄色，头顶有1对黑斑。复眼绿色，呈三角形。前胸背板宽广，黄色，有绿色三角形大斑。前翅绿色，四周黄色，末端透明，翅反面、后翅、腹部背面均为黑色。腹面黄绿色，足黄色。

成虫见于7月中旬～9月中旬。

若虫、成虫吸食苹果、梨、海棠、桃、李、杏、梅、葡萄、枣、柿、板栗、栗、樱桃、山楂、柑橘、杨、柳、榆、刺槐、白蜡、泡桐、桑以及多种禾本科植物等，计160余种。

分布：小五台山西台、东台海拔1000～2400m；全国各地。属古北、东洋、非洲、澳洲、新北区系共有种。

14.20 忽布叶蝉

Evacanthus interruptus (Linnaeus)

又名：黄面横脊叶蝉。

成虫见于8月。

分布：小五台山西台海拔1500～2400m；张家口。

14.21 小青叶蝉

Empoasca flavescens (Babricius)

又名：小绿叶蝉。

成虫体长3～4mm，淡绿色。头顶部近前缘处有2个深绿色小圆点。前翅近透明，微带黄绿色。后翅透明，具有珍珠样折光。下生殖板的长度大于最后一腹节腹板宽度的2倍。卵：长椭圆形，稍弯曲。长约1.5mm，宽约0.6mm。初产时乳白色，后变为淡绿色。若虫：体色与体形似成虫，仅翅为翅芽。

成虫期7月下旬～8月上旬。若虫、成虫吸食杨、柳、泡桐、山楂、苹果、梨、桃、葡萄、山荆子等汁液。

分布：小五台山西台、南台、北台海拔1100～1450m；河北各地；山东、辽宁、吉林、黑龙江、内蒙古、陕西、四川、湖北、江苏、安徽、浙江、湖南、湖北、福建、广东、广西。属古北、东洋、非洲、新北、新热带区系共有种。

14.22 棉叶蝉

Empoasca biguttula (Shiraki)

又名：棉二点叶蝉、棉叶跳蝉。

体长1.5～3.0mm。全体淡黄绿色。头顶有2个小黑点，前翅后缘约1/3处有1个黑褐色斑，后翅无色透明。

成虫见于7月下旬～8月初。

寄主：桑、葡萄、梧桐、杨、柳、悬铃木、榆、茶、茄子、马铃薯、豆类、白菜、烟草、南瓜等。

分布：小五台山南台、西台、北台海拔1000～1300m；张家口、承德、邢台、石家庄；山东、黑龙江、吉林、辽宁、陕西、河南、云南、江苏、安徽、湖北、浙江、江西、湖南、广东、海南。

14.23 八字纹肖顶带叶蝉

Athysanopsis salicis Matsumura

体长6.5～7.5mm。成虫体黄绿色。头部短而略宽于前胸背板。复眼黑褐色，单眼黄色。头冠前缘部分略突而呈弧圆形，冠面黄绿色，头冠前部有浅而短的横列凹沟，在前缘区两侧各有1个明显的大黑斑。前胸背板黄绿色，横宽，在近前缘处每侧各有1列黑点，每列有4个黑点，以中间2个最大；两列黑斑斜向排列成“八”字形。前胸背板中后部深绿色，并密生横皱纹。小盾片黄绿色，

14.19a 大青叶蝉（2008年9月19日，东台1200m）

14.19b 大青叶蝉（2001年7月15日，西台2200m）

14.20 忽布叶蝉（1980年8月10日，西台2100m）

14.21 小青叶蝉（示苹果叶被吸食后状；2009年6月9日，西台1180m）

密生小颗粒，在靠近基部的侧角处各有1个大三角斑；小盾片中部有横刻痕，其上方有1块较大的黑斑，有时黑斑分为2块。前翅黄绿色，半透明，前缘区黄色；爪区翅脉黄色；革区有2条黑褐色纵脉。胸腹部腹面黄绿色，腹部背面有1条黑色带。足黄色微绿。

成虫见于7月下旬。

寄主：柳。

分布：小五台山西台、北台、南台海拔850～1300m；张家口；山东、辽宁、吉林、黑龙江。

14.24 葡萄斑叶蝉

Erythroneura apicaris (Nawas)

体长3～4mm。体黄白及红褐色。头部向前突出，头冠顶部有2个近圆形黑斑。前胸背板淡黄色，前缘区有几个淡褐色斑纹，斑纹大小变化很大，有时缺如；背板后部有2个较大的黑斑。小盾片淡色，在基缘近侧角处各有1个黑斑。前翅淡黄色，半透明，翅面上有不规则、深浅不同的红褐色花纹。爪黑色。

成虫见于8月上旬。

寄主：梨、桃、山楂、葡萄、桑、槭等。

分布：小五台山北台、西台海拔900～1200m；张家口、保定；山东、辽宁、吉林、黑龙江、河南、陕西、湖北、江苏、江西、湖南、广西、台湾、浙江、安徽。

14.25 桑斑叶蝉

Erythroneura mori (Matsumura)

体长2.7～2.9 mm，体淡黄色。头冠向前伸成纯角突出，在中域有2条红色纵向纹延伸，在头冠前端汇合。复眼淡褐色。前胸背板中域有2条向外弯曲的红色纵纹。前翅淡黄色，半透明，散生红色斑纹；后翅透明，略带黄色。小盾片端部红色，在基部两侧角内缘各有1个红色半环。

成虫见于7月中旬～8月下旬。

寄主：桑、柿、梅、桃等。

分布：小五台山西台；张家口、保定；山东、陕西、江苏、安徽、浙江、四川。

14.26 中华拟菱纹叶蝉

Hishimonoides chinensis Anufrie

体长：雌虫3.5～4.0mm，雄虫3.0～3.2mm。头部淡黄色，头冠前缘有2个橙黄色小斑，其后有3块横向相连橙黄色的楔形大斑。复眼暗红色。前胸背板暗褐色，前缘橙黄色；两侧基角及末端各有黄褐色斑1块。前翅底色青白色，后缘有1个三角形斑，两翅并拢形成暗褐色菱形大斑纹，纹中有葫芦状白斑，斑内各有2个横向排列的黑点。后足第1跗节内侧端部呈黑色。

成虫见于7月中下旬。

寄主：桑、枣、酸枣、刺槐、榆、毛泡桐。该虫为枣疯病的媒介昆虫。

分布：小五台山西台、北台海拔1000～1350m；张家口、保定、承德、唐山、石家庄；山东、辽宁、河南等。

14.27 凹缘菱纹叶蝉

Hishimonus sellatus (Uhler)

体淡黄绿色，长3.7～4.2 mm。头冠靠近前缘处有1个浅横槽，横槽后缘有2条淡黄褐色横纹，有时不明显；头冠前缘有1对横纹；后缘有2个斑点。头部与前胸背板等宽。小盾片淡黄色，有些个体小盾片中线及两侧的条状斑纹为暗褐色。前翅淡白色，散布多个黄褐色点纹，后缘中部有1块三角形浅橙褐色斑，成折角状，在两翅并拢时两斑合成1个明显的菱形纹。前翅端部线黑褐色，其中有4个白色小点。腹部背面黑色，腹面及边缘淡黄绿色。

成虫见于7月中下旬。

寄主：桑、枸橘等，该虫为桑黄化型及萎缩型病毒病的媒介昆虫。

分布：小五台山西台海拔约1200m；张家口、保定、邢台、邯郸；北京、山东、山西、河南、江苏、安徽、浙江、江西、湖南、湖北、福建。

14.28 黑尾叶蝉

Nephotettix cincticeps (Uhler)

体黄绿色，长4.5～6.0mm。头部与前胸背板等宽，向前呈钝圆角突出。在头冠复眼间接近前缘处有1条黑色横凹沟，内有1条黑色亚缘横带，带的后方连接黑色中纵线。复眼黑色，单眼黄绿色。雄虫额唇基区黑色。雌虫颜面为淡黄褐色，额唇基的两侧区各有数条淡褐色横纹，颊区淡黄绿色。前翅淡蓝绿色，前缘区淡黄绿色，雄虫翅端1/3为黑色，雌虫为淡褐色。有时在一些个体中，翅面中部有1个黑斑，头冠具有黑色亚缘横带。雄虫胸腹部腹面及腹部背面为黑色，仅环节边缘淡黄绿色。雌虫胸腹部腹面淡黄色，腹部背面黑色。

成虫见于7月上旬～8月上旬。

寄主：苦楝、茶等。

分布：小五台山南台、东杏河海拔950～1100m；张家口；山东等。

14.29 窗耳叶蝉

Ledra auditura Walker

体长15～18mm。深灰褐色。头

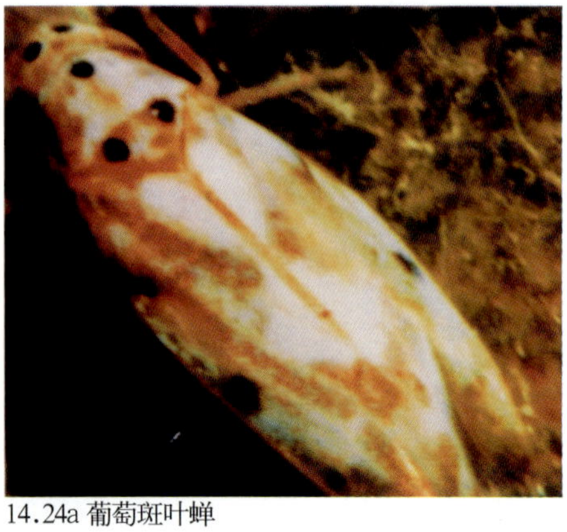
14.24a 葡萄斑叶蝉

14.24b 葡萄斑叶蝉（示若虫）

14.29a 窗耳叶蝉（2007年7月8日，东台1050m）

扁平，向前呈钝圆状突出，头冠有刻点，前部散生颗粒状突起。前胸背板暗褐色，两侧隆突直立向上呈耳状。前翅质地薄，半透明，散布刻点及小褐点。腹部腹面黄褐色。

成虫见于 7 月上旬～ 8 日上旬。

寄主：杨、刺槐、柞、苹果、梨等。

分布：小五台山西台、东台海拔 900 ～ 1200mm；张家口；辽宁、北京、山东、广东、山西等。

14.30 耳叶蝉

Ledra sp.

体长约 16mm。前胸背板侧隆突较窗耳叶蝉 *L. auditura* 明显为小。

成虫出现于 7 月中旬。

分布：小五台山西台海拔 1400m 左右；张家口。

蜡蝉科 Fulgoridae

体中至大型。触角生于复眼下，基部 2 节膨大如球状，鞭节为一细的刚毛，额与颊间有隆起达于唇基。额常向前延伸如象鼻。前翅端区翅脉多分叉，并多横脉形成网状。后翅臀区外缘翅脉亦呈网状。

14.31 斑衣蜡蝉

Lycorma delicatula (White)

又名：樗鸡、斑蜡蝉。

体长：雌 18 ～ 22mm，雄 14 ～ 17mm；翅展：雌 50 ～ 52mm，雄 40 ～ 45mm。体黑色。前翅基部 2/3 淡灰褐色，散布 20 余个大小不等的黑斑；端部 1/3 淡灰褐色，脉纹部分颜色同翅基部。后翅基部红色，散布 10 余个大小不等的黑斑，中部白色，端部 1/3 黑色。

成虫见于 8 月。

成虫和若虫吸食香椿、臭椿、苦楝、杨、榆、刺槐、悬铃木、楸、三角枫、五角枫、栎、珍珠梅、梧桐、黄杨、女贞、合欢、桃、杏、海棠、李、葡萄、麻等的幼嫩枝干汁液形成白斑，同时排泄物引起煤污病。

分布：小五台山东台海拔 1100 ～ 1400m；张家口、承德、保定、衡水、沧州、石家庄、邢台、邯郸；北京、河南、山东、江苏、浙江、广东、陕西、甘肃、台湾、四川。属东洋、古北区系共有种。

14.29b 窗耳叶蝉（示背面观）

14.30 耳叶蝉（1980 年 7 月 15 日，西台 1400m）

14.31a 斑衣蜡蝉（示 4 龄若虫；2007 年 7 月 31 日，东台 1200m）

14.31b 斑衣蜡蝉（示 4 龄前若虫）

14.31c 斑衣蜡蝉（示 4 龄前若虫）

14.31d 斑衣蜡蝉（示 4 龄若虫）

14.31e 斑衣蜡蝉（2007 年 8 月 20 日，东台 1200m）

14.31f 斑衣蜡蝉

14.32 东北丽蜡蝉

Limois kikuchii Kato

体长约 10mm，翅展 33mm 左右。头胸部青灰褐色，分布大小不等的黑斑。前胸背板肩有圆形黑斑，中胸背板侧脊线外有大黑斑 1 个。前翅近基部 1/3 米黄色，散生褐斑，外侧有不规则大型斜纹褐斑，其余部分透明。

成虫见于 8 月中旬。

分布：小五台山西台海拔 2200 ~ 2400；张家口；北京、山西、内蒙古、辽宁、吉林、黑龙江。

14.32a 东北丽蜡蝉（1980 年 8 月）

14.32b 东北丽蜡蝉（1980 年 8 月）

附：未定种

（2003 年 6 月 2 日，北台 1400m）

（2009 年 6 月 28 日，南台 1400m）

（1980 年 8 月 1 日）

（2007 年 7 月 25 日，南台 1500m）

（2007 年 7 月 22 日，西台 1350m）

（2007 年 8 月 10 日，南台 1500m）

（1982 年 8 月 2 日，南台 1600m）

飞虱科 Delphacidae

小型。能跳跃，后足胫节末端有一显著能够活动的扁平的距，为本科的共同特征。触角短，锥状。翅透明，不少种类有长翅型和短翅型 2 个类型。本科种类的寄主，大多为禾本科植物。

14.33 白背飞虱

Sogatella fuscifera (Horvath)

长翅型：体连翅长 3.2 ~ 4.6mm。短翅型：体长 2.5 ~ 3.5mm。头顶、前胸背板、中胸背板中域黄白色，仅头顶端部中侧脊与侧脊间黑褐色；前胸背板侧脊外侧区于复眼后方有一暗褐色新月形斑，中胸背板侧区黑褐色。面部和唇基、颊皆为黑色，脊色黄白。前翅微黄褐几透明，翅脉浅黄褐色，端部略深暗，翅斑黑褐色。整个腹部黑色，仅各节后缘与侧缘黄白色。

寄主：早熟禾、稗、水稻等。

分布：小五台山北台、西台海拔 900 ~ 1300m；张家口、保定、石家庄；辽宁、吉林、黑龙江、西藏、宁夏、甘肃、

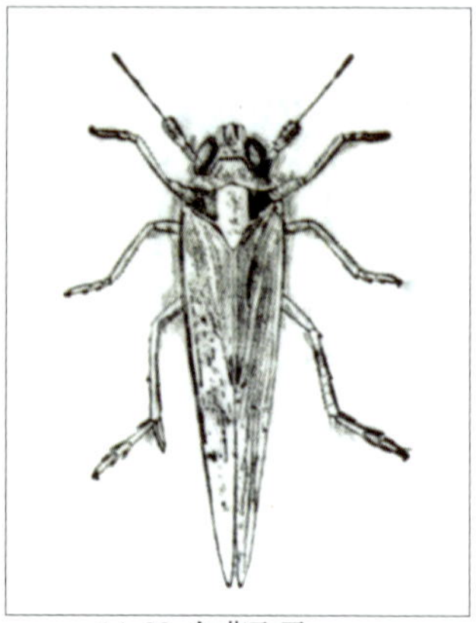

14.33 白背飞虱

陕西、山西、山东、河南、湖北、安徽、江苏、浙江、江西、湖南、台湾、福建、四川、贵州、云南、广东、海南、广西。

14.34 稗白背飞虱

Sogatella longifurcifera (Esaki et Ishihara)

长翅型：体连翅长 3.3 ~ 4.5mm，短翅型：体长 2.2 ~ 4.0mm。本种似白背飞虱 *S. furcifera*，但本种雄虫额和唇基淡黄褐色，颊区黑褐；雌虫无翅斑。

寄主：稗、千金子等。

分布：小五台山西台、北台、东台海拔 1100 ~ 1400m；张家口、承德、唐山、石家庄；辽宁、山东、河南、陕西、甘肃、湖北、安徽、江苏、浙江、广西、云南、四川等；日本。

14.35 白脊飞虱

Unkanodes sapporona (Matsumura)

长翅型：体连翅长 2.2 ~ 4.8mm。短翅型：体长 2.2 ~ 3.2mm。虫体较大，一般为淡橙黄褐色，体背有 1 条白色中纵带。

寄主：玉米、高粱、谷子、小麦、水稻、看麦娘、红花草等。

分布：小五台山；北京、山东、辽宁、吉林、陕西、甘肃、湖北、江苏、安徽、浙江、江西、四川、云南、广东、贵州；日本。

14.36 褐飞虱

Nilaparvata lugens Stål

长翅型：体连翅长 4.0 ~ 4.2mm，短翅型：体长 2.6 ~ 7.2mm。体色分深浅两种色型，具明显油状光泽。深色型体色为褐色至黑褐色。头顶、前胸背板褐色，中胸背板色深暗，侧区带黑褐色。多是基节、腹部除各节后缘和侧角及腹背基部节间膜为黄褐和鲜橙黄色外，其余均为黑褐色。前翅翅斑黑褐色。浅色型体为黄褐色，仅腹背基部数节色泽较暗。

寄主：水稻等。

分布：小五台山西台海拔 1100 ~ 1300m；张家口、保定、承德；吉林、辽宁、山西、陕西、北京、甘肃、河南、山东、安徽、江苏、浙江、江西、台湾、福建、湖北、湖南、四川、贵州、云南、海南、广东、广西；日本、朝鲜、印度、菲律宾、澳大利亚等。

木虱科 Psyllidae

体大小似蚜虫，而外形略似蝉。触角长，10 节。有单眼 3 个。雌雄均有 4 翅，前翅革质，从基部仅出 1 条脉，中途分为 3 支，每支 2 分叉。后足基节有疣状突起，肢节端部有刺，适于跳跃。雌虫产卵器包在背、腹两生殖板内。寄生于寄主的嫩枝、嫩叶。

14.37 中国梨木虱

Psylla chinensis Yang et Li

又名：梨虱。

体长称 3mm。似小蝉。越冬成虫全体红褐或黑褐色，春夏季羽化的成虫初为黄绿色，稍后变绿色，中胸背有 6 条黄色细纵纹，前、后翅透明，脉纹明显。

寄主：梨树。

分布：小五台山西台、北台海拔 1100 ~ 1250m；张家口、保定、衡水、石家庄；北京、山西、辽宁、陕西等。

14.38 槐木虱

Psylla willieti Wu

体长 3.8 ~ 4.6mm。体绿至黄绿色。头部垂直，头顶平，两侧具凹陷。复眼褐色，单根橙黄色。触角基部 2 节绿色，端 2 节黑色，其余褐色。胸部绿色，中胸前盾片和盾片上有黄斑。前翅透明，翅痣明显，翅脉黄绿色，后缘色深，外缘在翅脉间有 4 个小黑斑。腹部绿至黄绿色。越冬代成虫体色深褐，胸背有成对黄斑。

寄主：槐树、龙爪槐。

分布：小五台山；张家口市区；宁夏、甘肃、陕西、山西、山东、河南等。

14.39 文冠果隆脉木虱

Agonoscena xanthoceratis Li

体长（达翅端）1.35 ~ 1.75mm。初羽化时体白色，渐变为淡绿色，至橙黄、灰褐色。冬型体色较夏型明显色深而且褐斑显著。触角丝状，深黄色，10

14.37a 中国梨木虱

14.37b 中国梨木虱（示若虫）

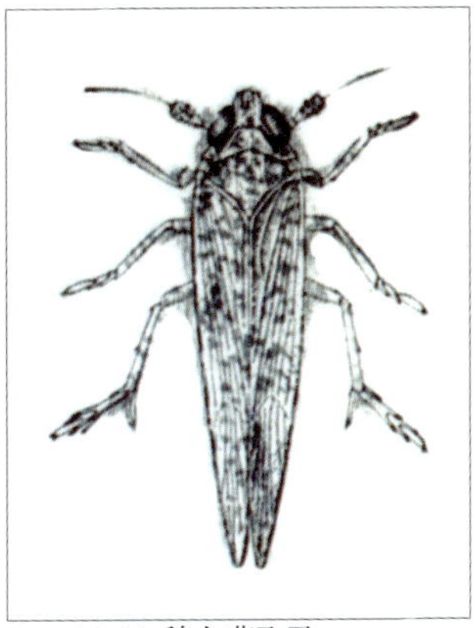

14.34 稗白背飞虱

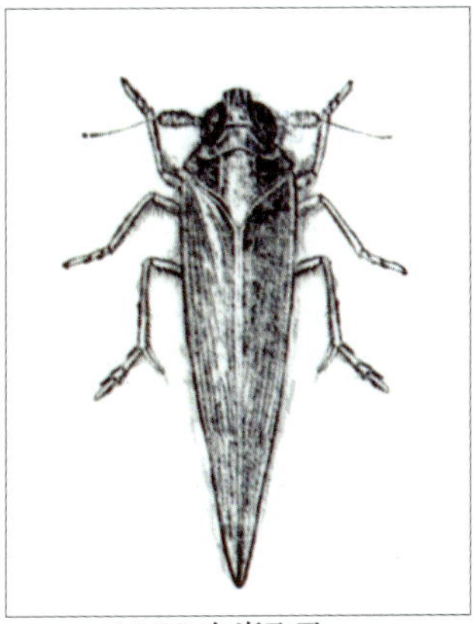

14.35 白脊飞虱

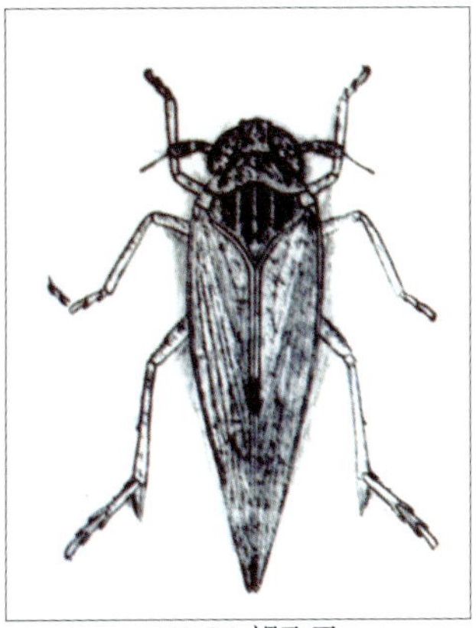

14.36 褐飞虱

节，第 1 ～ 2 节粗大，第 8 节末端和 9、10 节为黑色。复眼红色；单眼 3 个，红色。胸背隆起，有褐色纵斑，左右对称。前翅周缘有褐斑。腹部各节背板和腹板上有褐色横斑，侧板黄色。雌虫尾端尖，略向下弯；雄虫尾部开张。

寄主：文冠果。

分布：小五台山西台海拔 1200 ～ 1400m；张家口；内蒙古、辽宁、吉林、黑龙江、山西、陕西、宁夏、新疆、青海、山东、甘肃等。

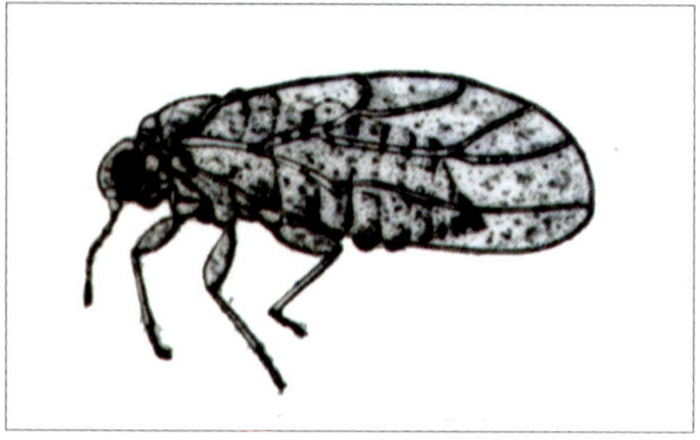

14.39 文冠果隆脉木虱

粉虱科 Aleyrodidae

体纤细微小。雌雄翅面被有白色蜡粉，复眼的小眼分为上、下两群，分离或连在一起。单眼 2 个。触角 7 节，第 2 节膨大。缘 3 节。跗节 2 节。翅纤弱，较宽阔，翅脉简单，具 1 ～ 2 条纵脉。成虫和若虫腹部背面有管状孔。过渐变态。本科昆虫几乎都寄生于植物叶片背面刺吸汁液。

14.40 烟粉虱

Bemisia tabaci (Gennadius)

体长约 1mm，白色。翅透明具白色细小粉状物。

成虫见于 7 ～ 8 月。

寄主：烟草、番茄、木薯、梨、棉花及十字花科、豆科、葫芦科、茄科、锦葵科等 10 多科 50 余种植物。

分布：小五台山西台、北台、南台海拔 1000 ～ 1350m；张家口；全国各地；日本、马来西亚以及非洲和北美洲等。

球蚜科 Adelgidae

小型。有翅蚜触角 5 节，休息时翅放置呈屋脊状。前翅有径分脉，中脉单一，2 肘脉愈合。有性蚜和单性雌蚜都有口器，能取食，主要寄主为松、杉等木本植物。

14.41a 落叶松球蚜（示云杉枝上虫瘿；2009 年 6 月 17 日，北台 1300m）

14.41b 落叶松球蚜（示虫瘿后期；2009 年 7 月 20 日，西台 1180m）

14.41 落叶松球蚜

Adelges laricis (Vallot)

伪干母：成蚜体长 1 ～ 2mm，半球形，棕黑色。除最后两节外，其余各部分无分泌物，体背面 6 纵列瘤明显而有光泽。性母：成蚜黄褐至褐色，具翅。腹部背面蜡片排列整齐。无翅侨蚜：成虫体长 1.4mm，宽 0.66mm，蜡片排列整齐，蜡孔呈蜂窝状，虫体外被绿豆粒大小的白絮状蜡质丝团。

寄主：第一寄主为云杉，第二寄主为落叶松。

分布：小五台山西台、北台海拔 1100 ～ 1650m；承德、张家口、保定；山东、辽宁、吉林、黑龙江、内蒙古。属古北区系种。

14.41c 落叶松球蚜（示虫瘿剖面蚜体）

14.41d 落叶松球蚜（示侨居型若虫，寄生华北落叶松状；2010 年 6 月 20 日，西台 1200m）

14.42 松球蚜

Pineus cembrae (Cholodkovsky)

无翅孤雌蚜：体长约 1.3mm，宽 1.0mm。头与前胸愈合。头胸色深。各胸节有 3 对斑，腹部色淡。体背蜡片由葡萄状蜡孔组成。触角 3 节，长 0.12mm。喙 5 节，端部超过中足基节。无腹管。尾片宽圆，有毛 4 根。有翅孤雌蚜：头胸黑色，腹部色淡。体背蜡片明显。触角 5 节，长 0.3mm，第 3 ~ 5 节各有大型感觉孔 1 个。前翅斜脉 3 条，后翅 1 条，尾片毛 9 ~ 11 根。

寄主：油松、赤松、红松。

分布：小五台山南台、西台、北台海拔 1100 ~ 1550m，在该山区松球蚜没有落叶松球蚜 *A. laricis* 发生普遍；张家口；全国各地。

14.41e 落叶松球蚜（示蚜蚁共生）

14.43a 杨枝瘿绵蚜（示虫瘿剖面）

瘿绵蚜科 Pemphigidae

体长 2 ~ 4 mm。有发达的蜡腺，体大多有蜡粉或蜡丝。触角 5 ~ 6 节，末节端部极短；次生感觉圈多为环形、条形或方形。前翅斜脉 4 条，中脉分叉 1 次或不分叉，后翅斜脉 2 条，静止时翅呈屋脊状置于体背。腹管环形、短锥形或缺。尾片半月形，尾板末端圆。大多数种营异寄主全周期或不全周期生活，极少数营同寄主全周期生活。第一寄主大多是阔叶树，第二寄主大多是草本植物，少数为木本植物。大多生活在乔灌木虫瘿内或变形的叶内或在第二寄主的根上。

14.43 杨枝瘿绵蚜

Pemphigus immunis Buckton

有翅孤雌胎生蚜：体长卵形，体长 2.3mm，宽 0.9mm。灰绿色，被白色蜡粉。第 1 ~ 5 腹节各有 1 对背中蜡片；第 8 腹节中蜡片 1 对，且相融合为横带状；蜡孔卵圆形。触角 6 节，长 0.95mm；第 3 ~ 5 节有横条形感觉孔。前翅中脉不分叉，后翅斜脉 2 条。腹管环状。尾片毛 6 ~ 7 根。

寄主：小叶杨、马氏杨、胡杨、黑杨、箭杆杨等。春季在新枝基部营梨形虫瘿，有原生开口。

分布：小五台山西台海拔 1150 ~ 1300m；张家口；北京、辽宁、吉林、内蒙古、河南、宁夏；欧洲、北美洲和中亚。

14.43b 杨枝瘿绵蚜（示春季在新枝基部营梨形虫瘿，有原生开口；2001 年 6 月 18 日，西台 1200m）

14.44a 杨柄叶瘿绵蚜（示初期虫瘿）

14.44 杨柄叶瘿绵蚜

Pemphigus matsumurai Monzen

有翅孤雌蚜：体椭圆形，长 2.4 ~ 2.6mm，宽 1.0 ~ 1.2mm。玻片标本头、胸黑色，腹部淡色。体表光滑，头部除中央外有褶纹。蜡片淡色，腹部第 1、2 节各有蜡片 1 对，第 1 ~ 7 节各有大圆形缘蜡片，第 8 节呈横带形蜡片，多由小角多角形蜡孔构成。触角粗短，全长 0.8mm，有环形感觉圈。前翅 4 斜脉不分叉，二肘脉基部愈合，后翅中肘脉基部分离。无腹管。尾片半圆形，有短刚毛。

寄主：小叶杨。本种在叶片与叶柄交界处叶的基部正面营球形光滑虫瘿，

14.44b 杨柄叶瘿绵蚜（示虫瘿开始开裂；2007 年 5 月 28 日，西台 1200m）

14.44c 杨柄叶瘿绵蚜（示虫瘿剖面）

老熟后裂开。

分布：小五台山西台海拔 1150 ~ 1280m；张家口；北京、黑龙江、吉林、内蒙古；日本。

14.45 纳瘿绵蚜

Pemphigus napaeus Buckton

又名：杨瘿绵蚜。

与杨枝瘿绵蚜 *P. immunis* 相近，并常与其混合发生，但触角各节感觉圈均多，且第 6 节有次生感觉圈。

寄主：小叶杨。在新枝基部生球形或不正形，长 15 ~ 30mm，宽 12 ~ 25mm 的虫瘿，有一朝下的裂孔。

分布：小五台山西台海拔 1250m 左右；张家口；吉林、辽宁、内蒙古、宁夏。

14.46 秋四脉绵蚜

Tetraneura akinire Sasaki

又名：谷榆蚜、高粱根蚜、榆四条绵蚜。

干母：灰绿色或黄绿色，体圆形，长约 2mm，腹末微有蜡丝。其若蚜是从越冬卵孵化而出，无翅，全体黑色，足粗壮，腹末有微毛。虫体在榆叶正面形成虫瘿，初为绿色，后变为红色。一般每头干母形成 1 个虫瘿，每个叶片上可有一至多个虫瘿。虫瘿呈袋状或棒锤状，有柄，长 2 ~ 3cm，最宽处 1 ~ 2cm。

干雌：是干母在虫瘿内无性胎生的雌蚜。无翅。体长 2.0 ~ 2.5mm，绿色，体上有放射状的蜡质绵毛。

迁移蚜：是干雌孤雌胎生的有翅雌虫。体长 2 ~ 3mm，翅展 5.2 ~ 5.5mm。体灰褐至深绿色。后翅翅脉 4 条。中脉不分叉，有灰黄色反光，翅痣黑绿色。后翅中脉 1 条。触角 6 节，黑色，第 3、5 节最长，有 2 个节上有条状感觉器。腹部背面常分泌大量蜡丝。腹管退化。尾片黑色，圆形，上有刚毛 1 对。

侨蚜：又称根型蚜，是迁移蚜在夏季寄主上孤雌胎生的雌虫，是寄生于禾本科植物的主要虫态。成蚜体略呈椭圆形，杏黄色，在粟上寄生的也有呈深绿色和紫色的。头和胸部腹面有明显蜡粉。

若蚜：复眼红色，头、胸褐色，腹部黄绿色。雄蚜体长 0.8mm，黑绿色，体型狭长无翅。雌蚜：椭圆形，长 1.3mm，体有黑褐色、黑绿色、黄绿色的差异。

寄主：第一寄主榆，第二寄主高粱、玉米、甘蔗、麦类、芦苇及其他禾本科

14.45 纳瘿绵蚜（示虫瘿；2007 年 6 月 10 日，西台 1250m）

14.46b 秋四脉棉蚜（示初期虫瘿）

14.46c 秋四脉绵蚜（示中后期虫瘿）

14.46d 秋四脉绵蚜（示后期虫瘿）

14.46e 秋四脉绵蚜（示末期虫瘿）

14.46f 秋四脉绵蚜（示末期虫瘿）

14.46g 秋四脉绵蚜（示末期虫瘿）

14.46a 秋四脉棉蚜（示白榆被寄生状；2009 年 6 月 16 日，东台 1100m）

14.46h 秋四脉绵蚜（示榆枝被寄生状；2007 年 5 月 13 日，北台 1200m）

植物。

分布：小五台山东台、北台海拔850～1300m；石家庄、保定、张家口、承德；北京、山东、天津、黑龙江、辽宁、吉林、内蒙古、河南、新疆、上海、江苏、浙江、湖北、台湾、云南；朝鲜、日本以及欧洲。

14.47 榆四脉绵蚜

Tetraneura ulmi Linnaeus

寄主：榆树等。常与秋四脉绵蚜 *T.akinire* 混合发生。

分布：小五台山东台海拔1100～1300m；张家口、石家庄、保定；北京等。

14.48 三堡瘿绵蚜

Epipemphigus sanpupopuli (Zhang et zhong)

干母：体卵圆形，长2.2mm，宽1.4mm。土绿色，微有白粉。触角、足、喙黑色。气门片黑色。体背缺蜡片。中胸腹岔有长柄。体背有长粗尖毛。触角4节，短粗有瓦纹，全长0.32mm。喙短粗，不达中足基节。无腹管。尾片末端圆形，有毛7～8根。

有翅孤雌蚜：体长卵形，长2.0mm，宽0.82mm。灰绿色，被薄粉。气门片灰黑色。体表光滑。腹部第1～7节有椭圆形中蜡片各1对，向后部各节渐小。触角全长0.59mm，次生感觉圈横椭圆形至横条形。喙粗短，稍超前足基节。前翅斜脉4支，中脉不分叉，各脉镶窄灰黑边，后翅2斜脉共柄。

伪虫瘿：在叶正面，纵长2～3cm，高和宽各约1cm，枕状，表面光滑，反面有自然纵开口。

寄主：青杨。

分布：小五台山西台海拔1150～1380m；张家口；北京、黑龙江。

14.49 榆绵蚜

Eriosoma dilanuginosum Zhang

有翅孤雌胎生蚜：体长2.0～2.2mm，宽0.8～1.0mm。头胸及附肢黑色，腹部褐色。体光滑多毛。触6节，长0.72mm，第3节最长，有环形感觉孔22～24个。前翅中脉2叉。后翅斜脉2条。腹管环状，周围有毛12～16根。尾片圆弧状，有毛2～4根。

伪虫瘿：在榆树嫩叶背面寄生，被害处渐向反面弯曲肿胀，形成表面凹凸不平形似拳头状的原生开口伪虫瘿，呈绿色渐至褐绿色、红褐色或黄色。老熟后硬化，瘿叶变褐枯死。瘿直径可达3～5cm。

寄主：榆。

分布：小五台山东台、北台、西台海拔1100～1300m；张家口；北京、山东等。

14.47a 榆四脉绵蚜（示榆树叶被寄生状）

14.47b 榆四脉绵蚜（示虫瘿；2007年5月25日，东台1200m）

14.47c 榆四脉绵蚜（示虫瘿；2009年6月16日，东台860m）

14.48 三堡瘿绵蚜（示小叶杨叶上的伪虫瘿；2007年5月25日，西台1200m）

14.49a 榆绵蚜（示其与秋四脉绵蚜混合发生状；2009年6月16日，东台1160m）

14.49b 榆绵蚜（示其与秋四脉绵蚜混合发生状；2009年6月16日，东台1160m）

14.49c 榆绵蚜（示榆叶被寄生后向叶反面弯曲肿胀状，伪虫瘿；2009年6月16日，西台1200m）

平翅绵蚜科 Phloeomyzidae

腹部有大型蜡片，可分泌蜡丝、蜡粉。孤雌蚜无翅，头部与前胸愈合，触角6节。性蚜有翅，触角6节，无次生感觉圈。前翅中脉分叉1次，后翅有2斜脉。中胸前盾片狭窄，后端圆，盾片中部不分开。休息时翅平叠于背上。寄生在树木表皮上。同寄主全寄生。

14.50 杨平翅绵蚜

Phloeomyzus passerinii zhangwuensis Zhang

无翅成、若蚜头部与前胸愈合，复眼3小眼面，无翅型触角6节；腹部第7、8节有圆顶缘瘤；腹管小孔状。有翅型触角6节，无次生感觉圈。雌雄性蚜都是有翅型。各型第7腹节背片都有1对大型腺片。

寄主：小叶杨、加杨等。寄生在树干、根基部及树枝皮缝中，因蚜体被蜡粉和蜡丝，所以寄生处覆有白色绒毛。受伤或修剪的枝干受害较重，有时盖满幼枝和树皮缝。

分布：小五台山西台海拔1180～1200m；张家口、廊坊；山东、北京、辽宁、黑龙江。

群蚜科 Thelaxidae

无翅蚜和若蚜，头部与前胸愈合，眼3小眼面。无翅蚜触角5节。体表有明显刚毛。腹管孔状或圆筒状，周围有毛数根。尾片瘤状或半月形。尾板末端圆。有翅蚜触角3～6节，次生感觉圈圆形或条形。前翅中脉分叉1次，后翅正常有2斜脉，或退化无斜脉。同寄主全周期或不全周期生活。

14.51 麻栎刻蚜

Kurisakia querciphila Takahashi

无翅孤雌蚜：体椭圆形，长1.9mm，宽1.0mm。浅绿色，腹部背面有纵横翠绿色带纹。有翅孤雌蚜：体长椭圆形，长2.5mm，宽0.85mm。头胸黑色，前胸稍淡，有1对明显黑斑，腹部淡色，有黑斑及翠绿色带纹。腹部第8背片毛较多，达12～18根。

寄主：麻栎等。生活在幼叶反面，幼叶向反面纵向弯曲呈船状，也寄生嫩梢。

分布：小五台山北台、西台海拔1700～2000m；张家口；辽宁、山东、江苏、浙江；朝鲜、日本。

大蚜科 Lachnidae

体型较大，长3～7 mm。头有背中缝，头与前胸分离。喙端节明显分为2节。触角6节，末节端部甚短，次生感觉圈圆至卵圆形。体与附肢均多毛。翅痣长，长为宽的4～20倍。体表常有蜡粉分布，但无蜡腺构造。寄主为木本或草本植物，大多为同寄主全周期，多数生活在枝皮上，少数在树干上、根上或叶上。

14.52 柏长足大蚜

Cinara tujafilina (del Guercio)

又名：柏大蚜。

无翅孤雌胎生蚜：体长3.7～4.0mm，赭褐色，有时被薄蜡粉。体背有褐色纵带纹2条，从头后向腹部约呈“八”字形，腹管短小。有翅孤雌胎生蚜：体长3.0～3.5mm，头胸黑褐色，腹部赫褐色。主要区别特征为：活时赫褐色，在侧柏枝甚至主干上取食。后胫节淡色，仅端部1/10深色。

无翅孤雌胎生蚜见于7月上旬～8月上旬。

寄主：侧柏、金钟柏、铅笔柏等。

分布：小五台山、西台海拔1180～1400m；张家口、石家庄；北京、辽宁、山

14.50 杨平翅绵蚜（示其寄生于杨树干状）

14.52a 柏长足大蚜（示无翅孤雌胎生蚜；2007年7月25日，西台1180m）

14.52b 柏长足大蚜［示无翅孤雌蚜（大）；干母若蚜（小）；2007年6月25日，西台1200m］

东、陕西、宁夏、江苏、浙江、江西、台湾、云南等；朝鲜、日本、土耳其、巴勒斯坦以及非洲、欧洲、大洋洲和北美洲等。

14.53 居松长足大蚜

Cinara pinihabitans (Mordvilko)

体长：无性雌性蚜长约 4.1mm，宽约 2.7mm。无翅孤雌胎生蚜体褐色，被白蜡粉，腹部散生黑色颗粒状物，中胸腹瘤存在，触角 6 节。有翅孤雌胎生蚜体黑褐色，腹末稍尖，翅透明，前缘黑褐色。

寄主：油松、黑松、赤松、马尾松等。

分布：小五台山东台、北台海拔 850 ~ 1500m；张家口、石家庄；北京、天津、内蒙古、山西、甘肃、四川。

14.54 油杉长足大蚜

Cinara keteleeriae Zhang

无翅孤雌胎生蚜：体褐色，略被白色蜡粉。触角 6 节。中胸腹瘤存在。腹部散生黑色颗粒状物，背毛有毛基斑。有翅孤雌胎生蚜：体黑褐色，刚毛黑色，腹末稍尖。翅透明，前缘黑褐色，被白色蜡粉。

无翅孤雌胎生蚜见于 5 月下旬～ 6 月中旬。

寄主：油松。

分布：小五台山西台、南台海拔 1100 ~ 1550m；张家口；辽宁。

14.55 松长足大蚜

Cinara pinea (Mordwiko)

又名：松大蚜。

成蚜体型较大，体长 3 ~ 4mm，黑色至黑褐色，体被黑色刚毛，足上尤多。触角刚毛状，6 节，其中第 3 节最长。复眼黑色，突出于头侧。腹端稍尖。有翅孤雌蚜的翅透明，前翅有翅痣。无翅孤雌蚜体较粗壮，腹末较圆，背部散生黑色粒状物，排列规则，产卵前数天尾部被有白色蜡粉，产卵后用以盖卵。

寄主：油松、赤松、樟子松、黑松、华山松、马尾松等林木的嫩枝及幼干。

分布：小五台山西台海拔 1100 ~ 1350m；张家口、承德、石家庄；山东、辽宁、内蒙古、河南、山西、陕西、广东、福建；朝鲜、日本以及欧洲。

14.54 油杉长足大蚜（示无翅孤雌胎生蚜；2007 年 5 月 29 日，西台 1500m）

14.56 长足大蚜

Cinara sp.

无性孤雌蚜体长约 4 mm。见于 7 月中、下旬。散生。

寄主：云杉。

分布：小五台山西台海拔 1150 ~ 1700mm；张家口。

14.57 柳瘤大蚜

Tuberolachnus salignus (Gmelin)

无翅孤雌胎生蚜：卵圆形，体长 4.8mm，宽 3.0mm。黑灰色，密被细毛，复眼黑褐色。触角黑色，6 节，为体长的 0.375 倍，密生刚毛，第 3、4 节各具 2 ~ 4 个次生感觉圈。第 5 ~ 6 腹节背面中央有 1 个大型瘤突。腹管短截形，位于多毛的圆锥体上，尾片新月形，有毛 33 ~ 52 根。有翅孤雌胎生蚜：体长约 4.0mm，宽约 2.0mm。头、胸部色深，腹部色较浅。触角第 3 节有次生感觉孔 14 ~ 17 个，第 4 节有 3 个。翅透明，翅脉正常，翅痣狭长。其他似无翅孤雌胎生蚜。

寄主：旱柳、垂柳、毛柳、白柳、朝鲜柳等多种柳树，在枝上或树干皮吸食汁液。

分布：小五台山西台、南台海拔 1000 ~ 1300m；张家口、保定、石家庄；北京、辽宁、吉林、内蒙古、山东、河南、陕西、宁夏、上海、江苏、浙江、台湾、

14.53 居松长足大蚜（示无翅雌性蚜；2007 年 7 月 25 日，西台 1400m）

14.56a 长足大蚜（2007 年 7 月 24 日，西台 1500m）

14.56b 长足大蚜

福建、云南；朝鲜、日本、印度、伊拉克、黎巴嫩、土耳其、以色列、埃及以及欧洲和北美洲。

附：未定种

（2007 年 7 月 24 日，西台 1550m）

（2007 年 5 月 29 日，西台 1500m）

斑蚜科 Callaphididae

头与前胸分离。触角大多 6 节，细长。爪间毛大多叶状，翅脉大多正常，后翅常有 2 斜脉，翅脉时常镶黑边。体背瘤及缘瘤常发达。腹管短截状，有时杯状甚至环状，无网纹。尾片瘤状，有时半月形。尾板 2 裂。部分种类分泌蜡丝、蜡粉并有蜡片。大多数种类常见型为有翅孤雌蚜，罕见无翅孤雌蚜。同寄主全周期。

14.58 三叶草彩斑蚜

Therioaphis trifolii (Monell)

又名：苜蓿斑蚜。

无翅孤雌蚜：体卵圆形，长 2.1mm，宽 1.1mm。体黄色至黄绿、黄褐色，有明显褐色毛基斑。头部后中毛单一。触角细长，与体同长或稍短。腹部背面无指状的中瘤，前几节各有 7 ~ 8 根毛，中毛长 0.018mm。腹部侧毛单一，各毛头状，基部有乳头状突起和毛基斑。腹管基部骨化黑色。喙端节除端毛 4 根外，有次生毛 4 根。有翅孤雌蚜：体长卵形，长 1.8mm，宽 0.71mm，体黄色有褐色毛基斑，腹管短筒形，长 0.04mm。

寄主：苜蓿及芒柄草属植物，成、若虫在幼叶及嫩梢吸食。

分布：小五台山西台海拔 1100 ~ 1250m；张家口；北京、辽宁、吉林、山西、河南、云南。

14.58 三叶草彩斑蚜（寄主苜蓿；2007 年 5 月 29 日，西台 1200mm）

毛蚜科 Chaitophoridae

头部无额瘤，中额突出或直。触角 6 节或 5 节，罕见 4 节，触角末节端部长于其基部，至少无翅蚜触角原生感觉圈无睫，次生感觉圈小圆形。爪间毛大都棒状。翅脉正常。体背缘瘤和背瘤常缺。腹管短截状，有时环状或杯状，大多有网纹，有小刺或光滑。尾片瘤状或半月形，尾板末端圆，有时微凹。同寄主全周期，单食或寡食性。寄生杨柳科、槭科、禾本科和其他一些单子叶植物。大多群体性生活于叶上或嫩梢上。

14.59 白毛蚜

Chaitophorus populialbae (Boyer de Fonscolombe)

又名：杨白毛蚜。

无翅孤雌胎生蚜：体卵圆形，长 1.9mm，宽 1.1mm。白至淡绿色，胸背面中央有深绿色斑 2 个，体密生刚毛。有翅孤雌胎生蚜：体卵圆形，长 1.9mm，宽 0.86mm。浅绿色，头部黑色，复眼赤褐色，翅痣灰褐色，中后胸黑色；腹部绿色，背面有黑横斑。后胫节无伪感觉圈；背毛部分不分叉；喙节 4+5 节短于后跗第 2 节；有翅蚜触角第 3 节毛 8 ~ 10 根。多集生于嫩梢和叶背面。

14.59a 白毛蚜（示有翅孤雌胎生蚜和无翅孤雌胎生蚜；2009 年 8 月 13 日，西台 1200m）

常与白杨毛蚜 *Ch.populeti* 混生。

有翅、无翅孤雌胎生蚜见于 7 月下旬～ 8 月中旬。

寄主：毛白杨、银白杨、大官杨、唐柳、河北杨等。

分布：小五台山西台海拔 1100 ～ 1300m；张家口、石家庄、保定；河南、山东、山西、北京、天津、辽宁、吉林、宁夏、陕西；北非以及西欧。

14.60 白杨毛蚜

Chaitophorus populeti (Panzer)

无翅孤雌胎生蚜：体卵圆形，长 2.2mm，宽 1.3mm。有翅孤雌胎生蚜：体长卵形，长 2.3mm，宽 1.0mm。主要区别特征是：活时水绿色，有黑绿色斑。在寄主叶反面、叶柄和嫩梢吸食。孤雌蚜后胫节有伪感觉圈，触角第 6 节鞭部为基部的 2 倍，腹部第 1 ～ 6 节背斑联合，体毛分叉、顶端有锯齿、尖顶或钝顶。

常与白毛蚜 *Ch. populialbae* 混生于寄主幼叶背面、叶柄和嫩梢。

寄主：毛白杨、银白杨、小叶杨、垂柳等。

分布：小五台山西台、东台海拔 1150 ～ 1300m；张家口、保定、石家庄；北京、吉林、辽宁、山东、河南、新疆、四川；亚洲、欧洲。

14.61 柳黑毛蚜

Chaitophorus salinigri Shinji

成蚜体卵圆至长卵形，长 1.4 ～ 1.5 mm，宽 0.78 ～ 0.63mm。体黑色，附肢淡色。后胫节有伪感觉圈，伪感觉圈聚于基部膨大部分。喙达中足基节。腹部背片有颗粒纹。触角第 3 节仅有毛 1 ～ 3 根。

寄主：旱柳、垂柳、杞柳、龙爪柳等。群集在柳叶反面沿中脉，有时在叶正面和嫩枝上吸食，蜜露落在叶面常引起霉污病。

分布：小五台山北台、西台、南台海拔 1100 ～ 1380m；张家口、石家庄；北京、辽宁、山东、河南、上海、江苏、浙江、江西、四川、台湾、福建等；日本。

14.62 柳粉毛蚜

Pterocomma salicis (Linnaeus)

体长卵形，长 3.5mm，宽 2.0mm。腹管中部甚膨大。触角第 3 节有感觉圈，第 6 节基部除短毛外有长毛 14 ～ 16 根，第 6 节基部稍长于鞭部。喙末节短，仅为后跗第 2 节的 0.60。

寄主：山柳、柳。刺吸寄主嫩枝汁液。

分布：小五台山东台、南台、北台海拔 1000 ～ 1350m；张家口；北京；欧洲、北美洲。

14.59b 白毛蚜（示无翅孤雌蚜）

14.59d 白毛蚜（示蚜蚁共生）

14.59c 白毛蚜（示无翅孤雌蚜和干母若蚜；2007 年 7 月 28 日，西台 1200m）

14.59e 白毛蚜（示有翅、无翅孤雌蚜和干母若蚜；2007 年 7 月 28 日，西台 1200mm）

14.60 白杨毛蚜［示无翅孤雌胎生蚜（绿色）；有翅孤雌胎生蚜（黑色）］

蚜 科 Aphididae

触角6节，有时5节甚至4节，感觉圈圆形，罕见椭圆形。翅脉正常，前翅中脉分叉1～2次。前胸及腹部常有缘瘤。腹管通常长管形，有时膨大，少见环状或缺。尾片圆锥形、指形、剑形、三角形、盔形、半月形。尾板末端圆。体有时被蜡粉，但缺蜡片。大多生活在乔灌木、草本显花植物等的叶上，也在嫩梢、花序、嫩枝上，少数在根上。

14.63 豆 蚜

Aphis craccivora Kcch

又名：苜蓿蚜、花生蚜。

有翅孤生雌蚜：体长卵形，长1.5～1.8mm，翅展5～6mm，黑绿色带有光泽。触角第3节有5～7个圆形感觉圈，排成1列。腹管较长，末端黑色。无翅孤生雌蚜：体宽卵形，长1.8～2.0mm，黑色或紫黑色带光泽。触角第3节无感觉圈。腹管较长，末端黑色。

寄主：蚕豆、豌豆、菜豆、豇豆、苜蓿、苕子等豆科植物。

成蚜、若蚜刺吸嫩叶、嫩茎、花及豆荚的汁液，使叶片卷缩发黄，生长点枯萎，幼叶变小，嫩茎变曲，嫩荚变黄。

分布：小五台山区；张家口、石家庄；全国（除西藏未见报道）及世界各地。

14.64 杠柳蚜

Aphis periplocophila Zhang

无翅孤雌蚜：体卵圆形，长2.0mm，宽1.1mm。体黑绿色。触角6节，长1.3mm。喙第2节端部1/3、第3、4+5节黑色，股节端部4/5～2/3黑色，腹部第2～6节常缺缘瘤，腹管基宽为端宽的2.8倍，腹管黑色。有翅孤雌蚜：体长卵形，长1.7mm，宽0.8mm。体绿色，头胸黑色。触角第3节有小圆感觉圈5～10个，分布端部4/5，排列1行。

寄主：杠柳。

分布：小五台山南台、东台海拔1100～1350 m；张家口；北京、辽宁、河南。

14.65 棉 蚜

Aphis gossypii Glver

又名：瓜蚜、石榴棉蚜、油汗、蜜虫、腻虫。

无翅胎生雌蚜：卵圆形，体宽1.0mm，长1.9mm，夏季为绿色、淡黄色，春、秋季为黄褐色、深绿、棕色、黑色。外表常被有薄层蜡粉。触角长约为体长的1/2，第3节无感觉圈，第5节有1个，第6节膨大部有3～4个。复眼暗红色。腹管较短，圆筒形，黑青色。尾片青色，两侧各具刚毛3根。有翅胎生雌蚜：长卵圆形，体长2.0mm，宽0.06mm。夏季淡黄色或绿色，春秋季多为黑蓝色，头胸部黑色。触角较体短。翅透明，中脉分3个叉。腹部两侧有3～4对黑斑。活体深绿至黄色，体背有斑纹，腹管、尾片黑色，尾片不及腹管长度之半，有毛4～7根。

寄主：瓜类、鼠李、木槿、金银花、石榴、碧桃、梅花、百合、白兰、锦葵、蜀葵、大丽花、美人蕉、报春花、郁金香、兰花、紫荆、木瓜、鸡冠花、花椒、夏枯草、紫花地丁、车前子、苦荬菜等越冬寄主和扶桑、茉莉、香石竹、菊花、瓜叶菊、百合、棉花、茄科、豆科、菊科、十字花科植物等夏季寄主的嫩梢、叶片和花器。成虫、若虫刺吸寄主植物器官的汁液，致使叶片皱缩不平，扭曲变形，甚至枯黄早落，其排泄物诱发煤污病，还可传染多种病毒病。

14.65 棉 蚜（示蚜体及寄主叶片卷缩状）

14.63 豆 蚜（示长豆角被寄生状；1998年7月20日，西台1180m）

14.64a 杠柳蚜（2009年6月17日，东台1100m）

14.64b 杠柳蚜（示无翅孤雌蚜；2009年8月24日，南台1200m）

分布：小五台西台、北台、东台海拔 1100 ～ 1300m；张家口、石家庄、保定、承德；全国各地（除西藏未见报道）。

14.66 绣线菊蚜

Aphis citricola van der Goot

又名：苹果黄蚜、茎叶蚜虫、油汗、腻虫、蜜虫。

有翅胎生雌蚜：体长约 1.5mm，翅展约 4.5mm。头部、口器、胸部、腹管、尾片均为黑色。腹部绿色、淡绿色至黄绿色，第 2 ～ 4 腹节两侧具大型黑缘斑，腹管后斑大于前斑，第 1 ～ 8 腹节具短横带。复眼暗红色。触角丝状，6 节，较体短，第 3 节有次生感觉圈 5 ～ 6 个，第 4 节有 0 ～ 4 个。无翅胎生雌蚜：体长约 1.6mm，宽约 0.9mm。长卵圆形。多为黄色，有的黄绿或绿色，头部浅黑色，具 10 根毛。口器黑色，触角丝状，6 节，短于体躯，无次生感觉圈。体表具网状纹。体侧缘瘤馒头状。腹部各节具毛 1 对，除第 1 节和第 8 节有 1 对缘毛外，第 2 ～ 7 节各具 2 对缘毛。腹板、尾片黑色。若虫：鲜黄色，复眼、触角、足、腹管黑色。有翅若蚜胸部较发达，具翅芽。无翅若蚜体肥大，腹管短。

寄主：绣线菊、苹果、贴梗海棠、樱花、榆叶梅、槟子、石楠、沙果、梨、木瓜、桃、李、山楂、樱桃、柑橘、杏、枇杷等。

成虫、若虫吸食新梢、嫩芽和新叶的汁液，受害叶片向下弯曲或向叶背面横卷，稍横卷缩。叶背面有成虫和若虫群集。

14.66a 绣线菊蚜（示苹果叶被寄生状）

14.66b 绣线菊蚜（示绣线菊植株被寄生状；2008 年 7 月 28 日，北台 1200m）

14.66c 绣线菊蚜（示绣线菊新梢被寄生卷缩状）

14.66d 绣线菊蚜［示苹果叶背面的若蚜（黄色）；有翅孤雌蚜（黑色）］

分布：小五台山西台、北台海拔 1100 ～ 1300m；张家口、保定、承德、石家庄、邯郸；山东、内蒙古、浙江、台湾、河南等；朝鲜、日本以及北美洲、中美洲。

14.67 刺槐蚜

Aphis robiniae Macchiati

有翅胎生雌蚜：体长 1.5mm 左右，翅长约 2.8mm。体长卵形，黑至黑褐色。体侧有显著的乳状突起，额瘤不显。复眼暗红色。触角 6 节，与体等长，第 3 节有 6 ～ 7 个圆形感觉器，排成 1 行，但距离不等；第 6 节鞭部之长为基部长的 4 ～ 5 倍。腹管细长，黑色，圆筒形，基部宽度约为末端的 2 倍，上有瓦状纹；尾片黄色，其上有 4 ～ 5 对长毛。无翅胎生雌蚜：体长 2.3mm，宽 1.4mm 左右，卵圆形，黑至黑褐色，有的为黑绿色。触角较体短，第 3 节无感觉器，第 4、5 节末端及第 6 节黑色，第 6 节的鞭部为基部长的 2 ～ 3 倍；尾片圆锥形，中部缢缩，有 3 ～ 4 对长毛。若蚜：体长 1mm 左右，黄褐至黑褐色，腹管较长。

寄主：刺槐、花生、锦鸡儿、紫穗槐等。成、若虫在嫩茎、幼叶柄、幼叶反面吸食汁液，有时盖满 16 ～ 33cm 长的嫩梢，可致嫩梢干枯。

分布：小五台山西台海拔 1200 ～ 1350m；张家口；全国各地；欧洲、北美洲。

14.67a 刺槐蚜（示无翅胎生雌蚜；2008 年 6 月 28 日，西台 1250m）

14.67b 刺槐蚜（示蚜蚁共生；2009 年 6 月 17 日，西台 1300m）

14.68 柳 蚜

Aphis farinosa Gmelin

活体蓝绿色，有时橙褐色或仅腹管后几节橙色，被薄粉，附肢淡色。体宽卵形，长约 2.1mm，宽约 1.2mm。腹部前与背片除缘毛外，各有 2 根毛；后跗 2 节最端部 1 对毛与其他毛约等长。腹管色淡。触角第 6 节鞭部为基部的 2.5 倍，第 3 节毛长为该节直径 0.84。腹部有节间斑，第 8 背片有毛 2 ~ 4 根。

寄主：旱柳、垂柳、龙爪柳、杞柳、剑叶柳等多种柳树。群集于嫩梢及嫩叶背面，有时覆满 15 ~ 28cm 长的嫩梢和叶的反面。

分布：小五台山北台海拔 1100 ~ 1350m；张家口、保定；北京、辽宁、山东、河南、江西、台湾；朝鲜、日本、印度尼西亚以及中亚、欧洲、北美洲。

14.69 中国槐蚜

Aphis sophoricola Zhang

无翅孤雌胎生蚜：体卵圆形，长 2.0mm，宽 1.2mm，黑褐色，被薄层蜡粉，玻片标本，腹背面第 2 ~ 6 节的中、侧、缘斑各不相愈合。触角 6 节，长 1.4mm。腹管长筒状，长 0.33mm。尾片舌状，中部稍收缩，长 0.22mm，有毛 7 根。有翅孤雌胎生蚜：体长卵形，长 2.0mm，宽 0.9 mm，黑褐色，被白粉。触角正常，长为体长的 2/3，第 3 节有次生感觉圈 7 ~ 8 个。翅脉正常。尾片有毛 7 ~ 8 根。本种与刺槐蚜 *A. robiniae* 近似，但本种腹部仅 1/10 为黑斑覆盖（后者几全部），活体被粉（后者无）。

寄主：槐树、龙爪槐。成、若蚜群集于寄主嫩梢、嫩叶柄、嫩叶反面、幼芽、嫩荚、花穗上吸食汁液，常盖满嫩梢 15 ~ 23cm 及豆荚，使节间缩短，幼叶生长停滞。

分布：小五台山西台海拔 1150 ~ 1200m；张家口、保定、石家庄、邯郸；北京、山东、河南。

14.70 艾 蚜

Aphis kurosawai Takahashi

无翅孤雌蚜体卵圆形，长 1.3mm，宽 0.84mm。体绿色，腹部被白粉。触角 5 节，有时 6 节。喙末节剑状，细长，为后跗节 1.6 倍，腹部第 8 背片毛几乎为触角第 3 节最大宽度的 2 倍。

寄主：艾蒿。

分布：小五台山西台、北台海拔 1150 ~ 1450m；张家口；北京；日本。

14.71 酸模蚜

Aphis rumicis Linnaeus

无翅孤雌蚜：体宽卵形，活体黑色，长 2.4mm，宽 1.4mm。前、中胸部有全节横带，后胸缘斑与中带分离，腹部第 1 ~ 7 各节有断续中带及缘斑，腹管前斑及第 1、5 腹节缘斑小于其他腹节的缘斑。触角、喙第 2 节端部及足灰色至黑色。腹管、尾片、尾板及生殖板黑色。有翅孤雌蚜：体卵圆形，长 2.0mm，宽 1.2mm。玻片标本头、胸黑褐色，腹部淡色。有黑褐色斑。触角、喙黑褐色。前足胫节端部、中后足股节端部 3/4 及胫节端部、跗节黑褐色，其他节淡色。腹管、尾片、尾板及生殖板黑色。

寄主：酸模。叶被吸食后卷曲皱缩。

分布：小五台山西台、北台海拔 1150 ~ 1300m；张家口；吉林、山东、江苏、浙江、台湾；亚洲、非洲、欧洲、拉丁美洲、北美洲。

14.72 萝藦蚜

Aphis asclepiadis Fitch

无翅孤雌蚜：体金黄色，卵圆形，长 2.1mm，宽 1.2mm。触角第 2、3 节顶端 1/3、第 4 节端部 1/2 及第 5、6 节和喙端节黑色。足股节端部 1/2 ~ 1/3、跗节端部 1/4 黑色。腹管、尾片漆黑色，尾板黑色。生殖板淡色。腹管长筒形，长 0.52mm，尾片 0.22mm。有翅孤雌蚜：体金黄色，卵圆形，长 2.2mm，宽 0.94mm。头、胸黑色，腹管后斑明显，其他各节有骨化灰黑色缘斑。触角、喙第 3 节以后、足股节端部 1/3 ~ 1/2、胫节基部及端部 1/3 ~ 1/2、胫节基部及端部 1/4 ~ 1/3、跗节黑色，腹管、尾片、尾板黑色，生殖板淡色。

寄主：萝藦、白薇、牛皮消等。成、若虫刺吸寄主嫩稍、叶片、叶柄、花序、茎的汁液。

分布：小五台山西台海拔 1180m 左右；张家口、石家庄；北京、吉林、山西、山东、河南等。

14.69 中国槐蚜（示槐树新梢被寄生状；2004 年 7 月 20 日，东台 1100m）

14.72 萝藦蚜（示无翅孤雌蚜；2008 年 7 月 18 日，西台 1180m）

14.73 高粱蚜

Longiunguis sacchari (Zehntner)

无翅孤雌蚜：活体黄色，宽卵圆形，长1.8mm，宽1.0mm。触角、喙、足大体淡色，但触角第5节端部1/2及第6节、喙端节顶端、跗节黑色，胫节端部1/5～1/3灰黑色。腹管、尾片及尾板黑色，生殖板灰色。触角毛短。喙短粗。体表光滑。有翅孤雌蚜：活体腹部黄色，体长卵形，体表光滑，长2.0mm，宽0.89mm。触角、喙、足大体黑色，但触角第3节基部1/5，喙第1、2节、胫节基部1/4淡色。触角长1.3mm。翅脉黑色。

寄主：第一寄主荻草，第二寄主高粱、甘蔗。

分布：小五台山区；张家口；北京、辽宁、吉林、黑龙江、内蒙古、山东、河南、陕西、江苏、浙江、安徽、湖北、台湾、广东、云南等；朝鲜、日本、印度尼西亚、印度。

14.74 桃粉大尾蚜

Hyalopterus amygdali Blanchard

又名：桃装粉蚜、桃粉绿蚜、桃大尾蚜、桃粉蚜。

无翅孤雌蚜：体狭长卵形，长2.3mm，宽1.1mm。体表光滑，绿色被白粉。头与触角末端黑色，复眼红褐色，腹管黑色较短，尾片黑色较长。有翅孤雌蚜：体长卵形，长约2mm，翅展6.6mm，头胸部暗黄至黑色，腹部黄绿色，体被白蜡粉。触角丝状6节，腹管短小黑色，基部1/3收缩、尾片较长大，有6根长毛。若虫：体形似无翅胎生雌蚜，但体较小，绿色，被白粉。有翅若蚜胸部发达，有翅芽。

寄主：桃、杏、紫叶李、榆叶梅、芦苇等的叶片以及新梢和果实。若虫、成虫群集于叶片反面刺吸汁液，致被害叶面失绿并向反面纵卷，卷叶内有白色蜡粉。严重时叶片提前脱落，嫩梢干枯。

分布：小五台山西台、北台海拔1100～1250m；张家口；北京、山西、内蒙古、辽宁、吉林、黑龙江、山东、广东、浙江；欧洲。

14.75 禾谷缢管蚜

Rhopalosiphum padi (Linnaeus)

又名：粟缢管蚜。

无翅孤雌蚜：体宽卵形，长1.9mm，宽1.1mm，体橄榄绿至黑绿色，杂以黄绿色纹，腹管基部周围常有淡褐或锈色斑，常被薄粉。触角黑色，但第1、2节及第3节基部1/4淡色。喙及足淡色，但喙端节端部、胫节端部1/4及跗节灰黑。腹管灰黑，顶端黑色。尾片及尾板灰黑色。触角长1.2mm，喙粗短，超过中足基节。有翅孤雌蚜：体长卵形，长2.1mm，宽1.1mm。头胸黑色，腹部绿至深绿色。腹管黑色。喙第3节及端节黑色。触角长1.6 mm。

寄主：第一寄主为稠李、桃、李、榆叶梅等李属植物。第二寄主为玉米、高粱、小麦、大麦、燕麦、黑麦、水稻、狗牙根、羊茅、黑麦草、香蒲、高莎草等禾本科、莎草科、香蒲科植物。多在禾本科粮食作物等植物叶反面，少数在秆上、穗上生活。受寄生李属叶向反面纵卷。

分布：小五台山西台、南台海拔1100～1700m；全国各地；朝鲜、日本、约旦、埃及、新西兰以及欧洲、北美洲。

14.76 柳二尾蚜

Cavariella salicicola (Matsumara)

无翅孤雌蚜：体草绿色，有时红褐色，长卵形，长2.2mm，宽1.1mm。触角、喙、足淡色，仅触角第5节端半部及第6节、喙第3节及第4+5节、胫节端部1/10及胫节灰褐至灰黑色。腹管、上尾片淡色，尾片及尾板灰褐色至灰黑色。上尾片为尾片的1.6倍。触角第5节、第6节基部与端部几乎等长，喙端节为后第2节的1.1倍，尾片长为中宽的4倍。有翅孤雌蚜：体长2.2 mm，宽0.87mm。头、胸黑色，腹部淡色。有黑色斑纹。气门片黑色稍隆起，气门肾形，凹面向外上方。触角黑色。足黑褐色，后股节端部4/5、胫节端部1/5～1/4及跗节黑色。腹管、尾片、上尾片、尾板、生殖板灰黑色。触角长0.97mm。

寄主：第一寄主为旱柳、垂柳、金丝柳等柳属植物，第二寄主为芹、水芹等。若虫、成虫群集于柳树幼树或其萌蘖枝的嫩稍和幼叶背面吸食汁液，致叶片扭曲变形。

分布：小五台山北台、西台海拔1000～1300m；张家口、承德、保定、石家庄；北京、辽宁、吉林、山东、河南，宁夏、江苏、浙江、江西、台湾、云南、广东等；日本、朝鲜。

14.74a 桃粉大尾蚜（示桃树嫩梢被寄生状）

14.74b 桃粉大尾蚜（示有翅胎生雌蚜、无翅胎生雌蚜和若蚜，变黑的个体为被蚜茧蜂所寄生的个体）

14.76 柳二尾蚜（示旱柳嫩梢被寄生状）

14.77 梨二叉蚜

Schizaphis piricola (Matsumura)

又名：梨蚜、梨卷叶蚜、梨腻虫。

无翅胎生雌蚜：体宽卵圆形，长约2mm，绿色或黄褐色，薄覆白粉，复眼红褐色，口器黑色，触角先端及足的跗节黑色。腹管长大，末端收缩为黑色。有翅胎生雌蚜：体型较小，卵形，黄绿色，翅展约5mm，复眼红褐色，口器黑色，头、胸、触角、腹管及足的跗节均为黑色，前翅的中脉分为二叉，故名为二叉蚜。若虫体小，绿色无翅，近似无翅雌蚜。

寄主：梨、杜梨、白梨、棠梨等。该虫在梨叶正面吸食汁液，受害叶沿中脉向正面卷呈饺子状或筒状，初发生枯斑而后枯死脱落。

分布：小五台山北台、西台海拔1000～1200m；张家口、保定、石家庄；北京、辽宁、吉林、山东、河南、江苏、台湾；朝鲜、日本、印度。

14.78 萝卜蚜

Lipaphis erysimi (Kaltenbach)

又名：菜蚜、菜缢管蚜。

有翅胎生雌蚜：长卵形，头、胸黑色，腹部绿色。第1～6腹节各有独立缘斑，腹管前后斑愈合。触角第3～5节分别有圆形次生感觉圈21～29、7～14、0～4个。无翅胎生雌蚜：卵圆形，绿或黑绿色，被薄粉，体长2.3mm、宽1.3mm。表皮粗糙，有菱形网纹。腹管长筒形，顶端收缩，长度为尾片的1.7倍。尾片有长毛4～6根。

寄主：油菜、白菜、萝卜、甘蓝、芥菜、花椰菜、荠等十字花科作物、蔬菜和一些中草药，寄生于叶反面、嫩梢和花序上，被寄生叶向反面卷缩，嫩梢节间缩短。

分布：小五台山南台、东台、西台、北台海拔850～1380m；张家口、石家庄、保定；北京、辽宁、内蒙古、山东、河南、宁夏、甘肃、上海、江苏、浙江、湖南、四川、台湾、福建、广东、云南；朝鲜、日本、印度尼西亚、印度、伊拉克、以色列、埃及、美国以及非洲东部。

14.77a 梨二叉蚜（示有翅胎生雌蚜）

14.77b 梨二叉蚜（示群集寄生状）

14.79 桃瘤头蚜

Tuberocephalus momonis (Matsumura)

又名：桃瘤蚜。

无翅胎生雌蚜：体卵圆形，长约2mm，头黑色，复眼赤褐色。体深绿色、黄褐色、黄绿色等。中胸腹两侧具小瘤状突起。额瘤显著，向内倾斜。腹部背面有黑色斑纹。腹管圆柱形，中部略膨大，有黑色覆瓦状纹。尾片圆锥形，中部缢缩。有翅胎生雌蚜：体长约1.8mm，翅展5.1mm。体浅黄褐色。额瘤显著，向内倾斜。触角丝状6节，略与体等长，第3节有30多个感觉圈，第6节鞭状部为基部长的3倍。翅透明、黄色。腹管圆柱形。中部略膨大，有黑色覆瓦状纹。尾片圆锥形，中部缢缩。各足腿节、胫节末端及跗节色深。若虫：形似无翅胎生雌蚜，体较小，淡绿或淡黄色，头和腹管深绿色，复眼红色。额瘤明显。

寄主：桃、山桃、碧桃、樱桃、梅、梨。成、若虫在桃等寄主的叶背面边缘刺吸汁液，使叶缘向背面纵卷成红色管状肿胀扭曲，凹凸不平，最后干枯脱落。

分布：小五台山西台海拔1180～1280m；张家口、保定、石家庄、邯郸；北京、辽宁、山东、河南、山西、江苏、浙江、江西、福建、台湾等。

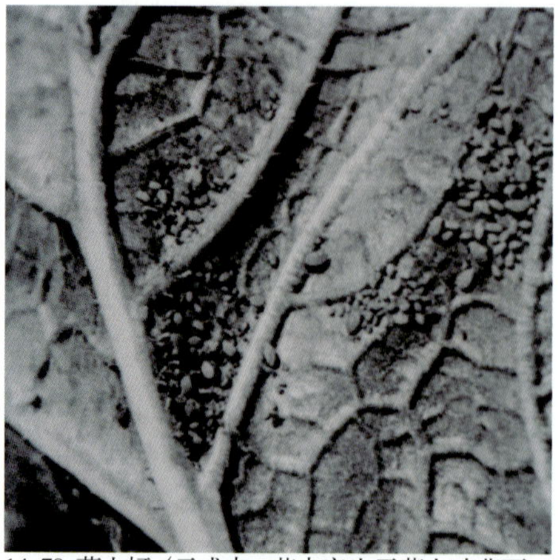

14.78 萝卜蚜（示成虫、若虫寄生于萝卜叶背面；1980年7月5日，西台1100m）

14.79a 桃瘤头蚜（示桃叶被寄生后叶缘卷缩状，后期）

14.79b 桃瘤头蚜（示桃叶被寄生状，初期；2009年8月26日，西台金河口1180m）

14.80 苹果瘤蚜

Myzus malisuctus Matsumura

又名：苹叶蚜虫、苹果卷叶蚜、苹瘤额蚜、腻虫、蜜虫、油汗。

有翅胎生雌蚜：体带红褐色，长约1.5mm，翅展约4mm。翅透明。头、胸黑色，额瘤明显，上生2～3根黑毛。口器、复眼、触角黑色。触角第3节具次生感觉圈23～27个，第4节4～8个，第5节0～2个。腹部绿至暗绿色。腹管黑褐色，端末部色稍淡。尾片黑褐色。无翅胎生雌蚜：体纺锤形，长约1.5mm，暗绿色。头淡黑色，额瘤明显。复眼暗红色。触角黑色，第3～4节基半部色淡。胸腹背面均具黑横带。腹管和尾片均似有翅胎生雌蚜，腹管长筒形，末端稍细，具瓦状纹，尾片圆锥形，上生3对细毛。有翅若蚜胸部发达，具1对暗色的翅芽。无翅若蚜体淡绿色，似无翅胎生雌蚜。

寄主：海棠、山荆子、苹果、沙果、山楂、梨、槟子、贴梗海棠等。

成虫、若虫在梨属、苹果属寄主植株的叶反面吸食汁液，受害叶正面出现红斑，两侧叶缘大体以中脉为轴向叶反面纵卷皱缩，严重时叶变黑枯死。新长出的小叶被害则皱缩成团不能伸展。幼果果面出现红凹斑，严重的畸形。

分布：小五台山西台、北台海拔1000～1250m；张家口、石家庄；辽宁、吉林、黑龙江、北京、天津、河南、山东、陕西、江苏、四川、台湾等；日本、朝鲜。

14.81 梅瘤蚜

Myzus mumecola Matsumura

又名：杏瘤蚜、梅瘤额蚜。

无性孤雌蚜：体淡绿色卵圆形，长2.4mm，宽1.3mm。头部背面有许多圆形微突起，前胸、中胸有微突起构成瓦纹，后胸及腹部第1～6节背面有不规则微曲纹，第7、8节有明显粒状突起构成瓦纹。气门圆形关闭，气门片淡色。触角第6节鞭部甚短于第3节，喙端节长于后跗节2节，腹部第7、8节无中瘤。有翅孤雌蚜：体长卵形，长2.6mm，宽0.96mm。头、胸部骨化黑色。腹部淡色，有明显黑斑。气门圆形半开放，气门片黑色。触角第4节有次生感觉圈。

寄主：杏、梅。若虫、成虫群集于杏、梅嫩梢叶片的背面吸食汁液，致叶片向背面不规则卷缩，叶片老化后虫体向嫩叶上转移。田间检查嫩梢叶片被害状似桃蚜 *M. persicae*，但叶背面的蚜体，本种为淡绿色，而桃蚜为淡绿、黄绿、红褐至褐色。

分布：小五台山西台海拔1100～1210m；张家口、石家庄；北京、内蒙古；日本。

14.82 桃 蚜

Myzus persicae (Sulzer)

又名：桃赤蚜、烟蚜、菜蚜、波斯蚜、油虫。

有翅胎生雌蚜：体长1.6～2.1mm，翅长6.6mm。头胸部、腹管、尾片均为黑色，腹部淡绿色，体色因寄主不同而变化很大，多为淡绿、黄绿、红褐至褐色，在桃树多为赤褐色。触角丝状6节，黑色，第3节基部淡黄色，并有小圆形感觉圈9～11个。翅淡黄色透明。腹背中央及两侧有淡黑色斑纹。第8节背中央有1对小突起。腹管细长，圆桶形，尾片短粗圆锥形，近端部1/3收缩，

14.81a 梅瘤蚜（示杏叶被寄生状及叶背面蚜体；2007年5月28日，西台1200m）

114.82a 桃 蚜（示桃树嫩枝被寄生状；2007年6月30日，西台1200m）

14.80 苹果瘤蚜（示苹果树叶被其寄生的嫩叶大体以中脉为轴向叶背面卷缩状）

14.81b 梅瘤蚜（示杏树新梢被寄生状；2007年5月28日，西台1200m）

14.81c 梅瘤蚜（示杏树新梢叶片被寄生皱缩状）

有曲毛6～7根。无翅胎生雌蚜：体卵圆形，长1.4～2.6mm，宽约1.1mm。绿、青绿、黄绿、淡粉红至红褐色，额瘤显著，其他特征同有翅胎生雌蚜。若虫：似无翅胎生雌蚜，淡粉红色，仅体较小。有翅若蚜胸部发达，具翅芽。

寄主：桃、碧桃、李、杏、梅、樱桃、梨、苹果、山楂、柿、柑橘、烟草、萝卜、白菜、甘蓝、茄、枸杞、马铃薯、麻、蚕豆、南瓜、甜菜、菠菜、芹、人参、三七、大黄等。若虫、成虫群集于叶、芽、嫩梢上刺吸汁液，被害叶向叶背面不规则皱缩卷曲，并可传播病毒病，排泄物诱发煤污病。

分布：小五台山西台、北台海拔1150～1350m；全国各地。

14.82b 桃 蚜〔示有翅胎生雌蚜（黑色）〕

14.83 苦苣超瘤蚜

Hyperomyzus carduellinus (Theobald)

无翅孤雌蚜：体纺锤形，长2.6mm，宽1.2mm，灰绿、深绿或黄绿色。有翅孤雌蚜：体椭圆形，长2.6mm，宽1.0mm；腹部背面淡色无斑纹；触角第3节有感觉圈57～58个，第4节15～17个；额沟浅，第6节鞭部长度为基部至多5倍。

寄主：苦荬菜以及苦苣菜、千里光属等植物。

分布：小五台山西台、北台、南台海拔1150～1350m；张家口、保定；北京、台湾；日本、印度、印度尼西亚、澳大利亚、斐济以及非洲。

14.84 豌豆蚜

Acyrthosiphon pisum (Harris)

又名：豌蚜。

无翅孤雌蚜：体纺锤形，长4.9mm，宽1.8mm，草绿色。有翅孤雌蚜：长纺锤形，长4.1mm，宽1.3mm。腹管顶端黑褐色，其余草绿色。触角第6节鞭部为基部几乎4倍。腹管不长于触角第3节，中宽小于触角第3节中宽。腹管为尾片1.6倍。尾片长为基宽2.5倍，淡色。喙端节较后跗第2节为短。

寄主：主要为豆科草本植物，如草木樨属、山黧豆属、黄芪属、苜宿、豌豆、蚕豆等以及少数豆科木本植物。夏季也在荠菜上。

分布：小五台山北台、西台海拔1000～1500m；全国各地；世界各地。

14.85 月季长管蚜

Macrosiphum rosivorum Zhang

无翅孤雌蚜：体长卵形，长4.2mm，宽1.4mm。体草绿色，少数橙红色；头部土黄至草绿色；触角暗色，其长超过体长；腹管黑色较长，略超过尾部，圆筒形，端部网眼状。有翅孤雌蚜：比无翅雌蚜略小，体长3.5mm，宽1.3mm。若蚜：初孵时1mm左右，初为白绿色，渐变为淡黄绿色，比成蚜色浅，复眼红色。

寄主：月季、蔷薇、十姊妹等。若虫、成虫吸食嫩叶、新梢、花梗、花蕾的汁液。

分布：小五台山西台、北台海拔1000～1150m；张家口、保定、石家庄；北京、山西、湖北、山东、江苏、浙江等。

14.86 牛蒡指管蚜

Uroleucon gobonis (Matsumura)

又名：红花长管蚜。

无翅孤雌蚜：体纺锤形，长3.6mm，宽1.7mm。体黑色，腹管、尾片、尾板均黑色，足胫节中部色稍淡；尾片刚毛20根以下；腹片为尾片1.8倍。有翅孤雌蚜体稍小，纺锤状。

寄主：牛蒡、莪术、红花和苍术等中草药用植物及蓟属植物。群集于牛蒡

14.82c 桃 蚜（示桃树嫩枝被寄生状；2007年6月30日，西台1200m）

14.82d 桃 蚜（示桃叶被寄生后向叶背面不规则卷缩状）

14.85 月季长管蚜（示月季花蕾被寄生状）

等寄主叶的背面、嫩茎及花轴。被刺吸处的叶正面出现黄褐色微小斑点。常在6～8月大量发生。

分布：小五台山西台金河口海拔约1180m；张家口；北京、辽宁、吉林、黑龙江、山东、河南、宁夏、江苏、浙江、台湾、福建等；朝鲜、日本、印度尼西亚、印度。

14.86 牛蒡指管蚜（示牛蒡叶背面的有翅和无翅孤雌蚜；2009年7月20日，西台金河口1200m）

附：未定种

（2008年6月2日，西台1500m，寄主：风毛菊）

（2007年7月22日，西台1300m）

（2007年5月28日，西台1350m，寄主：大籽蒿）

（2007年7月12日，西台1200m，寄主：毛白杨）

（2007年6月5日，西台1400m 寄主：艾）

（2007年5月30日，海拔1350m 寄主：苜蓿）

（2009年5月20日，西台1400m，寄主：风毛菊）

（2007年7月28日，西台1300m，寄主：麻花桃）

（2007年5月6日，西台1250m，寄主：菊）

（2008年5月25日，西台1400m，寄主：菊）

（2007年5月25日，西台1500m，寄主：华北落叶松）

旌蚧科 Ortheziidae

雄虫有翅1对，脉纹只1条2分叉，无翅痣，腹部无腹管。雌虫无翅，足、触角也常退化。触角节数不定，无明显的感觉器。腹部具气门。雄成虫有复眼，肛门具肛环。

14.87 明旌蚧

Orthezia insignis Douglass

雄成虫椭圆形，背稍隆起，虫体边缘围绕长棒状白色蜡丝，背中有大小不等的蜡块排成2纵条；触角8节，每节生短刺毛；4孔腺分布在腹面；10对刺孔群分布在背面，腹面刺孔群在中央。卵囊长形，具明显的肋状脊纹。

成虫见于6月下旬。

寄主：菊科植物、马兰、紫薇、蔷薇、月季等。

分布：小五台山东台海拔1500m左右；张家口；北京、山西、辽宁、内蒙古、陕西。

14.87　明旌蚧（示雌成虫及其卵囊；2007年6月23日，东台1500m）

绵蚧科 Margarodidae

又称珠蚧科、硕蚧科。为蚧中虫体较大的类群。雌虫肥胖。自由活动，产卵前才固定下来，无翅，足及触角也常退化。体分节明显。足跗节1节，或2节但第1节退化很小；腹部有气门。雄虫有翅1对，脉纹仅1条2分支，无翅痣。腹部无腹管。

14.88 草履蚧

Drosicha corpulenta (Kuwana)

又名：日本履绵蚧、柿裸蚧壳虫、草鞋蚧壳虫、草履硕蚧、桑虱、树虱子。

雌成虫：体长7.8～10.0mm，椭圆形，背面有皱褶，隆起似草鞋，故名。体黄褐色，周缘和腹面淡黄色，触角、口器、足为黑色，全体被白色蜡粉和微毛。触角8节；腹部气门7对，肛门较大，横裂。雄成虫：体长5～6mm，体紫红色，头、胸淡黑色；触角黑色，10节；前翅淡黑色，具多条伪横脉，停落时呈“八”字形；腹部末端有4个较长的突起。

14.88a 草履蚧（示雄成虫）

14.88b 草履蚧（示产卵状）

若虫：长卵形，体长2mm左右，灰褐色。触角，1龄5节，2龄6节，3龄7节。

成虫5月中旬出现。

寄主：月季、梨、苹果、柿、核桃、刺槐、槐树、悬铃木、泡桐、杨、板栗、枣、樱桃、桃、柳、白蜡、香椿、杏、柑橘、桑、乌桕、栎等。以若虫和雌成虫吸食嫩芽和枝条的汁液。

分布：小五台山西台、北台海拔1100～1300m；张家口、保定、石家庄、邯郸；辽宁、北京、天津、山东、山西、河南、江苏、福建等。属古北、东洋区系共有种。

14.88c 草履蚧（示成虫群集状；2008年5月12日，西台1100m）

14.88d 草履蚧（示雌成虫）

14.88e 草履蚧（示卵囊）

14.89 杨绵蚧

Pulvinaria costata Borchs

雌成蚧体宽卵形，长6～7mm，宽4～5mm。触角黄褐色，胸足3对，发达。体背污黄色，渐变为灰褐、紫褐色。体背中央纵脊1条，体缘生短毛。雄蚧壳蜡质，灰白色，半透明，约长2.5mm，宽0.9mm；虫体紫红色，长约1.8mm；触角黄褐色，念珠状，足约为翅长的1/2，中胸具1条黑色横带。

寄主：青杨、加杨、北京杨、廊坊杨、垂柳、旱柳、白柳等多种杨树和柳树。寄生于寄主多年生、当年生主干、枝条上。

14.89a 杨绵蚧（示杨树侧枝被寄生状）

14.89b 杨绵蚧（示柳树主干上的卵囊）

分布：小五台山西台、北台海拔980～1200m；张家口、廊坊；辽宁、吉林、黑龙江、青海、新疆。

盾蚧科 Diaspididae

若虫和雌性成虫均被有蚧壳，雌蚧壳背有2层蜕皮和一层丝质分泌物重叠而成。虫体盖在蚧壳下，头和前胸愈合，中、后胸和腹部前节分节通常明显，腹部末后数节常愈合成一整块的骨板，称为臀板。臀板背面和腹面分别开口有肛门和生殖孔以及不同大小和长度的圆柱形腺管的孔。臀板边缘有成对的附器分布：叶状而厚的臀叶，薄而分枝的臀栉，刺状的腺刺，其内通有分泌腺。触角退化成疣状。气门2对，完全无足。

14.90 榆蛎盾蚧

Lepidosaphes ulmi (Linnaeus)

又名：榆牡蛎蚧。

雌虫蚧壳狭长，长2.8～3.5mm。前方尖狭，后方逐渐加宽，末端圆形。背面隆起，有明显的横纹，弯曲而直，暗灰或紫色。蜕皮壳位于前端，橙色或红褐色。雄虫蚧壳质地和色泽同雌介壳，两侧从前到后逐渐加宽，长1.6mm，少见。雌成虫长卵形，头胸部很狭，以腹部第2节处最宽，长约为宽的2倍。分节明显，各节侧缘突出成圆形的瓣，黄白色，臀板黄色。触角圆疣形，各生有2根长毛，位于口器和头前缘的中间，左右略相离开。气门开口肾形，前气门前面有3～6个盘状腺孔，后气门无腺孔。臀板很宽，有2对发达的臀叶，边

14.90 榆蛎盾蚧（示雌成虫）

缘腺管很粗，成马蹄形。背腺管很小而极多。肛门很小，圆形。阴门位于臀板腹面的中央，围阴腺5群。雄成虫长形，黄白色，中胸盾片五角形，黄褐色，翅淡紫色，腹部黄褐色，足淡黄色。

寄主：榆、苹果、梨、海棠、桃、李等。若虫和成虫在枝干、新梢上刺吸汁液，很少在叶、果实刺吸汁液。

分布：小五台山东台海拔1100～1300m；张家口、保定、石家庄、衡水；全国各地。原产欧洲（古北区），现已扩散到东洋、非洲、澳洲、新北、新热带各区系。

14.91 柳蛎盾蚧

Lepidosaphes salicina Borchsanius

又名：柳牡蛎蚧。

雌蚧壳前端尖，向后渐宽，直或稍弯曲，长3.2～4.3mm，栗褐包，边缘灰白色，外被薄层灰色蜡粉，背部突起，表面有横向轮纹，腹面近端部分裂成三角形缺口。壳点2个。雄蚧壳的形状、色泽和质地均与雌蚧壳相同，仅体形较小，壳点1个。雌成虫黄白色呈纺锤形，臀前腹节略向两侧突出，前气门有12～17个盘状腺，后气门无盘状腺；第1及第4～6腹节亚缘有背侧疤，有时第2、3节上也有；背腺管细，多数，沿节间缝排成亚缘列及亚中列，第6节每侧有25～36个排成窄的纵带，第7节有8～22个。围阴腺5群。雄成虫黄白色，比雌成虫略小，长形，长约1mm，头小，眼黑色。触角10节，念珠状，淡黄色。中胸黄褐色，盾片五角形。翅透明。

注意将本种与榆砺盾蚧 *L. ulmi* 相区别：本种寄主较杂，而榆砺盾蚧则主要寄主于蔷薇科植物和白榆等；雌成虫形态和生殖方式亦有区别，本种雌成虫第7腹节上有背腺，榆砺盾蚧无；前者雌成虫亚缘疤在第1节及第4～6节，有时2～3节也有，而榆砺盾蚧在第3～6节；本种为两性生殖，而榆砺盾蚧常孤雌生殖，无雄虫。

寄主：柳、杨、红瑞木、丁香、蔷薇、核桃、白蜡、黄檗、忍冬、卫矛、枣、银柳、胡颓子、桦、椴、稠李、榆、茶藨子及多种果树。若虫和雌成虫吸食植株的枝、干，可引起植株枝、干畸形和枯萎，幼树被害3～4年可死亡，导致成片幼林枯死。10年生大树连年严重受害后可死亡。

分布：小五台山；张家口、承德；辽宁、吉林、黑龙江、北京、山西、内蒙古、陕西、宁夏、俄罗斯、朝鲜、日本、蒙古等。

14.92 日本长白盾蚧

Lophoeucaspis japonica Ckll.

又名：杨白片盾蚧、长白蚧、梨白片盾蚧、日本白片盾蚧。

成虫：雌蚧壳长纺锤形，略弯或直，背面隆起，壳点1个，突出于头端，暗褐色，蚧壳表面具一层灰白色蜡质分泌物。雌成虫体长纺锤形，淡紫色，腹末黄色。体两侧各有1列小圆锥状齿突。触角短，有4根长毛。前气门有6～11个盘状腺。臀板宽而浑圆，臀叶2对发达，臀叶两侧缘在中部有深缺刻。臀栉细长，呈刷状。背腺管小，每侧25～35个。围阴腺5群。臀板背面有8对圆形硬化斑。雄蚧壳似雌蚧壳，但略小，呈白色。雄虫紫褐色，翅白色透明，腺刺黄色。

成虫见于6～8月。

寄主：刺玫、皂角、榆、槐、杨、苹果、梨、樱花、樱桃、李、柿、花椒、山楂等。成虫、若虫群集吸食寄主的枝、干的汁液，虫口密度常极大，严重削弱树势，甚至导致黄刺玫等枯死。

分布：小五台山西台海拔1000～1400m；张家口、邯郸；河南、山东、陕西、四川、广西、广东、内蒙古、辽宁等。

14.93 杨盾蚧

Quadraspidiotus slavonicus (Green)

又名：杨齿盾蚧、突笠圆盾蚧。

雌蚧壳：圆形，直径1.2～2.0mm，高突，灰白色，壳点略偏，橙黄色。雄蚧壳：轮毂形，灰白色；壳点居端，橙黄色；蚧壳长1.0mm，宽0.7mm。雌虫：老熟时由橙色变为褐色，卵圆形，体壁硬化，臀叶3对，中臀叶大而长；背腺细长，密集于臀板缘；围阴腺缺或2～4群。雄虫：淡黄色，体长0.70～0.86mm；触角丝状，10节；前翅膜质，后翅为平衡棒；交尾器细长。

成虫见于6～8月。

寄主：杨、柳。以若虫、成虫固定

14.91 柳蛎盾蚧（示杨树干上密集的雌蚧壳，树已死）

14.92 日本长白盾蚧（示刺玫被寄生枯死状）

14.93 杨盾蚧（示雌成虫）

在寄主枝干上吸食汁液。

分布：小五台山；张家口；山西、河南、山西、河南、山东、湖北、安徽、浙江、江苏、辽宁、黑龙江、吉林、陕西、内蒙古、宁夏、新疆；俄罗斯。

14.94 桑盾蚧

Pseudaulacaspis pentagona (Targioni-Tozzetti)

又名：桑白盾蚧、桑白蚧、桑拟轮盾蚧。

雌虫蚧壳：圆形或近圆形，直径 2.0 ~ 2.5mm，略隆起有轮纹，灰白或灰褐色。蜕皮壳黄褐色或稍带橘红色，位于蚧壳近中央。雄虫蚧壳：长形，背面有 3 条纵脊，白色。蜕皮壳橙黄色，位于壳的前端。雌成虫：橙黄或橘红色，体长约 1mm，扁平宽卵圆形。疣状触角上 1 根粗大的刚毛。腹部分节明显，臀板较尖，臀叶 3 对。臀棘发达，刺状。有围阴门腺。雄成虫：体长 0.65 ~ 0.70mm，橙色至橘红色，呈长纺锤形。眼黑色，触角 10 节略等于体长，念珠状，上生很多毛。胸部发达，有翅 1 对，腹部细长。

寄主：杏、山杏、苹果、杨、桑、泡桐、樱桃、桃、山桃、榆叶梅、樱花、山毛桃、槐树、臭蝽、丁香、银柳、银杏、猕猴桃、核桃、枸树、花椒等。若虫孵化后群集固定于母体附近的枝干上吸食汁液，并分泌蜡粉。

分布：小五台山西台海拔 1100 ~ 1350m；张家口；山东、辽宁、吉林、黑龙江、内蒙古、山西、河南、新疆、陕西、四川、云南、江苏、安徽、湖北、浙江、江西、湖南、福建、台湾、广西、广东。属东洋、古北、非洲、大洋洲、新北、新热带区系共有种。

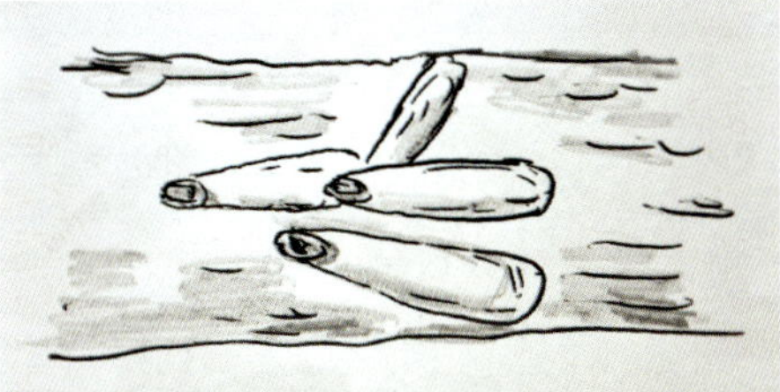

14.94a 桑盾蚧（示雄蚧壳）

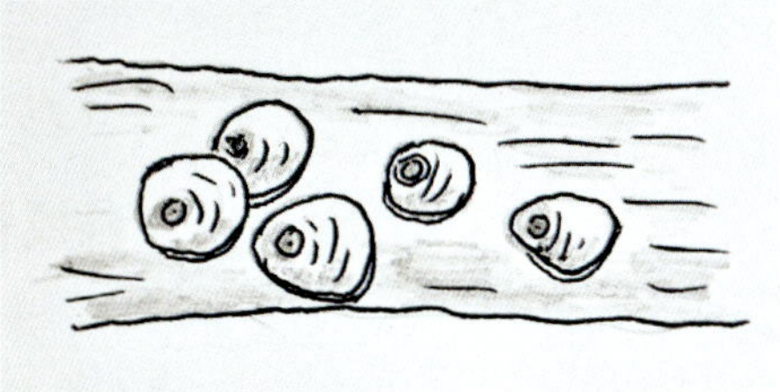

14.94b 桑盾蚧（示雌蚧壳）

14.95 圆盾蚧

Aspidiotus hederae wall.

又名：常春藤圆盾蚧。

雌蚧壳：圆形，直径约 2mm，较薄，扁平或稍隆起，白色或淡灰色，壳点淡褐色，位于蚧壳中央或近中央。雌成虫：卵圆形，长约 0.9mm，黄色。雄蚧壳：色泽、盾地与雌蚧壳相同，仅略小，稍狭。雄成虫：黄褐色，翅卵形，极大，长度超过体长。

寄主：苏铁、紫叶李、女贞、夹竹桃等。

分布：近年随苏铁引进至小五台山西台海拔 1180m 的金河口管理区办公地，已在室内越冬，并见活虫体，野外能否越冬待观察；张家口；北方温室、大棚以及南方露地。

蜡蚧科 Coccidae

跗节 1 节或 2 节，但第 1 节退化很小。触角长，线状。触角节数不定，没有明显的感觉器。雄虫有翅，只 1 对脉纹只 1 条 2 分支，没有翅痣；无腹管。雌无翅，足及触角也常退化；腹部没有气门；腹部末端有深裂；肛门上盖有 2 个三角形骨片；体圆形或长卵形，多隆起或扁平，表皮常坚硬或蔽以蜡粉或蜡块。腹部没有管状的肛突。肛门有肛环和肛环刺毛。肛门生在身体的背面。肛门上盖有 2 块肛板。

14.95 圆盾蚧（示雌雄蚧壳；2009 年 7 月 30 日，西台 1180m 室外）

14.96 皱大球蚧

Eulecanium kuwanai (Kanda)

又名：槐花球蚧、桃球蜡蚧。

雌成虫：体球形，直径 6 ~ 7mm，橘黄色至黄白色，具规整的紫黑色斑纹：背中为宽纵带，其两端较阔，宽纵带两

14.96a 皱大球蚧（示雌虫形态）

14.96b 皱大球蚧（示雌虫产卵后体皱缩状）

14.96c 皱大球蚧（示雌成虫；2007 年 5 月 12 日，西台大苗圃 1200m）

侧各具1行紫黑色斑点，产卵后紫黑斑消失，体壁皱缩变为暗黄色。

成虫见于5月中下旬。

寄主：栎、紫穗槐、栾、榆、合欢、柳、刺槐、槐树、杨、复叶槭、紫薇、紫叶李、玫瑰、合欢、沙果、桃、杏、苹果等。

分布：近年传入小五台山西台海拔1200m，在榆树上发现；张家口、石家庄；黑龙江、辽宁、吉林、内蒙古、宁夏、甘肃、青海、陕西、山西、山东、河南、江苏、安徽、江西、贵州、四川、云南；日本。

14.97 日本龟蜡蚧

Ceroplastes japonicus Green

又名：枣龟蜡蚧壳虫、龟蜡蚧、日本蜡蚧、枣龟甲蜡蚧。

成虫：雌成虫体长2.2～4.0mm，紫红色，扁椭圆形。背覆较厚的蜡质蚧壳。蚧壳中央隆起，表面有龟甲状凹陷，边缘蜡层厚且弯卷由8块组成。活虫蜡壳背面淡红色，边缘乳白色，死后淡红色消失，初淡黄色，后现出红褐色虫体。雄成虫体长1.0～1.4mm，淡红色，眼黑色，触角丝状。翅1对透明，具明显的两大翅脉。若虫：初孵若虫体扁椭圆形，淡红褐色；眼红色；触角，足淡灰白色；腹末有1对长毛。在寄主上固定1天后开始分泌蜡丝，孵化15天后体背出现蜡壳，其边缘有12～15个星芒状蜡角。后期蜡壳加厚雌雄形态开始分化，出现差异。雄虫蜡壳椭圆形，仍为星芒状；雌虫蜡壳卵圆形，周缘有7个圆突，状似龟甲。雄蛹梭形，长约1.2mm，棕褐色。

寄主：卫矛、枣、柿、石榴、悬铃木、苹果、梨、柑橘、无花果、杧果、山楂、桃、柳、雪松、杜梨、黄杨、杏、李、樱桃、梅、石榴、栗等。以成虫、若虫刺吸枝、叶、果实汁液，排泄物布满寄生部位，湿度大时引发煤污病，妨碍光合作用及果实生长，致落叶、落果，造成减产，甚至造成枝条枯死。

分布：小五台山南台、西台、北台海拔1000～1300m；沧州、张家口、保定、石家庄、邢台；北京、河南、天津、陕西、山东、江苏、浙江、江西、湖南、湖北等；日本、朝鲜、俄罗斯等。

14.98 杏球坚蚧

Didesmococcus koreanus Borchs.

又名：朝鲜毛球蚧、杏球蚧、朝鲜球蜡蚧、朝鲜球蚧、杏毛球蚧、桃球坚蚧、朝鲜球坚蚧。

雌蚧壳：半球形，直径3mm左右，最初柔软，黄褐色，以后变硬，发育良好者深紫褐色有光泽，表面覆被极薄的白色蜡层，背面有纵裂凹陷小点3～4行或不成行列。虫体近球形，前面和侧面下部凹入，后面垂直。幼体时体壁软，呈黄褐色，老熟时体壁硬化，红褐色至黑褐色。雄蚧壳：长扁圆形。蚧壳背面为白色，隐约可见分节，两侧有2条纵斑纹。蚧壳末端为钳状，钳形背上方有黑褐色斑点1个，蚧壳前端也有2个黑褐色小斑点，但不及末端明显。虫体长约2mm。头淡褐色，略似三角形。复眼黑色。触角丝状10节，淡粉红色或淡棕色。口器完全退化。腹部赤褐色，中胸色最深。若虫：初孵若虫长扁圆形。全体淡粉红色，眼红色极明显，触角5节，黄白色。足黄褐色颇发达。体表被有白色蜡粉，腹部末端有白色尾毛1对。固着后的幼虫体色较深，从身体两侧分泌白色丝状蜡质物，覆盖于背面，因此不易见着虫体。口器丝状。越冬后的幼虫，

14.97a 日本龟蜡蚧（示雌虫蚧体）

14.97b 日本龟蜡蚧（示雄虫蚧体）

14.97c 日本龟蜡蚧（示枣树被寄生状）

14.98a 杏球坚蚧（示后期蚧壳；2009年8月30日，西台金河口1200m）

14.98b 杏球坚蚧（示蚧壳；2007年5月9日，西台1180m）

雌雄两性逐渐分化，体形大不相同。雌虫卵圆形，背面隆起，淡黄褐色，有数条紫黑色横纹。雄虫椭圆形，体瘦小，背面稍隆起，身体背面臀板前缘有 2 个大型黄白色斑纹。

寄主：仁用杏（杏扁）、山杏、桃、李、沙果、苹果、梨、梅花、紫叶李等。以若虫和雌成虫吸食寄主枝干的汁液，冬季枝条上有毡状蜡被，4 ～ 5 月间枝条上有深紫色半球状蜡壳，削弱树势，降低产量，甚至造成枝干枯死。

分布：小五台山南台、西台、北台海拔 1150 ～ 1320m；张家口、承德、保定、石家庄；辽宁、吉林、黑龙江、北京、天津、内蒙古、山西、山东、江苏、浙江、安徽、河南、陕西、宁夏、云南、四川、湖南、湖北、重庆等。

14.99 桃木坚蚧

Parthenolecanium persicae (Fabricius)

又名：桃盔蜡蚧、桃坚蚧、桃球蚧。

成虫：雌成虫体长约 9.6mm，宽约 7.0mm。多为椭圆形，较扁平，背面有明显纵脊，幼体黄褐色，老熟时红褐至黑褐色。触角 8 节，第 3、4、5 节较长。胸气门很小，气门路狭，每气门路约有五孔腺 45 ～ 60 枚，气门刺 3 根。缘毛细，顶端尖，稍弯曲。肛环刺毛 6 根，并有 1 ～ 2 根细短毛。多孔腺在前、中足基部集成群，在后足基节间及腹部腹板上形成横带。暗框孔在胸、腹部腹面，并在体侧集成宽带。重腺孔在背面体缘。盘孔在肛板前的体背排成短带。体背有小刺。若虫：1 龄若虫体椭圆形，粉褐色，扁平。眼黑褐色，腹部末端有 1 对长毛。固定后虫体分泌蜡质，形成一层薄壳。

寄主：山杏、仁用杏（杏扁）、桃、苹果、李等。成虫、若虫在枝条上刺吸寄主汁液。

分布：小五台山西台海拔 1150 ～ 1210m；张家口；山西、山东、湖北、浙江、广东、云南等。

14.100 水木坚蚧

Parthenolecanium corni (Bouche)

又名：扁平球坚蚧、褐盔蜡蚧、东方盔蚧、糖槭蚧。

成虫：雌成虫老熟后暗褐色，体长 3 ～ 7mm，体背稍隆起，体缘倾斜，椭圆或近圆形，体壁硬化。体背中央有 4 纵列断续的凹陷，边缘有放射状横裂皱褶。触角 7 节，少数 6 ～ 8 节。足细长，爪下有齿。气门路窄，由五孔腺组成，气门刺 3 根。体缘具刺，排成双列。肛环具 2 列圆孔，肛环刺毛 8 根。雄成虫触角 10 节，翅发达。雄茧长椭圆形，前半部突起，呈半透明状，分成小块，气门洼处各有一小蜡突。若虫：1 龄若虫椭圆形，扁平，淡黄色，体背中央有 1 条灰白色纵线，眼黑色；触角 6 节；腹末有 2 根细长尾毛。2 龄若虫被极薄蜡壳，体背缘内方有 12 个突起蜡腺，分泌放射状排列的蜡丝；臀裂明显。

寄主：玫瑰、白蜡、悬铃木、糖槭、白榆、槐树、刺槐、毛刺槐、柳、小叶杨、苹果、桃、葡萄等。虫体固着在 1 ～ 2 年生枝条上吸食汁液，致树体衰弱，严重时枝条枯死。

分布：近年在传入小五台山海拔约 1200m 处引进的毛刺槐上发现；张家口、承德、石家庄、保定；辽宁、吉林、山西、山东、内蒙古、北京、陕西、宁夏、广东、陕西、江苏、浙江等。

14.98c 杏球坚蚧（示李子树上的蚧壳）

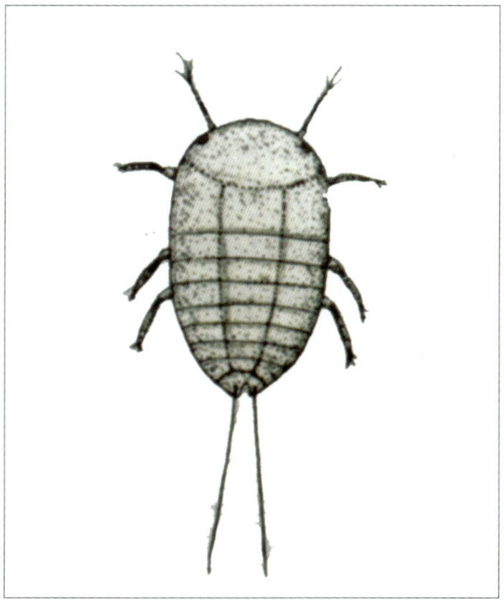

14.99a 桃木坚蚧（示初孵若虫）

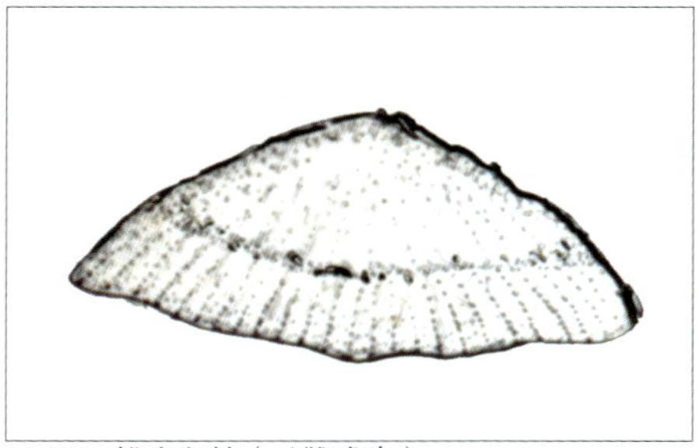

14.99b 桃木坚蚧（示雌成虫）

14.100 水木坚蚧（示雌蚧壳；2007 年 6 月 18 日，西台金河口苗圃，寄主：毛刺槐）

十五、半翅目HEMIPTERA

体小至大型，多扁平，喙多4节，亦有3节及1节者。触角3～5节。多为丝状。单眼2个或缺。前胸背板发达，为不规则的六角形。中胸小盾片发达多呈三角形，亦有呈舌形者。前翅为半鞘翅，基部革质，端部膜质，静止时翅平覆于腹部之上，膜质部分互相重叠。有些种类翅退化成短翅型或无翅型。多数种类具臭腺，臭腺孔位于后胸侧板靠近中足基节处。口器刺吸式，自头的前端伸出，远离前足基节。足多为爬行足。部分种类前足常特化为掘土足(如土蝽科等)或捕捉足(如瘤蝽科、蟾蝽科等)，后足特化为游泳足(如仰蝽科等)。跗节一般3节，也有2节、1节或无跗节的，跗节末端具爪，爪下常具爪垫。腹部10～11节，无尾须。多为陆生，有的水生，有的外寄生于人体和鸟、兽。多为植食性，有的为捕食性。

黾蝽科 Gerridae

又称水黾科。喙4节。前足与中足的距离远大于中足与后足的距离。后足腿节伸过腹部末端很多。疾行于各种水面上。

15.1 黾 蝽

Gerris sp.

体长13mm。

成虫见于5月下旬。

分布：小五台山南台、西台金河中，海拔1180～1300m；张家口。

15.1a 黾蝽（示在水面暂停状；2007年5月29日，西台1220m）

15.1b 黾蝽（2007年5月20日，西台1100m）

15.2 水黾蝽

Gerris sp.

体长约10mm，本种似黾蝽，但中后足腿节末端颜色明显为黄白色。

成虫见于7月上旬。

分布：小五台山西台金河中，海拔1200m；张家口。

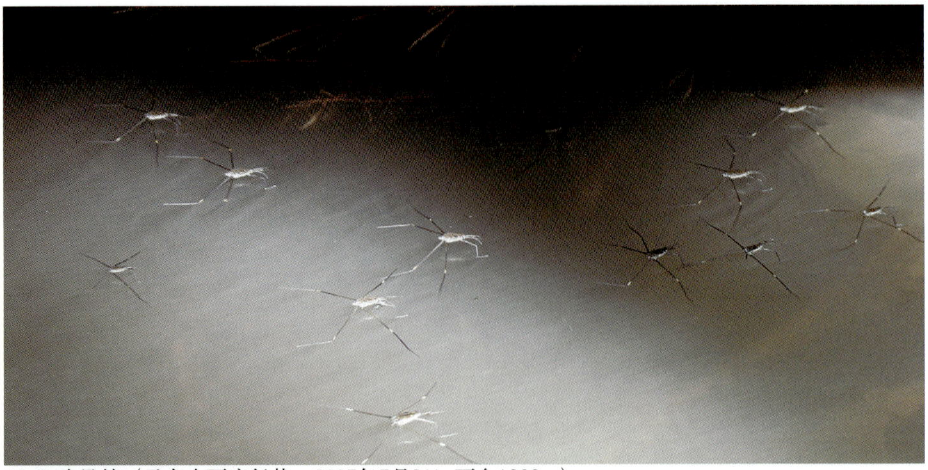

15.2 水黾蝽（示在水面疾行状；2007年7月2日，西台1200m）

15.1c 黾蝽（2007年5月24日，南台1300m）

15.3 大黾蝽

Aquarius sp.

体长约17mm。

成虫见于8月上中旬。

分布：小五台山西台赤崖堡，海拔1200～1900m；张家口。

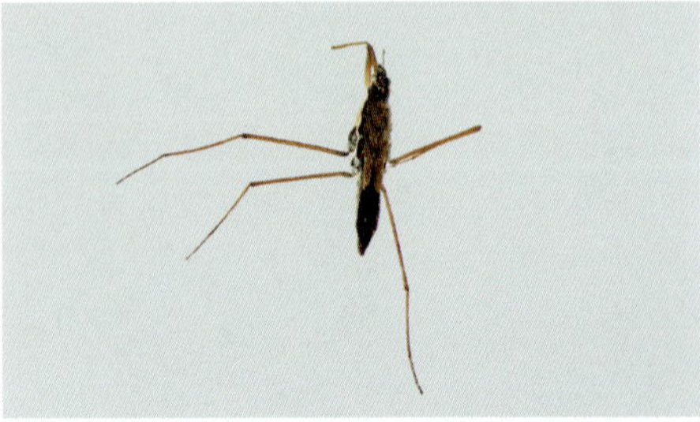

15.3 大黾蝽（2007年8月10日，西台1900m）

蝎蝽科
Nepidae

腹部末端有长的呼吸管。触角3节，隐于头的下方。腹部第8节气门生于呼吸管的基部附近。喙的末前节两侧有端瓣。跗节1节。中后足步行式。

15.4 杆蝎蝽

Ranatra sp.

体长约45mm，黄褐色，体及足细长，前足为镰刀状的捕捉足。腹部末端有细长的呼吸管。水生。

成虫见于7月上旬。

分布：小五台山南台海拔1600m；张家口。

田鳖科
Belostomatidae

大型。水生，体扁平、宽阔，褐色或青色。头短阔，复眼大，无单眼。触角短，4节，放在头腹面的沟内。喙短，5节，略弯曲，前胸背板梯形，中胸以后腹面有中脊起。前翅发达，革片上有明显脉纹，膜片上有网状脉纹。足扁，前足攫捕式，中后足游泳式。2节跗节，爪2个。

15.5 大田鳖

Kirkaldyia deyrollei (Vuillefroy)

体长约40mm。

成虫见于7月中下旬，池塘、溪流中。肉食性。

分布：小五台山东台、西台海拔1000～1200m；张家口。

猎蝽科
Reduviidae

体一般宽大，有长形和极细长者。头顶常具横沟，多数单眼2个。触角丝状4节，第3、4节又常分成若干小节，有多达40节者。喙4节，第1节完全退化，而表现为3节。前胸腹板常具腹板沟，沟内具若干横纹，喙与之摩擦而发音。前胸背板被横沟隔成前后两叶。小盾片多三角形，亦有平截或分叉者，顶端常具直立或斜向的长刺。前翅无楔片，膜片具2或3个大翅室。足具毛或刺，前足及中足胫节端部腹面常具海绵窝。少数种类为短翅或具短翅型。均为捕食性。

15.6 污黑盗猎蝽

Pirates (*Cleptocoris*) *turpis* Walker

又名：乌猎蝽。

体长13～15mm，宽3.5～4mm。黑色，具光泽及稀疏细毛。头小，眼后区长于眼前区。复眼半球状，其间有“T”形沟。触角4节，向端部渐细。喙短粗，第2节最长。前胸背板前叶长于后叶，前叶具纵斜隆起的暗条纹，后叶无皱纹。小盾片短，三角形。前翅暗黑褐色，常达或超过腹末，但亦有翅不发达的个体，爪片中部、革片内域及膜片端部色浅，内外翅室深黑色。前足腿节颇膨大，胫节长如腿节，向端部扩大，前、中足胫节的海绵窝不及它长度的一半。各胫节端部及跗节密生黄褐色刚毛。

成虫见于7月中下旬。

寄主：多种小型昆虫。

分布：小五台山西台海拔1380～1500m；唐山、承德、张家口；北京、山东、河南、陕西、江苏、浙江、江西、湖北、四川、贵州、广西、广东；日本，越南。

(1981年7月6日，南台1600m)

(示腹面观)

(示前足，捕捉足)

15.4 杆蝎蝽

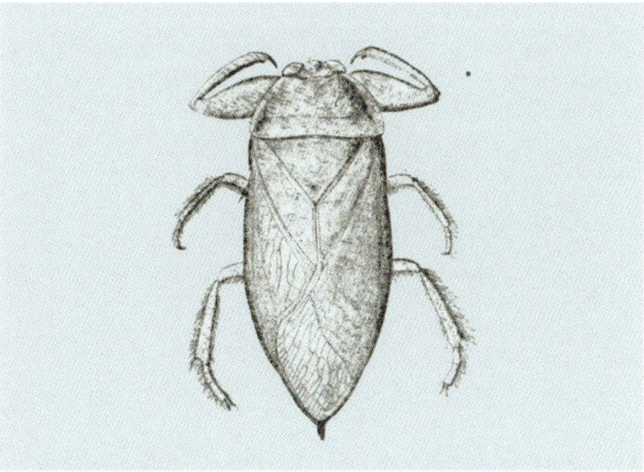

15.5 大田鳖

(翅长；1981年7月15日，西台1450m)

(翅短，不发达；1995年7月16日，西台1500m)

(侧面，翅短；1995年7月16日，西台1500m)

15.6 污黑盗猎蝽

15.7 黄纹盗猎蝽

Pirates (Cleptocoris) atromaculatus Stal

体长约13mm，宽3.5mm。黑色，前翅革片中部具纵向黄色带纹，膜片内室内具一个小斑，外室具一个大斑，均深黑色。头前部渐缩，向下倾斜，由侧面观，眼前部分约与眼等长，并长于眼后部分。触角第1节稍超过头的前端，第2节长，略超过眼的后缘，端节尖削。前胸背板前叶长于后叶，具纵、斜印纹。雄虫翅长超过腹部末端，雌虫翅短不超过腹部末端。前足胫节海绵窝短，不超过胫节长的一半，前足及中足腿节腹面无小刺。雄虫生殖器节末端抱器阔三角形。

成虫见于7月下旬。

成、若虫捕食多种小型昆虫。

分布：小五台山中台海拔1700m左右；张家口、唐山、保定；山东、江苏、浙江、四川、广东、云南；印度、斯里兰卡、缅甸、印度尼西亚、菲律宾。

15.8 黑光猎蝽

Ectrychotes andreae (Thunberg)

体长14.5～15.5mm。黑色，具蓝光泽。前翅基部、前足腿节内侧端半部纵条、胫节内、外两侧纵纹、腹部侧接缘、气门周缘均为黄色；各足转节、前及中足腿节基部、后足腿节基半部、腹部腹面（黑色斑带除外）均为红色；腹部各节间、雄虫第6节亚侧域、第7腹节及生殖节均为黑色；第5～7节侧接缘末端具黑斑。雌虫各斑稍有不同，侧接缘第3节端部具小黑斑，第4～7节端半黑色；腹部腹面亚侧域及第7节均为黑色。黄斑纹稍有变异，有的个体前足胫节内、外两侧或中足胫节外侧中部均具黄色纵带纹，同时腹部腹面黑色斑块亦略有变异，头向下倾斜。触角具直立长毛，末端4节长毛稀疏，第1节短于头长，长于前胸背板前叶。喙第1节达眼的后缘。前胸背板圆鼓，前半部具横缢，其横缢中间终断，前叶后部及后叶前半部中央具纵沟，后缘弧形，后叶长于前叶。小盾片三叉状两端突较直，中间的突起小。雄虫前翅稍超过腹部末端。雌虫前翅不达腹部末端。

成虫见于8月上旬。

分布：小五台山西台海拔1500m左右：张家口、保定、唐山；辽宁、北京、甘肃、上海、江苏、浙江、湖南、湖北、四川、福建、广东、广西、云南。

15.9 淡带荆猎蝽

Acanthaspis cincticrus Stal

又名：白带猎蝽、淡斑荆猎蝽。

体长16mm左右。黑色具淡黄色花斑，被黑色稀疏长毛。前胸背板侧角及中部2个横长斑、各足胫节2个宽环、腿节端部斑点，各节侧接缘基部均为淡黄褐色，尤以前翅革片中央长形（端部向外弯曲）淡黄色纵带最明显，是识别本种的重要特征，此纵带端部内缘及膜片翅脉均为黑褐色。前胸背板前叶鼓起的瘤突上具云形斑纹，侧角短刺状伸向侧后方。小盾片刺粗几乎垂直。前翅短，仅超过腹部第6背节。前足胫节稍短于腿节，后足跗节第2节短于第3节。

成虫见于7月上旬～8月上旬。

若虫捕食蚂蚁，成虫捕食多种小型昆虫。

分布：小五台山西台海拔1250～1700m；唐山、承德、张家口；北京、山西、河南、山东；日本、印度、缅甸。

15.10 荆猎蝽

Acanthaspis sp.

体长约16mm。本种似淡带荆猎蝽*A. cincticrus*，但前翅革片上的黄色斑带端部平截不向外弯曲，一边稍有弯曲，是否为其变异，还是雌雄差异，待研究。

成虫见于7月中旬。

分布：小五台山；张家口。

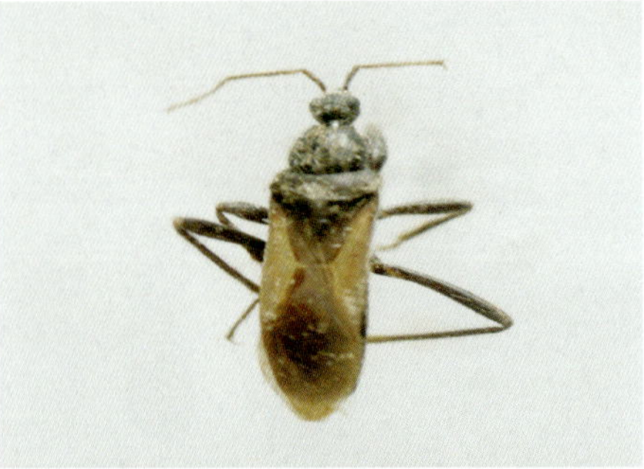

15.7 黄纹盗猎蝽（1981年7月27日，中台1700m）

15.8 黑光猎蝽

15.9a 淡带荆猎蝽（1980年7月20日，西台1300m）

15.9b 淡带荆猎蝽（1981年8月5日，西台1650m）

15.10 荆猎蝽（♀；1981年7月28日，西台1600m）

15.11 短斑普猎蝽

Oncocephalus confusus Hsiao

体长16～17.6mm。褐黄色，具褐色斑纹，腹面被白色卷毛。头顶后方1个斑点，头两侧眼的后方、小盾片、前翅中室内的斑点、膜片外室内的斑点均为显著褐色。触角第1节端部、喙第2及第3节、腿节的条纹，胫节基部2个环纹及顶端均浅褐色。触角第1节背面无毛。眼大。外咽片与喙第2节的基部约等宽。前胸背板前、后叶约等长，前角成短刺状向外突出，前叶侧缘具1列顶端具毛的颗粒，侧突极显著，稍短于前角，侧角尖锐，超过前翅前缘。小盾片向上鼓起，端刺粗钝，向上弯曲。前翅不达腹部末端，膜片外室内黑斑短，约占翅室中部的1/3。腹部腹面纵脊达于第6腹板后缘。前足腿节腹面具12个小刺，胫节与腿节等长；中足腿节与胫节等长。

成虫见于6月上旬～7月中旬。

寄主：多种小昆虫。

分布：小五台山西台、南台海拔1180～1600m；张家口、保定、唐山、承德；黑龙江、北京、江苏、上海、浙江。

15.12 双刺胸猎蝽

Pygolampis bidentata Goeze

体长13～16mm，腹部宽约2.7mm。棕褐色，密被浅色短扁毛，形成一定的花纹，头横缢前部长于横缢后部；具“V”形光滑条纹，前端二叉状向前突出，后部具中央纵沟，后缘两侧具1列刺状突起，眼前部分下方密生顶端具毛的小突起，眼后部分具分枝的棘，棘的顶端具毛。头的腹面凹陷，浅色。触角具毛，第1节粗短，不长于头部，但长于头的前叶，短于第2节。眼圆形，稍向两侧突出；单眼突出，位于横缢后部的前缘，两单眼间距离大于各单眼到相邻复眼之间的距离。前胸腹板前叶长于后叶，后叶中央具凹沟，两侧具光滑短纹，后叶后方稍上翘，侧角呈圆形向上突。前胸腹板前角突出成刺状。前翅伸达第7腹节亚后缘，膜片具不规则的浅色斑。腹部侧接缘各节基端及顶端均具褐色斑，第7背板两侧向后突出。前足腿节腹面无刺，前、中足胫节亚中部及两端具褐色环纹。

成虫见于7月上旬～8月上旬。

捕食多种小型昆虫的幼虫。

分布：小五台山西台海拔1600m左右；河北各地；黑龙江、北京、山西、山东、广西；欧洲。

15.13 褐菱猎蝽

Isyndus obscurus Dallas

又名：茶褐猎蝽。

体长22～25mm，棕褐色，被淡黄色短柔毛及稀疏的细长毛。触角（除第3节基部、第4节端部浅色外）、头背面、前胸背板前叶、前翅爪片、膜片及腹部侧接缘均为黑褐色，腹部背面深红色。前胸背板前叶短于后叶，前叶两侧各具一刺突，前叶深色斑纹不太显著，其深色斑纹上均密生暗黄色短毛，后叶两侧横皱较中部显著，侧角后缘有缺刻，后角突出，其间平直。小盾片中部向上突起。雌虫前翅刚达腹末；雄虫前翅超过腹末较长（1.8mm），生殖节后缘中部成钝角状突出。前足胫节长于腿节和转节之和，跗节第1节短，第3节长于第2节，爪齿状。

成虫见于7月上旬～8月中旬。

成、若虫捕食松毛虫、天幕毛虫等幼虫。

分布：小五台山东台海拔约1100m；张家口、承德；北京、山东、陕西、安徽、江苏、江西、四川、福建；日本、印度、不丹。

15.11a 短斑普猎蝽（1981年7月6日，南台1500m）

15.11b 短斑普猎蝽（2007年6月18日，西台1180m）

15.13a 褐菱猎蝽（2007年7月5日，东台1100m）

15.13b 褐菱猎蝽（2008年8月10日，东台1100m）

15.12 双刺胸猎蝽（1981年7月30日，西台1600m）

15.14 独环真猎蝽

Harpactor altaicus Kiritsch-enko

体长13～15mm，宽5～6mm。黑色，被浅色短毛。两单眼间，单眼与复眼之间暗黄色。头腹面、前胸背板侧缘及后缘、前足及中足基节臼周缘、腿节基部均为红色。侧接缘红、黑两色相间。触角第7节稍长于前胸背板，喙第1节达眼前缘。前胸背板前叶长于后叶的1/2，前叶中央有纵沟，后叶中部纵凹沟浅。翅褐色，雌虫膜片微超过腹末，雄虫膜片显著超过腹末。本种与红缘真猎蝽*H. rubromarginatus*和双环真猎蝽*H. dauricus*相似，但红缘真猎蝽侧接缘均为红色，腿节近基部无一宽阔的红色环纹。双环真猎蝽腿节具2个红色环纹。

15.14a 独环真猎蝽（2007年7月17日，西台1350m）

15.14b 独环真猎蝽（2007年6月18日，北台1400m）

成虫见于6月中旬～7月中旬。

寄主：多种鳞翅目昆虫的幼虫。

分布：小五台山西台、北台海拔1200～1400m；承德、张家口；内蒙古、北京、陕西；蒙古。

15.15 双环真猎蝽

Harpactor dauricus Kiritsc-henko

体长约13mm。腿节具2个红色环纹。

成虫见于7月中下旬。

分布：小五台山北台海拔1280m左右；张家口；山西、四川、甘肃；蒙古、俄罗斯。

15.16 红缘真猎蝽

Harpactor rubromarginatus Jakovlev

体长约13mm，腹部宽4.5mm左右。黑色，被淡色短细毛。单眼与复眼之间的小斑、头腹面、各足基节臼周缘均为黄色；前胸背板侧缘及后缘、腹部侧接缘均为红色；各足完全黑色。触角第1节显著长于头部。眼约位于头部两侧的中部，眼前部分不短于眼后部分的1/2。前胸背板前叶较大，长于后叶的1/2；中央纵沟较短，前端不及于领，后端不与横沟相通；后叶前部中央不鼓起，中央纵沟不显著，无中央突起，后缘在小盾片前方部分平直，后角伸出。各足腿节不具刺，前足胫节长于腿节。雌虫前翅膜片达腹末，雄虫超过腹部末端。

成虫见于7月上中旬。

捕食多种小型昆虫。

分布：小五台山；张家口、承德；黑龙江、吉林；朝鲜。

15.17 异赤猎蝽

Haematoloecha aberrens Hs-iao

体长约10.5mm，腹部宽4.6mm左右。棕黑色、光亮。前胸背板、前翅前缘域及腹部侧接缘红色；头的腹面两侧、单眼附近及中叶、喙第2、3节及小盾片顶端略带红色；前胸背板横沟及后叶的中央纵沟略带黑色。头较长，长于触角第2节，头顶具微细皱纹；由侧面观，眼前部分约等于眼与眼后部分之和。触角8节，被直立长毛。喙第1节与第2、3两节之和等长。前胸背板光滑，或后叶稍具纵纹、纵沟后端为横脊所阻，不与后叶纵沟相连接。小盾片端部较窄，二叉型，2个端突顶端稍向内曲，其间距小于端突的长度。前翅几达腹部末端。腹部腹节间横纹微细。抱器基部粗，顶端尖。

成虫见于7月下旬。

分布：小五台山南台海拔1300～1650m；张家口、保定；北京、山东、河南、浙江、四川。

15.18 黑腹猎蝽

Reduvius fasciatus Reuter

体长16mm左右，长形，黑色。前胸背板后叶、前翅革片侧缘、前翅膜片外室顶端及内室中部为橘黄色。触角第1节显著超过头的前端。前胸背板前叶鼓起，中央纵沟几达前叶后缘，前叶稍短于后叶，侧角钝圆，后缘在小盾片的前方几近平直。小盾片端刺短，向后上方翘起。雄虫前翅超过腹部末端，雌虫前翅不达腹部末端。

15.15 双环真猎蝽(1981年7月25日，北台1280m)

15.16 红缘真猎蝽(1981年7月10日，南台1450m)

15.17 异赤猎蝽

成虫见于5月下旬～6月上旬。

分布：小五台山西台郑家沟海拔1100～1500m；张家口；北京、山东、甘肃。

15.19 猎 蝽

Reduvius sp.

体长约16mm，本种似黑腹猎蝽*R. fasciatus*，但前胸背板后叶非橘黄色，而为其有异，前胸背板后叶为黑色，亦于红缘猎蝽*R. lateralis*不同，是否为黑腹猎蝽的变异，待研究。

成虫见于6月下旬。

分布：小五台山西台、北台海拔1200～1400m；张家口。

盲蝽科 Miridae

多小型。触角4节，无单眼。前胸背板前缘常有领片和胝。前翅分为革区、楔区，爪区和膜区4部分。膜区基部翅脉围成4个翅室，以此特征可与其他所有蝽类相区别。有植食性的也有捕食性的。

15.20 苜蓿盲蝽

Adelphocoris lineolatus (Goeze)

体长7.5～9mm，宽2.3～2.6mm。黄褐色，被细毛。头顶三角形，褐色、光滑。复眼黑色，光滑。喙4节，端部黑色，伸达中足基节。触角细长。前胸背板胝区隆突，黑褐色，其后有2个黑色圆斑或不清楚，变化较大。小盾片突出，有黑色纵带2条。前翅黄褐色，前缘具黑边，膜片黑褐色。足细长，股节有黑点。腹部基半两侧有褐色纵纹。

成虫见于8月上旬～9月中旬。

若虫、成虫取食苜蓿、草木樨、棉花、马铃薯、豌豆、菜豆、玉米、南瓜、大麻等。

分布：小五台山西台、北台、东台海拔1100～1400m；河北各地、甘肃、山西、陕西、山东、河南、江苏、湖北、四川、内蒙古等。

15.21 鲁盲蝽

Adelphocoris rubripes Jakovlev

体长8～10mm。

成虫见于8月上中旬。

分布：小五台山西台、东台海拔850～2400m。

15.22 三点盲蝽

Adelphocoris fasiaticollis Reuter

体长7mm左右，黄褐色。触角与体等长。前胸背板紫色，后缘具一黑横纹，前缘具黑斑2个。小盾片及2个楔片具3个明显的黄绿色三角形斑。

成虫见于5月中旬～9月中旬。以卵在寄主树皮缝越冬。

若虫、成虫吸食杨、柳、榆、杏、刺槐、大豆、棉花、芝麻、玉米、高粱、小麦、马铃薯、番茄、苜蓿等汁液。

分布：小五台山西台、北台、东台海拔1000～2400m；张家口；内蒙古、黑龙江、吉林、辽宁、新疆、江苏、安徽、江西、湖北、四川、山东、山西、河南、北京、天津等。

15.19c 猎蝽（2001年6月28日，北台1300m）

15.20 苜蓿盲蝽（1980年8月10日，东台1200m）

15.18a 黑腹猎蝽(♂；1980年6月8日，西台1400m)

15.19a 猎蝽（1980年6月，北台1300m）

15.21 鲁盲蝽（1981年8月4日，东台1200m）

15.18b 黑腹猎蝽(♀；2007年5月23日，西台1180m)

15.19b 猎蝽（2009年6月20日，西台1280m）

15.22 三点盲蝽（1981年6月16日，西台1400m）

15.23 绿盲蝽

Lygus lucorum Meyer-Dür

又名：绿草盲蝽、棉青盲蝽、花叶虫、小臭虫。

体长5mm，宽2.2mm左右，黄绿或深绿色。头部三角形，黄褐色。触角丝状，4节，绿色。前胸背板深绿色，布有很多小黑点，小盾片黄绿色。足黄绿色，后足腿节末端有褐色环斑。前翅基部革质，绿色，端部膜质，半透明，灰色。

成虫见于8月上中旬。

若虫、成虫吸食枣、桑、枸杞、苜蓿、豆类、玉米、马铃薯、棉花、瓜类、麻类、十字花科蔬菜等。

分布：小五台山西台海拔1300～1500m；张家口；河北各地；山西、北京、江苏、河南、安徽、山东、湖北等。

15.24 赤须盲蝽

Trigonotylus coelestialium (Kirkaldy)

又名：赤角盲蝽。

体细长，长约6mm，宽约1.5mm，鲜绿色或浅绿色。头略呈三角形，顶端向前突出，头顶中央具1纵沟，前伸不达头部中央。复眼银灰色，半球形。触角4节，与体等长或略短，红色，故名之。喙4节。前胸背板梯形，具4条暗色条纹，前缘具不完整的领片。小盾片黄绿色，三角形，基部未被前胸背板的后缘覆盖。前翅略长于腹部末端，革片绿色，膜片白色透明。足浅绿或黄绿色，胫节末端及跗节暗色。

成虫见于6月中下旬。

吸食谷子、小麦、甜菜、棉花、高粱、玉米、燕麦、灰条菜等成、若虫及禾本科杂草。

分布：小五台山西台西金河口海拔1150m左右；河北各地；北京、内蒙古、黑龙江、吉林、辽宁、山东、河南、江苏、江西、安徽、陕西、甘肃、青海、宁夏、新疆等。

15.25 优尼异盲蝽

Polymerus (Poeciloscytus) unifasciatus Fabricius

体长约6mm。

成虫见于8月上中旬。

分布：小五台山西台大老婆肚海拔1500m、北台水沟海拔1350m；张家口。

拟盲蝽科 Isometopidae

又称树蝽科。触角不显著呈鞭状，第3节基部不粗。有复眼和单眼。喙4节，如3节则前翅无缘片，前足非攫捕式。体多少隆起，体面不具绒毛。跗节3节，爪着生于跗节末端。

15.26 树蝽

Isometopus sp.

体长8mm左右。

成虫见于7月中下旬。

分布：小五台山南台海拔1600m左右；张家口。

15.23 绿盲蝽(1980年8月7日，西台大老婆肚1500m)

15.24 赤须盲蝽（2007年7月22日，西台1150m）

15.25 优尼异盲蝽（1980年7月25日，中台1680m）

15.26 树蝽（1980年7月25日，南台1600m）

附：未定种

（2007年8月16日，西台1350m）

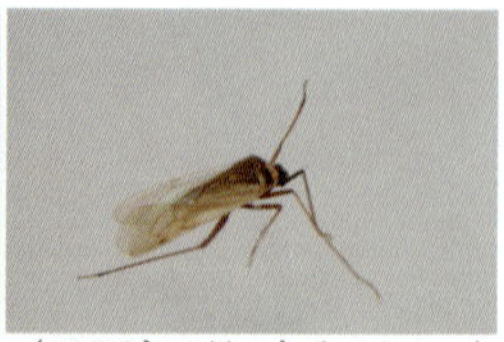

（1985年6月，中台1500m）

（2007年8月15日，南台550m，体长约9mm）

（2007年7月12日，西台1600m，体长约8mm）

（2007年8月1日，北台1500m，体长约9mm）

（2007年8月15日，南台550m，体长约9mm）

（2009年6月20日）

网蝽科 Tingidae

微小至小型。体扁平，色暗淡，头小。复眼发达，无单眼。触角4节，着生于复眼下方。喙4节，较短。前胸背板多呈奇异形状，具许多网状小室。前胸背板后部呈三角形延长，覆盖小盾片的全部及前翅爪片，两侧多扩展成侧背板。前翅发达，全部具由翅脉形成的网状小室，无革片、膜片之分。足正常，跗节2节，无爪垫。均为植食性。常生活于寄主叶背面的主脉两侧，残留褐黑色排泄物。

15.27 梨冠网蝽

Stephanitis (Stephanitis) nashi Esaki et Takeya

体长3.5mm左右。头部红褐色。触角浅黄褐色。前胸背板褐色或黄褐色。前翅“X”形，褐斑纹较为明显。

成虫见于6月上旬~8月下旬。

寄主：梨、苹果、海棠、山楂、李、樱桃等。

分布：小五台山北台、西台、南台海拔1100~1300m；张家口、石家庄、保定；北京、山东、山西、河南、陕西、四川、浙江、湖北、江西、福建。

（1993年7月20日，南台1300m）

（黑点为其粪便；2007年6月9日，西台1200m）

（示若虫、成虫；2009年6月9日，西台1200m）

（示若虫；2007年6月9日，西台1200m）

15.27 梨冠网蝽

瘤蝽科 Phymatidae

形体奇特，中等大小，骨化较强。单眼显著，触角4节，端部明显膨大，前胸背板发达，前足高度特化：似螳螂的捕捉足或如螃蟹的螯肢。捕食性，常具保护色，飞翔能力不强。

15.28 中国螳瘤蝽

Cnizocoris sinensis Kormilev

体长9mm左右，棕褐色。触角第3节明显长于第2节。眼及单眼红色。头、触角第1节背面及第4节端半部、前胸背板侧角、小盾片基部中央斑、侧接缘各节后角及第4节全部、腹部末端背面黑色。前胸背板指向侧方，其前叶基部中央及后叶2条纵脊常棕黑色。小盾片较短，几不伸达腹部1/3。前翅膜片内域无封闭翅室。腹部末端中央稍凹入，雄虫腹部狭长形，雌虫似卵状。前足特化为捕捉足。

成虫见于7月中旬~8月下旬。

分布：小五台山西台海拔1100~1400m；保定、承德、张家口；北京、内蒙古、山西。

（♀；1980年7月30日，西台1300m）

（♂）

（♀）

（♂；2007年8月4日，西台1300m）

（♂；2007年7月16日，西台1180m）

（♂，♀）

15.28 中国螳瘤蝽

附：未定种

（2007年8月16日，西台1200m）

（2007年8月16日，西台1250m）

（2007年8月16日，西台1200m）

（2008年8月10日，西台1200m）

（2007年9月3日，西台1200m）

（2007年8月15日，西台1180m）

（2008年8月5日，西台1200m）

（2008年8月7日，西台1180m）

（2008年8月5日，西台1180m）

（2007年8月6日，西台1180m）

（2007年8月10日，西台1180m）

姬蝽科 Nabidae

又称姬猎蝽科。小至极小型。触角4节。喙4节。具单眼。前翅分革片、爪片及膜片，膜片的若干纵脉起于基部翅室。足常细长，前足胫节腹面具2列小刺，跗节3节，无爪垫。多捕食性。

15.29 长胸花姬蝽

Prostemma longicolle Reuter

体长约9mm。黑色，头及前胸背板光亮。触角黄褐色，第2节显著细于第1节。前翅短，长仅2.0mm，超过小盾片

15.29 长胸花姬蝽（1981年6月8日，南台湖上沟1480m）

15.32a 横带红长蝽（2007年8月15日，南台1500m）

顶端0.5mm，橘红或红色，其后缘膜片淡黄色。腹部宽约3mm，腹面具刻点。各足浅红棕色，前足腿节基部、中足及后足腿节最顶端色暗，中足腿节腹面无成列的小刺。

成虫见于5月上旬~6月中旬。

分布：小五台山南台海拔1480m左右；张家口、承德；陕西、江苏。

15.30 黄翅花姬蝽

Prostemma flavipnnis Fukui

体长约9mm，黑色，被褐色及黄色毛。触角、多足及翅革片浅黄褐色，但触角第3、4节及中、后足股节基半部色较浅。短翅型，前翅长约2mm，末端平直，稍超过小盾片末端（注：标本1981年4月16日采自小五台山西台砖瓦窑海拔1200m，现已不完整，图片未收入）。

成虫见于4月中旬。

分布：小五台山西台砖瓦窑海拔1200m左右；张家口；浙江、江西。

臭虫科 Cimicidae

触角不显著呈鞭状，第3节基部不粗，第2节通常比第3节长或一样长，很少较短的。体卵圆形，扁平，无网状花纹，常为褐色，前翅退化为鳞片状。鸟类或哺乳类动物的暂时性外寄生昆虫。

15.31 温带臭虫

Cimex lectularius (Linnaeus)

体长5mm左右。体极扁，椭圆形，红棕色。头圆，触角4节，刺吸式口器。

（2000年6月8日，中台1300m）

（示侧面观）

15.32b 横带红长蝽

寄主：刺吸人和鸡、兔等动物的血液。

分布：小五台山区村落民居中；北方各地。

长蝽科 Lygaeidae

体多中、小型，大型少。体形各异，骨化较强。体色多淡黄褐至黑色，少数（红长蝽亚科）鲜红色或橙黄色并有明显花纹。触角4节，着生于眼的中线下方。具单眼。喙4节。前翅膜片有4~5条纵脉。腹部腹面无侧接缘缝，足跗节3节。

15.32 横带红长蝽

Lygaeus equestris (Linnaeus)

体长12~13mm。红色具黑色斑纹。头中叶末端，眼内侧斜向头基部中央的斑点，触角、喙、前胸背板前叶及其在中纵线两侧向后的突出部（不和后缘横带相连）、后缘2条近三角形横带（不达侧缘）及小盾片黑色。头胸下方黑，喙伸达或接近后足基节。前胸背板侧缘弯，后缘直。胸部侧板各节具2个较底色更黑的圆斑，其一在后背侧面上，另一个在基节臼上，但部分标本不明显。小盾片“T”形，脊显著。前翅红，爪片中部具椭圆形光裸黑斑，端部黑褐色。革片中部的不规则大黑斑，在爪片末端相连成一横带，在靠近革片前缘处，黑斑的前部和后部有2个光裸区，有时不显。膜片黑褐，超过腹部末端，在接近革片端缘两端的2个斑点、中部的圆斑以及边缘白色。爪片缝与革片端缘等长。腹部红色，每侧具两列黑斑，一列位于腹中线两侧，一列近侧接缘，横带形。本种与红长蝽*L. dohertyi*相似，但本种头部红色,膜片中央具白斑及革片左右两大黑斑在爪片末端相接。

成虫见于6月上旬~8月中旬。

分布：小五台山中台、西台金河口、南台海拔1300~1550m；保定、张家口；辽宁、内蒙古、甘肃、山东、江苏、云南；古北区。

15.33 角红长蝽

Lygaeus hanseni Jakovlev

体长8～9mm。前胸背板后部具角状黑斑，被金黄色短毛。头、触角、喙和胸部腹面、足黑色，喙超过中足基节。头顶基部至中叶中部具红色纵纹，眼与前胸背板相接，前胸背板黑色，后叶的前侧缘及其中央的宽纵纹红色。胝沟后方各具1个深黑色的光裸圆斑。胸部侧板每节的后缘背侧角和基节臼各具1个较底色更黑的圆斑。小盾片黑，横脊宽，纵脊明显。前翅暗红或红色，爪片除外缘外红色，近端部的光裸圆斑和革片中部的光裸圆斑黑色，爪片缝与革片端缘等长；革片在径脉前方红色，但后半的前缘黑褐色，圆斑外方红色；膜片黑色，外缘灰白，其内角、中央圆斑及革片顶角处与中斑相连的横带乳白色。腹部红，末端黑。侧接缘红，前部黑色。腹中线两侧各腹节的基部具黑斑。

成虫见于7月中旬。

分布：小五台山西台海拔1550m左右；张家口、保定、唐山、承德；黑龙江、内蒙古、辽宁、吉林、天津、甘肃；俄罗斯。

15.34 红脊长蝽

Tropidothorax elegans (Distant)

体长10mm左右，红色具黑色大斑。头黑、光滑、凸圆，无刻点，前端具直立毛。触角黑，第2与第4节等长。喙黑。前胸背板侧缘直，仅后侧角处弯，具金黄色毛，并隆起呈脊状，中脊完整，侧缘脊、中脊、前缘及后缘红色，中脊与侧脊间具稀疏刻点，黑色，或仅胝沟后方黑色，胝沟前具1个黑色斑。前胸腹面和基节臼红色，后者具1个大型黑斑，中胸和后胸腹面黑色，仅基节臼及其侧板后缘红色。臭腺沟缘红色，耳状。小盾片黑色，基部平，端部隆起，纵脊明显。爪片黑色，端部红色，或中部黑，两端红；革片红色，中部具不规则大斑，但此斑不达前缘，翅面具短小直立毛；膜片黑色，超过腹部末端，内角和边缘乳白色。腹部红色，各节均具黑色大型中斑和侧斑，腹部末端黑色。足黑色。

成虫见于5月中旬～7月下旬。

分布：小五台山南台海拔1250～1400m；保定、邢台、张家口；北京、天津、河南、江苏、台湾、四川、广东、广西、云南；日本。

红蝽科 Pyrrhocoridae

体中至大型，长椭圆形，红及黑色，少数暗褐色，前翅常具圆斑，触角4节。与长蝽科Lygaeidae相似，但无单眼。前翅膜片基部具翅室，其外侧具多条分枝翅脉，呈不规则疏网状。多植食性，常栖息于植物上或在地面爬行，产卵于泥土或腐败的落叶层中。

15.35 地红蝽

Pyrrhocoris tibialis Stal

体长8～11mm，前胸背板宽3～4mm。椭圆形，常灰褐色具棕黑色刻点。喙伸达或稍过中足基节。头中叶一纵带及头顶由4块近方形斑和基部中央一纵短带构成的“V”形图淡褐色。前胸背板侧缘、革片前缘、胸腹面侧缘、侧接缘、胫节及跗节灰棕色。触角、前胸背板胝部、小盾片基角和近基部中央2个小圆斑、腿节及身体腹面棕黑色至黑色。各足基节外侧及后胸侧板后缘白色。前胸背板稍伸长，其前缘几与头等宽，具粗密刻点，胝部常光滑，几无刻点；其侧缘近斜直。胸侧板近光滑或稀少细刻点。小盾片顶端具刻点。革片无明显黑色圆斑，端缘稍向外突出，顶角钝圆。前翅膜片翅缘呈乱网状。

成虫见于4月中旬～8月中旬。

分布：小五台山西台、南台海拔1100～1400m。河北各地；辽宁、内蒙古、北京、天津、山东、江苏、上海、浙江、西藏；朝鲜、日本。

15.35c 地红蝽（2007年8月16日，西台1300m）

15.33 角红长蝽（1981年7月15日，西台1550m）

15.34 红脊长蝽（1981年5月20日，南台1300m）

15.35a 地红蝽（1986年7月30日，南台1300m）

15.35b 地红蝽（1980年6月，南台1300m）

缘蝽科
Coreidae

体中至大型，狭长或宽扁，多褐色或绿色。触角4节，着生于头两侧上方，触角基由背面可见。具单眼。头部较胸部狭短。前胸背板梯形，侧角呈刺状或叶状突起，或强烈扩展成奇异形状。后胸具臭腺孔。小盾片小，三角形，短于前翅爪片，有些种类小盾片端具直长刺。前翅分革片、爪片、膜片三部分，静止时，爪片将小盾片完全包围，形成显著的爪片结合缝。膜片具许多平行纵脉，这些纵脉多出自基部的一根横脉上。基部常无翅室，稀有成网状者。足较长，有时后足腿节粗大，具瘤状或刺状突出，胫节成叶状或齿状扩展。腹部腹面具毛点。

15.36 细足赭缘蝽

Ochrochira stenopodura Ren

体长21mm左右。

成虫见于6月中旬～7月下旬。

寄主：栎等。

分布：小五台山西台1300～1500m；张家口；安徽等。

15.36a 细足赭缘蝽（2007年7月23日，西台1450m）

15.36b 细足赭缘蝽（2009年6月17日，西台1320m）

15.37 波赭缘蝽

Ochrochira potanini Kiritshenko

又名：波原缘蝽。

体长20～23mm，宽8mm，腹部宽9mm左右。黑褐色，被白色短毛。触角第4节棕黄色，第1节稍短于第4节，第2、3节约等长。前胸背板侧缘略向内成弧形弯曲，锯齿甚小成小疣状；侧角圆形，向上翘折。腹部背面黑褐色，腹板正常。后足胫节背面向端部逐渐扩展。雄虫后足腿节无巨刺。

成虫见于5月中旬～7月下旬。

寄主：油松、榆、核桃楸。

分布：小五台山西台、南台海拔1200～1700m；承德、张家口；湖北、四川、西藏。

15.38 斑背安缘蝽

Anoplocnemis binotata Distant

体长20～24mm。棕褐色。触角第4节黄棕色。前胸背板中央纵纹模糊不清，侧缘直，具小细齿，侧角钝圆。雄虫腹部第3节腹板中央强烈向后延伸，几达第4腹板的后缘，形成凸起。雌虫腹部第3腹板中部向后延伸较少，有的仅略向后弯曲，第3腹板短于第4腹板。雄虫后足腿节弯曲，粗壮，背缘具不太清晰的1列由小细齿组成的脊线，腹面近端部扩展成三角形齿，基部无突起。腹部背面黑色，中央具2个前后排列的浅色斑点。

成虫见于7月中旬。

（2005年6月18日，南台1600m）

（2007年5月18日，西台1200m）

（2007年5月18日，西台1200m）

15.37 波赭缘蝽

（2007年5月21日，西台1320m）

（2007年7月3日，南台1500m）

（2007年7月10日，南台1700m）

（2007年7月10日，南台1600m）

寄主：紫穗槐、赤松、榆、槲、大叶胡枝子等。

分布：小五台山西台海拔1100～1400m；张家口、唐山、承德；山东、河南、安徽、江苏、浙江、四川、贵州、云南、西藏。

15.39 红背安缘蝽

Anoplocnemis phasiana Fabricius

体长约21～26mm。棕褐色。与斑背安缘蝽*A. binotata*极相似。仅本种腹部背面红色，雄虫后足股节腹面基部具短锥状突起。

成虫见于7月上旬。

寄主：豆类、花生、合欢等。

分布：小五台山西台海拔约1200m；张家口；江西、福建、广东、广西、云南。

15.40 东方原缘蝽

Coreus marginatus orientalis Kiritshenko

体长13～15mm。棕褐色，密被细小黑刻点。触角基内端刺向前延伸，互相接近。触角第1节三棱形，短于第2节，第2、3节圆柱形，第4节长纺锤形。喙达中足基节。头中叶向下屈折。前胸背板侧缘几乎平直，侧角较突出，成直角或稍小于直角。腹部侧接缘各节中央色浅。

成虫见于8月中旬。

分布：小五台山东台海拔1000m左右；承德、唐山；黑龙江、吉林、辽宁；朝鲜、俄罗斯、日本。

15.41 波原缘蝽

Coreus potanini Jakovlev

体长12～14mm。黄褐至褐色。头小，中叶向下屈折，背面不可见。触角基内侧各具1棘刺，两者相对向前伸。触角基部3节三棱形，第2节最长，第4节长纺锤形最短。喙达中足基节。前胸背板侧角近于直角。前翅达腹部末端，膜质部分淡褐色透明。腹部向两侧显著扩展，侧接缘不为前翅所覆盖。此种似广腹同缘蝽*H. diatatus*及东方原缘蝽*C. marginatus orientalis*。但广腹同缘蝽头方形，触角基内侧无棘刺，腹部扩展较小。东方原缘蝽触角第1节短于第2节，第2、3节圆柱形。

成虫见于7月上中旬。

寄主：马铃薯。

分布：小五台山西台、北台、南台、东台海拔1000～1300m；承德、张家口；山西、陕西、甘肃、四川。

15.42 缘 蝽

Coreus sp.

体长13mm左右。前胸背板侧缘及后缘简单，触角基顶端内侧具一长刺，头中叶向下曲折。

成虫见于6月上旬。

分布：小五台山西台海拔1300m左右；张家口。

15.41c 波原缘蝽（示交尾状；2007年7月15日，南台1300m）

15.38 斑背安缘蝽（1981年7月12日，西台1300m）

15.39a 红背安缘蝽（1990年7月2日，西台1200m）

15.39b 红背安缘蝽

15.42 缘蝽（2007年6月5日，西台1300m）

15.40 东方原缘蝽（1981年8月，东台1100m）

15.41a 波原缘蝽（2007年7月17日，西台1180m）

15.41b 波原缘蝽（示侧面观）

15.43 刺缘蝽

Centrocoris volxemi Puton

体长约9mm，黄棕色至黑褐色。前胸背板侧缘具小齿，侧叶后缘锯齿状。头背面具许多棘刺。触角第1节粗，第2节最长。前胸背板、前翅革片、腹部腹面均散生褐色不规则斑。

成虫见于8月中旬。

分布：小五台山西台海拔约1400m；张家口；新疆；俄罗斯。

15.44 亚姬缘蝽

Corizus albomarginatus Blöte

体长8～10mm，长不超过体宽的3倍。椭圆形，红色。头三角形，在眼的前端向下倾斜，在眼的后端突然狭窄。触角第1节短于头顶的宽度。头的边缘、前胸背板前端及后端的4个斑点，小盾片基部，爪缝上的斑点，革片中部的1个大斑点，触角、足（除腿节和胫节外侧色稍淡，有刻点外），腹部腹面各节3个斑点均为黑色。前胸背板前端横沟不及于侧缘，侧缘完整。后胸腹板后缘完全白色，前胸及中胸腹板后缘亦常为白色。前翅常稍透明，内角附近的翅室呈四方形。腹部背面基部及最后2节黑色，中部红色，末节腹板上的3个黑色斑点区分清楚，雄虫最末腹节后角突出，圆形。此种与欧姬缘蝽*C. hyoscyami*极相似，后者特征：前胸背板后部有2个横长的黑斑，末节腹板上的3个黑斑互相连接，雄虫最末腹节后角尖削，但不突出。

成虫见于5月中旬～8月下旬。

寄主：黑豆、麻等。

15.43 刺缘蝽（2007年8月15日，西台1400m）

分布：小五台山西台、北台、南台、东台海拔1100～1500m。承德、张家口；山西。

15.44a 亚姬缘蝽（2007年7月18日，北台1300m）

15.44b 亚姬缘蝽（1981年6月，西台1200m）

15.44c 亚姬缘蝽（2007年5月13日，西台1200m）

15.44d 亚姬缘蝽（2007年5月30日，西台1250m）

15.44e 亚姬缘蝽（2009年6月17日，东台1000m）

15.44f 亚姬缘蝽（2007年7月25日，南台1450m）

15.44g 亚姬缘蝽（2007年7月25日，南台1500m）

15.44h 亚姬缘蝽（2007年7月25日，南台1500m）

15.45 亚蛛缘蝽

Alydus zichyi Horvath

体长10～12mm，深褐色。触角第1～3节的基部、各足胫节、小盾片顶端及侧接缘各节基部色浅。腹部背板中央红色。触角第1节不短于或稍短于第2节。前胸背板后缘平直，侧角显著呈方形。后足腿节腹面端部具3～4个刺。此虫与欧蛛缘蝽*A. calcaratus*的区别是：前胸背板侧角显著呈方形，触角第1节不短于或稍短于第2节。

成虫见于7月中旬。

分布：小五台山中台海拔1500m左右；张家口、承德；黑龙江、北京、山西、河南。

15.46 黑长缘蝽

Megalotomus junceus Scopoli

体长13～15mm。狭长形，黑色。触角第1节长于第2节，第4节长于第2、3节之和。前翅褐色，2个单眼之间的小点，颈上的2个圆点、前翅前缘、各足胫节、侧缘各节基部、腹部、腹面基部中央纵纹均为浅色。前胸背板侧角尖锐，其后缘极度凹陷。后足腿节腹面具刺，胫节不弯曲，腹面顶端无齿。

成虫见于7月。

分布：小五台山北台海拔1400～1550m；承德、张家口；北京、江苏、山东；俄罗斯以及欧洲。

15.47 赭长缘蝽

Megalotomus arnaticeps Stal

体长约13mm。赭黄色。触角第4节不长于第2、3节之和。头顶中线两侧各有1个浅色圆点，前胸背板前部多为赭黄色。足股节、胫节颜色深浅较为明显。前胸背板侧角较钝。

成虫见于7月上中旬。

分布：小五台山西台海拔1200～1300m；张家口；新疆；俄罗斯。

15.45 亚蛛缘蝽（1981年7月18日，中台1500m）

15.46a 黑长缘蝽（1980年7月）

15.46b 黑长缘蝽

15.46d 黑长缘蝽（示侧面观）

15.46c 黑长缘蝽（2009年7月10日，北台1520m）

15.47 赭长缘蝽（下）与黑长缘蝽（上）（2007年7月10日，西台1320m）

15.48 点蜂缘蝽

Riptortus pedestris Fabricius

体长15～17mm，黄棕至黑褐色。头、胸部两侧的黄色光滑斑纹成斑状或消失。触角第1节长于第2节，第4节长于2、3节之和。小颊较短，向后不达到触角着生处。前胸背板前缘具领，后缘具2个弯曲，侧角成刺状。前胸背板及胸侧板具许多不规则的黑色颗粒。臭腺沟长，向前弯曲，几达后胸侧板的前缘。腹部侧接缘黑黄相间。后足腿节具刺列，胫节弯曲，短于腿节，中部色淡。

成虫见于7月上旬～9月上旬。

寄主：刺槐、水稻、棉、麻、蚕豆等。

分布：小五台山西台、北台、南台、东台海拔1000～1500m；邢台、保定、唐山、张家口；北京、河南、湖北、江苏、浙江、安徽、江西、四川、福建、云南、西藏。

(1981年7月25日，南台1300m)

(2007年8月11日，北台1200m)

(2007年8月25日，东台900m)

(2007年8月30日，南台1300m)

(示侧面观)

15.48d 点蜂缘蝽

15.49 广腹同缘蝽

Homoeocerus (H.)dilatatus Horvath

体长13mm左右。淡褐色至褐色。头方形，前端在触角基着生处截然向下弯曲。触角第1、2、3节三棱形，第4节长纺锤形。前胸背板侧角略大于90°。前翅革片上无黑色斑纹，前翅长度不达腹部末端。体密被小刻点。腹部较扩展。

成虫见于7月中旬～8月中旬。

寄主：豆类、柑橘类。

分布：小五台山北台、西台、南台、东台海拔1000～1300m；张家口、保定、承德、石家庄；北京、吉林、河南、浙江、江西、湖北、四川、贵州、广东；日本、朝鲜、俄罗斯。

15.49a 广腹同缘蝽（1989年8月，西台1400m）

15.49b 广腹同缘蝽（示侧面观）

15.50 同缘蝽

Homoeocerus sp.

体长约12mm。

成虫见于6月下旬。

分布：小五台山西台海拔1100～1400m；张家口。

狭蝽科 Stenocephalidae

中型。体狭长，灰色至黑色。触角、足及侧接缘具黑色及白色斑纹。头的侧叶向前呈锥状延伸，在中叶前方互相靠近。触角着生于由眼至头前端的直线下方。前翅膜片的基部中央有1个形状不整齐的翅室。

15.51 长毛狭蝽

Stenocephalus femoralis Reuter

体长约11mm左右。触角及足被半直立长毛，毛长于触角第2节及足胫节的粗度。后足股节浅色部分不大于股节的1/3。头的两个侧页的前端不互相靠近。

15.50 同缘蝽（2007年6月25日，西台1380m）

15.51 长毛狭蝽（1981年6月10日，西台1100m）

成虫见于5月中旬～8月中旬。

分布：小五台山西台东坡、北台、南台、东杏河海拔1100～1300m；张家口；北京、天津、山西、甘肃、新疆、青海。

龟蝽科 Plataspidae

又称平腹蝽科、圆蝽科。体圆至卵圆形，背面极鼓，腹面较平或稍鼓。小至中型种，最小的仅2mm，大的达10mm以上。体黑色具黄色斑纹。触角5节，第2节甚短。前胸背板中部前方常有1个由刻点组成的横缢，侧缘前方两侧扩展。小盾片极大，将腹部完全覆盖或仅露出狭窄的边缘，基部常有1条横纹分出1个横长的基胝，基胝两侧靠近基角各有1个横长形成三角形的侧胝。前翅大部膜质，静止时折叠于小盾片之下，仅前缘的基部露出。腹部腹面黑色，靠近两侧具黄色斑纹或各腹板两侧黄色，形成辐射状横带，第6腹板后缘中央向前曲折成角状或弧状。各足跗节2节。

15.52 双痣圆龟蝽

Coptosoma biguttula Motschulsky

体长3～4mm，前胸宽2～3mm。体近圆形，具细微刻点，黑色光亮。头小，黑色，前端圆形，侧叶与中叶等长。触角黄色，端部褐色，基部靠近复眼。喙褐色，达于后足基节。前胸背板侧缘具黄纹1条，中部具横缢，两侧刻点较粗糙。小盾片宽2.5～3.5mm。小盾片基胝分界清楚，两端具黄色斑点，侧胝通常完全黑色，侧缘后部及顶缘具黄边。足黄色，腿节基部褐色，各足胫节圆柱形，背面不具纵沟。腹部腹面黑色，光亮具刻点，侧缘及各节逗号形斑点黄色。

成虫见于6月上旬～7月上旬。

寄主：刺槐、紫穗槐等。

分布：小五台山西台、东杏河海拔1000～1500m；衡水、承德、张家口；北京、山西、吉林、辽宁、黑龙江、浙江、四川、福建、西藏；日本。

15.53 日本圆龟蝽

Coptosoma japonicus Matsumura

体长约4mm。

成虫见于7月。

分布：小五台山南台湖上沟、东杏河海拔1400～1500m；张家口。

15.54 圆龟蝽

Coptosoma sp.

体长4mm左右。

成虫见于6月上中旬。

分布：小五台山西台、北台海拔1100～1550m；张家口。

15.55 豆龟蝽

Megacopta sp.

体长约4mm。后足胫节背面具纵沟。

成虫见于6月中旬。

分布：小五台山中台海拔1450m左右；张家口。

15.52a 双痣圆龟蝽（2007年6月28日，西台1450m）

15.52b 双痣圆龟蝽（2007年6月10日，西台1300m）

15.52c 双痣圆龟蝽

15.54 圆龟蝽（2007年6月10日，北台1400m）

15.55 豆龟蝽

土蝽科 Cydnidae

体小至中型(长2～18mm)，多黑色，具青蓝色光泽及少数黄色或白色斑纹，少数为黄褐色或红褐色。触角通常5节，第2节常甚短，有的退化为4节，在第3、4、5节之间常具一小环。喙4节。前胸背板四边形，中部常具横缢，前方鼓起、光滑、形成两个胝，有时端部具1个领状边缘。小盾片超过前翅爪片顶角，但绝不达腹部末端；两爪片不形成爪片结合缝。前足胫节扁平，两侧具强刺，中后足基部顶端具刷状缘毛。跗节3节。多具土栖性，以植物的根或动物的遗体为食。

15.56 大鳖土蝽

Adrisa magna Uhler

体长17mm，宽9.5mm左右。长椭圆形，黑色。触角第3、4节及膜片色较浅。体背具显著刻点。头具粗糙皱纹及刻点，头前端宽圆，侧叶长于中叶，前者几乎将后者包围。喙达于中胸腹板后缘，小颊后端宽阔，后角突出。触角约等于体长的1/3，第2节约为第1节的2.5倍，第3、4节色较浅。前胸背板侧缘几近平直，无刚毛，前角前缘具很密的1列短刚毛。前胸背板前部中央及后缘光平，前翅及小盾片端部刻点小而密。小盾片超过腹部中央，侧缘平直，顶角尖削。前翅达于腹部末端，前缘无刚毛，膜片烟黑色具浅色斑点。腹面刻点细小，中央光平。

成虫见于5月上旬。

分布：小五台山；邯郸、张家口；台湾、北京、四川、云南、广东；越南、缅甸、印度、日本。

15.57 白边光土蝽

Sehirus niviemarginatus Scott

体长7mm，宽3.6mm左右。长圆形，蓝黑色。前胸背板侧缘、前翅前缘(端部除外)、腹部侧接缘(基部除外)具狭窄的白色边缘（陈旧标本颜色加深）。全身刻点浓密。头前端狭窄，侧叶包围中叶，向上翘折。触角后一节长于前一节，第1节最短，第5节最长。喙达于中足基节，第1节约等于第4节，第3、4节约等长。前胸背板侧缘向外周凸，两胝光滑。小盾片顶角圆形。前翅膜片烟黑色。各足胫节一色，前足胫节扁平具成列小刺。

成虫见于4月中旬～5月中旬。

分布：小五台山西台海拔1200～2000m；张家口、承德；内蒙古、山东、山西、陕西、江苏、云南；日本、俄罗斯、芬兰。

15.58 长点边土蝽

Legnotus longiguttulus Hsiao

体长：雌5.4mm，雄4.4mm左右。雄前胸背板宽2.3mm左右。长椭圆形，体黑色。头侧叶长于中叶。眼小，圆形，向两侧突出。触角后1节长于前1节。喙几达中足基节顶端。前胸腹板中央具2条纵脊，形成1条纵沟，是本种的重要分类特征。前胸背板侧缘、前翅革片前缘及中部的斜长形斑点（此斑长大于宽的3倍）各足胫节背侧中部条纹及腹部侧缘白色。全身刻点浓密，前胸背板前部两胝光平。臭腺孔暗区小，具刻点。本种与短点边土蝽*L. breviguttulus*相似，但本种头侧叶长于中叶，前胸腹板中央有显著的纵沟，前翅革片中央斜长形斑长大于宽的3倍。

成虫见于5月下旬。

分布：小五台山西台海拔1100～1300m；张家口、承德。

15.56 大鳖土蝽（1981年5月，小五台山）

15.57 白边光土蝽（1981年5月10日，西台2000m）

15.58 长点边土蝽（1980年5月，西台12500m）

15.59 青革土蝽

Macroscytus subaeneus (Dallas)

体长8.5mm，宽4.5mm左右。褐色至黑褐色。头宽约为长的2倍，前端宽圆形，具刚毛，无短刺，中叶与侧叶等长，背面有4根刚毛,无刻点。触角长于前胸背板，各节均长于其前1节。喙达于中足基节，第2、3节约等长，第4节最短。前胸背板后缘向侧扩展成瘤状，覆盖真正的侧角，宽大于长的2倍，中央及前缘光滑，其余部分具稀疏刻点，侧缘具7～8根刚毛。小盾片刻点浓密，基角光平。前翅刻点细小浓密，前缘基部具3根刚毛，膜片烟色，端部及翅脉具深色斑点。臭腺沟多少与中胸腹板后缘相连。

成虫见于4月下旬。

分布：小五台山；张家口、保定、承德；北京、山东、江苏、浙江、江西、湖北、四川、云南；日本、缅甸、马来西亚、印度。

15.59 青革土蝽（1981年4月，小五台山）

蝽 科 Pentatomidae

体小至大型，常扁平而宽，体色多样。头小,三角形。触角5节，少数4节。小盾片三角形或舌形，其长度至少超过爪片，有的几乎遮盖整个腹部。翅发达，常伸越腹末，半鞘翅有爪片、革片、膜片，膜片上脉纹常简单，只有纵脉，少横脉。足胫节有时有变化，跗节3节。中胸腹板的中央无高起的纵脊。多为植食性，少数肉食性。

15.60 金绿宽盾蝽

Poecilocoris lewisi (Distant)

又名：异色花色蝽。

体长13～16mm，宽9～10mm。头部金蓝色或金绿色，略具金属光泽，中叶尖端色较淡而呈淡黄色；侧叶略短于中叶，并具缘边。复眼黑色，单眼红色。触角细长，蓝黑色，基部黄褐色。喙4节，末节棕黑色，长达腹部第4节前缘。前胸背板前缘及侧缘有弧形的蓝或绿色略具金属光的带，侧缘平滑微拱；前胸背板中部和后部有两块近于斜长方形的蓝或绿色大斑，周围以红色，状如横卧的“日”字。小盾片上有3道横列弯曲的略有金属闪光的绿或蓝色斑纹，色斑外的部分为红色或红紫色。足及体下方为黄色，胸部侧板及足的腿、胫节常有蓝紫色或金绿色闪光。

成虫见于7月中旬～8月上旬，若虫见于5月中旬。

成虫及若虫取食油松、葡萄、榆、杏等叶片。

分布：小五台山东台海拔1000～1200m；石家庄、保定、唐山、承德；北京、山东、陕西、江西、四川、贵州、云南；日本。

15.60a 金绿宽盾蝽（示若虫；2007年5月20日，东台870m）

15.60c 金绿宽盾蝽（1980年7月15日，东台杨家坪850m）

15.60b 金绿宽盾蝽

15.60d 金绿宽盾蝽（示成虫；2007年7月10日，东台870m）

15.61a 驼蝽（示侧面观；2009年6月20日，西台1150m）

15.61 驼 蝽

Brachycerocoris camelus Costa

体长5.8mm左右，灰黄褐色至黑褐色，色不均匀，全身体表稠密覆盖平伏而短有丝光的毛。体厚实而非常凹凸不平：头中央和前胸背板前半中央各有1个显著的瘤突，前胸背板后半部皱褶强烈；小盾片基部中央有1个大瘤、侧扁，顶部凹陷成沟状，小盾片后端处的瘤较小。

成虫见于6月中下旬。

分布：小五台山西台海拔1000～1300m；张家口；安徽、江苏、浙江、湖北、福建、广东、广西；斯里兰卡。

15.62 浩 蝽

Okeanos sp.

体长约12mm。

成虫见于7月中下旬。

分布：小五台山西台、北台海拔1200～1500m；张家口。

15.63 扁盾蝽

Eurygaster testudinarius (Geoffroy)

体长9～10mm，宽6mm左右。体较扁平。小盾片相对较狭，前翅露出部分最宽处约为小盾片基部宽的1/3。体黄褐至灰褐色，密被褐色及黑褐色刻点，这些刻点常组成下列各种隐约的斑纹；在前胸背板上组成数条不显著的黑褐色纵带，在小盾片中央形成“丫”形淡色纹，其顶端起自基缘两侧的黄色胝状小斑，其中干的后端向后渐宽，在小盾片两侧之前半各有一斜列的平行四边形隐约的淡色斑。其余区域则呈深色，腹部各节侧接缘后呈黑色。胸下布深色刻点。腹下污黄褐色，刻点较淡，侧缘中央有一黑斑。腹下中央处常有一些密集的黑点组成小斑。

成虫见于4月中旬。

寄主：禾本科植物。

分布：小五台山西台海拔1220m左右；承德、张家口；黑龙江、山西、陕西、山东、江苏、江西、湖北、四川、浙江；古北区。

15.64 阿扁盾蝽

Eurygaster sp.

体长9mm左右。

成虫见于7～8月。

分布：小五台山南台、西台海拔1200～1500m；张家口。

15.65 戟 蝽

Ambiorix sp.

体长9.5mm左右。黄褐而略带棕红色，略具光泽，布黑褐刻点。头、前胸背板前半及前侧缘黑色。小盾片基半部棕红色，末端白色；小盾片有1纵中黑线，末端更显；末端白斑之前两侧各有一黑斑。侧接缘黄黑相间。触角第1节红褐。足黄褐色。体下方黄褐，密布黑刻点。胸部腹面中央黑色。

成虫见于7月下旬。

分布：小五台山西台海拔1400m左右；张家口。

15.66 蓝 蝽

Zicrona caerula (Linnaeus)

又名：纯蓝蝽。

体长6～9mm，宽4～5mm。体蓝黑或蓝紫色，有光泽。体有浅刻点，翅膜片黑褐色。喙粗壮，基节可活动，伸达中足基节。头部侧叶与中叶等长。前胸背板前侧缘光滑，前角微突出，前缘均匀地成弧形后凹。臭腺孔的外侧有很长的横行臭腺沟并具臭腺沟缘。前足胫节

15.61b 驼蝽(示背面观)

15.62 浩蝽（2007年7月18日，西台1350m）

15.63 扁盾蝽（1981年4月16日，西台1220m）

15.64a 阿扁盾蝽（1999年4月17日，西台1300m）

15.64b 阿扁盾蝽（示侧面观）

15.65 戟蝽（2007年7月25日，西台1400m）

腹侧中部具一小的弯曲刺。

成虫见于5月中旬。

成虫及若虫捕食鳞翅目幼虫，并取食多种农、林作物。

分布：小五台山南台海拔1500m左右；张家口、保定、唐山、承德；黑龙江、辽宁、内蒙古、天津、山西、陕西、山东、甘肃、新疆、江苏、浙江、台湾、江西、湖北、四川、贵州、广东、广西、云南；缅甸、印度、马来西亚、印度尼西亚、日本以及北美洲；古北区。

15.67 蠋蝽

Arma custos (Fabricius)

又名：蠋敌。

体长12～15mm，宽6～8mm。体较扁，黄褐至灰黑色。密布深色刻点。触角淡黄褐色，第4节端部2/3常为黑色。头部侧叶与中叶等长。前胸背板前侧缘锯齿状，常具很狭的白边，其内侧刻点黑色；侧角稍伸出，伸出部分的长度明显小于爪片基部的宽度，不上翘；后角遮盖于爪片基部上，大于或近于直角，其尖端远未伸至爪片缝。前翅革片侧缘处的刻点为黑色，侧接缝淡黄白色，各节的前后端各有一黑斑。体腹及足淡黄褐色。前足腿节近末端无刺。

成虫见于4月下旬～9月中旬。

寄主：①成、若虫在苹果、杨、梨、榛、海棠等树木上捕食鳞翅目等昆虫的软体幼虫。②桃、葡萄、杨、菊科植物。

分布：小五台山西台、北台、南台、中台、东台海拔1100～1500m；保定、唐山、承德、沧州、衡水、张家口；黑龙江、吉林、辽宁、内蒙古、山西、山东、陕西、新疆、江苏、浙江、江西、湖北、四川、甘肃、云南、贵州；俄罗斯、日本以及中亚和欧洲。

15.68 阿蠋蝽

Arma sp.

体长约13mm。本种极似蠋蝽*A. custos*。前胸背板侧角伸出不远，伸出部分的长度明显小于爪片基部的宽，不上翘；遮盖于爪片基部之上的前胸背板后角，近于或大于直角，其尖端远未伸达爪片缝；触角第4节端部2/3为黑色。但本种小盾片两基角处各有1个明显的凹陷小黑点，吸食鞘翅目成虫等硬体昆虫；而前者小盾片两基角处无小黑点，取食鳞翅目等昆虫的软体幼虫。

成虫见于5月。

寄主：鞘翅目等昆虫。

分布：小五台山西台海拔1180～1420m；张家口。

15.66 蓝蝽（1981年5月12日，南台1500m）

15.67a 蠋蝽（2007年7月18日，西台1200m）

15.67b 蠋蝽（2007年7月18日，西台1200m）

15.67c 蠋蝽（1980年7月20日，东台1100m）

15.67d 蠋蝽（1981年6月18日，中台1480m）

15.68a 阿蠋蝽（2007年5月6日，西台1420m）

15.68b 阿蠋蝽（示侧面观；2007年5月19日，西台1200m）

15.68c 阿蠋蝽（示其攻击象甲）

15.69 益蝽

Picromerus lewisi Scott

体长11～16mm，宽7～9mm。暗黄褐色。触角第3节末端、第4、5节端半暗色。头部侧叶稍长于中叶，但在中叶前不会合。从中叶起有1条不太明显的淡色线直达小盾片后缘。前胸背板侧角长度变异大，但末端不成二叉状。小盾片基角处有1个淡色斑。侧接缘黄黑相间，极少黄斑不显著。腹部腹面第3～6节中央有大黑斑。前足腿节下方近末端有1个大刺。跗节第3节暗色。

成虫见于6月上旬～7月上旬。

成、若虫捕食鳞翅目的幼虫。

分布：小五台山东台、南台、西台海拔1000～1500m；承德、张家口；黑龙江、吉林、北京、陕西、江苏、浙江、江西、湖南、福建、四川、广西；日本、朝鲜。

15.70 柯益蝽

Picromerus sp.

体长13mm左右。

成虫见于6月下旬。

分布：小五台山南台海拔1400m左右；张家口。

15.71 斑须蝽

Dolycoris baccarum (Linnaeus)

又名：细毛蝽、斑角蝽。

体长8～13mm，宽5～6mm。体椭圆形。黄褐至黑褐色，被直立的细茸毛。头中叶稍短于侧叶。触角黑色，但第1节全部、第2～4节的基部和端部、第5节基部淡黄色。前胸背板前侧缘常成淡白色边，稍向上卷起，后部常呈暗红色。小盾片长三角形，末端淡色狭而圆。翅长于腹末，前翅革片淡红褐色至暗红褐色，侧接缘黄黑相间。腹下及足淡黄色，跗节及胫节末端暗色。

成虫见于4月中旬～9月中旬。

成虫及若虫取食柳、泡桐、梨、桃、山楂、苹果、烟草、亚麻、棉花及各种禾谷类、豆类、蔬菜等植物。

分布：小五台山西台、北台、南台海拔1100～1400m；河北各地；黑龙江、吉林、辽宁、内蒙古、山西、山东、河南、陕西、新疆、江苏、浙江、江西、湖北、四川、福建、广东、广西、云南、西藏；日本、印度；古北区。

15.72 褐片蝽

Sciocoris microphthalmus Flor

体长8mm左右，体棕褐色，密布黑刻点。头末端有1个小缺刻，二侧叶会合处的长度约为中叶的1/3。前胸背板前角圆。腹部侧接缘各节前后端的颜色均宽阔的加深。腹下的深色斑深浅大小不一。

成虫见于6月下旬。

寄主：榆树。

分布：小五台山西台海拔1100～1300m；张家口、承德兴隆雾灵山；北京、山西；俄罗斯以及欧洲。

15.69a 益蝽（1981年6月21日，南台1500m）

15.69b 益蝽（2007年6月23日，西台1300m）

15.69c 益蝽（2007年6月21日，东台1100m）

15.69d 益蝽（2007年6月23日，西台1250m）

15.69e 益蝽（2007年6月5日，东台1200m）

15.70a 柯益蝽（2000年6月28日，南台1400m）

15.70b 柯益蝽（示侧面观）

15.73 弯角蝽

Lelia decempunctata Motschulsky

又名：十点蝽。

体长17～22mm，宽10～12mm。体宽大，椭圆形，黄褐或微红褐，密布黑细刻点。头部侧叶明显超过中叶，在其前方略靠近，但不会合。触角第4（基部除外）、5节为黑色，其余为淡褐色。喙伸达中足基节。前胸背板侧角粗大前伸。前胸背板中部横列4个小黑圆斑；小盾片基角上各有1个极小的下凹的黑斑，在基部中央有2列共4个小黑圆斑，合计10个小黑圆斑。前胸背板前侧缘前半锯齿状，侧角边缘光滑无锯齿。臭腺沟短小，沟缘呈短耳壳状。腹下基部中央有1个锐刺状前伸的突起，超过中足基节。

成虫见于6～9月。

寄主：糖槭、核桃楸、榆、杨、黄醋栗等。

分布：小五台山东台海拔1000～1100m；承德、张家口；黑龙江、吉林、辽宁、内蒙古、陕西、安徽、浙江、四川、西藏；日本、俄罗斯。

15.71a 斑须蝽（1981年6月，南台1400m）

15.71b 斑须蝽（2009年6月19日，西台1180m）

15.71c 斑须蝽（2007年5月15日，北台1300m）

15.71d 斑须蝽（2007年7月18日，北台1400m）

15.71e 斑须蝽（2007年5月15日，西台1200m）

15.71f 斑须蝽（2007年4月27日，西台1400m）

15.71g 斑须蝽（2007年7月25日，南台1350m）

15.72a 褐片蝽（2007年6月28日，西台1300m）

15.72b 褐片蝽

15.73a 弯角蝽（1980年7月，东台1400m）

15.73b 弯角蝽（示若虫；2007年8月3日，东台1300m）

15.73c 弯角蝽（2007年6月25日，东台1000m）

15.74 喙 蝽

Dinorhynchus dybowskyi Jakovlev

又名：青岛绿蝽。

体长18～23mm，宽10～12mm。金绿色。头部前端中央、前胸背板前缘及足均淡黄褐色，前胸背板前侧缘亦为极狭窄的淡黄褐色。触角黑色。头部侧叶长于中叶，并在中叶前会合。喙粗壮，第1节在基部被相对矮小的小颊所包围，可活动。前胸背板侧角黑色，伸出，但末端不尖锐；前胸背板前侧缘粗糙，后角远大于直角。侧接缘黄黑相间。腹部腹面基部中央具一明显短刺突，伸向前方。

成虫见于7月中旬。

寄主：捕食鳞翅目幼虫等。

分布：小五台山北台海拔1600m；张家口；黑龙江、吉林、北京、山东；日本、俄罗斯。

15.75 紫蓝曼蝽

Menida violacea Motschulsky

又名：紫蓝蝽。

体长7～9mm，宽3.5～4mm。体椭圆形，紫蓝色或紫绿色，有金属光泽，密布刻点。触角黑色。头部侧叶与中叶等长，在中央基部有时有2条黄色细短纵纹。前胸背板前缘领状，前侧缘光滑。前胸背板前缘、前侧缘及小盾片末端黄白色，前胸背板后半黄褐色。中胸腹板脊突前后高度均一，最低不高过足基节表面。侧接缘黄黑相间。腹下基部中央有一刺状突，长达中足基节中央。臭腺沟较长，伸过后胸侧板中央，臭腺敞开，不为臭腺沟缘的前壁完全覆盖。前足胫节中部下方有一很小的弯钩状刺。

成虫见于7月上旬。

寄主：梨、榆、杨、五角枫、小麦等。

分布：小五台山西台海拔1300～1700m；张家口、保定、承德；辽宁、内蒙古、山东、陕西、江苏、浙江、江西、湖北、四川、福建、广东；日本、俄罗斯。

15.76 金绿曼蝽

Menida metallica Hsiao et Cheng

体长9mm左右。椭圆形，全体金绿色，有强烈金属光泽，体有均匀的同色刻点。前胸背板前侧缘的窄边、小盾片端部及侧接缘各节外半部淡黄白色。翅膜片淡黄，透明。触角第1节末端黑色，其余黄褐；第2～5节黑色。足黄褐，密布黑色小点。

成虫见于10月上旬。

分布：小五台山西台海拔1100m左右；张家口；四川。

15.77 褐真蝽

Pentatoma armandi Fallou

又名：东陵蝽。

体长17～19mm，宽10～11mm。体黄褐略带微红色，有的呈棕褐色，腹面黄色。头侧叶与中叶等长或略长于中叶。触角黄褐色，第3～5节端半黑色。前胸背板前侧缘前半有宽阔的白色边，锯齿状，侧角突出，略向上翘，末端近圆，其后侧有一小突起。翅膜片淡黄色。腹部侧接缘黄黑相间。腹基部突起短，仅达后足基节。胫节外侧有浅纵沟。

成虫见于6月下旬～8月下旬。

寄主：桦、杨、刺槐、落叶松、梨等。

分布：小五台山北台、西台、南台、东杏河，海拔1100～2200m；承德、张家口；黑龙江、吉林、辽宁、陕西、浙江、四川。

15.78 金绿真蝽

Pentatoma metallifera Motshulsky

又名：吉林金绿蝽。

体长17～21mm，宽10～13mm。体金绿色，腹面褐色，具浅褐点。触角黑或黑绿色。喙伸过第2可见腹节的中央。头部中叶与侧叶末端平齐。前胸背板前侧缘锯齿明显，前角尖锐，向前外方斜伸。前胸背板四缘及小盾片侧缘具

15.74 喙蝽（1981年7月17日，北台1600m）

15.75a 紫蓝曼蝽（示侧面观）

15.75b 紫蓝曼蝽（1981年7月8日，西台1500m）

15.75c 紫蓝曼蝽（2001年7月10日，西台1500m）

15.76 金绿曼蝽（2007年10月4日，西台1100m）

宽阔的黑褐或蓝黑色的非绿区。前胸背板侧角尖端向后，微翘起。侧接缘淡黄白色，每节两端具蓝黑或黑色斑，中间被一淡黄白色带隔开。腹基突起短钝，伸达后足基节。臭腺沟香蕉形。前足胫节中部有1个小而弯曲的刺。

成虫见于7月上旬～8月上旬。

寄主：杨、榆、核桃、柳、油松、落叶松、梨等。

分布：小五台山西台、南台海拔1100～1420m；保定、承德、张家口；黑龙江、吉林、辽宁、内蒙古、北京、山西；俄罗斯、蒙古。

15.79 蓝真蝽

Pentatoma sp.

体长18mm左右。本种极似金绿真蝽 *P. metallifera*。仅金绿真蝽体背的绿色部分，本种为明显的蓝色，是否为其变异，待研究。

15.77a 褐真蝽（1981年6月28日，南台1800m）

15.77b 褐真蝽（2007年7月21日，南台1900m）

15.78a 金绿真蝽（2007年7月30日，南台1350m）

成虫见于7月中下旬。

分布：小五台山西台、南台海拔1180～1600m；张家口。

15.80 红足真蝽

Pentatoma rufipes (Linnaeus)

又名：栗蝽。

体长15～17mm，宽9mm左右。椭圆形，深紫黑色略具光泽。触角基部3节及第4、5节基部黄褐色，其余部分黑褐色。喙伸达第2或第3可见腹节。头部侧缘圆弧形略上翘，侧叶长于中叶，在中叶前相交后又略分开。前胸背板具1个隐约的低中脊，前侧缘强烈内凹，边缘浅锯齿状色淡；前角白色，呈小尖角状斜伸；侧角扁阔，向外突出，并向上翘起，角末端前侧半圆，后侧有1个短刺状突起。小盾片末端黄褐色或红褐色。翅膜片长于腹末，灰黄色，半透明。侧接缘黄黑相间，体腹面、中胸有一稍隆起之脊，腹基突起三角形，伸达后足基节。足红褐或棕褐色，胫节外侧有纵沟，前足胫节内侧近末端处有1个小刺。

15.78b 金绿真蝽（1981年7月20日，西台1200m）

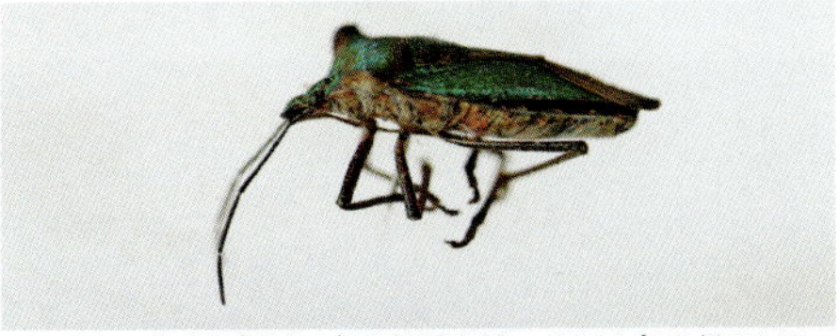

15.78c 金绿真蝽（示侧面观；2001年7月15日，南台1400m）

15.78d 金绿真蝽（2003年7月25日，西台1300m）

成虫见于7月下旬～8月中旬。

寄主：桦、梨、海棠、杨、柳、榆、栎、山楂等。

分布：小五台山西台、北台、南台海拔1400～1800m；承德、张家口；黑龙江、吉林、辽宁、内蒙古、北京、山西、陕西、新疆；俄罗斯、日本以及欧洲。

15.78e 金绿真蝽（2007年7月30日，南台1400m）

15.79 蓝真蝽（1980年7月20日，南台1350m）

15.80a 红足真蝽（2009年7月29日，西台1500m）

15.80b 红足真蝽（1981年8月10日，北台1800m）

15.81 耳 蝽

Troilus luridus (Fabricius)

体长约10mm。黑褐色，密被黑色刻点。前胸背板前半部有4条隐约的纵向黑带；侧角黑色。小盾片末端常呈淡白色。足淡红褐色，密布黑色小点。侧接缘黄黑相间。触角第1、2节红褐色，第3节末端外黑色，第4节基半黑色，第5节端部2/3黑色。

成虫见于7月上旬~8月中旬。栖息于华北落叶松叶上。

分布：小五台山西台、南台海拔1100~1500m；张家口、承德；甘肃、四川、云南、西藏；印度、缅甸、俄罗斯以及欧洲。

15.82 赤条蝽

Graphosoma rubrolineata (Westwood)

体长9.0~12mm，宽6~8mm。橙红色，有黑色条纹：头部2条、前胸背板6条、小盾片上4条，均贯全长。头侧叶长于中叶，并在中叶前会合。触角黑色。前胸背板前侧缘光滑，呈扁薄的"边"状，侧角不伸出。小盾片大而较狭，伸达腹末，露出前翅革片的一部分。侧接缘明显外露，红黑相间。臭腺孔无沟，其外壁翘起。体下方橙红色，有若干排列较整齐的黑色斑列。足黑色。

成虫见于6月下旬~7月下旬。

寄主：栎、榆、黄波罗、胡萝卜、白菜、萝卜、小茴香、葱、洋葱等。

分布：小五台山西台海拔1200~1500m；保定、唐山、承德、张家口；黑龙江、辽宁、内蒙古、山西、山东、河南、陕西、甘肃、新疆、江苏、浙江、湖北、江西、四川、贵州、广东、广西；俄罗斯、朝鲜、日本。

15.83 全 蝽

Homalogonia obtuse (Walker)

又名：四点横蝽。

体长13~15mm，宽8mm左右。宽椭圆形，灰褐至黑褐色，密布黑刻点。触角黄褐或红褐色，第4、5节端半黑褐色。头部侧叶略超过中叶但不会合。前胸背板前侧缘前半有粗锯齿，侧角圆钝，略伸向前上方；胝区周缘光滑无刻点；胝区的后部有4个小黄白点，横排成列，有时此点不显著。翅膜片为极淡烟色。足及体下方淡黄褐色，足上布有小黑斑点。

成虫见于6月下旬~7月下旬。

寄主：胡枝子、栎、油松。

分布：小五台山南台、西台海拔1200~1500m；张家口、承德；黑龙江、吉林、辽宁、北京、陕西、甘肃、江苏、湖北、四川、福建、广西、西藏；俄罗斯、日本、印度。

15.81 耳蝽（2007年7月29日，南台1500m）

15.82a 赤条蝽（示腹面观；2007年7月10日，南台1450m）

15.82b 赤条蝽（2007年7月16日，西台1500m）

15.82c 赤条蝽（2007年6月24日，西台1250m）

15.82d 赤条蝽（2007年7月3日，西台1300m）

15.84 捉 蝽

Jalla sp.

体长13mm左右。

成虫见于7月上旬。

分布：小五台山西台海拔1600m左右；张家口。

15.85 麻皮蝽

Erthesina fullo (Thunberg)

又名：麻纹蝽、麻蝽象、黄斑蝽象、臭虫母子。

体长21～25mm，宽11mm左右。黑色，密布刻点，并具细碎的不规则黄斑。触角末节基部、腹部各节侧接缘中央、胫节中段为黄色。从头端至小盾片基部有一条黄色细中纵线。头长，侧叶与中叶末端约平齐，侧叶的末端狭尖，使侧缘成一角度。喙细长伸达第3腹节中部。前胸背板前侧缘略呈锯齿状。腹部腹面中央有凹下的纵沟。前足胫节加宽，略扩大成叶状。

成虫见于7月上旬～9月中旬。

寄主：柳、悬铃木、槐、梓、合欢、臭椿、榆、杨、刺槐、泡桐、梧桐、桑、梨、苹果、桃、沙果、海棠、梅、葡萄、李、杏、枣、柿、山楂、石榴、樱桃、油菜、蓖麻、烟草、甘蔗、甜菜等。

分布：小五台山南台、西台、东台海拔1000～1600m；张家口；河北各地；北京、天津、辽宁、山西、山东、河南、陕西、安徽、江苏、浙江、台湾、湖南、湖北、江西、四川、贵州、福建、广东、广西、云南；缅甸、印度、斯里兰卡、日本。

15.86 润 蝽

Rhaphigaster sp.

体长14mm左右。黄褐色，小盾片近末端两侧无黑斑。

成虫见于5月上中旬。

分布：小五台山西台海拔1250m左右；张家口。

15.87 菜 蝽

Eurydema dominulus (Scopoli)

又名：河北菜蝽。

体长6～10mm，宽4～5mm。椭圆形。黄、橙或橙红色，具黑色斑。头部边缘红黄色，其余黑色。触角黑色。头部侧叶长于中叶，并在其前方会合。前胸背板前缘呈“领圈”状，具6块黑斑，前2后4，前侧缘光滑，边缘上翅。小盾片中央有一大三角形黑斑，端处两侧各具一小黑斑。前翅革片黄或红色，爪片及革片内侧黑色，中部黑色带加宽，外侧区有两个小黑斑，一个近中央，一个近端角处。侧接缘黑黄相间。体腹面黄色，中胸中区黑色，腹部腹面中央各节具1～2块大黑斑。胸、腹各节的侧区上亦有黑斑，这些黑斑组成纵列。足黄黑相间。此种与云南菜蝽*E. pulchra*相似，但云南菜蝽头部侧叶每侧有一淡色斑，有时中叶基部尚有一小形红黄色斑。

成虫见于5月下旬～8月上旬。

寄主：十字花科、蔬菜等。

分布：小五台山南台、西台海拔1100～1500m；河北各地；黑龙江、吉林、北京、山西、陕西、江苏、山东、浙江、湖南、江西、四川、福建、广东、广西、云南、西藏；俄罗斯以及欧洲。

15.83a 全蝽（2007年7月28日，南台1480m）

15.83b 全蝽（2007年6月24日，西台1300m）

15.84a 捉蝽（2007年7月6日，西台1400m）

15.84b 捉蝽

15.85 麻皮蝽（1981年8月20日，南台1600m）

15.86 润蝽（2009年5月12日，西台1250m）

（2007年5月30日，西台1400m）

（示侧面观；2007年6月13日，南台1400m）

（1990年7月20日，西台1500m）

（2007年5月30日，西台1100m）

（1980年7月5日，南台1450m）

（2007年6月23日，南台1400m）

15.87 菜蝽

15.88 横纹菜蝽

Eurydema gebleri Kolenati

又名：乌鲁木齐菜蝽。

体长6～8mm，宽3～4mm。椭圆形。头黑色，边缘黄红色。触角黑色。头部侧叶超过中叶，并在其前方会合。前胸背板黄、红，有黑斑6块，前2后4，前缘光滑，明显成“领圈”状。小盾片基部有三角形黑斑，近端处两侧各有一小黑斑。前翅革片蓝黑色，花纹较简单，侧缘白色，近端处有一橙红或橙黄色横斑。腹部侧接缘黄色，腹面黄色，各节中央有一对黑斑，近边缘处每侧有一黑斑。腹部腹面无纵沟，臭腺孔及缘均缺。腿节末端、胫节基部和端部及跗节黑色。

成虫见于6月中旬～9月中旬。

寄主：十字花科植物。

分布：小五台山北台、西台、南台海拔1100～1500m；河北各地；黑龙江、吉林、辽宁、天津、北京、山西、山东、陕西、甘肃、湖北、四川、安徽、江苏、西藏；土耳其、俄罗斯以及南欧。

15.88c 横纹菜蝽（侧面；2007年6月15日，西台1350m）

15.88a 横纹菜蝽（1981年8月31日，南台1500m）

15.88b 横纹菜蝽（2007年6月13日，西台1500m）

15.88d 横纹菜蝽（示腹面观；2007年7月28日，北台1400m）

15.88e 横纹菜蝽（示交尾状；2007年6月13日，南台1350m）

15.88f 横纹菜蝽（2007年6月23日，北台1300m）

15.88g 横纹菜蝽（2007年6月23日，北台1300m）

15.89 华麦蝽

Aelia nasuta Wagner

体长8～10mm，宽4mm左右。淡黄褐色，密布刻点。头长大于宽，侧叶在中叶前会合后又稍分开。头下方颊中部的后角成明显向下突伸的尖齿。喙伸达第3腹节。自前胸背板前至小盾片末端有一淡色纵中线，其侧有由黑点刻组成的宽带。前胸背板靠近前侧缘处有一黑带。翅革片外缘及径脉淡黄白色，其内侧没有黑色纵纹。前胸侧板前下角突出，向下延伸成游离的叶片状。胸部腹板处成凹槽状。臭腺孔无沟。腹部腹面黄白色，具点刻，中部两侧各节上各有一列由黑点刻组成的斑，和一列黑点刻组成的带。气门内下侧亦有黑色斑。各足腿节端半有两个显著的黑斑。

成虫见于7月上旬。

寄主：梨、水稻及麦类。

分布：小五台山南台、西台海拔1100～1650m；张家口、承德；黑龙江、吉林、辽宁、山东、陕西、甘肃、北京、山西、江苏、浙江、江西、湖北。

15.90 珠 蝽

Rubiconia intermedia (Wolff)

又名：肩边白。

体长6～9mm，宽4～5mm。体黄褐至灰褐色，密被黑刻点。大小及体色变异较大。头部常为黑褐或紫褐色，具金属光泽，常具极短的丝状平伏毛。触角1～3节黄褐色，第4、5节色暗。喙伸达后足基节，小颊前下角侧面观约成直角。头部侧叶长于中叶，宽度约为中叶的3倍，但不在中叶前会合。前胸背板前侧缘光滑淡黄色，胝区色深，可成为2块深黑色的方形斑块，两侧角间有稍隆起之横脊。小盾片近三角形，末端圆，基部侧角上常有一不太明显的小黄斑，有时不见。侧接缘黄黑相间。臭腺沟狭长。此虫与圆颊珠蝽*R. peltata*相似，分布区亦重叠，区别是圆颊珠蝽的小颊前下端不是方角状，而是钝圆。

成虫见于6月下旬～8月中旬。

寄主：水稻、苹果、枣等。

分布：小五台山西台、北台、南台海拔1350～1500m；承德、唐山、张家口；黑龙江、吉林、辽宁、北京、山西、四川；蒙古、日本、俄罗斯以及欧洲等。

15.91 东亚果蝽

Carpocoris seidenstückeri Tamanini

体长12～13mm，宽7～8mm。宽椭圆形，黄褐至棕紫色。头部侧叶与中叶齐平。触角第1节淡色，其余4节黑色。喙伸达第1可见腹节。前胸背板前侧缘光滑，侧角伸出甚短，末端钝圆，不尖，仅有黑色刻点，不呈宽广的黑色。前胸背板前半有4条黑灰色宽纵带。前胸背板基半及翅革片常呈紫红色。小盾片基半常有不明显的横陷。腹部侧接缘黄黑相间。体下及足常呈黄褐、红褐或黄色而微呈青绿色。

成虫见于8月中旬～9月上旬。

分布：小五台山北台、南台海拔1200～1400m；唐山、承德、张家口；吉林、辽宁、内蒙古、北京、山东、陕西；伊朗、叙利亚、日本、朝鲜、俄罗斯以及北非、中亚、欧洲。

15.92 异色蝽

Carpocoris pudicus Poda

体长11mm左右。

成虫见于7月中下旬。

寄主：小麦、马铃薯、朴树等。

分布：小五台山南台海拔1450m左右；张家口。

15.89a 华麦蝽（1981年7月8日，南台1550m）

15.90a 珠蝽（1981年6月25日，西台1350m）

15.89b 华麦蝽（1989年7月20日，南台1600m）

15.90b 珠蝽（1980年8月18日，南台1500m）

15.91 东亚果蝽（1980年3月8日，北台1400m）

15.92 异色蝽（1980年7月20日，南台1450m）

15.93 紫翅果蝽

Carpocoris purpureipennis (De Geer)

又名：紫翅蝽象。

体长12～13mm，宽7～8mm。宽椭圆形，黄褐色至棕紫色。触角第1节淡色，其余4节黑色。头部侧叶与中叶等长，侧缘及基部常为宽阔的黑色。喙伸达第7可见腹节。前胸背板前侧缘光滑，侧角伸出较长，末端黑色较尖。前胸背板前半有4条宽纵黑带。小盾片基半常有不明显的横陷，端半部淡色。翅膜片淡烟褐色，基内角有大黑斑，外缘端处呈一黑斑。腹部侧接缘黄黑相间，腹面及足黄褐、红褐或黄褐微显青绿。此种与东亚果蝽*C. seidenstückeri*相似，但前胸背板侧角伸出较长，末端较尖，常为宽广的黑色；东亚果蝽的前胸背板侧角较短，端部钝圆，末端有黑刻点，但不成黑色。

成虫见于8月中旬。

寄主：梨。

分布：小五台山；承德、张家口；黑龙江、吉林、山西、陕西；克什米尔地区以及南欧；古北区。

15.94 北方辉蝽

Carbula putoni (Jakovlev)

体长约10mm。小盾片基角有明显的黄白色圆斑，小于复眼。头及前胸背板无显著而较长的毛。前胸背板侧角不尖锐，不显著向后弯。体深紫黑褐色，有铜质光泽，密被刻点。头部色深，触角第4、5节除基部外黑色，其余淡色。

成虫见于7月上旬～8月中旬。

分布：小五台山西台海拔1100～1350m；张家口、承德；山东、黑龙江；俄罗斯。

15.95 辉　蝽

Carbula sp.

体长约10mm。

成虫见于10月上中旬。

分布：小五台山东台海拔860m；张家口。

15.96 厉　蝽

Cantheconidea sp.

体长约14mm。似二斑厉蝽*C. binotata*和黑厉蝽*C. thomsoni*，但均稍有区别，尤似前者。

成虫见于7月上中旬。

分布：小五台山西台海拔1200～1500m；张家口。

15.94d 北方辉蝽

15.93 紫翅果蝽

15.94b 北方辉蝽（2007年7月10日，西台1300m）

15.95 辉蝽（2007年10月10日，东台杨家坪1100m）

15.94a 北方辉蝽（2007年7月20日，西台1350m）

15.94c 北方辉蝽（示腹面观）

15.96 厉蝽（2007年7月10日，西台1400m）

15.97 茶翅蝽

Halyomorpha picus (Fabricius)

体长12～16mm，宽7～9mm。体色及大小变异极大，淡黄褐色，具黑刻点，或具金绿色闪光刻点，或多少带有金绿色或紫绿色光泽，或背面均为金绿色。触角黄褐色，第3节端部、第4节中段、第5节大半黑褐色。喙伸达第1腹节中部。头部侧叶与中叶平齐，侧叶较宽，侧缘在近前端处成一明显的角度，比较突然地弯曲。前胸背板前角略向外伸，侧角较圆钝，向外伸出不多，前侧缘光滑，并有一黄褐色窄边。小盾片基缘常有5个隐约的小黄点，其中基角的2个较清楚。翅烟褐色，基部色深，淡黑褐色，端部脉色亦深。侧接缘黄黑相间，腹面均为淡黄褐、黄褐或红褐色，只有头下触角基节附近及胸部侧区上有些绿色刻点，腿部有锈色点。爪和喙末端黑色。

成虫全年可见。

寄主：梨、苹果、桃、杏、葡萄、李、梅、海棠、樱桃、柿、山楂、石榴、桑、丁香、油桐、梧桐、榆、大豆、菜豆、甜菜、油菜等。

分布：小五台山西台、北台、东台海拔850～1450m；张家口；河北各地；吉林、辽宁、天津、河南、山西、陕西、安徽、江苏、上海、浙江、湖南、江西、湖北、四川、贵州、台湾、广东、广西、北京；日本、越南、印度尼西亚、缅甸、斯里兰卡、印度。

15.98 宽碧蝽

Palomena viridissima(Poda)

体长12～14mm，宽约8mm。体宽椭圆形，鲜绿至暗绿色，略具光泽，背面密布较均匀的黑点刻。触角黄褐色，第3节端半为紫褐色。喙伸达后足基节。头侧叶长于中叶，侧缘微上卷，长宽（包括眼）约相等。前胸背板前侧缘较光滑，侧角伸出较少。前胸背板后半色泽有时更加鲜绿，腹面黄绿色，臭腺沟缘较长，端半部狭细，最末端处黑色，成一小黑斑点状。足淡绿色，胫节端部及跗节色泽变深。此种与浓绿蝽*P. angulosa*相似，但前胸背板侧角伸出比浓绿蝽较少。

成虫见于5月下旬～8月上旬。

寄主：玉米、麻等。

分布：小五台山西台、北台、南台、东杏河海拔1100～1600m；保定、承德、张家口；黑龙江、山东、山西、陕西、甘肃、青海；俄罗斯、印度、北非以及欧洲。

（2008年12月25日，东台1100m）

（示若虫）

（示若虫；2007年8月30日，北台1300m）

（示若虫；2007年9月11日，西台1200m）

（2007年5月28日，西台1200m）

15.97 茶翅蝽

（1981年5月30日，西台1200m）

（示胫节端部及附节色较深；1980年8月2日，南台1550m）

（1989年6月，北台1300m）

（2009年6月17日，北台1400m）

（2007年5月25日，北台1200m）

（示侧面观）

15.98 宽碧蝽

15.99 碧蝽

Palomena sp.

体长13mm左右。

成虫见于10月上中旬。

分布：小五台山西台海拔1000～1300m；张家口。

15.100 稻绿蝽全绿型

Nezara viridula forma typica (Linnaeus)

体长12～16mm，宽7～9mm。全体鲜绿色，有时前胸背板前侧缘具极狭的黄边。触角第1～3节绿色，第3节末端、第4节端半、第5节端部具一黑色纹。头部中叶与侧叶平齐，头侧叶略内凹不卷起。前胸背板饱满，前侧缘略扁薄但不卷起，侧角圆钝，不伸出。小盾片基缘常具3个小黄斑。腹部腹面黄绿或淡绿色，密布绿色斑点。腹基突起短小，圆钝，不伸过后足基节。臭腺沟缘耳壳状。

成虫见于6～7月。

寄主：苹果、梨及多种农作物。

分布：小五台山西台、北台海拔1000～1300m；承德、唐山；山西、河南、安徽、江苏、浙江、湖南、江西、湖北、四川、贵州、福建、台湾、陕西、广东、广西、云南、西藏；日本、朝鲜、印度、斯里兰卡、缅甸、马来西亚、越南、印度尼西亚、菲律宾、澳大利亚、新西兰、南非、马达加斯加、委内瑞拉、圭亚那、古巴以及欧洲。

15.101 珀蝽

Plautia fimbriata(Fabricius)

体长9mm左右。体椭圆形，有光泽，布有黑色细刻点。前胸背板鲜绿色，侧角末端处常有肉红色，后侧缘处刻点较密而黑，前翅革片外域鲜绿，其上的刻点同色，内域暗红褐色，黑色刻点较粗大，常组成不规则的斑。侧接缘后角尖锐，黑色。腹下黄绿色，中央渐淡，各节后侧角有1个小黑斑。足一色鲜绿。

成虫见于7月上中旬。

寄主：水稻等。

15.100b 稻绿蝽全绿型（2007年7月16日，西台1200m）

分布：小五台西台海拔1000～1100m；张家口、唐山；陕西、浙江、四川、福建、广西、广东、西藏；日本、菲律宾、缅甸、马来西亚、印度尼西亚、印度、斯里兰卡以及非洲。

15.102 朔蝽

Codophila varia(Fadricius)

体长10～12mm。宽椭圆形，外貌极似果蝽属*Carpocoris*。头部侧缘宽黑，中央有2个黑色纵纹，在前端混合成1条。前胸背板侧角稍伸出，前半共有4条黑色宽纵纹，外侧1对在前侧缘区。小盾片基部有4个明显的黑斑，或互相连合成1对下弯的半环状黑斑。体下方黄褐。触角黑色。足黄褐色。

成虫见于7月上旬。

分布：小五台山南台、东杏河海拔1200～1500m；张家口；新疆；叙利亚、伊朗、土耳其以及南欧等。

15.99 碧蝽（2007年10月10日，西台1180m）

15.100c 稻绿蝽全绿型（2007年6月25日，西台1100m）

15.100f 稻绿蝽全绿型（1981年7月18日，北台1300m）

15.100a 稻绿蝽全绿型（2007年6月25日，西台1100m）

15.100d 稻绿蝽全绿型（1981年7月10日，西台1100m）

15.100e 稻绿蝽全绿型（示侧面观）

15.101 珀蝽（1981年7月10日，西台1000m）

15.102 朔蝽（1980年7月8日，南台1400m）

同蝽科 Acanthosomatidae

体常椭圆形，大小及颜色不一，多黄褐色，具粗刻点。头三角形，单眼明显，触角5节，少数4节。喙4节，末端黑色。前胸背板梯形，侧角常延伸成刺状、角状或强烈扩展成翼状。中胸腹板有一纵隆脊，此隆脊有时可向前延伸，直达头的前端。小盾片发达，三角形。爪片不形成完整的接合缝。第3腹节有一腹刺，向前延伸与中胸隆脊相重叠。有些种类雄性外生殖器发达，呈铗状。跗节2节。

15.103 宽肩直同蝽

Elasmostethus humeralis Jakovlev

体长11mm，宽5.5mm左右，雌虫稍大。黄绿色或棕绿色，具棕红色彩。触角第1节超过头的前端。头部、前胸背板胝区附近为黄绿色。前胸背板基部、小盾片基部中央、爪片、革片顶缘内侧为棕红色。前胸背板侧角稍突出，其后部黑色。中胸隆脊向后延伸至中足基节之间。腹部背面浅红色，侧接缘一色，臭腺沟长而直。雄性生殖节后缘中央具2束长长毛，无小齿。跗节2节。

成虫见于7月中旬。

寄主：油松、榆。

分布：小五台山西台海拔1200～1600m；张家口、承德；吉林、北京、陕西、四川；日本、俄罗斯。

15.104 直同蝽

Elasmostethus interstinctus (Linnaeus)

体长12m，宽6mm左右。长卵形。头、前胸背板前部、小盾片、革片的中部和外域黄绿色。触角第1节长，超过头的前端。前胸背板中、后部稍凸起，侧角微突起，不延伸成刺状，其后缘浅黑色。中胸隆脊向后延伸至中足基节间。小盾片基部中央、爪片及革片顶缘橘红色。腹部背面黑色，末端红色，侧接缘全为橘黄色。臭腺沟长而直。雄虫生殖节后缘中央有2束黄褐色长毛，其基部外缘各有1个小黑齿。

成虫见于7月下旬～8月中旬。

寄主：梨、油松、榆。

分布：小五台山西台海拔1200m左右；唐山、承德、张家口；黑龙江、吉林、山西、广东；日本、俄罗斯以及北美洲、欧洲。

15.105 匙同蝽

Elasmucha sp.

体长约13mm。本种极似日本匙同蝽*E. nipponica*，但革片近顶缘中央无1个黑色圆斑。

成虫见于8月上旬～8月上旬。

分布：小五台南台湖上沟中台海拔1400～1600m；张家口。

15.106 阿匙同蝽

Elasmucha sp.

体长约9mm。

成虫见于7月下旬～8月上旬。

分布：小五台山南台海拔1500m左右；张家口。

15.107 宽铗同蝽

Acanthosoma labiduroides Jakovlev

体长雌20mm，雄18mm左右；体宽雌10mm，雄8mm左右。卵形，草绿色。触角暗褐色向端部渐深，第3节端部至第5节暗棕色。头、前胸背板前部黄褐色，中叶几乎无刻点，侧叶具横皱纹和稀少刻点。胸背板侧角甚短，末端钝圆，光滑，橙红色。中胸隆脊高起，在中足基节前突然降低，前端圆形，略超过前胸腹板前缘。小盾片浅棕绿色。膜片棕色，半透明。腹部背面棕褐色，末端红色，侧接缘各节具黑色斑点；腹面淡黄褐色。雄性生殖节发达，铗状，橘红色，铗后端略平行，顶尖各有1束褐色长毛。足暗褐色，跗节棕色。

成虫见于8月。

寄主：桧柏、柞树。

分布：小五台山西台、北台海拔1200～1600m；张家口、唐山、承德、保定；北京、黑龙江、陕西、浙江、湖北、四川；日本、俄罗斯。

15.103a 宽肩直同蝽（2001年7月，西台1450m）

15.103b 宽肩直同蝽（示侧面观）

15.104 直同蝽（1981年7月30日，西台1200m）

15.105 匙同蝽（1981年8月8日，中台1560m）

15.106 阿匙同蝽（1998年7月30日，南台1500m）

15.107 宽铗同蝽（1980年8月10日，北台1500m）

15.108 黑背同蝽

Acanthosoma nigrodorsum Hsiao et Liu

体长14mm，宽6.5mm左右。窄椭圆形。头黄褐色，侧叶及头顶具黑色粗刻点，复眼与单眼之间光滑。触角第1节棕黄色，第2节棕色，第3、4节棕红色，第5节暗棕色。喙黄褐色，末端黑色，伸达中足基节。前胸背板中域淡黄绿色，后缘浅棕色；侧角鲜红色，末端尖锐，强烈弯向前方，基部具黑色粗刻点；前缘光滑颜色稍浅，后部刻点较细小。中胸隆脊低平。小盾片暗棕绿色，具黑色稀疏刻点，顶端光滑，黄褐色。革片外域及顶角黄绿色，刻点较稀少，内域浅棕色，刻点较细密；膜片淡褐色，半透明。腹部背面黑色，末端鲜红色，侧接缘黄褐色；腹面棕黄色，光滑。足黄褐色，跗节浅棕色。

成虫见于7月中旬。

分布：小五台山西台海拔1500m左右；张家口、保定；山西、四川。

15.108 黑背同蝽（1981年7月16日，西台1500m）

15.109 泛刺同蝽（1981年7月28日，中台1550m）

15.110a 副锥同蝽（2008年12月20日，东台1100m）

15.110b 副锥同蝽（2008年12月20日，东台1100m）

15.109 泛刺同蝽

Acanthosoma spinicolle Jakovlev

体长雌18mm，雄14mm左右；体宽雌9mm，雄6mm左右。灰黄绿色。头黄褐色具横皱纹和黑色刻点，中叶稍长于侧叶。触角通常第1、2节暗褐色，第3、4节红棕色，第5节末端棕色。喙黄绿色，末端黑色，伸达后足基节。前胸背板近前缘处有1条黄褐色横带，侧角延伸成短刺，棕红色，末端尖锐，有时顶尖黑色，指向前侧方。前胸背板后缘、革片内域和爪片红棕色。中胸隆脊低平，前端不伸达前胸腹板前缘。小盾片具黑色粗密刻点，中央有暗棕色斑，顶端稍延伸，光滑，黄白色。革片外域刻点较稀，内域刻点较细密，膜片浅棕色，半透明。腹部背面及末端常浅棕红色，各腹节后缘具黑色横带纹。侧接缘黄褐色。腹面和足黄褐色，光滑。跗节浅棕色。

成虫见于7月下旬。

分布：小五台山中台海拔1550m左右；保定、承德、张家口；辽宁、黑龙江、吉林、内蒙古、北京、青海、宁夏、甘肃、四川、新疆、西藏；俄罗斯。

15.110 副锥同蝽

Sastragala edessoides Distant

体长14～16mm，宽9～12mm。体色冬季较深，为褐绿色，夏季较淡，为黄绿色。

成虫见于9月上中旬。2008年12月20日小五台山东台海拔约1100m处建筑物阳面可见。

分布：小五台山东台海拔1100～1300m；张家口；北京、山西、陕西、四川、云南；印度。

15.110c 副锥同蝽（2008年9月10日，东台1250m）

附：未定种

（2007年9月2日，东台1000m）

（1989年6月，中台1450m）

（2000年7月，南台1500m）

异蝽科 Urostylidae

又称异尾蝽科。体小至中型，长椭圆形，背面较平，腹面略凸出。头小，几成三角形，前端略凹陷，中叶与侧叶等长或长于侧叶。触角纤细，4～5节，第1节较长，明显超过头顶，第3节约为第2节的一半（华异蝽属等长除外）。喙短不超过腹部基端（版纳蝽属超过），第4、2节略长于其他等长的3节。前胸背板梯形，宽几等于腹部。小盾片多三角形，不超过腹部中央，端部尖锐并被爪片包围。前翅膜片达于或超过腹末，具6～8条纵脉。腹部腹板不具深沟。雄性外生殖器多少突出，臭腺沟缘刺状（版纳蝽无臭腺孔及沟）。足胫节不具深沟。跗节3节。

15.111 短壮异蝽

Urochela falloui Reuter

体长10～12mm，宽4～5mm。长椭圆形。体色变化较大，一般背面赭色，腹面稍带红色。头部无刻点。前胸背板前缘及侧缘略向上翘，侧缘中部稍凹陷，略呈波状。革片端部刻点浅而细，其余部分刻点较粗大。前胸背板侧角、小盾片基角、革片的基角及顶角花纹黑色。前胸背板横胝处的横椭圆形斑、革片中部不规则斑纹均深褐色，但这些斑纹和刻点变化较大，无一定规律。前胸侧板前、后缘、有时后胸侧板后缘均具棕黑色点刻。前足基节基部具黑色刻点。雌虫膜片显著超过腹部末端，触角第1节褐色，第2、3节深褐色，第4～5节端半黑色，基半赭黄色。此虫与花壮异蝽*U. luteovaria*相似，但花壮异蝽体形较大，雌虫膜片达于或稍过腹部末端，前足基节基部多不具黑色刻点，少数具稀疏黑色刻点，前胸侧板后缘或少数后胸侧板后缘有稀疏黑刻点。

成虫见于8月上旬。

寄主：梨、栗。

分布：小五台山；承德、张家口；北京、天津、山西、山东、青海。

15.112 红足壮异蝽

Urochela quadrinotata Reuter

体长15～16mm。宽6～7mm。长椭圆形，赭色，略带红色。头、胸及体腹面土黄或浅赭色，腹部赭色。体背面除头部外均具黑色刻点。触角除第4、5节的基半黄褐色、第1节基部红褐色外，其余均黑色。头部在触角后方的中央有横皱纹。前胸背板前侧缘光滑，中部向内凹陷呈波浪形上卷，胝区有2黑色斜行浅斑，中纵线上无刻点。前胸及后胸侧板后缘有细而稀疏的黑色刻点，中胸及后胸腹板黑褐色。小盾片基半部略隆起，上面的刻点深而大，基角呈一椭圆形刻痕。革片上有2个黑褐色圆形斑；中部1个，端缘中央1个。腹部侧接缘上具长方形黑褐色与黄色相间的斑。足红、紫红或红褐色。

成虫见于6月上旬～8月中旬。

分布：小五台山西台、北台海拔1100～1400m；承德、张家口；黑龙江、吉林、辽宁、北京、山西、陕西；朝鲜、日本。

15.113 亮壮异蝽

Urochela distincta Distant

体长11mm左右。

成虫见于5月中下旬、7月上旬。

分布：小五台山西台海拔1300～1550m；张家口；山西、陕西、四川、浙江、湖南、江西、贵州、云南、福建。

15.114 黄脊壮异蝽

Urochela tunglingensis Yang

体长12mm左右。

成虫见于6月下旬。

分布：小五台山南台海拔1600m左右；张家口；北京、陕西、甘肃、四川；朝鲜。

15.111 短壮异蝽（1980年8月5日，西台1400m）

15.112a 红足壮异蝽（1981年6月19日，西台1180m）

15.112b 红足壮异蝽（2000年7月18日，北台1220m）

15.112c 红足壮异蝽示喙（1980年6月11日，北台1300m）

15.112d 红足壮异蝽（示侧面观）

15.113a 亮壮异蝽

15.113b 亮壮异蝽（2007年7月20日，西台1500m）

15.114 黄脊壮异蝽（2007年6月28日，南台1600m）

附：未定种

（2009年7月28日，北台1300m）

（2007年7月8日，北台1350m。示初孵若虫）

（2007年7月10日，南台1400m。示卵）

（2007年6月21日，北台1300m。示卵和若虫）

（2007年6月30日，西台1450m。示初孵若虫）

（2007年7月20日，西台1400m）

（2007年8月1日，东台900m。

（2007年8月29日，北台1400m）

（2007年8月3日，西台1400m）

（2007年7月31日，北台1300m）

（2007年9月3日，东台1100m）

（2007年9月6日，西台1300m）

（2007年7月17日，南台1400m）

（2007年9月6日，东台1100m）

（2007年6月23日，西台1450m）

（2007年8月25日，西台1300m）

（2007年8月25日，西台1800m。腹部背面4个黑点为空洞）

（2007年6月23日，西台1400m）

（2007年8月29日，西台1500m）

（2007年7月28日，西台1450m）

（2007年7月31日，西台1450m）

（2007年7月12日，南台1500m）

（2009年6月7日，东台1200m）

（2007年9月12日，东台1000m）

（2009年8月26日，东台1280m）

（2007年9月11日，西台1400m）

（2007年5月15日，西台1300m）

（2007年6月8日，西台1350m）

（2007年8月11日，东台1200m）

（2007年8月16日，西台1400m）

（2007年7月25日，南台1500m）

（1981年7月25日，西台1400m）

（1980年7月28日，南台湖上沟1500m）

十六、广翅目 MEGALOPTERA

体中至大型，头前口式，咀嚼式口器。触角多节，通常与头胸等长，其形状多样。前胸长方形。翅宽大，膜质，后翅略小于前翅。翅脉网状，在翅缘不分叉。后翅有发达的臀区。停息时翅平放或呈屋脊状放置腹部之上。跗节5节，无尾须。全变态。幼虫衣鱼型。成虫陆生，幼虫水生。

齿蛉科 Corydalidae

又称鱼蛉科，多为大型。触角念珠状、锯齿状或栉齿状。单眼3个。足第4跗节圆柱形与前3节相同。幼虫生活在流水中，腹部有8对不分节的气管鳃，腹末端有1对带钩的尾足，可固定在水底石块上，捕食蜉蝣、石蝇、蜻蜓等幼虫。幼虫可入药。成虫白天多停在树干上，夜晚有扑灯习性。

16.1 东方巨齿蛉

Acanthacorydalis orientalis (Mclachlan)

又名：大齿蛉。

体长65～70mm，前翅长72～80mm，后翅长62～70mm。体翅暗黑褐色。头部宽大，后头细狭如颈，头侧各有一刺状突，头顶有1对齿状突起。头部由黄和黑两色组成网状花纹，头顶大部为黑色。单眼周围有3块大黄斑，触角和复眼前面亦呈黄色。触角黑色，略呈锯齿状。上颚发达，雄虫的极长大，长约25mm，内侧有一大齿，端部尖而弯有2个小齿。雌虫的较小，长约9mm。前胸长形，前端与后头等宽，基部向两侧扩展，黑色有黄色条纹。中后胸短宽，黑褐色，前缘有黄斑。翅淡褐色，半透明。翅脉深褐色。横脉两侧有明显的褐色斑纹。前翅中央基半部横脉两侧的褐色斑纹较大。部分翅室内也有褐斑。后翅臀区宽大，褐斑较少。前缘横脉间的距离大小不一。大体从基部到端部渐小。有些横脉间又有脉相连。腹部黑褐色每节上有黄斑。足黑褐色，基部有黄斑。

16.1b 东方巨齿蛉（♀；1980年8月5日，西台1200m）

成虫见于7月上旬～8月中旬。

分布：小五台山西台、东台海拔1000～1400m；张家口、唐山、承德；四川、湖北、福建。中国特有种。

16.2 鱼蛉

Protohermes grandis Thunberg

体长35～50mm，前翅长38～52mm，后翅长35～48mm。与花边星齿蛉*P. costalis*相似，但后头两侧各有4个暗褐色纹，褐色单眼上无明显的黑色斑、线。幼虫入药，为小儿镇疳剂。

成虫见于7月下旬。

分布：小五台山北台、西台海拔1100～1500m；张家口、承德；朝鲜、日本。

16.3 花边星齿蛉

Protohermes costalis (Walker)

体长30～40mm，前翅长42～52mm，后翅长35～45mm。头黄褐色，扁宽，后头两侧无黑斑。触角短，仅为前翅的1/3，雌雄同形均为锯状，除基部2节与头同色外均为黑色。单眼3个，中单眼横长，后缘具黑线，

16.1a 东方巨齿蛉（♂；2007年7月12日，东台1100m）

16.2 鱼蛉（1980年7月25日，北台1400m）

侧单眼长圆形内侧有月牙形黑斑。胸部黄褐色，前胸长方形，两侧有中断的黑带；中后胸有淡褐色斑。翅淡黄褐色，半透明，无明显的斑纹；但前翅前缘各横脉间有灰色纵条，近后缘部有4个淡黄色斑纹，翅脉黄褐色，但位于黄斑中的脉则为黄色。M脉分为4条并再分支，横脉很多，排列不整齐。后翅前缘横脉列间无灰色纵条，黄斑也少。腹部黄褐至褐色。足黄褐色，胫节大部分及跗节黑褐色。

16.3 花边星齿蛉（1980年7月10日，东台1300m）

成虫见于7月上中旬。

分布：小五台山东台海拔850～1500m；张家口、唐山、承德；山西、云南、内蒙古、台湾、湖南、浙江；印度。属古北、东洋区系共有种。

16.4 中华斑鱼蛉

Neochauliodes sinensis (Walker)

体长20～30mm，前翅长31～43mm，后翅长27～38mm。头胸黄褐色，头顶三角形，有许多小瘤突。触角黑褐色，雄栉状，雌锯状，复眼黑色。单眼3个排成三角形，中单眼较小，3个单眼的内侧均有黑条纹。前胸长方形，前缘至中央有三角形黄斑，两侧褐色。中、后胸各有1对大黑斑。翅半透明，淡黄褐色，前缘横脉列黑褐色，前缘有3个黑褐色斑，其中翅痣内侧1个最大；Sc与R脉间有1列小褐点；翅中部及外缘有许多褐斑，常连成斜带。前后翅褐斑大体相似，仅后翅的斑颜色稍淡，臀区大。Rs分4条，除R_2有分叉外其余均简单，R_4很弯；M只分成2条；横脉多分布在外缘，整齐排成两条线。腹部褐色。足基节和腿节黄褐色，胫节和跗节黑褐色。

成虫见于7月下旬～8月上旬。

分布：小五台山；张家口、承德、保定；浙江、江西、四川、云南、贵州、台湾；蒙古、印度。属古北、东洋区系共有种。

16.4 中华斑鱼蛉（1980年7月29日，中台）

十七、蛇蛉目 RAPHIDIOPTERA

体小至中型，细长。头部长，后头收缩呈三角形。前口式，口器咀嚼式。触角线状，单眼 3 个或无。前胸细长如颈，中后胸形状相同。2 对翅相似。翅脉网状，有翅痣，休息时翅放置呈屋脊状。跗节 5 节。雌虫有细长产卵器。

盲蛇蛉科 Inocelliidae

无单眼。翅痣内无横脉。触角节圆柱形。

17.1a 盲蛇蛉（2001 年 7 月 18 日，南台 1350m）

17.1 盲蛇蛉

Inocellia sp.

成虫体长约 14mm。见于 7 月上中旬。

分布：小五台山南台海拔 1300 ~ 1600m；张家口。

17.1b 盲蛇蛉（示生境；2001 年 7 月 18 日，南台 1350m）

十八、脉翅目 NEUROPTERA

体小至大型，褐、绿或白色。头下口式，很活动，咀嚼式口器。触角细长，线状、念珠状、梳状或棒状。复眼发达，单眼，2 ～ 3 个或无。前胸常短小，中后胸分界明显。前后翅均膜质，大小和形状相似，停息时常呈屋脊状覆于腹部之上，翅脉密而多呈网状，多在近翅缘处分叉，少数种类翅脉少而简单。腹部无尾须。跗节 5 节，爪 2 个。完全变态。本目的种类不论体型大小，幼虫和成虫都是肉食性，许多种类可用于生物防治。

蚁蛉科 Myrmeleontidae

体多大型，体和翅均狭长，局部有毛。外形略似蜻蜓，但停息时，前翅覆盖于后翅上夹持腹部呈屋脊状。触角短棒状。亚前缘脉和第一径脉平行，在近端部 1/4 处愈合，没有明显的翅痣，有长形的翅痣下室。足上多刚毛，胫节端部有 1 对发达的距，形状似爪。幼虫称为“蚁狮”。

18.1 中华东蚁蛉

Euroleon sinicus (Navas)

体长 24 ～ 32mm，前翅长 25 ～ 34mm，后翅长 23 ～ 32mm。头部黄色，头顶有 6 个黑斑，中间 2 个黑斑似被中沟分开，后头亦有几个黑斑。触角黑色。额大部分黑色，唇基中央有一大黑斑。下颚须短小，黑色；下唇须很长，末端膨大，呈黑色。胸部黑褐色，前胸背板两侧及中央各有一黄色纵条，前端有 1 对小黄点；中后胸几乎全为黑褐色，仅中胸后缘有黄色边。翅透明，翅痣黄褐色，翅脉大部分黑色，部分段为黄色，脉上有细毛。前翅有 10 余个大小不等的褐斑，后翅褐斑少。腹部黑色，第 4 节以后各节后缘有窄的黄边。足基节黑色，转节黄色，腿节和胫节黄褐色具黑斑。胫节端距黄色细而直，伸达第 1 跗节末端。跗节第 1 节黄色，其余黑色。

成虫见于 7 月中下旬。

幼虫捕食多种昆虫。

分布：小五台山西台、东台海拔 1100 ～ 1400m；保定、唐山、张家口；山西、陕西、四川；蒙古。

18.2 东蚁蛉

Euroleon sp.

体长 30mm 左右，前翅长 28mm 左右，后翅长 30mm 左右。翅透明，翅痣无色透明较明显。

成虫见于 7 月中下旬。

分布：小五台山南台海拔 1200 ～ 1400m；张家口。

18.1a 中华东蚁蛉（1980 年 7 月 11 日，东台 1280m）

18.1c 中华东蚁蛉（1980 年 7 月 25 日，西台 1400m）

18.1c 中华东蚁蛉（1980 年 7 月 20 日，西台 1380m）

18.1d 中华东蚁蛉（示栖息态；2007 年 7 月 18 日，东台 1200m）

18.2 东蚁蛉（2007 年 7 月 26 日，南台 1400m）

18.3 褐纹树蚁蛉

Dendroleon pantherius Fabricius

体长 17 ～ 25mm，前翅长 22 ～ 31mm，后翅长 21 ～ 30mm。体黄褐色，复眼黑色，额中央触角基部黑色。触角黄褐色，端部膨大部分黑色，膨大部分前色淡，近中央部有一段黑色。下唇须和下颚须黄褐色，短小。胸部背面中央有褐色纵带，以后胸上的褐纹最大而明显。胸部腹面的两侧有明显的褐带。翅透明，具明显斑纹；翅脉大多为褐色，部分段为黄色，脉上具褐色短毛；翅痣淡红褐色。前翅褐斑较后翅的多。前翅 Rs 的起点在 Cu 分叉的内侧，后翅 Rs 的起点内侧只有 1 条横脉连接 R 与 M 之间。腹部第 2 节黑色，第 3 节大部及腹面黑褐色。足黄褐色，腿节中部和端部、胫节端部具黑斑。胫节端部有 1 对距，黄褐色，细长而弯曲。

成虫见于 7 月中旬～ 8 月下旬。

幼虫捕食多种昆虫。

分布：小五台山西台、东台海拔 1100 ～ 1300m；张家口、石家庄；陕西、福建、江苏、江西；欧洲。

18.4 条斑次蚁蛉

Deutoleon lineatus (Fabricius)

体长 30 ～ 38mm，前翅长 33 ～ 41mm，后翅长 32 ～ 40mm。头黄色，头顶具 2 横列黑斑，额中央有 3 个小黑斑在触角下部排成一横带，触角上方黑色。触角黑色，各节端部有黑色斑，复眼黑色。唇基、下颚须及下唇须黄色。前胸背板黄色，两侧缘黑色，背中央有 2 条黑色纵带，其中部稍宽大，中后胸黑色。中胸背面有黄斑，后缘有黄边。翅透明，翅痣黄色，翅脉上有细毛。翅脉大部为黄色，Sc 与 R 上有许多黑褐色点，Sc 上的黑褐色点最密，呈 1 列点线。雌虫后翅端部约 1/4 处的下部有明显的黑褐色条斑，雄虫此斑多不明显或完全消失。足的基节、转节和腿节上半部黄色，足的其余部分黄色有黑斑，足上刚毛基部有黑点，胫节中央外侧有黑纹；胫节端部有 1 对很长的距，伸达第 3 跗节，红褐色，稍弯曲，似爪。

成虫见于 7 月中旬～ 8 月中旬。

幼虫捕食多种昆虫。

分布：小五台山西台海拔 1180 ～ 1800m；石家庄、保定、唐山、承德、衡水、唐山、张家口；吉林、辽宁、内蒙古、山西、山东；朝鲜、土耳其、俄罗斯、罗马尼亚等。

18.3a 褐纹树蚁蛉（1980 年 7 月 19 日，西台 1300m）

18.4a 条斑次蚁蛉（示幼虫蚁狮—倒退虫）

18.3b 褐纹树蚁蛉(2007年7月18日，西台 1200m)

18.4b 条斑次蚁蛉（示幼虫在沙土中做的漏斗状陷井，以捕食滑入的蚂蚁等昆虫；2007 年 6 月 20 日，西台金河口 1200m）

18.4c 条斑次蚁蛉（♀，虫体停息在纱窗上；2007 年 7 月 18 日，西台 1280m）

18.4d 条斑次蚁蛉（♀）

18.4e 条斑次蚁蛉（示雌虫腹面）

18.4f 条斑次蚁蛉（♂）

18.5 追击大蚁蛉

Heoclisis japonica (Maclachlan)

体长 38 ~ 43mm，前翅长 48 ~ 54mm，后翅长 41 ~ 47mm。头密生灰白色长毛，头顶黑色有许多小瘤突，触角下部黄色。颜面和下颚须、下唇须黄色。触角黑色，每节基部有黄褐色环。胸部黑色，背面生有许多黑毛，两侧及后端有许多灰白色长毛。前胸背面有 4 条黄色纵带，中胸背面有黄斑。头胸部腹面有许多灰白色长毛。翅透明，翅痣淡黄色，内侧有一小褐斑。翅脉黑色，间有黄色部分，特别是 Sc、R、M、Cu 各脉上形成黑黄相间的明显点线。前翅前缘横脉列除基部一小段外，各横脉间均有短脉相连，形成 2 列五角形翅室。腹部黑色，腹面有黄色纵带，雄虫第 5 腹节背面密生细而短的具银白色光泽的毛。足黑褐色，密生灰白色长毛及黑色刚毛；胫节上有 3 个黄环，1 对端距赤褐色，弯曲，伸达第 3 跗节端部；跗节黑色，短小，各节基部黄褐色。

成虫见于 8 月上旬。幼虫捕食金龟子、蝼蛄等大型昆虫。

分布：小五台山；张家口、邯郸、邢台、石家庄、保定、廊坊、承德。

18.6 蚁 蛉

Grocus bore Tjeder

体长 40mm，前翅长 48mm，后翅长 45mm 左右。

成虫见于 6 月中旬 ~ 8 月中旬。

分布：小五台山西台东坡、北台、南台海拔 1100 ~ 1600m；张家口。

蝶角蛉科 Ascalaphidae

体为大型，外形像蜻蜓，但触角似蝶类，很长，且末端膨大如球。头部多长毛。复眼大，有沟分成上下两部分。前后翅形状与脉序相似，后翅稍短。翅脉复杂，纵脉和横脉都很多，呈网状，似蚁蛉科 Myrmeleontidae，但翅痣明显，翅痣下室短。足胫节端部的 1 对距很发达。成虫常在空中飞翔，捕食小虫。幼虫生活在植物上或石块等杂物下。

18.7 黄花蝶角蛉

Ascalaphus sibiricus Evermann

体长 17 ~ 25mm，前翅长 18 ~ 28mm，后翅长 16 ~ 26mm。体黑色多毛，头顶和额中央的毛为灰黄色。触角基部附近的毛黑色且长，向前伸。触角黑色较前翅略短，端部膨大为扁球形，节间有淡色环。额两侧光滑橙黄色。胸部黑色，前胸侧瘤黄色，其后有一黄色横线；中胸背板有 6 个黄色斑点，后胸全部黑色；胸部侧面也有黄斑。翅长三角形。前翅基部 1/3 黄色不透明，有一褐色纵条位于 M 与 Cu 脉间，翅脉为黄色；前翅其余部分透明，翅脉褐色，翅痣褐色三角形，内有褐色横脉。后翅基部 1/3 褐色；中部黄色部分被 2 条褐线分为大小不等的 3 块，翅端和后缘浅褐色，翅痣褐色。足的转节和腿节基部为黑色，腿节大部分和胫节为橘黄色，胫节末端及跗节黑色。

成虫见于 5 月下旬 ~ 7 月中旬。

幼虫捕食小虫。

分布：小五台山西台、北台、东台海拔 1100 ~ 1500m；保定、承德、张家口；山西、山东、内蒙古、陕西、辽宁、吉林、黑龙江。

褐蛉科 Hemerobiidae

体多为小型，黄褐色或翅上有褐色斑纹，少数绿色。触角念珠状。无单眼。前翅径分脉有 3 条以上的分支，其中 2 条以上直接从径脉主干上分出，R_4 与 R_5 脉分离，前缘横脉多分叉。

18.8 薄叶脉线蛉

Neuronema laminata Tjeder

体长 8 ~ 10mm，前翅长 10 ~ 12mm，后翅长 9 ~ 11mm。体翅黄褐色，头胸部具褐斑。触角黄褐色，具褐色环。前翅黄褐色，后缘中央的三角斑白色透明，斑上方的中阶脉组褐色而明显，其中部以上向内侧折曲成角；内阶脉组下面连接的肘臀阶脉组为淡色的细线，其基部内曲；Rs 分 4 ~ 6 支，末支再分出 4 ~ 6 支。后翅大部淡褐色，外缘及内外两阶脉组之间为透明的带，Rs 分 7 ~ 13 支。雄虫臀板瓢形，后

18.5 追击大蚁蛉

18.6 蚁 蛉（腹部缺失；1980 年，南台 1500m）

18.7a 黄花蝶角蛉（1980 年 5 月 30 日，西台）

18.7b 黄花蝶角蛉(2007 年 5 月 21 日，东台 1500m)

18.8 薄叶脉线蛉（1980 年 8 月 2 日）

缘密生小齿，下角凹入再伸出一长臂，臂端部有几个小齿。雌虫臀板较大，亚生殖板大型，其基部半露出于第9背板的髓面，为排成1列的3个球面突，亚生殖板中叶顶端具深凹缺口，亚生殖板翼宽大。

成虫见于7月中旬～8月上旬。

捕食蚜虫、蚧虫、木虱、叶蝉和红蜘蛛等。

分布：小五台山；保定、承德、张家口；吉林、黑龙江、山西、甘肃、宁夏、陕西、四川。

18.9 全北褐蛉

Hemerobius humuli Linnaeus

体长5～7mm，前翅长6～8mm，后翅长5～7mm。头部黄色，复眼前后两侧深褐色。下颚须和下唇须黄褐色，其末端深褐色。触角黄色。从头顶至后背中央呈黄色宽带；前胸两侧红褐色；中后胸两侧褐色。前翅半透明，黄褐色，密布灰褐色断续的波状横纹，脉上有多个黑点；Rs分3支，分支处有黑点；阶脉两组皆黑色；M－Cu横脉处有1个大黑点，Cu分叉处有1个小黑点，两黑点相近很明显。后翅无色透明，仅前缘和臀角内侧色较深，翅脉淡褐色。腹部前3节背中央有一黄色纵带与胸部黄色宽带相连，其余褐色。足黄褐色，跗节端部褐色。

成虫见于8月上旬。

捕食多种蚜虫、介壳虫等。

分布：小五台山；保定、张家口；山西、辽宁、陕西、江苏、湖北、江西、四川；日本、俄罗斯以及欧洲、北美洲。

草蛉科 Chrysopidae

体中型，细长，柔弱，一般草绿色，也有黄褐色或灰色、红色。复眼艳丽，有金色闪光。触角长，线状。前后翅形状和脉序相似，多无色透明，少数有褐斑。前缘区有30条以下的横脉，不分叉。径分脉的各支均为简单的梳状分支。卵小，有丝质的长柄。幼虫称为“蚜狮”。

18.10 牯岭草蛉

Chrysopa kulingensis Návas

体长10～12mm，前翅长14～15mm，后翅长12～13mm。头部鲜黄色。头顶到触角间有一黑色Y形大斑，其下端与额和唇基的三角形大斑相接。上唇有2个大黑斑相连，两颊也有黑斑相连接。下颚须和下唇须均呈黑褐色。触角与前翅约等长，第1节黄色，极宽扁，内外两侧各有一纵向黑纹，内侧的黑纹稍大；第2节褐色，其余各节为淡褐色。前胸端部两侧有褐斑，下面黑边。前胸至后胸背中央有黄色中带，两侧暗绿色。翅狭长透明，端部尖。翅痣狭长，绿色，无横脉。翅脉全部绿色，脉上有黑色短毛。腹部绿色，干标本常呈褐色。足绿色，跗节淡褐色。

成虫见于7月中旬～8月下旬。

捕食蚜虫。

分布：小五台山各台；保定、承德、张家口；江西、湖南。

18.11 丽草蛉

Chrysopa formosa Brauer

体长9～11mm，前翅长13～15mm，后翅长9～13mm。体翅绿色。头部有9个小黑斑，头顶2个黑点，触角间1个，触角下边沿触角窝各有1个新月形黑斑，两颊各1个黑斑，唇基两侧各1个线状斑。触角较前翅短，第1节绿色，第2节黑褐色，其余黄褐色。下颚须和下唇须均为黑色。前胸背板两侧各有2条细黑纹，中、后胸绿色，背面有不显著的褐斑。翅透明，翅端较圆。翅痣黄绿色，痣内无横脉，前后翅的前缘横脉列、径横脉列的上端一小段以及前翅基部少数横脉列均为黑色。所有阶横脉均为绿色。翅脉上有黑毛，腹部绿色（干标本黄褐色），密生黄毛，腹面末端多黑色毛。

成虫见于7月中旬～8月下旬。

捕食蚜虫等小型昆虫。

分布：小五台山；河北各地；内蒙古、山西、吉林、黑龙江、辽宁、福建以及西北；朝鲜、日本、俄罗斯以及欧洲。

18.12 叶色草蛉

Chrysopa phyllochroma Wesmael

体长9～10mm，前翅长11～14mm，后翅长10～13mm。本种与丽草蛉 *Ch. formosa* 在体翅颜色、头

18.9 全北褐蛉（1980年8月5日）

18.10 牯岭草蛉（腹部缺失；1980年8月2日）

18.11a 丽草蛉（1980年7月30日）

18.11b 丽草蛉（2007年7月14日，西台1200m）

18.12 叶色草蛉（1980年7月29日）

部斑点、胸、腹部的颜色和斑纹、触角和足的颜色等均极相似，区别在于：本种的前缘横脉列只有靠近亚前缘脉的一端黑色，余为绿色。

成虫见于7月上旬～9月上旬。

捕食蚜、叶螨、鳞翅目幼虫及卵。

分布：小五台山；河北各地。

18.13 大草蛉

Chrysopa septempunctata Wesmael

体长13～15mm，前翅长17～18mm，后翅长15～16mm。体黄绿色，胸部背面有黄色中带。头部黄绿色，有黑斑2～7个：2斑者，只有2个斑；4斑者，唇基两侧各有1线状斑，触角下面各有1大黑斑；5斑者，在触角间还有1个小黑圆点；7斑者则在两颊还各有1个黑斑。常见的为4斑或5斑型。触角较前翅为短，黄褐色，基部两节黄绿色。下颚须和下唇须均为黄褐色。翅透明，端部较尖，翅痣黄绿色多横脉。翅脉大部分黄绿色，但前翅前缘横脉列及后缘基半的脉多为黑色；两组阶脉各脉的中央黑色，两端仍为绿色。后翅仅前缘横脉及径横脉的大半段为黑色，后缘各脉均为绿色，阶脉与前翅情况相同。翅脉上多黑色，缘毛多黄色。足黄绿色，跗节黄褐色。腹部绿色（干标本黑褐色），密生黄毛。

成虫见于5月上旬～9月中旬。

成虫、幼虫捕食虫桃蚜、柳蚜、棉蚜、麦蚜等，以及棉蛉虫的卵和幼虫。

分布：小五台山；河北各地；内蒙古、山西、辽宁、吉林、黑龙江、陕西、宁夏、甘肃、江苏、浙江、湖南、云南等；日本、朝鲜、俄罗斯以及欧洲。

18.14 中华草蛉

Chrysopa sinica Tjeder

体长9～10mm，前翅长13～14mm，后翅长11～12mm。体黄绿色，胸和腹部背面有黄色纵带。头部黄白色，两颊及唇基两侧各有1黑条。上下常接触。触角比前翅短，灰黄色，基部2节与头同色。下颚须和下唇须暗褐色。翅透明，较窄，端部较尖，翅痣黄白色。翅脉大部分黄绿色，但前缘横脉的下端、Rs基部、径横脉的基部、内外两组阶脉均为黑色，翅基部的横脉也多为黑色。翅脉上有黑色短毛。足黄绿色，跗节黄褐色。

成虫见于5月中旬～9月中旬。

捕食蚜虫等。

分布：小五台山；河北各地；全国各地。

18.13a 大草蛉（1980年8月10日）

18.13b 大草蛉（2009年5月1日，南台1300m）

18.13c 大草蛉（示初羽化成虫；2007年7月21日，北台1520m）

18.14a 中华草蛉

18.14b 中华草蛉（示初羽化成虫；2007年5月13日，西台1200m）

18.14c 中华草蛉（示将卵产于有蚜虫生活的苹果卷叶旁；2010年7月5日，北台1320m）

十九、鞘翅目COLEOPTERA

体壁紧硬，身体大小和形态变化大。头部发达，有的延伸成喙状，复眼显著，一般无单眼。口器咀嚼式。触角变化大，多为11节。前胸发达，中胸小，小盾片呈三角形外露。前翅硬化为角质，后缘平直，平时两翅的后缘于体背中部并合成一直线。盖住中胸、后胸、腹部和后翅。后翅膜质。纵横折叠于前翅之下，有的后翅很短或无。跗节4或5节。腹节常有减少现象，可见节数在10节以下。幼虫寡足型或无足型。离蛹。多数为植食性，许多种类是农林业的重要昆虫，少数为肉食、腐食或尸食性。步甲、瓢虫等为重要的天敌昆虫。

虎甲科 Cicindelidae

体小至中型。体色多鲜艳具金属光泽，少数色暗。一般头比前胸宽，复眼大而突出。触角丝状，两触角间的距离小于上唇的宽度，上颚长而弯曲，内缘有齿，1对上颚在头前方交叉。鞘翅比前胸宽，两侧多平行，全盖腹背或稍突出，腹板雌6节，雄7节。足细长，跗节5节，雄前足跗节扁宽多毛。白昼常在路边岩石上觅食小虫，当人走近时，常向前作短距离飞翔。

19.1 多型虎甲红翅亚种

Cicindela hybrida nitida Lichtenstein

体长16mm，宽7mm左右。体带有金属光泽，头和前胸背板翠绿并带蓝色，鞘翅紫红色，腹面蓝绿色。触角丝状，第1～4节绿色，光滑无毛，第5～11节深棕色，密被淡棕色短毛。复眼大而突出，额具纵皱纹，头顶具横皱纹。上唇蜡黄色，其宽约为中部长的3倍，中部近前缘有6根长毛，前侧角每边有1根长毛。上颚强大，内侧有3个大齿。前胸背板表面密布皱纹，中沟贯通前、后缘的2条横沟，使其中之隆起部分如球形。鞘翅密被小颗粒，每翅具8个黄色斑纹，体腹面、下颚须和足密被粗长白毛。

成虫见于7月中旬～8月中旬。

寄主：蝗虫等多种昆虫。

分布：小五台山西台海拔1100～1500m；张家口、保定、承德、唐山、石家庄、衡水；山西、江西、江苏、安徽、甘肃、内蒙古、黑龙江、吉林、辽宁、新疆；俄罗斯。

19.2 多型虎甲铜翅亚种

Cicindela hybrida iransbaicalica Motschulsky

又名：响导虫。

体长12mm，宽5mm左右。体背面铜色，具紫色或绿色光泽，体腹面具强烈的金属光泽，前中胸侧片紫金色，后胸侧片紫色，边缘蓝绿色，腹部宝蓝色或蓝紫色。胸部腹面、足和下唇须具密而粗长的白毛。

成虫见于7月下旬～8月中旬。

寄主：蝗虫等昆虫。

分布：小五台山西台海拔1100～1500m；张家口、承德、保定、邯郸；黑龙江、辽宁、吉林、新疆、甘肃、内蒙古。

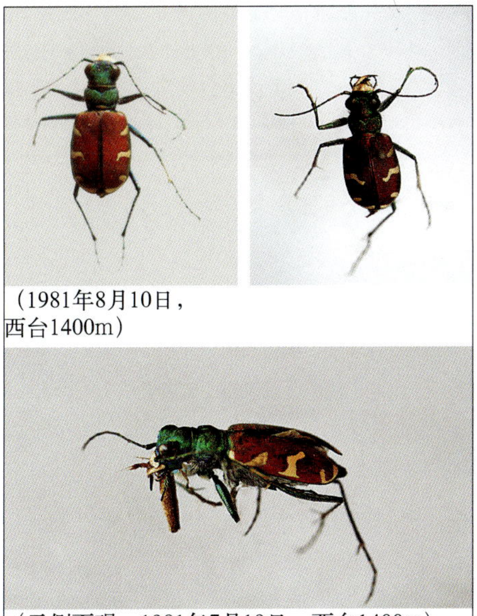

（1981年8月10日，西台1400m）

（示侧面观；1981年7月19日，西台1400m）

19.1 多型虎甲红翅亚种

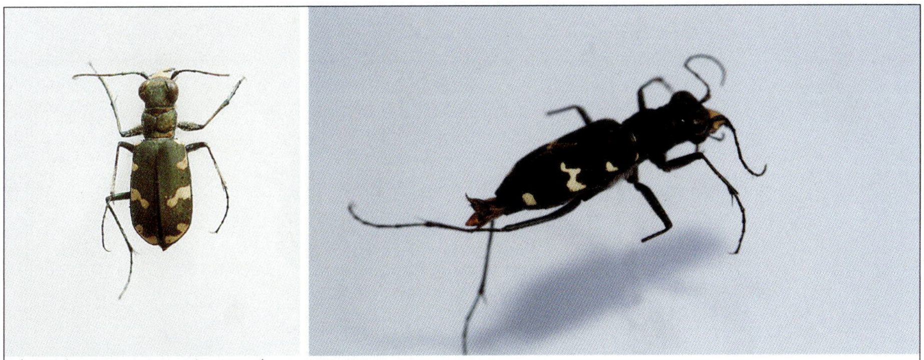

（1980年7月28日，西台1450m）

19.2 多型虎甲铜翅亚种

19.3 月斑虎甲

Cicindela lunulata Fabricius

体长14mm，宽5mm左右。体背面绿色，具铜色光泽。头、胸部黑色，有光泽。上唇和上颚基部外侧白色。上唇中部有一横列较密的淡色长毛，前缘中部有1个尖齿。复眼突起。复眼内缘下方及触角基部上方各有1个金绿色半圆形斑。唇基金绿色。触角黑色，有时基部4节金绿色。前胸背板端部及基部凹陷，中部有2块略呈圆形的突起。小盾片三角形很小。鞘翅黑色，密布刻点，具金黄色斑，其中基部、端部各1个半月形斑，中部有1对相连接且中间凹陷的小圆斑，其后还有1对小圆斑。

成虫见于6月中旬～7月中旬。

寄主：成、幼虫捕食其他昆虫。

分布：小五台山南台、西台海拔1100～1410m；张家口；山东、北京、辽宁、内蒙古、河南、新疆、贵州。

19.4 花斑虎甲

Cicindela laetescripta Motschulsky

体长13mm，宽3mm左右。体铜绿色有光泽。头、胸部紫铜色或铜绿色，被白毛。鞘翅金绿色或铜绿色，小盾片三角形，金绿色。翅缝及侧缘赤铜色。鞘翅的基部和端部各具1个弧形黄白色斑，中部1个“乙”字形斑，这3个斑间在鞘翅侧缘有1条黄白色的纵纹相连；在鞘翅的基半部中缝外侧有3个小纵斑，第1个纵斑稍大，常与外侧的弧形斑相连接。

成虫见于8月上旬。

分布：小五台山西台海拔2000m左右；张家口、保定、承德、邢台；山东、江西、福建、河南。

19.5 盖虎甲

Cicindela gemmata Faldermann

体长约12mm。

成虫见于8月中旬～9月上旬。

分布：小五台山西台、北台、南台海拔1300～2000m；张家口。

19.6 细斑蝥

Cicindela gracilis Pallas

体长约13mm。

成虫见于6月下旬～8月下旬。

寄主：小型昆虫。

分布：小五台山西台大老婆肚、北台海拔 1300～1520m；张家口。

19.7 虎 甲

Cicindela sp.

体长11mm左右。

成虫见于7月～8月。

分布：小五台山东台海拔1300～1600m；张家口。

19.8 萨虎甲

Cicindela sachalinensis Morawitz

体长约12mm。

成虫见于8月中旬～9月中旬

分布：小五台山西台2000～2200m；张家口。

步甲科 Carabidae

体小至大型，变化大。体色较暗，有的鞘翅上有点刻、条纹或斑点。头前口式，比前胸狭。眼小。触角着生在上颚基部和眼的中间。唇基不达触角基部。上颚不太大，内颚叶无能动的钩。后翅常退化，不能飞翔，有的种类二前翅愈合，不能分开。跗节5节。腹部可见腹板6节。成、幼虫夜晚多在田野、山林活动，捕食鳞翅目、双翅目幼虫、蜗牛、蛞蝓、线虫和其他小虫，白天隐蔽。

19.9 半猛步甲

Cymindis daimio Bates

又名：异色猛步甲。

体长约8mm，宽约3mm。

成虫见于6月上旬～8月下旬。

分布：小五台山西台海拔1200～1300m；张家口。

19.10 锹黑步甲

Scarites terricola Bon

又名：黑锹形地甲、铁拉蛄。

体长17～21mm，宽5～6mm。黑色，无毛，具光泽，头方形，前角斜切，额具1对平行的纵沟。眼小，眼内侧具纵向的浅皱褶。下唇、颚褐黄色。前胸背板宽大，基部两侧收狭，后角钝圆，侧缘具2根毛，分别位于前角之后及后角上，前横沟及中沟明显，无刻点，基部有1对纵凹，凹内有皱及粗颗

19.3 月斑虎甲

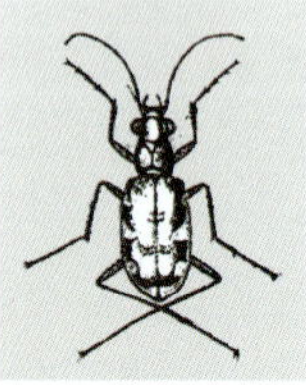

19.4 花斑虎甲

19.5 盖虎甲（1981年8月31日，南台2000m）

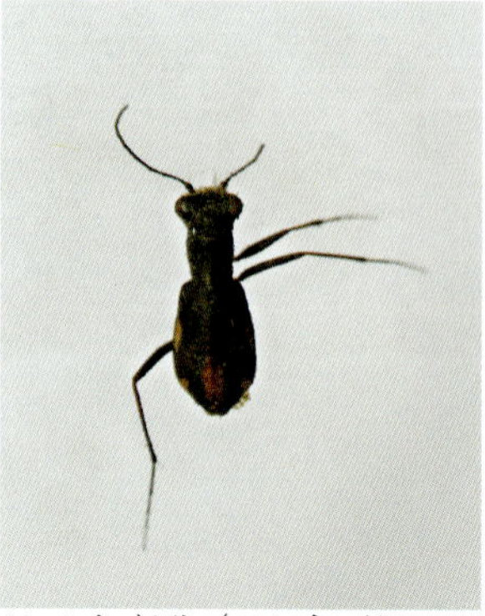

19.6 细斑蝥（1981年7月30日，西台1520m）

19.7 虎甲（1988年2月28日，东台1500m）

19.8 萨虎甲（1981年8月18日，西台2200m）

粒。鞘翅狭长，两侧近于平行，肩胛方形，肩后稍宽，每鞘翅有7条沟，第3条沟在端半部有2个毛孔。体腹面黑褐色。足胫节宽扁，前胫节尤甚，呈开掘式，中胫节外缘有毛列，近端部有一刺突。

成虫见于8月上旬。

取食小麦、粟、黍，亦捕食地老虎。

分布：小五台山西台海拔1450m左右；张家口、保定、唐山、承德；黑龙江、内蒙古、台湾、辽宁、江苏；北非、欧洲南部经小亚细亚至东亚一带。

19.11 边圆步甲

Omophron limbatum Fabrcius

体长约7mm，近于圆形。触角淡黄色，头部近三角形，上宽下窄，前额倒心形，淡黄色，顶部金绿色，有粗大刻点。前胸背板宽约为长的3倍，近前缘处刻点粗大，前缘凹入，后缘中央向后扩展将小盾片盖住，侧缘自前而后渐扩展，至后几乎与鞘翅等宽，背板中部有一褐色斑块扩展至后缘中部。前胸腹板向后扩展并盖在中胸腹板上，中胸基节臼开放，中胸内侧片后端伸达中足基节。鞘翅黄褐色有褐绿色带金属光泽的斑，每鞘翅有14条带刻点的细沟。

成虫见于8月中旬。

分布：小五台山西台海拔约1100m；保定、唐山、承德、张家口。

19.12 黄足隘步甲

Patrobus flavipes Motschulsky

体长12～15mm。

成虫见于8月上旬～10月上旬。

分布：小五台山西台、北台、东台海拔 850～1600m；张家口；河南。

19.13 红狭胸步甲

Stenolophus iridicolor Redtenbdcher

成虫见于8月上旬～9月上旬。

分布：小五台山西台海拔1100～1300m；张家口。

19.14 锥须步甲

Bembidion sp.

体长4～5mm，头及前胸背板黑色有光泽。头顶两侧各有1纵沟，其内有刻点，头后无横凹。触角黄褐色。复眼不突出。上唇赤褐色，上颚黑褐色，末节口须短小，锥状或端部很尖。前胸背板中央有一纵沟，近中央处最宽，侧缘圆弧形，缘角钝，后缘角内方稍凹陷，刻点密布。鞘翅暗褐色，具8条刻点列，第1条最短，刻点列间室光滑，肩部及翅端附近有黄色斑纹。体腹面黑色，足淡黄褐色。

成虫见于4月末～7月下旬。

分布：小五台山西台、北台、南台海拔1200～1600m；保定、张家口；日本以及欧洲。

19.15 通缘步甲

Pterostichus sp.

体长14mm，宽4.5mm左右。全体黑色，有光泽。头部光滑。触角黑色，长度稍超过前胸，第4节以下密被短毛。上颚长而锐，下唇须亚端节里缘毛只有2根。前胸背板稍较鞘翅为狭，基缘无边，近后角处有2个纵凹，侧缘圆形，有边。鞘翅近长椭圆形，侧缘接近平行，由端部近1/3处渐收缩下伸，有8条纵沟，第3行距有3个毛穴，其他行距平坦。足粗壮，前足胫节近端部粗壮，后转节长约为腿节之半。

成虫见于5月中旬～9月中旬。

分布：小五台山西台海拔1200～1600m；邢台、保定、张家口。

19.9 半猛步甲（1981年8月17日，西台1300m）

19.10 锹黑步甲（1981年8月5日，西台1450m）

19.11 边圆步甲（1980年8月16日，西台1100m）

19.12 黄足隘步甲（1981年9月20日，西台1400m）

19.13a 红狭胸步甲

19.13b 红狭胸步甲（1980年8月7日，西台1100m）

19.14 锥须步甲（1981年6月21日，南台1600m）

19.15a 通缘步甲

19.15b 通缘步甲（1981年7月，西台1400m）

19.15c 通缘步甲（1981年6月18日，西台1500m）

19.16 斑步甲

Anisodactylus signatus (Ponzer)

又名：麦穗步行虫、麦穗地甲。

体长12mm，宽5mm左右，黑色无毛，稍有光泽。头较前胸为狭，被刻点及浅的条纹，两侧的刻点较密；眶毛1根，触角短，几达前胸的后缘，自第3节毛密。额中央两复眼间有1对红斑，下唇须及下腭须的末节常呈棕红色。前胸背板近于方形，前缘弧凹，后缘较平直，两侧稍膨出，侧缘近中部有1根毛，中纵沟及侧凹浅，被细刻点及不规则的浅皱纹，基部侧凹中的刻点粗密，中部的刻点细，有时不显。鞘翅黑褐色有9条细沟，行距较平坦，无刻点，微纹清楚，等五边形。缘折褐红。足的胫节及跗节常呈棕红色，前足胫节端部粗，雄虫前足第2～4跗节扩大，腹面黏毛排列紧密但不成行；中足第2～4跗节亦稍扩大，后足跗节第1节明显较第2节为长。

成虫见于6月中旬。

分布：小五台山南台海拔1300m左右；唐山、承德、张家口；黑龙江、内蒙古、江苏；俄罗斯以及欧洲。

19.17 短鞘步甲

Pheropsophus jessoensis Morawitz

体长12～20mm，宽5～8mm。头及前胸背板黄色。触角、颚须、唇须色较深，有时呈黄褐色。头近方形，中央有一黑斑，眼后不窄缩；头顶前部两侧有细纵纹，头后部有刻点及网状皱纹。触角短粗，第1～4节被稀疏毛，明亮，第5～11节密被绒毛，幽暗。前缘背板近长方形，前缘、后缘及中央黑色，黑色部分常联接似“工”字形。前胸背板侧缘黑色，前半部略膨大，呈弧形，渐向内部窄；表面刻点极少，不明显，沿前缘、后缘常有短纵皱纹及零星刻点。鞘翅及小盾片黑色。鞘翅肩胛及中部有明显的黄色斑，中部的黄色斑较大，其外侧达到翅缘，内侧接近但不及翅缝，翅缘黄色，缘折一般黄或黄褐色。鞘翅近长方形，最宽处在其后半部，末端平截，不盖及腹端部；肩胛方形，每鞘翅有7条纵脊，脊间均布纵向细刻纹。腹部黑色。腹面可见7个腹节，腹板两侧有极密的带毛刻点，第7腹节中部有1纵沟。虫体腹面黄或黄褐色。足黄或黄褐色，前足胫节内侧近端部凹缺较大。

成虫见于6月中旬～8月上旬。

寄主：蝼蛄及其卵。

分布：小五台山中台海拔1100～1600m；石家庄、唐山、承德、张家口；山东、辽宁、江苏、浙江、江西、福建、广东、广西、四川、云南。

19.18 屁步甲

Pheropsophus occipitalis Morawitz

体长13～20mm。触角和头胸黄色。头顶有1黑斑，其前端多向前突伸；中胸背板的前、后缘黑色，中央由黑条相连呈“工”字形，前胸长宽约相等。鞘翅黑色，有4个黄斑，鞘翅表面有伸达翅端的锐脊，脊间有细皱，无毛。足黄色。

成虫见于7月中旬。

分布：小五台山北台海拔1400～1500m；石家庄、保定、唐山、张家口。

19.19 艳大步甲

Carabus (Coptobabrus) lafossei coelestis Stewood

体长33～41mm。色泽鲜艳。头、前胸背板及鞘翅外缘红铜色，有金属光泽。口器、触角、小盾片黑色。触角第1～4节光亮，5～11节有绒毛。体腹面黑色，有蓝色光泽。腹节有明显的横沟。前胸背板前缘平直，窄于后缘；后缘两侧角向后突出；侧缘呈弧形；背纵沟不明显；基部两侧稍凹陷，小盾片三角形，宽大于长。鞘翅绿色有金属光泽。鞘翅长卵形，基部和端部稍凹，中部隆起；2个鞘翅末端在翅缝处形成上翘的刺突；每个鞘翅各有6行黑色的瘤突和不规则的小颗粒状突起，其中第1、3、5行瘤突较小，第2、4、6行瘤突较大；沿翅缘有1行粗大刻点。

成虫见于6月上旬～7月中旬。

寄主：捕食多种昆虫。

分布：小五台山西台、中台海拔1100～1600m；张家口；山东、江苏、安徽、浙江、河南。

19.16 斑步甲（1981年6月17日，南台1300m）

19.17 短鞘步甲（1981年6月25日，中台1500m）

19.18 屁步甲（1981年7月15日，北台1450m）

19.20a 黑步甲（1980年4月29日，西台1200m）

19.20b 黑步甲（1981年7月2日，中台1500m）

19.20 黑步甲

Carabus sp.

体长约25mm。

成虫见于4月下旬～7月中旬。

分布：小五台山西台葱地沟、大老婆肚、中台海拔1200～1560m；张家口。

19.21 绿步甲

Carabus (Coptolabrus) smaraginus Festre

体长29～35mm，宽12～14mm。色泽鲜艳，头、前胸背板及鞘翅具金属光泽。口器、触角、小盾片及虫体腹面黑色，前胸侧板为绿色。鞘翅瘤突黑色，余为绿色，常带蓝绿色光泽。头较长，在眼后延伸，被粗皱纹及细刻点。触角第1～4节光亮，第5～11节被绒毛。额中部隆起，两侧有纵凹洼。颚须及唇须端部为斧形。前胸背板接近心形，前缘略凹，后缘近于平直，侧缘边窄稍弯曲，基部两侧有凹洼，多数较浅，后侧角向后下方倾斜，端部圆形。小盾片三角形，端部钝。鞘翅长卵形，基部宽度与前胸基缘接近，渐向后膨大，后端窄缩，两个鞘翅末端在翅缝处形成上翘的刺突。每鞘翅有6行瘤突，第1、3、5行瘤突较短，第2、4、6行瘤突较长。整个鞘翅除瘤突外，表面尚有不规则的颗粒，沿翅缘有1行粗大刻点。雄虫前足跗节第1～3节膨大，雌虫第1～3节与其他节大小大体一致，不膨大。本种极似艳大步甲*C.（C.）lafossei coelestis*，但艳大步甲前胸背板侧缘边明显而弯曲，基凹明显且深，鞘翅瘤突较锐；绿步甲前胸背板侧缘边窄稍弯曲，基凹多数较浅，鞘翅瘤突较平。19.21e号标本细部特征符合绿步甲，但前胸和鞘翅明显短粗，先放此处，待研究。

成虫见于5月下旬～6月上旬。

分布：小五台山西台、北台海拔1200～1600m；张家口、承德。

19.22 蠋步甲

Dolichus halensis (schall.)

体长13～16mm。

成虫见于5月下旬～7月上旬。

分布：小五台山西台、南台、北台海拔1300～1500m；张家口。

19.23 麻步甲

Carabus brandti Fardermann

体长24～26mm，宽9～10mm。体黑色。头密布小刻点。触角第2节稍短，明显长于第3节之半，第2、3节的一侧不扁平。上颚表面无皱，上颚沟无毛。两复眼间有1对向前伸的棱脊，前额有三角形凹陷，凹陷区刻点较粗大。前胸背板宽明显超过其长，密布刻点，中部以上较宽，前缘凹陷，前角锐，基缘直，后角钝，后角向后方有尖突，尖突处凹陷并密聚较大刻点，纵沟较浅，侧缘、前、后缘有边。鞘翅基部无边，表面具颗粒状突起，成行排列并在末端及侧缘逐渐消失。后翅退化。

成虫见于5月下旬～7月上旬。

分布：小五台山西台、北台海拔1180～1300m；邢台、承德、张家口。

（示末龄幼虫；2009年6月14日，西台1200m）

（♀；1981年6月5日，北台1600m）

（1981年6月1日，西台1550m）

19.21 绿步甲

19.22a 蠋步甲（1981年7月，南台1450m）

19.22b 蠋步甲（1980年8月，北台1400m）

（1981年6月28日，北台1300m）

（2007年5月24日，西台1180m）

（1980年6月2日，北台1300m）

19.23 麻步甲

19.24 黄缘青步甲

Chlaenius spoliatus Rossi

体长16mm，宽6mm左右。深绿色具金属光泽。触角黄褐色，前3节光滑，其余各节有短毛。口须黄褐色。头部光滑。前胸背板有细小刻点，纵沟明显，后角为直角，近后角有1纵凹与后缘垂直，并不达前胸背板中部处，前胸背板最宽处在中部以上，使前胸背板似心形。鞘翅两侧缘在端部以上接近平行，边缘有淡黄色边；翅面有9条平坦纵沟。足黄褐色。

成虫见于6～7月。

分布：小五台山南台、西台、北台海拔1100～1700m；张家口、承德、唐山、保定、衡水。

19.25 黄斑青步甲

Chlaenius nicans Fabricius

体长17mm，宽6mm左右。头、前胸背板紫铜色，边缘金绿色，带金属光泽，密布刻点。头顶较平宽，在中央近唇基处明亮，无刻点。触角细长，明显越过前胸并达体长之半，第1～3节光亮，第4～11节被绒毛。前胸背板近心形，最宽处在中部稍上，长、宽几乎相等，纵沟明显，前角钝，后角大于直角，侧缘有微向翘的边。鞘翅上有9行刻点钩，行距平坦，密被黄色短毛。端部有1对黄色斑块，体腹面黑色，毛极稀疏。足黄褐色。

成虫见于6月。

分布：小五台山北台海拔1500m；张家口、承德、沧州、唐山、保定、邢台、邯郸；日本、朝鲜。

19.26 逗斑青步甲

Chlaenius virgulifer Chaudoir

体长13mm，宽5mm左右，长卵圆形，头、前胸、背板、小盾片铜绿色，带金属光泽。触角黄褐色，长度超过前胸，第1～3节光亮，第4～11节被绒毛。颚须、唇须褐黄色，头顶微背拱，密被细小刻点。前胸背板宽超过其长，后缘微凹，两侧弧形有边，由后角沿两侧缘往前凹陷逐渐消失，背纵沟细，表面密布粗刻点。小盾片三角形。鞘翅深绿、缘折蓝绿，端部有“，”状黄褪色斑纹1对；每鞘翅有9行刻点沟，行距平坦。体腹面棕色，有光泽。足黄褐色。

成虫见于5月下旬～6月中旬。

分布：小五台山西台、北台、南台海拔1000～1500m；张家口、保定、承德、邯郸；日本、朝鲜。

19.27 阿青步甲

Chlaenius abstersus Bates

体长15mm左右。

成虫见于5月上中旬。

分布：小五台山西台海拔1500～1900m；张家口。

19.28 达青步甲

Chlaenius daimio Bates

成虫见于6月上旬～8月中旬。

分布：小五台山西台海拔1200～1720m；张家口。

19.29 胝夫步甲

Dicranoncus femorlis Chaudoir

成虫见于4月下旬～5月上旬。

分布：小五台山西台海拔1200～1300m；张家口。

19.30 大头婪步甲

Harpalus capito Morawitz

又名：麦穗大头步甲。

体长18～22mm，宽5～7mm。黑色，前胸背板及鞘翅被棕黄色毛。触角、口器（上颚除外）、上唇周缘、唇基前缘及足黄色。头明显宽大，比前胸背板稍宽，光滑无刻点，额两侧凹陷。触角第3节以下密生金黄色短毛。上唇稍正方形，近前缘每侧有3根长毛。前胸背板前宽后窄，前缘稍后凹，后缘平直，侧缘于前部膨出，前缘角圆形，后缘角较尖锐，刻占密布，中部有一纵沟。鞘翅较前胸宽，有9条纵沟，沟间室内有小刻点密布并伴有黄色短毛。腹面黑褐色。足跗节背面有刻点及毛，雄虫前跗节基部3节稍膨大，第1～4节腹面有黏毛。

成虫见于7月上旬～8月中旬。

捕食黏虫等鳞翅目幼虫、金针虫、蝇蛆、钉螺、蚯蚓等，并取食麦穗，幼虫食禾本科植物的根。

分布：小五台山西台、北台海拔1000～1600m；唐山、承德、张家口；台湾；朝鲜、日本。

19.24 黄缘青步甲（1980年6月30日，南台1500m）

19.25 黄斑青步甲（1981年6月28日，北台1500m）

19.26 逗斑青步甲

19.27 阿青步甲（1981年5月11日，西台1800m）

19.29 胝夫步甲（1980年5月2日，西台1200m）

19.31 黄缘步甲

Nebria livida Linnaeus

又名：黄缘心步甲。

体长15～17mm，宽6～7mm。头、前胸背板、前后缘、小盾片及鞘翅大部为黑色，头顶在复眼间有2个黄斑，触角、颚须、前胸背板、翅缘两侧、鞘翅末端1/4～1/5、缘折及足全为黄色。体腹面褐色。头近于方形，在复眼后方不窄缩。头顶宽平，前部靠近复眼两侧及头后部中央各有一凹洼，表面有刻点，多位于凹洼中，两侧凹洼有皱褶。额中部平滑并微隆起。上颚槽中有1根毛。颚须、唇须的末节渐向端部加大，接近斧形。前胸背板横宽，心形，两侧在前部明显膨出，向后方窄缩，背中线明显，前后横沟深凹，侧缘边宽并上翘；背板中央隆起，光滑无刻点，沿侧沿及前后横沟中有粗刻点，基部有刻点及皱褶。小盾片三角形表面皱褶。鞘翅狭长，两侧接近平行，末端窄缩。每鞘翅除小盾片刻点行外尚有9行刻点沟，行距平坦，第7、8行间距较宽，有1列弱刻点。前胸背板黄色。鞘翅肩部侧缘、后缘黄色。雄虫前跗节基部3节较雌虫膨大，其下方有毛垫。

成虫见于7月上旬～8月上旬。

寄主：小型昆虫。

分布：小五台山西台海拔1200～1500m；保定、唐山、承德、张家口；辽宁、青海；日本。

19.32 赤胸步甲

Calathus (Dolichus) halensis Schall

体长16～19mm，宽4～6mm。头部光滑，前部两侧有凹洼，无明显刻点。头顶复眼间有红褐色横斑纹。触角黄色，第1～3节光亮无毛，4～11节被绒毛。上颚端部尖锐，颚须及唇须黄色较细长，末节端部平截。头及前胸背板黑色光亮，鞘翅黑暗无光。前胸背板仅边缘黄色近于方形，长宽接近；表面微背拱，基部两侧各有一洼；前角向前下方伸，后角稍圆钝，前横沟及背中沟明显，背板中央无刻点，侧缘、基缘及基部两侧的凹洼中具较密的刻点及皱纹。鞘翅狭长，末端窄缩，背面较平坦，两鞘翅中央常有一红褐色斑，近似长三角形，自鞘翅基缘伸至翅后部，每鞘翅除小盾片刻点行外有9行刻点沟，行距平坦。腹面红褐色。

成虫见于6月下旬～8月上旬。

寄主：捕食黏虫、切根虫等。

分布：小五台山南台、中台、东台海拔1100～1800m；邯郸、保定、唐山、承德、张家口；山西、陕西、黑龙江、辽宁、吉林、新疆、安徽、浙江、四川。

19.33 中华广肩步甲

Calosoma maderae chinense Kirby

体长25～32mm，宽9～11mm。体黑色，背面幽暗但常闪烁铜色光泽，刻点间更明显，腹面明亮。头密被刻点，后部微背拱，有细刻纹，第1～4节光亮，第5～11节被绒毛，第2节很小，约为第3节长度的1/3。上颚粗大，颚须、唇须末节端部平截。前胸背板横宽，两侧缘在中部膨出呈弧形。鞘翅近于长方形，肩胛方形，自基部微向后加宽，最宽处在翅后1/3处。鞘翅表面被小颗粒，无排列规则的明显条纹。每鞘翅4行金绿色刻点，最后一行靠近翅缘，刻点排列较密，往往不易见到。雄虫前跗节基部3节膨大，前胫节内端有毛刷，中、后胫节强烈弯曲。

成虫见于7月上旬～8月上旬。

寄主：捕食黏虫、切根虫等鳞翅目幼虫以及柞蚕。

分布：小五台山南台、西台海拔1300～1800m；张家口、承德、保定、唐山、石家庄；黑龙江、辽宁、山西、江苏。

19.32b 赤胸步甲（♂；1981年8月5日，东台1800m）

19.30 大头婪步甲（1981年8月8日，北台1500m）

19.31 黄缘步甲（1981年7月28日，西台1500m）

19.32a 赤胸步甲（♀；1980年7月，中台1500m）

19.33 中华广肩步甲（1981年7月8日，南台1700m）

19.34 暗广肩步甲

Calosoma lugens Chsudoir

体长25mm，宽10.5mm左右。全体黑色。前头多皱纹，自复眼向前伸出棱脊成边，内侧凹陷，头部在复眼后方微凹陷，密布粗大刻点。触角第2节短，明显短于第3节之半，第2、3节的一侧平扁边薄，第1～4节光滑，第4节以后密被黄色短毛，上颚表面有皱。前胸背板近似心形，表面多皱及大刻点，前缘微凹，侧缘边明显，基缘在后角处向后伸延，纵沟伸达前后缘。小盾片三角形，明显外露。鞘翅近长方形，侧缘有边，基部无边，肩胛方形，自基部向端部渐宽，最宽处在端部近1/3处，表面密布较扁平的颗粒状隆起，纵向近似成行，横向近似成皱，其中每鞘翅有3排较大刻点，每排刻点9～12个，后翅发育。腿节有刻点列。

成虫见于6月上旬～7月中旬。

分布：小五台山北台、西台海拔1200～1700m；承德、张家口。

19.35 黑广肩步甲

Calosoma maximowiczi Morawitz

体长21～27mm。全体黑色，前头两侧凹陷，多皱纹。触角基部黑色末端赤褐，第5节以下褐色，密生短毛。上唇黑色，前缘弯入，上颚、颚须、唇须黑色。前胸背板皱纹多，中央一细纵沟达前缘和后缘。鞘翅宽，肩甲方形，自基部向后缘渐宽，最宽处在翅后1/3处；鞘翅有15条纵向隆起条纹，第4、8、12隆条各有9～12个绿色大刻点。体侧小刻点多，尾部腹面两侧各有1个小赤纹。足黑色，腿节有刻点列。

成虫见于5月上旬～6月下旬。

分布：小五台山北台海拔1250～1400m；张家口、承德、邢台；日本、朝鲜。

19.36 齿广肩步甲

Calosoma chinense Kiroby

体长18mm，宽9mm左右。全体黑色。头部有细皱纹，后部背拱角度较大，头顶部在复眼后有1条细横沟，复眼间微有凹陷，其中密布较大刻点。触角第1～4节光亮，第4节以后被微毛，第2节长度小于第3节之半。前胸背板横宽，近似心形，两侧缘在中部膨出呈弧形。鞘翅近于长方形，表面被小颗粒，呈纵行排列，有横皱，使行列不甚明显，每鞘翅有3行金色刻点，每行刻点9～12个。

成虫见于7月上旬～8月上旬。

分布：小五台山西台海拔1200～1400m；张家口、承德。

19.37 大星步甲

Calosoma maximoviczi Morawitz

体长20～31mm，宽10～13mm。全体包括附肢黑色，鞘翅具金属光泽，头被刻点及粗皱褶；上颚背面具细皱褶。触角长度达体长之半，第1～4节黑色光亮，第4～7节被黄褐色粗短毛，第8～11节黑褐色被黄褐色细毛。前胸背板宽大于长，侧缘圆弧形，前、后缘较平直，前缘、侧缘及中沟两侧具粗刻点。鞘翅宽阔，每鞘翅具刻点沟16行；沟间隆起，具规则的横纹；沟底有细刻点。腹面密被刻点，腹部末节有极浅的横褶，端部有1个弧形凹印。雄虫前足跗节基部3节膨大，中、后足胫节内缘有综红色毛。

成虫见于6月上中旬。

寄主：毒蛾科、舟蛾科等鳞翅目幼虫。

分布：小五台山南台海拔1200～1500m；张家口、保定；山东、辽宁、山西、河南、陕西、甘肃、四川、湖北、浙江、福建、台湾。

19.38 后斑青步甲

Chlaenius posticalis Motschulsky

体长12～14mm，宽约5mm。口器红褐色。上颚较宽，端部尖。口须端节平截。触角细长，达体之半，红褐色，第3～7节色较深。头、前胸背板紫铜色，两侧绿色，有光泽。头顶部隆起，布细刻点，后部刻点较粗。前胸背板前端较后端略窄，侧缘弧形，中部最宽，前缘弧形凹入，后缘平直，后角圆形，中部隆起；中纵沟和基凹均较深，密布粗、细刻点，中部及两侧缘有横皱纹。鞘翅黑青铜色，侧缘绿色；每翅具9行条沟，沟底布细刻点；沟间平坦，刻点密，常连接成横皱纹。体腹面黑色，具深蓝色光泽；腹末节周缘黄色。胸部刻点较粗大，腹部较细小。足红褐色，跗节色略深。

成虫见于6月下旬。

寄主：夜蛾科等鳞翅目昆虫幼虫。

分布：小五台山；张家口；山东、山西、江苏、辽宁、吉林、黑龙江。

19.34a 暗广肩步甲

19.34b 暗广肩步甲（示侧面观；1981年6月28日，北台1500m）

19.35 黑广肩步甲（1980年6月17日，北台1300m）

19.36 齿广肩步甲（1981年7月10日，西台1380m）

19.39 毛婪步甲

Harpalus griaeus Panzer

又名：黍步甲、黄毛谷步甲。

体长9～12mm，宽4～5mm。黑色，鞘翅有时棕黄或棕褐色，口器（上颚端部黑色除外）、唇基前缘、触角、前胸背板基缘、两侧缘及足为棕黄，腹面褐色。头、前胸背板有光泽；前胸基部、鞘翅全部被淡黄色毛。头较前胸狭，无刻点，唇基两侧各有毛1根。触角长度达到前胸基缘。前胸背板宽大于长，两侧缘稍膨出，前角圆形，后角大于直角，端部不锐，侧缘在中部之前有1根毛；中纵沟细，在基部前消失，两侧基凹浅；基部$^1/_4$密被刻点，后侧角上的刻点间隆起，背板前部大部无刻点。鞘翅有9条沟，行间平坦，密布刻点。前胫节外端角具4～5个刺，端距近中部稍膨扩，跗节背面有毛及刻点。

成虫见于6月上旬～9月中旬。

寄主：谷子、玉米等种子和胚芽。成、幼虫大量捕食白蚁。

分布：小五台山东台、西台、南台、北台、中台海拔850～1650m；邯郸、保定、唐山、承德、张家口；山东、山西、陕西、黑龙江、新疆、江苏、浙江、福建、台湾、江西、湖北、湖南、四川、贵州、广西、云南、河南、安徽、吉林、甘肃；北非、欧洲经亚洲西部至东亚一带。

19.40 黄鞘婪步甲

Harpalus pallidipenis Morawitz

体长9～11mm，宽3～4mm。黄色、无毛、有光泽。触角、唇、颚、足黄色。头部光滑，触角长度超过前胸背板。前胸背板颜色稍深，宽大于长，两侧膨出；中部之前有1根毛，前角向前伸，使前胸前缘微凹，后角大于直角，基缘截直，基部及侧缘密布刻点。鞘翅有9条较深的沟，无毛。雄虫前、中足跗节第1～4节扩大，腹面的黏毛排成2行，后跗节第1节不比第2节长。

成虫见于4月下旬～8月下旬。

分布：小五台山南台、西台、北台海拔1200～1700m；邢台、保定、唐山、承德、张家口。

19.41 大毛婪步甲

Harpalus vicarius Harold

体长13～15mm。

成虫见于7月中旬。

分布：小五台山北台海拔1400m左右；张家口。

19.42 谷婪步甲

Harpalus calceatus Duft.

体长11～14mm，宽4～5mm。黑色，无毛，有明亮光泽。触角、下唇、下颚、上唇、唇基前缘、前胸背板侧缘及跗节棕红。触角长度超过前胸背板。前胸背板宽大于长，两侧膨出，中部之前有1根毛；前角圆钝，后角稍大于直角，端部不锐，稍向外突出；中纵沟与基缘接近但不相连；被刻点，主要在基部及侧缘。鞘翅有9条较深的沟，行距平直但在端部稍隆，末两行距有浅细的刻点。足跗节背面有毛，负爪节腹面端半部具两粗刺。

成虫见于6月中旬～8月下旬

寄主：取食谷子，也捕食某些叩头虫及象虫幼虫。

分布：小五台山西台、北台海拔1000～1700m；张家口、承德、唐山；辽宁、黑龙江、新疆、福建；欧洲中部、南部经亚洲西部、印度至东亚和西伯利亚一带。

19.39a 毛婪步甲（1980年7月28日，东台1600m）

19.39b 毛婪步甲（1981年9月10日，中台1400m）

19.40 黄鞘婪步甲（1980年8月16日，南台1600m）

19.42a 谷婪步甲（1981年7月19日，西台1300m）

19.42b 谷婪步甲（1980年8月17日，北台1600m）

19.43 单齿婪步甲

Harpalus simplicidens Schaun

又名：谷穗步甲、黑盖虫。

体长11～13mm，宽4～5mm。体黑色、无毛，有光泽，鞘翅有时褐红，腹面褐红或棕黄。头较前胸窄。前胸背板宽明显超过其长，两侧缘在前部膨出，基部1/4明显较狭，在后角前向里稍弯，基缘平直；后角锐，稍突出；背中线后端伸达基缘，基部侧凹甚浅；有刻点，前部的浅细，有时不显，基部的粗密，盘区中央几无刻点。足的前胫节端距两侧突出成角，似菱形，但不成齿突，跗节背面有毛，雄虫中足跗节第1节腹面无粘毛。

成虫见于5月下旬～7月下旬。

寄主：取食谷子、玉米、花生等籽实以及谷穗。

分布：小五台山西台、北台海拔1100～1400m；张家口；山西、甘肃、江苏、湖北、四川、黑龙江；朝鲜、日本、蒙古、俄罗斯。

19.44 婪步甲

Harpalus sp.

体长约12mm。

成虫见于8月上旬。

分布：小五台山西台海拔1200～1400m；张家口。

19.45 哈婪步甲

Harpalus Sp.

体长11～14mm。

成虫见于7月中旬～8月上旬。

分布：小五台山南台1500～1700m；张家口。

19.46 卡步甲

Cartontus sp.

成虫见于6月中旬。

分布：小五台山南台辉川对面坡海拔约1400m；张家口。

拟步甲科 Tenebrionidae

体小至大型。头较小，口器发达，上颚大。触角11节，少数10节，丝状、念珠状或端部2～4节膨大。前胸多宽阔，前足基节球形，基节窝闭式。鞘翅全盖腹背，后翅常退化。腹板5节，前3节愈合不能动。跗节5-5-4式。

19.47 蒙古高鳖甲

Hypsosoma mongolica M'en

体长9～11mm。体较短而略扁，不发光，漆黑色。头部密布刻点。触角间有横向浅的凹陷。前胸宽大于长，密布刻点，中部拱起圆形，两侧扁；前胸背板有1对不明显的凹，四周有边；前缘和基缘的边较宽，后角稍大于直角，略突出。腹面刻点小，前胸腹板向下弯，中胸腹板前端密布明显的刻点。鞘翅略似卵形，微扁，密布小圆刻点，沟纹不明显，至末端逐渐消失，侧区有3个脊，后端不明显，前缘有边。跗节暗锈赤色。

成虫见于6月上旬～8月上旬。

分布：小五台山西台海拔1400～1500m；唐山、承德、张家口、邯郸；北京、辽宁、山西。

19.48 暗色圆鳖甲

Scytosoma opaea (Reitter, 1889)

体长9mm左右。

成虫见于8月上旬。

分布：小五台山西台海拔1400m左右；张家口。

19.49 皱纹琵琶甲

Blaps rugosa Gebl.

体长19mm，宽9mm左右。长椭圆形，头部有刻点，上唇表面布柔毛，唇基和额之间有缝。触角的端部4节球形。下颏圆形。前胸背板长宽相等，后

19.43 单齿婪步甲（1981年7月15日，北台1300m）

19.44a 婪步甲（1980年8月11日，西台1300m）

19.45a 哈婪步甲（1990年7月29日，南台1600m）

19.47 蒙古高鳖甲（1981年7月2日，西台1420m）

19.48a 暗色圆鳖甲（1989年8月7日，西台1400m）

19.44b 婪步甲（示侧面观）

19.45b 哈婪步甲（示侧面观）

19.46 卡步甲（1981年6月14日，南台1400m）

19.48b 暗色圆鳖甲（示侧面观）

端扁平，前端向下倾斜并略窄，后角稍突出，尖端钝；刻点深密，中沟向前缘后缘渐消失；前缘、后缘稍凹入，两侧有窄边。前胸腹板有沟。鞘翅布满刻点和横皱纹，翅端向后突出呈尾状。鞘翅两侧的脊从上面不易看见，缘折基部宽，从此到末端逐渐缩小。腹面有光泽，腹部各节有刻点及皱纹。

成虫见于7月上旬~9月中旬。

寄主：林木幼苗。

分布：小五台山西台、北台海拔1400~1600m；承德、张家口；内蒙古、甘肃、宁夏；俄罗斯。

19.50 步行琵琶甲

Blaps gressoria Reitt

体长约20mm。

成虫见于5月下旬、6月上中旬。

分布：小五台山西台杨树林、北台水沟海拔 1100~1600m；张家口。

19.51 中华琵琶甲

Blaps chinensis Fald

体长18~20mm，宽6.5~7mm。体黑色有光泽，细长稍凸，鞘翅扁。头部散布细小刻点，上唇窄而稍凹。前胸背板近方形有不规则的凹陷，密布小刻点，两侧近直形，稍外凸有边，前端稍内弯，前角稍钝，后角近直角并稍后突。前胸腹板在两基节的部分内凹成槽。鞘翅有8条纵纹。前足基节间有一向后平伸的尖。胫节末端后面有两根刺，跗节下面有短毛。

成虫见于5月下旬~7月中旬。

分布：小五台山北台海拔1100~1450m；张家口；山东、山西、河南、陕西、辽宁、内蒙古。

19.52 达氏琵琶甲

Blaps davdea Deyr.

体长20~23mm，宽9~10mm。体黑色，无光泽，椭圆形。前胸长宽几乎相等，有中沟浅刻点规则而稠密，并密布小瘤状皱纹。鞘翅后有基部扩大的尾状突起，雄虫的尾状突起较长，达3mm，雌虫则短得多。此种与皱纹琵琶甲*B. rugosa*接近，其区别仅在于此种体细长，鞘翅突起较长，而皱纹琵琶甲体短而粗，鞘翅的尾状突起较短。

成虫见于5月中旬~8月中旬。喜居洞穴内。

寄主：食家畜粪便。

分布：小五台山西台、北台海拔1100~1600m；张家口；北京、山东、山西、宁夏、内蒙古、黑龙江。

19.53 瘦直扁足甲

Pedinus strigosus Fald.

体长7~9mm，短粗且凸出，黑色、有光泽。头部均匀密布小刻点，复眼圆形，触角端部赤褐色，上唇布黄色短毛。前胸背板密布伸长的刻点，两侧从基部到前端逐渐缩成圆形，近基部最宽并等于鞘翅基部的宽度，前缘明显凹入，使前角尖锐，后缘也显著凹入，使后角略尖。鞘翅刻点行明显，行间刻点较大。足显著扁形，胫节端部膨大。

成虫见于4月下旬~9月中旬。

分布：小五台山西台、北台海拔1100~1800m；张家口、唐山；北京、辽宁；朝鲜、蒙古。

19.54 中华刺甲

Oodescelis chinensis Kasz.

体长7~10 mm

成虫见于5月下旬~8月中旬。

分布：小五台山南台东沟寺、西台、北台海拔1100~1600m；张家口。

19.49a 皱纹琵琶甲（1981年8月8日，西台1500m）

19.50 步行琵琶甲（1980年6月11日，北台1600m）

19.51a 中华琵琶甲（1981年7月10日，北台1300m）

19.52 达氏琵琶甲（1981年6月28日，北台1550m）

19.54 中华刺甲（1981年7月29日，南台1600m）

19.49b 皱纹琵琶甲（示侧面观）

19.51b 中华琵琶甲

19.53a 瘦直扁足甲

19.53b 瘦直扁足甲（示观侧面）

19.55 多点齿刺甲

Oodescelis punctatissima (Fairmaire, 1886)

体长6mm左右。

成虫见于6月上旬~7月下旬。

分布：小五台山；张家口。

19.56 胫齿刺甲

Oodescelis tibialis (Ballion,1878)

体长11mm。

成虫见于7月下旬。

分布：小五台山西金河口海拔1200m左右；张家口。

19.57 蒙古土潜

Gonocephalum mongolicum Reitter

成虫见于6月。

分布：小五台山；张家口。

19.58 网目沙潜

Opatrum reticulatum Motschulsky

又名：沙潜、网目拟步甲、蒙古拟地甲。

体长5~8mm，宽2~3 mm。体长方形，暗黑褐色，一般体上附有一层泥土。头宽阔有粗刻点。上唇宽阔，两侧各有1束棕色刚毛。触角短，第3节长度为第2节的1.5倍，第4节与第2节约等长，端部4节呈锤状。前胸背板密布刻点，横宽约为长的2倍；侧缘弧形，半透明，前缘弧凹，后缘弧凸。鞘翅与前胸背板等宽，两侧缘平行，刻点排列整齐成行，翅面密布黄色短毛。前足胫节外缘锯齿状。

成虫见于4月下旬~8月中旬。

寄主：杨、刺槐、苹果、梨、小麦、棉花、苜蓿、大豆、花生、瓜类等。

分布：小五台山南台、北台、东杏河海拔1050~2100m；张家口、承德、保定、石家庄、邯郸、沧州；山东、黑龙江、内蒙古、北京、天津、山西、江苏、宁夏、甘肃、青海。

19.59 沙潜

Opatrum subaratum Faldermann

又名：拟步甲。

体长7~10mm，宽2.5~3mm。体卵圆形。暗黑色，体常沾有泥土而改变颜色。头部分缩入前胸。唇基短，前缘深凹。触角红褐色，棒状，端部数节横宽，膨大呈锤状。前胸背板横宽，宽大于长的2倍。前缘弧形凹入，两侧缘外凸，后缘波状弯曲。鞘翅基部与前胸等宽，翅面上具数条纵隆基线，隆基线间具刻点和数个瘤突，刻点间隆起呈短横脊，体翅面形成网络状。腹面暗褐色。后胸短，短于中胸基节窝。足红褐色。

成虫见于4月中旬~8月中旬。

寄主：杨、刺槐、板栗、苹果等多种植物的根部。

分布：小五台山西台、北台海拔1100~2000m；张家口；山东、北京、辽宁、吉林、黑龙江、山西、甘肃、陕西。

19.60 东方垫甲

Luprops orientalis (Motschulsky, 1868)

体长9mm左右。

成虫见于7月上旬~8月上旬。

分布：小五台山西台海拔1400~1600m；张家口。

19.55a 多点齿刺甲

19.55b 多点齿刺甲

19.60a 东方垫甲（示侧面观）

19.56a 胫齿刺甲

19.56b 胫齿刺甲（示侧面观）

19.58a 网目沙潜（示侧面观）

19.58b 网目沙潜（1980年8月17日，南台2100m）

19.59 沙潜（1981年7月29日，北台2000m）

19.60b 东方垫甲（1999年7月18日，西台1400m）

附：未定种

（2009年6月21日，东台1200m）

（1999年5月30日，北台1220m）

（1981年7月15日，东台1800m）

（示侧面观）

（1980年8月，西台1500m）

（1995年8月10日，西台1550m）

（2000年8月2日，西台1400m）

（1981年7月2日，东台1480m）

（1999年7月，中台1400m）

（1981年6月，北台1350m）

（2000年7月28日，西台1320m）

（1980年8月2日，南台1400m）

（1981年7月10日，中台1450m）

（1998年7月，南台1500m）

（1981年6月17日，西台1500m）

（1986年7月20日，西台1500m）

埋葬甲科 Silphidae

小至中型。体长，两侧略平行，或末端尖削，略扁平。前口式，头大。眼或大或小，很少无。单眼1～2个。触角棒状。鞘翅盖住腹部一半以上，末端截形，通常露出腹部最后3节。腹部可见腹板5节。前足基节互相接近。成、幼虫均为尸食性。

19.61 日本埋葬甲

Nicrophorus japonica Harold

成虫见于7月中旬。

分布：小五台山西台海拔1400～1600m；张家口。

19.62 黑埋葬甲

Nicrophorus concolor Kraatz

成虫见于7月中下旬。

分布：小五台山北台海拔1500m左右；张家口。

19.63 大扁尸甲

Silpha japonica Motschulsky

成虫见于6月下旬。

分布：小五台山；张家口。

19.64 花葬甲

Necrophorus maculifrons Kraatz

成虫见于7月中下旬。

分布：小五台山海拔1650m左右；张家口。

19.65 葬 甲

Phosphuga atrata Linnaeus

成虫见于6月上旬～7月下旬。

分布：小五台山南台、苜蓿海拔1600m左右；张家口。

隐翅甲科 Staphilinidae

体小至中型。体长，两侧略平行，或末端尖削，略扁平。头大，前口式。眼大或小，很少无。单眼1～2个。触角10～11节，很少9节，丝状或棒状。上颚发达。鞘翅极短，不盖住腹部之半。后翅发达或退化，平时褶起放在鞘翅下。足粗短，跗节5节。前足跗节有时减少1～2节。腹部各节可弯曲，可见腹板6～7节，腹末有时有刺突状附器。

19.66 束毛隐翅甲

Dianous sp.

成虫见于6月上旬～7月下旬。

分布：小五台山西台海拔1400～1500m；张家口。

19.66b 束毛隐翅甲（示侧面观）

附：未定种

（2007年7月26日，北台1500m）

（2007年7月19日，西台1200m）

19.61 日本埋葬甲（1981年7月16日，西台1550m）

19.62 黑埋葬甲（1981年7月21日，北台1500m）

19.66a 束毛隐翅甲（1988年7月20日，西台1400m）

郭公虫科 Cleridae

体小至中型，长。头突出。触角锯齿状、栉齿状或丝状，11节。着生于额部两侧。下唇须端部伸展如斧状。前胸侧缘中部稍突出，略呈弧状。前胸背板约与头等宽，比鞘翅基部窄。足细长，跗节5或4节。鞘翅盖满全腹部。捕食性。

19.67 红斑郭公虫

Trichodes sinae Chevronat

又名：伪斑蝥、中华食蜂郭公虫。

体长约17mm，宽6.4 mm。体金蓝色，有光泽，被灰褐色长毛。触角第1～8节念珠状，黄褐色；第9～11节膨大，略呈栉齿状，黑褐色。复眼、上颚黑色。唇须、颚须黄色。前胸背板近前缘处密布刻点，其余部分密布细皱纹。足黑色，跗节4节。鞘翅黄褐至红褐色，密布细刻点和白色毛，每个鞘翅自前缘向后方约1/3、2/3及端部各有1个黑斑。

成虫见于6月上旬～7月下旬。

寄主：天牛、小蠹虫等昆虫。

分布：小五台山西台坟湾、北台海拔 1100～1400m；张家口；山东、浙江、安徽。

19.68 异色郭公虫

Tillus notatus Klug

体长5～7mm。体色有变化，一般头、胸部黑色，密被黑色或灰白色细毛。触角第1节黑色，较长，呈圆柱形；第2～4节鞭状；第5～10节略渐粗大，稍呈三角形；第11节椭圆形。鞘翅前部约1/3处为赤褐色，其余黑色；在赤褐色与黑色部分之间有1条由白色毛形状的细横纹；黑色部分中间有较宽的白色横带；鞘翅上有9条刻点纹。腹部红色。跗节5节。

成虫见于5月上中旬。

寄主：捕食小蠹、长蠹、天牛等。

分布：小五台山西台海拔1180m左右；张家口；山东、北京、山西、湖北。

19.68a 异色郭公虫（2007年5月10日，西台1180m）

19.68b 异色郭公虫（示腹面观）

19.67a 红斑郭公虫（2007年7月31日，北台1400m）

19.67b 红斑郭公虫（2007年7月7日，西台1380m）

19.67c 红斑郭公虫（2007年6月28日，西台1300m）

19.67d 红斑郭公虫（2009年6月17日，西台1280m）

19.67e 红斑郭公虫（2007年7月25日，西台1350m）

19.67f 红斑郭公虫（2007年7月25日，西台1300m）

芫菁科 Meloidae

多中型，少为小型。体长圆筒形或粗短。体表有微毛，多黑灰、褐色，有时有金属光泽。体壁及鞘翅革质、柔软。头大，下口式，比前胸宽；后头缢缩，呈很细的颈。复眼大。口器发达。触角念珠状、丝状、锯齿状或栉齿状。鞘翅长过腹部，有的鞘翅短缩露出大部分腹部，两鞘翅端部汇合处分开。足细长，前足基节窝开放；跗节5-5-4式，爪具齿或纵裂为2叉式。植食性。

19.69a 异色带栉芫菁（2007年7月2日，西台1350m）

19.69 异色带栉芫菁

Zonitis fortuccii(Fairmaire)

体长14mm左右。

成虫见于6月下旬～7月下旬。

分布：小五台山西台海拔1300～1500m；张家口。

19.70 绿边芫菁

Lytta suturella Motschulsky

又名：赤带绿芫菁。

体长17～22mm，宽4～7mm。头、胸、腹部绿色，闪金属光。触角黑色，光滑，端节末端尖锐，雄的触角长达体长之半，雌的仅比头胸部略长。前胸背板为僧帽形，两侧角隆起突出，胸面不平整。鞘翅赤褐色，内缘相接缝绿色，形成一绿色纵纹，此纹前宽后窄，具金属光泽，鞘翅外缘亦绿色；每鞘翅中部红褐色带的中部有1条隆脊纵贯全翅，在红绿两色交界处亦有1条隆脊与此平行，两纵脊至近翅端处即消失。

成虫见于6月上旬～7月下旬，常群集取食。

寄主：锦鸡儿、蚕豆等。

分布：小五台山西台、南台、中台海拔1100～1500m；张家口、承德、保定；宁夏。

19.71 绿芫青

Lytta caraganae pallas

又名：斑蝥。

体长17～20mm，宽4～5.5mm。蓝绿色，闪光。头及前胸背板光滑，两侧前方隆起，宽大于长。触角连珠状，略长于头胸之和。前胸前端压缩成颈状，鞘翅背面凹凸不平，绿或蓝色，闪金光。

成虫见于5月中旬～8月中旬。

寄主：刺槐、槐树、紫穗槐、黄波罗、锦鸡儿、马铃薯、花生和豆类等豆科植物。

分布：小五台山北台、西台海拔1100～1500m；邯郸、保定、承德、张家口；宁夏、辽宁、河南、山西、内蒙古；朝鲜、日本、俄罗斯。

19.69b 异色带栉芫菁（2007年7月10日，西台1450m）

19.69c 异色带栉芫菁（2007年6月25日，南台1380m）

19.70e 绿边芫菁（2009年6月28日，中台1400m）

19.70f 绿边芫菁

19.70a 绿边芫菁（2007年6月17日，南台1300m）

19.70b 绿边芫菁（2007年7月17日，南台1500m）

（示灌草丛中发生状；2007年6月10日，西台1320m）

（示鞘翅绿色；2007年5月28日，西台1250m）

（示鞘翅蓝色）

19.71a 绿芫青

19.70c 绿边芫菁（2009年6月28日，西台1350m）

19.70d 绿边芫菁（2009年6月28日，西台1350m）

19.72 甜菜豆芫菁

Epicauta xantusi Kaszab

成虫见于7月上旬。

分布：小五台山；张家口。

19.73 小黑芫菁

Epicauta megalocephala Gebler

又名：大头豆芫菁、黑牛子。

体长8mm左右，黑色。头黑色，额中央有1红色小斑，有时在复眼后方两侧尚有小红斑。鞘翅黑色内外缘末端和前胸背板均有灰白色毛组成的纵纹，有时前胸和鞘翅中央白纵纹消失，则成全黑。触角丝状。雄虫前足胫节有2个等长而尖锐的端刺。

成虫见于5月上旬~8月上旬。

寄主：大豆、马铃薯、菠菜、甜菜、花生、苜蓿。

分布：小五台山西台海拔1100~1600m；承德、张家口；内蒙古、山西、宁夏、黑龙江、辽宁、吉林；俄罗斯。

19.74 暗头豆芫菁

Epicauta obscurocepnala Reitter

体长11~17mm，宽3~4.5mm。全体黑色。头略呈三角形，额部中央有1条红褐色纵纹直达唇基部，额至头顶中央有1条稍凹陷的白色纵纹。触角丝状较短，第1节内侧橙黄色。前胸背板长大于宽，中央有1条由灰白色毛组成的纵纹。鞘翅内缘、后缘、外缘及中部有1条由灰白色毛组成的纵纹。雌性腹面全覆被白色毛。雄虫后胸腹板中央具1个椭圆形光滑的凹陷，腹板中央具不甚明显的纵沟，光滑无毛。

成虫见于6月中下旬。

成虫取食紫穗槐等豆科植物，幼虫捕食性。

分布：小五台山南台海拔1400m左右；张家口；山东、辽宁、吉林、黑龙江、内蒙古、山西、宁夏、上海、浙江、江西。

19.71b 绿芫青（2007年5月25日，西台1350m）

19.71f 绿芫青（2007年5月30日，西台1300m）

19.73d 小黑芫菁（2007年7月16日，西台1400m）

19.71c 绿芫青（2007年5月25日，西台1300m）

19.73a 小黑芫菁（2007年6月24日，西台1300m）

19.73e 小黑芫菁（2007年7月17日，西台1400m）

19.71d 绿芫青（2007年5月25日，西台1200m）

19.73b 小黑芫菁（2007年6月13日，西台1300m）

19.73f 小黑芫菁（2007年8月6日，西台1600m）

19.71e 绿芫青（2007年6月12日，西台1400m）

19.73c 小黑芫菁（2007年7月16日，西台1400m）

19.74 暗头豆芫菁（2008年6月21日，南台1400m）

19.75 中国黑芫菁

Epicauta (Epicauta) chinensis (Laporte, 1840)

又名：中国豆芫菁、中华芫菁。

体长15～20mm。黑色，密被黑色细毛，头略呈三角形，密生刻点，头后方两侧各有1块红橙色斑；额部中央两复眼间有1块红橙色近似圆形斑；唇基部和上唇前缘红橙色。触角第1、2节腹面为红橙色，其余黑色。雌性触角丝状，长达鞘翅之半。雄虫触角中部数节膨大为栉状，第4、5节等长，宽为长的3倍。前胸背板中央有1条白色纵纹。鞘翅外缘、末端、中缝及体腹面均被灰白色毛。前胸背板前端狭窄如颈。跗节很长。

成虫见于5月初～7月下旬。

寄主：槐树、紫穗槐、豆类、甜菜、向日葵、糜子等。

分布：小五台山西台、北台海拔1100～1650m；张家口、承德；山西、内蒙古、河南、陕西、宁夏、北京。

19.76 红头黑芫菁

Epicauta sibirica Pallas

又名：西北豆芫菁。

体长16～19mm。黑色。头部在触角基部有1对反光的黑瘤，接近复眼内侧处黑色，其余红色。触角仅比头胸之和稍长。雌虫触角线状，每节特别是基部各节有很多长毛，各节前端刺毛向前突出。雄虫触角中部各节扩大为锯齿状，第4节长为宽的2倍多。鞘翅外缘及末端有白毛纹。

成虫见于4月末～7月下旬。

寄主：苜蓿、甜菜、豆类、马铃薯、南瓜、向日葵、糜子。

分布：小五台山西台、北台、南台海拔1100～1600m；承德、张家口；内蒙古、山西、黑龙江、吉林、辽宁、甘肃、浙江、江西；俄罗斯、蒙古、日本、越南。

19.77 圆胸地胆

Meloe corvinus Marseul

又名：圆颈芫菁。

体长17～27mm，宽6～11mm。全体黑色，并有蓝黑光泽。头、前胸背板和鞘翅均有粗大刻点。鞘翅宽短，内缘向翅端斜弯；后翅退化，腹背大部外露。前胸背板长与宽约等长。

成虫见于5月下旬～7月下旬。

分布：小五台山西台、南台海拔1100～1500m；承德、张家口、唐山；黑龙江、吉林、辽宁。

19.78 眼斑芫菁

Mylabris cichorii Linnaeus

又名：灰毛芫菁。

体长10～15mm，宽3.5～5mm。体与足黑色，被黑色毛。鞘翅棕黄色，每翅具3条黑斑纹，基部一条呈弧圆形，在小盾片两侧各显1个黄色眼状斑，翅基外侧还有1个小黄斑；中间1条横贯全翅，端部的斑纹则充满翅端。触角棒状，第11节基部与第10节等宽。

成虫见于5月中旬～8月上旬。

成虫取食苹果、瓜、豆、花生、番茄的叶，幼虫捕食蝗虫卵。中药中的“斑蝥”即指眼斑芫菁和大斑芫菁*M. phalerata*。

分布：小五台山北台、西台海拔1000～1650m；承德、张家口、保定；安徽、江苏、浙江、湖北、福建、台湾、广东、广西；越南、印度。

19.79 腋斑芫菁

Mylabris axillari (Billberg, 1813)

体长18mm左右。体黑色，被长毛。头部密布细刻点。触角短，棒状。前胸背板宽略大于长，密布刻点，中央有1条纵纹。鞘翅黄褐色，密布皱纹和小刻点，被黑短毛；自鞘翅基部边至外缘的1/4处有1个稍呈弧形的黑纹其内侧和偏下有1个黑色圆斑；鞘翅中部有1个黑色横斑；鞘翅端部的1/4处外侧有1个黑色大斑，其内侧有1个略小的黑色圆斑；鞘翅端部边缘内侧有1个弧形窄黑线。

成虫取食刺槐等豆科植物；幼虫捕食性。

成虫见于5月中旬～7月下旬。

分布：小五台山西台金河口、南台海拔1200～1400m；张家口；山东、北京、内蒙古、新疆、江苏、湖北。

19.75a 中国黑芫菁（♀；2007年5月30日，西台1250m）

19.75b 中国黑芫菁（2000年7月26日，西台1600m）

19.76b 红头黑芫菁（♂；2007年6月10日，西台1600m）

19.76c 红头黑芫菁（2007年6月4日，西台1500m）

19.75c 中国黑芫菁（♂；1980年7月24日，北台1400m）

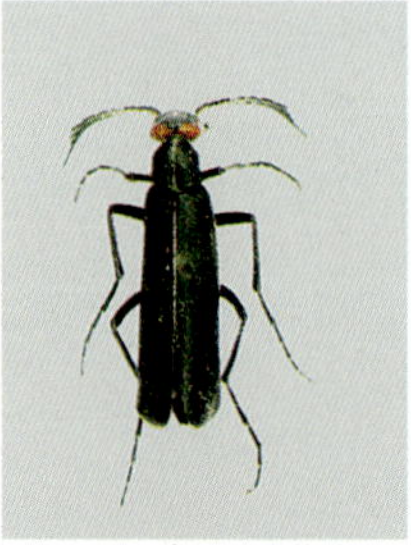
19.75d 中国黑芫菁（2001年6月10日，北台1300m）

19.76a 红头黑芫菁（2007年6月10日，西台1450m）

19.76d 红头黑芫菁（♀；2007年6月5日，西台1450m）

19.76e 红头黑芫菁（1981年4月28日，南台1100m）

19.76f 红头黑芫菁（2007年6月12日，北台1400m）

19.77a 圆胸地胆（1985年6月25日，西台1350m）

19.77b 圆胸地胆（2007年5月24日，西台1200m）

（2007年7月30日，北台1600m）
（1980年7月，北台1400m）
（1983年6月，西台1350m）
（2008年6月20日，西台1400m）

19.78 眼斑芫菁

（1989年7月8日西台1400m）（2007年6月28日，西台1450m）（2007年6月28日，西台1450m）（2007年6月24日，西台1350m）
（2007年6月4日，北台1320m）（2007年6月11日，西台1350m）（2007年6月1日，北台1300m）（2007年5月25日，北台1200m）
（2007年6月28日，西台1400m）
（2007年5月24日，西台1250m）
（右；2007年6月1日，北台1340m）
（2007年5月21日，西台1200m）（2007年7月22日，北台1400m）（2007年5月28日，西台1250m）（2007年6月5日，南台1300m）

19.79 腋斑芫菁

19.80 丽斑芫菁

Mylabris (Chalcabris) speci-osa (Palas,1781)

体长15mm左右。

成虫见于7月上旬~8月下旬。

分布：小五台山西台海拔1250~1450m；张家口；内蒙古。

19.81 苹斑芫菁

Mylabris calida Pallas

体长12~17mm，宽5~6mm。体与足黑色，被黑色长毛。鞘翅棕黄色，具黑斑。头略呈方形，后角圆，密布点刻。触角短，11节，末端各节膨大成棒状。前胸背板长稍大于宽，两侧近于平行，密布点刻，后端中部有一前一后2个圆形浅凹洼。鞘翅表面呈皱纹状，每翅中部有1条较宽的黑带，外侧达侧缘，内侧不达翅中缝；翅基和翅端各有2个黑圆斑，有时后端的2个圆斑汇合成1条横斑。

成虫见于4月中旬~8月下旬。

寄主：成虫取食锦鸡儿、苹果、沙果、野芍药、桔梗的花；幼虫取食蝗虫卵等。

分布：小五台山西台、北台海拔1000~1400m；保定、唐山、承德、张家口；黑龙江、新疆、内蒙古、山东、北京、湖北；江苏；俄罗斯。

19.82 小斑芫菁

Mylabris splendidula Pallas

体长8~10mm，宽3~3.5mm。本种与苹斑芫菁*M. calida*相似，但体较小，翅基的黑斑沿中缝与小盾片相连，翅中部的斑为相连的横斑，翅端的斑常达翅端。

成虫见于5月上旬~8月下旬。

寄主：锦鸡儿等。

分布：小五台山西台、北台海拔1050~1600m；张家口。

19.80 丽斑芫菁

19.81a 苹斑芫菁（2007年5月4日，西台1200m）

19.81b 苹斑芫菁（1999年8月27日，西台1400m）

19.81c 苹斑芫菁（2007年6月2日，北台1400m）

19.81d 苹斑芫菁（示侧面观）

19.81e 苹斑芫菁（1981年7月15日，西台1350m）

19.81f 苹斑芫菁（2007年5月28日，北台1300m）

（2007年5月4日，西台1180m）

(1999年7月28日，北台1450m)

（2007年5月25日，西台1300m）

19.82 小斑芫菁

19.83 斑芫菁

Mylabris spp.

体长15mm左右。

成虫见于4月下旬～8月下旬。

分布：小五台山西台、北台海拔1220～1400m；张家口。

19.83a 斑芫菁（2007年7月30日，南台1400m）

19.83b 斑芫菁（示侧面观）

19.83c 斑芫菁（1989年7月20日，北台1300m）

19.83b 斑芫菁（2007年6月23日，西台1350m）

19.83e 斑芫菁（2007年6月21日，南台1300m）

19.83f 斑芫菁（2007年7月12日，北台1400m）

19.83g 斑芫菁（2007年6月1日，南台1210m）

19.83h 斑芫菁（2007年6月4日，西台1300m）

19.83i 斑芫菁（2007年8月6日，北台1450m）

19.83j 斑芫菁（2007年5月7日，西台1250m）

19.83k 斑芫菁（2007年5月28日，西台1200m）

附：未定种

（2007年7月6日，南台1500m）

（1981年，南台1600m）

蜣螂科 Scarabaeidae

体中至大型，长卵形，圆筒形、扁平形和球形。体坚硬平滑而有光泽，装有细鳞，往往生绒毛，腹面尤多。前口式，部分下口式。触角为膝状、球杆状，片状部有锯齿状、鳃叶状，亦有鳃叶紧密结合成球状。前胸背板大，等于或大于体长的1/2。鞘翅一般盖达腹端，也有呈截断，露出尾端的，后翅有时退化。足强大，前足适于掘地，胫节幅广，一般有距，前胫齿状显著，跗节5节，爪1对大而强。腹部腹板6个。粪食性。

19.84 大蜣螂

Scarabaeus sacer Lennaeus

体长21～36mm，黑色，微带光泽。触角暗赤褐色，球杆部赤色。雌后胫节内侧密生锈色毛，前额复眼间有2个小突起。前足胫节内侧基部有锯齿，雄1个雌2个。

成虫见于5月中旬～8月下旬。

寄主：兽粪。

分布：小五台山西台、北台、南台、中台海拔800～2000m；唐山、邢台、保定、张家口；内蒙古、山西；朝鲜、埃及。

19.85 赛西蜣螂

Sisyphusäschefferi Linnaeus

体长约11～15 mm。全体黑色,体表常粘着泥土，而在不同的部位显示黄褐、灰褐色。后足相对较长，腿节中部肿大。

成虫见于5月上旬～9月中下旬。

寄主：动物粪便。

分布：小五台山南台、西台、中台、东台、北台海拔 950～1600m；张家口。

19.86 墨侧裸蜣螂

Gymnopleurus mopsus (Pallas,1781)

体长17mm左右。

成虫见于6月上旬～8月下旬。

分布：小五台山西台海拔1140～1750m；张家口。

19.86a 墨侧裸蜣螂（示侧面观）

19.86b 墨侧裸蜣螂（1987年7月25日，西台1600m）

（1981年8月，西台2000m）

（1980年7月15日，北台1800m）

（示侧面观）

（♂；1980年8月10日，西台1800m）

19.84 大蜣螂

（示侧面观）

（1998年8月20日，南台1450m）

（示体表粘有泥土；1981年5月10日，东台1100m）

19.85 赛西蜣螂

19.87 驼古嗡蜣螂

Onthophagus gibbulus (Pallas，1781)

体长12mm左右。

成虫见于7月中旬～8月中旬。

分布：小五台山北台、西台棺材沟海拔1220～1500m；张家口。

19.88 嗡蜣螂

Onthophagus sp.

体长约12mm.似驼古嗡蜣螂O. gibbulus,但本种前胸背板前半部饱满，颈后部两侧无2个明显斜凹；而驼古嗡蜣螂前胸背板颈后部两侧有2个斜凹。

成虫见于7月中旬～8月中旬。

分布：小五台山北台、西台海拔1200～1600m；张家口。

19.89 腐嗡蜣螂

Onthophagus tabidus (Balthasar，1935)

体长9mm左右。

成虫见于6月中旬～8月下旬。

分布：小五台山西台海拔1200～1400m；张家口。

粪蜣科 Geotrupidae

本科与蜣螂科Scarabaeidae很相似，但本科后足胫节有2个端距，小盾片发达，鞘翅上有明显的沟纹。粪食性。

19.90 齿股粪金龟

Geotrupes laeristriatus Motschulsky

体长27～38mm。

成虫见于5月中旬～8月中旬。

分布：小五台山西台海拔1200～1700m；张家口。

19.87a 驼古嗡蜣螂（1980年8月10日，北台1450m）

19.88a 嗡蜣螂（1980年8月11日，北台1500m）

19.89a 腐嗡蜣螂（1989年6月15日，西台1300m）

19.87b 驼古嗡蜣螂（1999年7月20日，西台1220m）

19.88b 嗡蜣螂（1981年7月20日，西台1600m）

19.89b 腐嗡蜣螂（2009年6月19日，西台1350m）

19.90 齿股粪金龟（1981年8月12日，西台1600m）

19.91 戴垂角粪金龟

Bolbotrypes darvidis (Fairmaire, 1891)

体长11mm左右。

成虫见于8月上中旬。

分布：小五台山西台海拔1400～1600m；张家口。

19.92 粪堆粪金龟

Geotrupes stercorarius (Linnaeus, 1758)

体长22mm左右。

成虫见于7月中旬。

分布：小五台山；张家口。

19.91a 戴垂角粪金龟（2000年8月5日，西台1500m）

19.91b 戴垂角粪金龟（示侧面观）

19.92a 粪堆粪金龟（1996年7月15日，小五台山）

19.92b 粪堆粪金龟（示侧面观）

19.93 神农洁蜣螂

Catharsius molossus (Linnaeus)

又名：犀角粪金龟。

体长30mm左右。卵形，黑色具光泽。头扇面状，密布粗大点刻，呈皱纹状。雄虫头具犀角状隆起，大而较尖；雌虫较小。前胸背板中央横隆起，隆起线前方急向下倾斜，呈截面，隆起线近两端各具一犬齿状突起。鞘翅布满细小点刻，每翅有7条细纵线。腹面观，胸部具浓密的黄褐色毛，足着生稀而粗大的赤褐色毛。

成虫见于5月下旬～8月下旬。

寄主：兽粪。

分布：小五台山西台、北台海拔1100～1500m；张家口、廊坊、邢台、保定；台湾；印度、锡兰。

19.93a 神农洁蜣螂(♂；示侧面观)

19.93b 神农洁蜣螂(♂；1981年5月25日，西台1200m)

19.94a 洁蜣螂（1981年8月3日，北台1300m）

19.94 洁蜣螂

Catharsius sp.

体长25～30mm。极似神农洁蜣螂*C. molossus*，但本种雄虫犀角状突起斜向上而不斜向前。

成虫见于7月中旬～8月下旬。

分布：小五台山西台金河口、北台赤崖堡沟海拔 1100～1500m；张家口。

19.95 臭蜣螂

Copris ochus Motschulsky

体长25mm左右。体卵圆形，黑色具光泽。头扁平似扇面，雄虫头部中央有犀角状突起，其角大而尖，上部弯曲，雌虫的犀角状突起小而直。前胸背板中央有1对接近的小丘突，两侧端部各具犬齿状刺突1个。鞘翅具8条细纵沟。腹面观，腹部甚短，胸部和足着生黄褐色长毛。

成虫见于5月下旬～9月上旬。

寄主：兽类。

分布：小五台山西台、北台、东台海拔900～1400m；承德、保定、张家口；朝鲜、日本。

19.95a 臭蜣螂（♀；1997年5月22日，北台1250m）

19.94b 洁蜣螂（2007年7月10日，西台1180m）

19.96 蜣 螂

Copris sp.

体长23mm左右。

成虫见于7月下旬。

分布：小五台山西台海拔1400m左右；张家口。

独角仙科 Dynastidae

体中至极大型，体略呈圆筒状，平滑而有光泽，有时暗色而粗糙。头部及前胸背板，雌、雄的一方或两者均具角状突起。上唇膜质，与头部愈合，上颚可从背面见到，一般呈叶状而弯曲，有时有切口。前胸腹板呈一片，突出前方。前足基节横形，后足基节有端距2个，跗节短或长形。

19.97 阔胸犀金龟

Pentodon patruelis Frivaldszky

又名：阔胸金龟子。

体长24mm左右。深褐至黑色，全体油亮。上颚十分长大，从背面可见。唇基阔呈梯形，前缘侧端有齿突1对，额唇基缝略见后弯，中央有1对瘤突，瘤突间距约为前缘齿距的1/3。前胸背板后侧角圆弧形。

成虫见于6～7月。

寄主：林、果、桑及多种农作物幼苗和根部。

分布：小五台山西台、南台、中台海拔1050～1800m；河北各地；宁夏、山东、山西、陕西、内蒙古、辽宁、黑龙江、北京、天津。

牧场金龟科 Aphodidae

又称浮蜣科，体小型，平滑，圆筒状，褐色或黑色。下口式。触角9节。前胸背板往往有横向隆起，常覆及后胸后侧板。鞘翅光滑或有纵的沟或脊起。后足胫节端距尖形或截断形。粪食性。

19.98 直浮金龟

Aphodius rectus Motschulsky

又名：马粪浮金龟、牧场金龟、宜浮金龟。

体长5～6mm。头胸黑褐色。头上额的前部有3个小瘤起。触角片状部3节组成。小盾片显著。鞘翅浅褐色，每鞘翅上有1个边缘不清楚的深色斑。鞘翅有深纵沟，臀板全部被鞘翅所覆盖。2个中足基节紧挨，后足胫节有2个端距。

成虫见于4月末～8月上旬。

寄主：兽粪便。

分布：小五台山东台、南台、西台、北台、中台海拔 1100～2100m；张家口；北京；蒙古、日本、俄罗斯。

（♀；示侧面观）

（♂；示侧面观）

（♂；2007年5月25日，西台1180m）

（示♀<右>♂<左>的个体大小比较）

（♂；示背面观1981年9月5日，西台1400m）

（2007年7月1日，西台1500m）

19.95b 臭蜣螂

19.96 蜣螂（1997年7月25日，西台1400m）

19.98a 直浮金龟（1981年8月2日，东台2100m）

19.97a 阔胸犀金龟（示侧面观）

19.97b 阔胸犀金龟（1981年6月30日，南台1450m）

19.98b 直浮金龟（示侧面观）

19.99 马粪浮金龟

Aphodius subterraneus Linnaeus

体长6mm左右。

成虫见于7月下旬。

分布：小五台山中台海拔1600m左右；张家口。

19.100 边黄浮金龟

Aphodius sublimbatus Motschulsky

体长5～6mm。头部有3个小瘤起。前胸背板具粗大刻点，鞘翅具深纵沟。前胸背板和鞘翅两侧均为黄褐色边缘。

成虫见于4月下旬～8月下旬。

寄主：兽粪便。

分布：小五台山西台、北台海拔1100～2000m；承德、张家口；天津、台湾；日本。

19.101 浮金龟

Aphodius sp.

体长7mm左右。

成虫见于5月中旬～9月初。

分布：小五台山北台、西台海拔1200～1900m；张家口。

19.102 阿浮金龟

Aphodius apicalis Harold

体长18～25 mm。

成虫见于5月下旬～8月上旬。

分布：小五台山西台、北台水沟海拔1200～1700m；张家口。

鳃金龟科 Melolonthidae

体小至大型，椭圆或略呈圆筒状，黑、褐、绿、蓝等色，具金属光泽。体表平滑或有沟条或粗糙，有时生毛。上唇、上颚为唇基所覆盖。触角鳃叶部尤为发达。前足开掘式，跗节5节，后足着生位置接近中足而远离腹部末端。可见腹板5节。腹部有1对气门露在鞘翅外。爪有齿，大小相等。

19.103 华北大黑鳃金龟

Holotrichia oblita (Faldermann)

又名：朝鲜黑金龟。

体长16～22mm，宽9～11mm。长椭圆形，初羽化时体红棕色渐变黑褐色至黑，有光泽。头部小，密生点刻，触角10节，红褐色。前胸背板侧和后缘中部向外突，前缘中部呈弧形凹陷，背板上有许多点刻。鞘翅肩瘤明显，鞘翅外缘及会合处有纵行隆起，每个鞘翅内各有3条不明显的隆起带，翅上点刻上较多。前足胫节外侧生有3齿，内侧生一棘刺与中齿相对，后足胫节一侧生有2端距。腹部腹板生有黄色绒毛，腹部光亮分节线中部不明显。雄虫末节中部凹陷，其前一节中央有1条三角形横沟，生殖孔中央向前凹陷，雌虫末节隆起，生殖孔中央不向前凹陷。

成虫见于7月中旬～8月中旬。

寄主：杨、柳、榆、桑、茶、槐以及禾本科作物、蔬菜和杂草。

分布：小五台山西台海拔1600m左右；张家口、保定、石家庄；内蒙古、山西、北京、天津、河南、陕西、宁夏、辽宁、吉林、黑龙江、山东、江苏、浙江。

19.104 暗黑鳃金龟

Holotrichia parallela Motschulsky

又名：桑金龟。

体长18～19mm。黑色，无光泽。外形与华北大黑鳃金龟*H. oblita*相似。头较小，唇基前缘中央稍许内弯向上卷，点刻粗大。触角10节，红褐色。前胸背板前缘有1列直立刚毛。小盾片具刻点。鞘翅具4条不显著的纵脊，点刻粗大，散生于带间，肩瘤明显。前胫节外侧具3个钝齿，内侧生1棘刺；后胫节细长，端部一侧生有2根端距，跗节5节，末节最长，端部生1对爪，爪中央垂直着生1齿。雄虫臀板

19.103a 华北大黑鳃金龟（1980年7月20日，西台1600m）

19.104 暗黑鳃金龟

19.100 边黄浮金龟（1981年5月28日，西台1450m）

19.101 浮金龟（1981年8月20日，北台1900m）

19.102 阿浮金龟（1981年5月26日，西台1200m）

19.103c 华北大黑鳃金龟（示侧面观）

后端尖削，雌虫则浑圆。

成虫见于6月下旬～8月上旬。

寄主：桑、榆、柳、杨。

分布：小五台山西台、北台海拔1100～1500m；邯郸、邢台、张家口、承德、保定、唐山；黑龙江、辽宁、吉林、内蒙古、山西、北京、四川、江苏、山东、浙江、湖南等。

19.105 东北大黑鳃金龟

Holotrichia diomphalia Bates

又名：东北大黑金龟子、瞎碰。

本种似华北大黑鳃金龟*H. oblita*，但本种体型较小，臀板隆凸末端分为2个矮圆凸，隆凸高度略超过末节腹板之长，第5腹板中部三角形凹坑较宽（雄）。而华北大黑鳃金龟臀板隆凸末端较圆尖，其高度几乎达到末腹板长的一倍。

成虫见于7月中旬。

寄主：小叶杨、加杨、香椿、油松、落叶松、水曲柳、榆、柳、枫杨、苦楝、水杉、板栗、核桃、栎、麻。

分布：小五台山北台海拔1600m左右；张家口、保定、承德、石家庄；辽宁、河南、湖北、福建、陕西。

19.106 棕齿爪鳃金龟

Holotrichia titanis Reitter

又名：棕色鳃金龟。

19.105a 东北大黑鳃金龟（1980年7月15日北台1600m）

19.105b 东北大黑鳃金龟（示侧面观）

体长14～18mm。

成虫见于5月下旬～6月下旬。

分布：小五台山北台、南台海拔1300～1400m；张家口。

19.107 毛黄鳃金龟

Holotrichia trichophora Fairmaire

体长13～17mm。黄褐色，被黄褐色细长行。两腹眼间有1条明显的横脊。雄虫触角鳃叶部细长较大，雌虫则短粗较小。鞘翅质地较薄，肩瘤明显，密生长毛。小盾片光滑无毛。腹部光泽具细短毛，臀板边缘具显著隆脊。前胫节外侧具3个锐齿，内侧着生1根棘刺，后腿节发达，胫节喇叭状，跗节5节，端部生一对爪，爪中垂直着生一齿。

成虫见于5月中旬～7月中旬。

寄主：杨、泡桐、水杉。

分布：小五台山西台海拔1200～1500m；邢台、保定、廊坊、唐山、沧州、承德、张家口；河南、山东、山西、陕西、北京、天津。

19.106 棕齿爪鳃金龟

19.107a 毛黄鳃金龟（1980年6月30日，西台1300m）

19.107b 毛黄鳃金龟（示侧面观，及体被黄褐色细毛）

19.108 大云斑鳃金龟

Polyphylla laticollis Lewis

又名：大云斑金龟、云斑金龟子、读书郎、花石金龟子。

体长35～40mm，棕黑色，有白色短毛组成的云斑。头大，具粗大点刻和皱纹，密生淡褐色和白色鳞片。头盾横长方形，前缘和外缘向上翻转。雄虫鳃片部各节甚长而弯，共7节，而雌虫则甚短小。前胸背板表面有浅而密的不规则刻点，并散布白色鳞片群，形成3条纵线，其宽大于长2倍，中央及后方隆起，前方下倾，两侧缘及后缘弧形。小盾片甚大，半椭圆形，黑色，表面光滑盖有白色鳞片。鞘翅布乳白色云状斑。腹部腹面分节纹明显，纵有霜状物覆盖，臀板三角形。前胫节外侧雄虫有2齿，雌虫有3齿。

成虫见于7月下旬～8月中旬。

寄主：松、杨、柳、榆、刺槐和多种农作物。

分布：小五台山东台海拔约1000m；张家口、保定、承德、邯郸；宁夏、辽宁、吉林、黑龙江、山西、北京、内蒙古；日本、朝鲜。

19.108a 大云斑鳃金龟（♂；示侧面观）

19.108b 大云斑鳃金龟（♂；1988年7月20日，东台1100m）

19.108c 大云斑鳃金龟（♀；1980年8月10日，东台1200m）

19.109 小云斑鳃金龟

Polyphylla gracilicornis Blamch

又名：褐须金龟子、小云斑金龟、云斑金龟子、读书郎。

体长28～30mm。本种与大云斑鳃金龟*P. laticollis*极相似，但本种体型显然较小，前胸背板无中央滑线，虫体底色为赤褐色，鞘翅花纹较稀（而大云斑鳃金龟底色为紫黑色，鞘翅花纹较密）；雄虫臀板上的毛灰褐色，宽短，分布稀（大云斑鳃金龟的毛细长分布密）；雄虫前足胫节外侧有齿1个（大云斑鳃金龟有2～3个）在小五台山区这两种鳃金龟混合发生。

成虫见于7月上旬～8月中旬。

寄主：松、栎、杨、华山松和多种农作物。

分布：小五台山东台海拔850～1000m；保定、衡水、张家口、河南、山西、宁夏、青海、陕西、甘肃、四川、内蒙古。

19.110 灰粉鳃金龟

Melolontha incanus (Motschulsky)

又名：粉吹金龟子、灰胸突鳃金龟。

体长25mm左右。棕色，被灰白色短毛如覆盖粉状物。头部近方形，密布刻点，唇基前缘近平直，触角10节，雄虫鳃叶部很大，由7节组成，略弯曲。前胸背板后缘中段弓形后扩。翅面上具3条纵隆带。腹面被有粉状物。臀板三角形伸向后下方。前胫外侧3齿。中足基节间有长大的中胸腹突，伸达前足基节。

成虫见于7月中旬～8月中旬。

成虫食树叶，幼虫食植物的根。

分布：小五台山东台海拔约1100m；张家口、保定、承德、石家庄、邯郸；辽宁、天津。

19.111 小灰粉鳃金龟

Melolontha frater Arrow

体长24mm左右。棕色被白色短毛，似一层粉状物。头部长方形，唇基前缘平直，触角10节，雄虫鳃叶部很大，由7节组成，略弯曲。前胸背板后缘中央外弯。后胸椎突短小，包藏于黄毛间。胸部腹板密生黄色长毛。鞘翅上有3条纵隆起。臀板三角形。前胫节外侧有明显2齿，跗节5节，端部有1对爪，爪上有1个小黄齿；后胫节的二端距位于一侧。

成虫见于8月上旬。

成虫食多种树叶，幼虫食植物的根。

分布：小五台山东台海拔850～950m；张家口、保定、石家庄、邢台、承德；山西。

19.112 日本鳃角金龟

Melolontha japonica Burmeista

体长约25mm。

成虫见于7月上旬。

分布：小五台山西台海拔1300m左右；张家口。

19.113 黑绒鳃金龟

Maladera orientalis Moeschulsky

又名：黑绒金龟子、天鹅绒金龟子、黑豆虫、东方绢金龟，当地群众称为“洛虎子”。

19.109a 小云斑鳃金龟(♂；2007年7月9日，东台1200m)

19.109b 小云斑鳃金龟（♂；示侧面观）

19.109c 小云斑鳃金龟（示飞翔状）

19.110a 灰粉鳃金龟(♂；示侧面观；1981年8月2日，东台1200m)

19.111d 小灰粉鳃金龟（♀；1981年8月2日，东台1400m）

19.111e 小灰粉鳃金龟（♂；1997年8月7日，东台1100m）

19.110b 灰粉鳃金龟（♀；1989年7月20日，东台1300m）

19.111a 小灰粉鳃金龟（♂；1980年8月8日，东台1300m）

19.111b 小灰粉鳃金龟（♂；示侧面观）

19.111c 小灰粉鳃金龟（♀；示侧面观）

19.112 日本鳃角金龟（♀；1980年7月3日，西台1300m）

体长8～10mm。卵圆形，羽化初期为褐色逐渐变为黑褐色乃至黑色，体有有丝绒状闪光。头顶黑色有点刻，复眼大而突出。触角10节，红褐色，雄虫鳃叶部细长，基节上有一瘤状突起，雌虫鳃叶部短粗，基节无突起。前胸背板宽大，宽为长的2倍，前缘与侧缘相接为锐角状，侧缘列生刺毛，背板密布点刻。鞘翅上点刻较多，有似条绒状的10条纵列隆起带。腹部光亮，臀板三角形。前足胫节外侧有2齿，后足胫节上生有较多刺，端部两侧各有1个端距，跗节端部有1对爪，爪有齿。

成虫见于4月中旬～5月下旬。

寄主：榆、杨、桑、刺槐、落叶松、沙枣、枣、苹果、梨、杏、柿、葡萄、梅、大豆、玉米、小麦、亚麻、棉花等100多种植物。为小五台山区杏树实生苗和仁用杏嫁接苗春季的主要食叶昆虫之一。

分布：小五台山西台、北台、南台海拔1100～2000m；河北各地；黑龙江、辽宁、吉林、北京、内蒙古、山西、天津、甘肃、青海、浙江、江西、河南、湖北、陕西、宁夏、台湾、江苏；俄罗斯、朝鲜、日本、蒙古。

19.114 阔胫鳃金龟

Maladera verticalis（Fairmaire, 1888）

又名：阔胫褐绒金龟子、赤绒金龟、阔胫玛绢金龟。

体长8～9mm。长卵形，赤褐色有光泽。唇基缘向上翘折，有光泽，背面观呈弧形突出。触角10节，雄虫鳃叶部细长，雌虫则短粗。复眼大，黑色。前胸背板前窄后宽，侧缘向外弯曲，前角尖，后角钝。小盾片三角形，端部较尖。鞘翅具密纵隆脊，后部横截状。腹部臀板三角形。前胫节外侧2齿，后胫节扁宽，端距在胫端两侧，外缘上有棘刺群，跗节端部有1对爪，爪上有齿。

成虫见于7月上旬～8月中旬。

寄主：杨、柳、榆、梨、苹果等。

分布：小五台山西台、南台海拔900～1200m；河北各地；辽宁、天津、北京、山东、江苏、山西、陕西；俄罗斯、朝鲜。

19.115 小阔胫鳃金龟

Maladera ovatula（Fairmaire, 1891）

又名：小阔胫玛绢金龟。

体长7～8mm。赤褐色有光泽，唯头顶为黑褐色。唇基宽大，前缘上卷。触角10节，黄褐色。体表较粗，刻点较深乱。前胸背板向前下方倾斜，中部高，有光泽，前缘向内弯，侧缘稍向外突出，前角锐，后角钝。鞘翅短，翅面上纵列隆起带较多，侧缘后部接近弧形。腹部臀板雄虫呈三角形，前角较圆，后角较钝，雌虫后缘较尖，后角较锐。前胫节扁宽，外侧有2个锐齿，后腿节发达，后胫节扁宽。本种与阔胫鳃金龟*M. verticalis*相似，但本种体较小，小于8mm，头顶黑褐色，而阔胫鳃金龟体长大于8mm，头顶和体色颜色一致。

成虫见于7月中旬～8月下旬。

寄主:杨、柳、柿、泡桐、枣等。

分布：小五台山西台、北台海拔1000～1300m；河北各地；河南、福建。

19.116 鳃金龟

Maladera sp.

体长9mm左右，似黑绒鳃金龟*M. orientalis*,但前胸背板前缘较平直，两侧弧度较小。

成虫见于5月上旬。

分布：小五台山西台海拔1050m左右；张家口。

19.113a 黑绒鳃金龟（2007年5月4日，西台1050m）

19.113b 黑绒鳃金龟（2007年5月5日，西台1050m）

19.113c 黑绒鳃金龟（2007年5月21日，西台1200m）

19.113d 黑绒鳃金龟（2007年4月18日，西台1180m）

19.114a 阔胫鳃金龟（1999年7月28日，南台1100m）

19.114b 阔胫鳃金龟（示侧面观）

19.115a 小阔胫鳃金龟（示侧面观）

19.115b 小阔胫鳃金龟（1998年8月10日，西台1200m）

19.116 鳃金龟（2007年5月2日，西台1050m）

19.117 五台婆鳃金龟

Brahmina wutaieusis Zheng et Wang

体长16mm左右。

成虫见于8月上旬。

分布：小五台山西台金河口海拔1250m左右；张家口。

19.118 福婆鳃金龟

Brahmina faldermanni Kraatz

又名：毛棕鳃金龟。

体长9～12mm。棕色。前胸背板密布大小具毛刻点，毛长而竖立，侧缘粗强锯齿形。鞘翅密布具毛刻点，基部之毛长如前胸的毛。小盾片刻点稀，被竖毛。雄触角片状部短，腹部无中纵沟。爪端部深裂。

成虫见于7月中下旬。

分布：小五台山西台海拔1200～1400m；张家口、石家庄、邢台；山东、北京、天津。

19.119 赛婆鳃金龟

Brahmina sodakovi (Mannerheim)

体长15mm左右。

成虫见于7月下旬。

分布：小五台山；张家口。

19.120 拟凸眼绢金龟

Ophthalonoserica rosinae Pic

体长7mm左右。

成虫见于7月上旬～8月下旬。

分布：小五台山；张家口。

19.121 红脚平爪鳃金龟

Ectinohoplia rufipes (Motschulsky, 1860)

体长约9mm。

成虫见于5月中旬～8月下旬。

分布：小五台山西台海拔1200～1450m；张家口。

19.122 黑星长脚鳃金龟

Hoplia aupeola (Pallas)

体长14 mm左右。

成虫见于5月上旬～7月上旬。

寄主：杏、梨等花。

分布：小五台山西台杨树沟、北台、南台、中台海拔1180～1840m；张家口。

19.123 围绿单爪鳃金龟

Hoplia cincticollis (Faldermann)

又名：长脚棕翅鳃金龟。

体长12～15mm。头、胸及腹部黑褐色，鞘翅棕色。头上有银绿鳞片，前胸背板密布棕黄竖立鳞片，四周有银绿色鳞片，鳞片间散生纤毛。鞘翅密布卧生淡褐鳞片。臀板及腹下密被淡银绿色鳞片。足强大，胫节无距，后足只有一个爪，前、中足2个爪大小有异，较大爪端部分裂，小爪只有大爪的1/3强。

成虫见于6月上旬～8月上旬。

寄主：杨、桦等。

分布：小五台山西台、南台海拔1100～1300m；邯郸、保定、承德、张家口。

19.117a 五台婆鳃金龟（示侧面观）

19.117b 五台婆鳃金龟（1991年8月10日，西台1250m）

19.118 福婆鳃金龟

19.120a 拟凸眼绢金龟（1984年7月18日，小五台山）

19.119a 赛婆鳃金龟（1985年7月28日，小五台山）

19.119b 赛婆鳃金龟(示侧面观)

19.120b 拟凸眼绢金龟(示侧面观)

19.121a 红脚平爪鳃金龟（2000年7月20日，西台1400m）

19.121c 红脚平爪鳃金龟（2009年7月7日，西台1450m）

19.121b 红脚平爪鳃金龟（2001年5月28日，西台1500m）

19.121d 红脚平爪鳃金龟（2007年5月24日，西台1200m）

19.124 黄绿单爪鳃金龟

Hoplia communis Waterhouse

又名：长脚鳃金龟、油桐黄绿鳃角金龟子。

体长14～23mm。

成虫见于6月上旬～7月下旬。

寄主：丁香等。

分布：小五台南台松树沟海拔1200～1420m；张家口。

19.125 黑皱鳃金龟

Trematodes tenebrioides (Pallas)

体长13～17mm， 黑色无光泽。体背密布粗大刻点，并多相互相连而成凹凸不平的皱纹。触角10节，棒节3节。前胸背板横宽，侧缘锯齿状并生褐色缘毛。鞘翅基部明显窄于前胸背板，向后稍宽，最宽处在鞘翅中部，后翅退化呈芽状，不能飞，善爬行。爪无爪齿。

成虫见于7月中旬。

幼虫取食榆、杨、柳等。

分布：小五台山中台、北台、西台海拔1250～1400m；张家口；山东、辽宁、河南、山西、陕西、甘肃、宁夏。

19.126 桦条绢金龟

Sericania sachalineusis Matsumura

又名：桦大茶色金龟子。

体长15～24mm。

成虫见于6月中旬。

分布：小五台山西台海拔1300m左右；张家口。

19.127 帕金龟

Tricholontha papagena Nomura

成虫见于1981年6月中旬。

分布：小五台山南台到中台道，海拔2650m左右；张家口。

19.128 阔金龟

Kolbeus coreanus Kolbe

体长17mm左右。

成虫见于6月中旬～7月中旬。

分布：小五台山西台场部、北台海拔 1200～1500m；张家口。

19.129 爬皱鳃金龟

Trematodes potanini Semenov

体长13～20mm。黑色。头胸密布粗大刻点，表面挤皱。前翅具粗糙皱纹，纵隆脊不明显。后翅退化，狭长似蜻蜓之翅，长度可达第4背板。

成虫见于7月中下旬。

分布：小五台山西台、中台海拔1200～1400m；张家口。

19.122 黑星长脚鳃金龟（2007年6月4日，西台1200m）

19.123a 围绿单爪鳃金龟（2007年7月2日，西台1250m）

19.124a 黄绿单爪鳃金龟（♀；1980年7月20日，南台1320m）

19.124b 黄绿单爪鳃金龟（♂；1980年6月30日，南台1300m）

19.123b 围绿单爪鳃金龟（2007年7月10日，南台1200m）

19.123c 围绿单爪鳃金龟（2009年6月17日，西台1150m）

19.123d 围绿单爪鳃金龟（2007年6月24日，南台1200m）

19.126 桦条绢金龟（1981年6月15日，西台1300m）

19.128 阔金龟（1981年7月16日，西台场部1200m）

19.129 爬皱鳃金龟（缺头部；示侧面观；1981年7月15日，中台1350m）

丽金龟科 Rutelidae

体中等大小。似鳃金龟科Melolonthidae,多美丽种类，有金属光泽，鞘翅往往有膜质部边缘。气门6个，3个在腹间膜上，3个在腹板上。后足胫节有2个端刺。2个爪的长度不等，尤以后足为甚。成虫、幼虫均植食性，多数为农、林业的重要昆虫。

19.130 粗绿丽金龟

Mimela holosericea Fabricius

又名：粗绿彩丽金龟。

体长14～20mm。鲜绿色，腹部腹面与足紫铜色具强烈铜绿闪光。唇基前缘及前胸背板前侧方部分黄褐色。头和前胸背板密布大小不一刻点并呈皱纹。唇基长大近长方形，额唇基缝下陷成沟。胸腹面密被黄褐绒毛。前胸指突较细弱，端部前弯似钩。鞘翅具纵纹4条，第1条明显而直，第2条模糊，第3、4条隐约可辨。

成虫见于6月中旬～8月中旬。

寄主：油松等。

分布：小五台山西台、北台、南台海拔1000～1800m；保定、承德、张家口。

19.131 琉璃弧丽金龟

Popillia atrocoerulea Bates

又名：琉璃金龟子。

体长13～14mm。蓝紫色，具强烈光泽。唇基与额愈合。前胸背板光亮，仅前缘和侧缘点刻明显。鞘翅较短宽，后端明显窄缩，翅面具纵刻点列。臀板全部外露，有两个显著的白色毛斑。腹板各节两侧各有1个白色毛斑。前足胫节外侧有2个齿，各足有2个爪均不等长。

成虫见于7月上旬～8月上旬。

寄主：杨、柳、豆类。

分布：小五台山西台、东台、北台海拔950～1300m；邯郸、邢台、保定、廊坊、承德、张家口；河南。

19.132 中华弧丽金龟

Popillia quadricguttata Fabricius

又名：四纹丽金龟、葡萄金龟子、葡萄巴拉子、四纹金龟子。

体长12mm左右。绿黑色，有光泽。头及前胸背板金绿色，鞘翅大部黄褐色，沿两翅会合线部分绿色，侧缘有黑色条。触角9节，红褐色，鳃叶较大。唇基短，梯形，前缘钝稍向上翻。前胸背板圆形隆起，强烈闪光，前缘内弯两角突出，侧缘弧状外弯，后缘外扩，但中部略呈弧状内陷。小盾片三角形。鞘翅宽短，后方明显收窄使臀板裸露于外，翅面纵沟刻点和线条明显。腹部腹面1～5节侧面有白毛构成的斑点，臀板上具2个白毛斑。前胫外侧具2个齿，内侧有1 根棘刺。前、中足均着生1对爪，一爪扁粗端部分叉，一爪细长不分叉；后足爪不等大也不分叉。两中足间有指形突起。雌雄区别：雄虫触角长而大，雌虫短而粗；雄虫的跗节基部4节等长，爪粗大，胫节末端刺小；雌虫第1跗节等于其他3节之和，爪瘦小，胫节末端刺大。

成虫见于7月上旬～8月下旬。

寄主：杨、栎、榆、紫穗槐、栗、榛、月季、山花椒、苹果、梨及大豆、玉米等农作物。

分布：小五台山北台、中台、西台海拔1100～1500m；保定、唐山、承德、张家口；黑龙江、吉林、辽宁、山西、内蒙古、北京、天津、河南、湖北、山东、福建、台湾、宁夏、甘肃、青海、陕西。

19.130a 粗绿丽金龟（2007年7月25日，西台1500m）

19.130b 粗绿丽金龟（2007年7月10日，南台1400m）

19.130c 粗绿丽金龟（2007年6月24日，西台1200m）

19.130d 粗绿丽金龟(示侧面观)

19.130e 粗绿丽金龟（2007年6月24日，西台1200m）

19.130f 粗绿丽金龟（2007年7月31日，南台1800m）

19.131 琉璃弧丽金龟（1981年8月8日，东台1300m）

19.132 中华弧丽金龟（1980年7月15日，西台1450m）

19.133 豆蓝弧丽金龟

Popillia indigonacea Motsch-ulsky

又名：豆蓝金龟子。

体长13～14mm。椭圆形，蓝紫色，具光泽。唇基区与额区愈合，具刻点。前胸背板光亮，仅前缘和后缘有刻点。鞘翅短宽，后端明显收缩，翅面具纵刻点列。臀板外露，腹面有毛，腹部分节明显。前足胫节节侧有2齿，各足的爪均不等长。

成虫见于7月上旬～8月中旬。

寄主：杨、梨、苹果、豆类。

分布：小五台山北台海拔1100～1450m；邢台、石家庄、保定、唐山、承德、张家口；北京、山东、陕西。

19.134 无斑弧丽金龟

Popillia mutans Newman

又名：蓝紫金龟、黑绿金龟、墨绿丽金龟。

体长9～14mm。本种外形似豆蓝弧丽金龟*P. indigonacea*，但体色为墨绿色或紫蓝色，具强烈青铜色闪光，臀板无毛斑。唇基近半圆形。前胸背板中央无明显的刻点。鞘翅于小盾片后方有深显横凹。

成虫见于7月下旬～8月下旬。

寄主：栎等。

分布：小五台山南台、北台海拔1100～1310m；张家口、唐山、承德、邢台、石家庄；江西、河南。

19.135 黄褐异丽金龟

Anomala exoleta Faldermann

体长13～15mm。长卵形，全体赤褐油亮，腹面较淡呈黄褐色。头顶具点刻，唇基长方形，前侧缘向上卷。触角9节，黄褐色，雄虫鳃叶部大而长，雌虫细而短。前胸背板侧缘弧形，后缘中央外弯，前缘内弯有膜状缘。小盾片三角形，与前胸背板接连处密生黄色细毛。鞘翅具3条纵脊，密生点刻。前胫节外侧2齿，中、后足爪不等长，前、中足各有一爪分叉。臀板外露被细长毛，边缘具细脊。

成虫见于6月上旬～8月下旬。

寄主：杨、柳、榆、黄波罗。

分布：小五台山西台、东台、南台、北台海拔1000～1600m；保定、承德、张家口、唐山、邯郸、廊坊；吉林、黑龙江、辽宁、北京、天津、山东、河南、山西。

19.136 多色异丽金龟

Anomala chaemeleon Fairm-aire

又名：方头绿丽金龟、姬金龟。

体长12～14mm。体色变异较大，有黑褐色、黄褐色、深铜绿色等不同色型，曾被分别命名为*A. smaragdisa*、*A. rufocuprea*。触角9节，鳃状部宽长，其长相当于触角全长的1/2。头、胸、小盾片密布细刻点。前胸背板后缘无明显边框，内侧仅见浅宽横沟，后侧角圆弧形。腹部前3～4节侧端纵脊状，无或有淡色斑点，但淡色斑不呈三角形。

成虫见于8月上旬。

分布：小五台山东台海拔1100～1600m；张家口、承德。

19.134 无斑弧丽金龟（2007年8月14日，南台1300m）

19.133a豆蓝弧丽金龟（1981年7月28日，北台1400m）

19.133b 豆蓝弧丽金龟（2007年8月1日，北台1300m）

19.133c 豆蓝弧丽金龟（2007年8月1日，北台1300m）

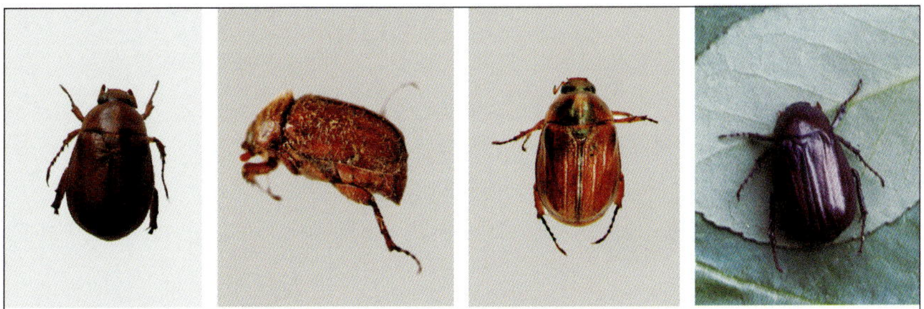

（1981年6月15日，东台1000m） （示侧面观） （1999年7月12日，西台1250m）

19.135 黄褐异丽金龟

（1981年8月2日～8月8日，东台1000m～1200m）

（示侧面观）

19.136 多色异丽金龟

19.137 铜绿丽金龟

Anomala corpulenta Motschulsky

又名：铜绿金龟子。

体长15～18mm。全身铜绿色，有光泽。头部较大，深绿色。触角9节，黄褐色。前胸背板发达，绿色，密生点刻，两侧边缘有1mm宽黄褐色。鞘翅为黄铜绿色，有光泽，每鞘翅有3条不甚明显的隆起纵纹，以会合处隆起纵纹较明显。胸部腹板黄褐色，有细毛。腹部米黄色，有光泽，臀板三角形，上有一三角形黑斑。雌虫腹面乳白色，末节为一棕黄色横带，生殖孔前缘中央不向前凹陷，雄虫生殖孔前缘中央向前凹陷。足腿节为黄褐色，胫节和跗节深褐色，前足胫节外侧具2齿，对面生一棘刺，跗节5节，端部生1对不等大的爪，前、中足的爪，1个端部分叉，1个不分叉，后足均不分叉。

成虫期6月中旬～7月下旬。

寄主：杨、柳、榆、栎、松、杉、柏、核桃、栗、柿、苹果、沙果、海棠、樱桃、梨、杏、桃等。

分布：小五台山北台、西台、南台、中台、东台海拔1100～1450m；张家口；河北各地；黑龙江、辽宁、天津、山西、内蒙古、北京、山东、江苏、浙江、河南、湖北、湖南、四川、陕西、甘肃、青海。

19.138 蒙古丽金龟

Anomala mongolica Faldermann

体长约18mm。体色变化大，亮绿色、紫铜色或紫茄色。体长椭圆形，密布粗大刻点。前胸背板前窄后宽向头部弯曲，前缘具透明膜质饰边。鞘翅肩瘤明显，纵隆带不明显，侧缘中点以后有宽阔膜质饰边。腹面有紫铜色闪光。前足胫节外侧只有1个齿明显可见，跗节5节，端部1个爪，1个分叉，1个不分叉。后足爪均不分叉但大小不等。

成虫见于6月下旬～8月下旬。

寄主：杨、柳、柞、黄波罗等。

分布：小五台山南台、北台海拔1200～1430m；张家口、承德、保定、唐山、石家庄；山东、辽宁、吉林、黑龙江。

19.139 斑喙丽金龟

Adoretus tenuimaculatus Waterhouse

又名：茶色金龟子、茶色金龟、葡萄丽金龟。

体长9～11mm。长椭圆形，茶褐色，体被黄褐色鳞毛。前胸背板侧缘呈圆角状外突，后侧角近直角形。鞘翅上有4条纵线，并杂生较显的灰白色小毛斑。后足胫节外侧缘有1个齿突。腹面栗褐色，亦密被绒毛。

成虫见于6月中旬～8月上旬。

寄主：刺槐、杨、柳、栎、梧桐、黄檀、核桃、苹果、杏、木槿。

分布：小五台山西台、南台、东台、北台海拔850～2000m；保定、承德、张家口、邯郸；北京、江西、湖北、湖南、广西、广东、江苏、浙江、台湾、陕西；日本、俄罗斯。

19.140 毛喙丽金龟

Adoretus hirsutus Ohaus

体长10～11mm。体较细长，黄褐色，被细长针状毛，不组成毛斑。前胸背板甚短阔，宽为长的2.3～3倍，后侧角斜圆。小盾片呈长三角形，略低于翅面。鞘翅盖及腹部末端。前胫节外侧3齿，各足爪均一大一小，大爪末端分叉。后足胫节发达与腿节等粗。

成虫见于6月下旬～7月下旬。

分布：小五台山南台、中台海拔1100～1600m；张家口、沧州；天津、山东。

19.137 铜绿丽金龟

19.138a 蒙古丽金龟（1981年7月20日，南台1300m）

19.138b 蒙古丽金龟（示不同色型；侧面观）

19.139a 斑喙丽金龟（示侧面观）

19.139b 斑喙丽金龟（1981年7月15日，西台1800m）

19.139c 斑喙丽金龟（1981年6月15日；北台1250m）

19.140a 毛喙丽金龟（示侧面观）

19.140b 毛喙丽金龟（1981年6月28日，南台1250m）

19.141 庭园发丽金龟

Phyllopertha horticola (Linnaeus)

体长11mm。

成虫见于6月中下旬。

分布：小五台山；张家口。

19.142 普发丽金龟

Phyllopertha pubicollis Waterhouse

体长：13～17mm。

成虫见于4月中旬～5月上旬。

寄主：沙棘、柳、苹果、梨、杨、杏、榆、葡萄等，主要在开花的果树上取食。

分布：小五台山南台海拔1350～1450m；张家口。

19.143 苹毛丽金龟

Proagopertha lucidula Fald

又名：苹毛金龟子、长毛金龟、铜克郎。

体长10～12mm。头、前胸背板、小盾片绿色带有紫色闪光。头顶多绿色点刻，复眼黑色。触角9节，红褐色，雌虫鳃叶短小，雄虫则甚长大。前胸背板多点刻和绒毛，前缘内弯有膜状缘，侧缘弧形外弯，后缘中央外弯。胸腹板密生灰黄色长毛，腹部有白毛，光泽性强，分节纹明显。鞘翅短宽，黄铜色带有闪绿，翅有上纵行点刻，肩瘤明显。前足胫节外侧具2齿，内侧有1个棘刺，前中足均着生1对不等大的爪，大爪端部分叉，小爪不分叉，后足胫节喇叭状，有列刺，跗节5节，端部生1对爪不分叉，中足基节有前突。

成虫见于5月中旬～6月下旬。

寄主：杨、柳、榆、苹果、梨、杏、桃、樱桃、核桃、栗、葡萄。

分布：小五台山北台、西台、中台、东台、南台海拔1000～1300m；张家口；河北各地；吉林、辽宁、黑龙江、北京、天津、内蒙古、山西、山东、陕西；俄罗斯。

19.144 弓斑丽金龟

Cyriopertha arcuata Gebler

体长10～13mm。体黄褐色，具黑色斑纹。头部黑色，唇基褐色，前缘平直上卷。前胸背板褐色，侧缘中点后方内凹，后角外扩成直角，侧缘上卷；前胸背板中部自前缘至后缘有大块黑斑，两侧各有1个小黑斑，黑斑大小有变化。小盾片黑色，光亮。鞘翅缝肋黑色，中部有弓状黑斑，但有时不明显或消失。前足胫节2齿钝，雄虫无内距。后胫节外侧中、下部具带刺横脊。跗节下方具针状刺发达。爪简单无分裂。

成虫见于5月下旬～6月下旬。

寄主：杨、榆。

分布：小五台山西台海拔1180～1300m；张家口；山东、辽宁、山西、陕西、甘肃。

19.145 蓝边矛丽金龟

Callistethus plagiicollis Fairmaire

体长约15mm。

成虫见于6月上旬～7月中旬。

分布：小五台山东台海拔1000m左右；张家口。

19.141a 庭园发丽金龟（2003年6月19日，小五台山）

19.143a 苹毛丽金龟(♂；1981年6月10日，南台1200m)

19.143b 苹毛丽金龟(♀；1980年5月29日，西台1150m)

19.143c 苹毛丽金龟（2007年5月25日，北台1200m）

19.141b 庭园发丽金龟

19.143d 苹毛丽金龟（示取食梨花状；2003年5月20日，西台1100m）

19.144a 弓斑丽金龟（1991年6月10日，西台1300m）

19.144b 弓斑丽金龟（2007年5月24日，西台1180m）

19.145 蓝边矛丽金龟（1993年6月20日，东台1300m）

19.145 蓝边矛丽金龟（示侧面观）

19.145 蓝边矛丽金龟（2007年7月10日，东台1100m）

19.144c 弓斑丽金龟（2007年5月24日，西台1180m）

19.144d 弓斑丽金龟（2007年5月25日，西台1200m）

斑金龟科 Trichiidae

体中至大型。美丽，多毛。似花金龟科Cetoniidae,但前胸背板后缘较鞘翅基部为窄，后胸后侧板从背面不能见，鞘翅侧缘不呈波曲状。访花甲虫。

19.146 虎皮斑金龟

Trichius fasciatus Linnaeus

又名：束带斑金龟。

体长11mm左右。体黑色，密生黄色长绒毛。头部密布刻点，复眼大而突出，唇基略方形，前缘向内凹。触角暗褐色。前胸背板覆盖黄色长绒毛，中央呈球面凸起。小盾片亦被黄茸毛。鞘翅上有一倒写隶书的“北”字形黄褐色纹，翅面着生短而稀的黄毛，翅端平截形，腹端外露。腹面黑色具光泽。

成虫见于7月上旬～8月上旬。

寄主：油松、胡萝卜等。

分布：小五台山西台、南台、中台、东台海拔1000～1500m；承德、张家口。

19.147 斑金龟

Trichius sp.

体长10～14mm。

成虫见于7月上旬～8月中旬。

分布：小五台山南台、北台、西台海拔1100～1500m；张家口。

19.148 短毛斑金龟

Lasiotrichius succinctus (Pallas)

体长11mm左右。

成虫见于7月上旬～8月中旬。

分布：小五台山西台金河口、南台、东台海拔1280～1500m；张家口。

19.149 暗铜绿格斑金龟

Gnorimus viridiopacus Lewis

体长21mm左右。

成虫见于8月上中旬。

分布：小五台山西台海拔1200m左右；张家口。

19.150 宽带鹿角斑金龟

Dicronocephahus adamsi Pascoe

又名：灰翅鹿斑金龟。

体长17～22mm。胸翅覆盖灰粉状物。前胸背板有2条较长的黑色带。鞘翅端瘤和翅端瘤显出黑色斑。小盾片侧缘黑色。雄性头上具2个角状突起。爪黑色。

成虫见于8月上旬。

分布：小五台山南台海拔1500m左右；张家口、承德、唐山；西藏、四川；日本、朝鲜。

19.147c 斑金龟（示侧面观；1993年8月2日，南台1500m）

19.147b 斑金龟（2007年7月12日，西台1200m）

19.146a 虎皮斑金龟（1981年7月15日，中台1400m）

19.146b 虎皮斑金龟（示侧面观）

19.147a 斑金龟（2007年7月12日，西台1200m）

19.148b 短毛斑金龟（示侧面观）

19.148d 短毛斑金龟（2007年8月14日，南台1450m）

19.149a 暗铜绿格斑金龟（1998年8月1日，西台1200m）

19.149b 暗铜绿格斑金龟（示侧面观）

19.148a 短毛斑金龟（1981年7月10日，西台1300m）

19.148c 短毛斑金龟（2007年7月3日，北台1200m）

19.148e 短毛斑金龟（2007年7月24日，北台1400m）

19.150 宽带鹿角斑金龟（1981年8月5日，南台1500m）

花金龟科 Cetoniidae

体中至大型，有金属光泽，颜色多鲜明。体阔，背面扁平。上唇退化或膜质。中胸腹板有圆形向前突出。小盾片大。鞘翅侧缘有凹刻，体从此处露出一部分。气门位于腹板的背面。前足基节垂直。多在白天花间活动觅食。

19.151 白斑跗花金龟

Clinterocera mandarina (Westwood)

体长15mm左右。

成虫见于7月下旬～8月上旬。

分布：小五台山北台海拔1500～1600m；张家口。

19.151a 白斑跗花金龟（2002年8月8日，北台1500m）

19.151b 白斑跗花金龟（1984年7月25日，北台1600m）

19.152a 白星花金龟（2007年7月7日，北台1600m）

19.152 白星花金龟

Potosia (Liocola) brevitarsis Lewis

又名：白星金龟子、白星花潜。

体长19～24mm。黑紫铜色，闪光，前胸背板和鞘翅上有不规则的白色花斑。头部较长，触角10节，眼大而突出，唇基前缘中央微凹。前胸背板前狭后阔，前缘内弯，侧缘外弯，后缘中央内弯两侧外弯。中胸腹突基部显著缢缩，前缘微弧弯或近直。小盾片较窄长，顶端钝，鞘翅侧缘近基部显著向内弯曲。腹部腹面分节明显，近中央两侧及侧缘各节有对称的白斑。臀板横宽，具绒斑6块。前胫外侧具3齿，内侧生1棘刺。

成虫见于6月中旬～8月上旬。

19.152b 白星花金龟（2007年7月2日，北台1650m）

19.152c 白星花金龟（2007年7月16日，南台1800m）

19.152d 白星花金龟（2007年7月22日，西台1900m）

19.152e 白星花金龟（2007年7月30日，北台1900m）

寄主：杨、榆、柏、栎、苹果、李、梨、桃、杏、樱桃、苦楝、玉米等。

分布：小五台山北台、西台、南台1000～2200m；河北各地；吉林、辽宁、黑龙江、北京、天津、河南、山东、江苏、江西、湖南、山西、宁夏、陕西、安徽、湖北；俄罗斯、日本、朝鲜。

19.153 白星花金龟塞乌亚种

Potosia brevitarsis seulensis Kolbe

体长20mm左右。

成虫见于8月上中旬。

分布：小五台山西台金河口海拔1200m左右；张家口。

19.152f 白星花金龟（示群集取食榆树干状；2000年7月10日，西台1400m）

19.152g 白星花金龟（示群集取食番茄状；2007年7月25日，西台1200m）

19.153 白星花金龟塞乌亚种（1981年8月12日，西台1200m）

19.154 大岛蓝花金龟

Protaetia exasperata Nakane

体长18～23mm。

成虫见于6月中旬～8月上旬。

分布：小五台山西台坟湾、南台薛地沟海拔 1100～1600m；张家口。

19.155 小青花金龟

Oxycetonia jocunda Faldermann

又名：银点花金龟。

体长12mm左右。暗绿色，常有青、紫等色闪光。头较长，眼突出。前胸背板近梯形，前缘呈弧形凹入，后缘近平直，两侧各有白斑1个，有时侧缘有白色条斑。小盾片三角形，末端稍锐。鞘翅有白斑7个，臀板横列4个白斑。腹板黑色，分节明显，各节有排列整齐的细长毛，腹部侧缘各节后端具白斑。前胫节外侧具3齿。本种体色与花斑有多种变异，可分为不同色型。

成虫见于为5月下旬～9月中旬。

寄主：榆、杨、栎、苹果、杏、桃、山楂、栗、葱。

分布：小五台山南台、西台、东台海拔1100～2100m；张家口；河北各地；陕西、四川、云南、台湾、内蒙古、山西、北京、辽宁、吉林、黑龙江、江苏、浙江、山东、湖南等。

19.156 斑青花金龟

Oxycetonia bealiae (Gory et Percheron)

体长13～17mm。前胸背板和鞘翅几乎不具毛或毛较少。鞘翅中部有1个大红斑，红斑下侧角有1个银白色或银黄色横斑。

成虫见于5月上旬～6月初。

分布：小五台山东台海拔约1100m；张家口。

19.157 褐锈花金龟

Poecilophilides rusticola Burmeister

体长14～16mm。体较宽背腹扁平，深黄褐色具不规则的黑色花斑。头部黑色近方形，中央有1个黄褐色梨形斑，唇革与额愈合。前胸背板大，后缘弧形。鞘翅侧缘近基部明显收缩。腹面黑色，行稀少，腹部分节明显，臀板横宽。前胫节外侧3齿。

成虫见于6月下旬～8月下旬。

寄主：成虫吸食榆、杨、柳、栎伤口流出的汁液，亦取食农作物。

分布：小五台山北台海拔1300～1450m；张家口、承德；江西、江苏、河南。

19.158 黄斑短突花金龟

Glycyphana fulvistemma Motschulsky

又名：油桐黑色金龟。

体长12～14mm。体黑色，背面、腹面及足均有光泽。头部具较浅而稀的点刻，唇基刻点较密。前胸背板中区略凸起，中间有1条黄色棱形细条斑，两侧各具对称的小黄斑点，侧缘呈弧形。小盾片光滑，长三角形。鞘翅外缘于肩下有一较明显的向内凹陷，翅面具明显的纵脊，其中央有数个长短不齐的黄褐斑纹，似积木状；斑后近翅端各有1个黄褐斑点。前胸腹面和前足着生黄褐色毛。后胸和腹部各节中间有1条明显点刻。

成虫见于7月上旬～8月上旬。

寄主：山杨等。

19.154a 大岛蓝花金龟（1981年8月7日，南台1600m

19.154b 大岛蓝花金龟（1981年6月12日，西台1100m）

19.155c 小青花金龟（2007年9月12日，东台1300m）

19.155d 小青花金龟（2007年6月18日，南台1200m）

19.156 斑青花金龟（2009年6月17日，东台1400m）

19.155a 小青花金龟（2007年5月25日，西台1180m）

19.155b 小青花金龟（2007年8月29日，东台1900m）

19.155f 小青花金龟（2007年5月26日，西台1250m）

19.155g 小青花金龟（2007年6月23日，南台1400m）

19.157a 褐锈花金龟（1981年7月19日，北台1350m）

19.157b 褐锈花金龟（1999年8月28日，北台1350m）

19.158 黄斑短突花金龟（1981年7月8日，南台1400m）

分布：小五台山南台海拔1350～1450m；承德、张家口；辽宁、吉林、黑龙江、北京、内蒙古、江苏、浙江、江西、四川。

附：未定种

（1998年7月28日，中台1500m）

（1981年8月2日，南台1550m）

（1998年7月28日，中台1500m）

（1981年6月30日，南台1400m）

（1985年6月20日，北台1380m）

（2007年7月1日，西台1180m）

（示腹面观）

（1998年6月25日，南台1700m）

（1981年5月，北台1300m）

（2002年7月29日，西台1520m）

（1981年6月20日，中台1600m）

（2003年7月1日，中台1550m）

（1998年6月20日，北台1450m）

（示侧面观）

（2001年7月15日，西台1400m）

（2007年5月24日，西台1200m）

（2002年7月29日，西台1520m）

（1999年8月10日，西台1550m；本标本似蒙古丽金龟，但鞘翅纵隆带明显，而蒙古丽金龟纵隆带不明显）

（2007年5月24日，西台1200m）

（2009年6月16日，东台900m）

（2007年6月25日，南台1400m）

（2007年7月10日，西台1400m）

（2007年5月25日，西台1250m）

（2007年5月24日，西台1200m）

（2007年5月25日，西台1250m）

（2007年5月25日，西台1280m）

（2007年5月25日，西台1300m）

（2007年5月25日，西台1250m）

（2009年6月20日，西台1450m）

叩头甲科 Elateridae

体小至中型，多为暗色种类，体狭小，末端尖削，略扁。头小，紧镶在前胸上。前胸背板后侧角突出成锐刺。前胸腹板中间有一根尖锐的刺，嵌在中胸腹板的凹陷内。前、中胸间有关键，能有力的活动。触角长，多为锯齿状。足短，跗节5节。后足基节扁，能盖住腿节。腹部可见节为5节。幼虫称金针虫。

19.159 细胸叩甲

Agriotes fuscicollis Miwa

体长8～9mm，宽约2.5mm，暗褐色，密部灰色短毛，有光泽，复眼显着。触角淡褐色，第1节粗而长，第2、3节等长，从第4节起前端稍大。头、胸部黑褐色，前胸背板略带圆形，长大于宽，后缘角伸向后方。鞘翅长约为前胸长的2倍，暗褐色，密生灰色短毛，鞘翅上有9条纵列的点刻，足赤褐色。

成虫见于6月上旬～7月中旬。

寄主：多种树木、农作物的刚发芽的种子、嫩茎、根。

分布：小五台山西台、东台海拔1000～1300m；张家口、承德、石家庄、邯郸、沧州；辽宁、吉林、黑龙江、内蒙古、宁夏、山东、河南、山西、甘肃、陕西、江苏、安徽；日本。

19.160 泥红西槽缝叩甲

Agrypnus argillaceus (Solsky)

体长14mm左右。

成虫见于5月中旬～8月下旬。

分布：小五台山、西台、南台、东台海拔约1400m；张家口。

19.161 双瘤槽缝叩甲

Agrypnus bipapulatus (Candeze)

体长约15mm（所附标本体上沾有泥土）。

成虫见于6月上旬～7月下旬。

分布：小五台山北台海拔1200～1500m；张家口。

19.160d 泥红西槽缝叩甲（2007年8月15日，东台1300m）

19.159 细胸叩甲（1981年6月5日，东台1200m）

19.160b 泥红西槽缝叩甲（2007年7月3日，东台1250m）

19.160e 泥红西槽缝叩甲（2007年8月15日，东台1200m）

19.161a 双瘤槽缝叩甲（1989年6月16日，北台1200m）

19.160a 泥红西槽缝叩甲（2007年6月25日，南台1300m）

19.160c 泥红西槽缝叩甲（2007年5月26日，西台1200m）

19.161b 双瘤槽缝叩甲（示侧面观）

19.161c 双瘤槽缝叩甲（1989年7月8日，北台1400m）

19.162 角梳爪叩甲

Melanotus legatus Candeze

分布：小五台山；张家口。

19.163 褐叩甲

Melanotus sp.

体长15～17mm，宽4mm左右。体黑褐色，被有黄色短毛。头黑色，密生较粗刻点。前头横隆线向前突出作弧形。触角赤褐色，第1节长而粗，第2节最短，第3节长于第2节，第4节起为锯齿状。前胸背板前缘窄，后缘角向后突出如刺，背面正中线后方有一纵凹，其两侧刻点粗大而密集，形成斜皱纹。小盾片长形，上有刻点，后端圆。鞘翅有细纵沟，间室微隆起，上有小刻点。体腹面密布纵长形刻点及黄毛。足赤褐色，爪下侧有刺1列如梳，前足胫节扁形。

成虫见于6月下旬～8月上旬。

幼虫取食麦、谷、玉米、高粱等农作物的根部。

分布：小五台山；邢台；宁夏。

19.164 沟叩甲

Pleonomus canaliculatus Faldermann

雌体长14～17mm，宽4～5mm；雄体长14～18mm，宽3.5mm。体浓栗色，全体密被金黄色细毛。足浅褐色。头部扁形，前方有三角形洼凹，密布明显刻点。前胸背板呈半球形隆起，宽大于长，密布刻点，中央有微细纵沟，后缘角稍向后缘突出。幼虫从胸背至第8腹节背面正中有一明显的细纵沟，故得名。

成虫见于6月上旬～7月下旬。

寄主：幼虫取食多种林、果苗木和农作物的根、嫩茎和刚发芽的种子。

分布：小五台山西台海拔1100～1300m；张家口；河北各地；河南、陕西、山东、山西、甘肃、青海、辽宁、内蒙古、江苏、安徽、湖北。

19.165 椭体直缝叩甲

Hemicrepidius oblongus (Solsky, 1870)

体长12mm左右。

成虫见于7月上旬～8月上旬。

分布：小五台山南台海拔1200～1500m；张家口。

19.166 黑头红叩甲

Ampedus puniceus Lewis

体长15mm左右。

成虫见于5月下旬～7月中旬。

分布：小五台山南台东沟寺、西台海拔1200～1600m；张家口。

19.163 褐叩甲

19.164a 沟叩甲（1981年6月8日，西台1180m）

19.164b 沟叩甲（2009年6月17日，西台1250m）

19.166a 黑头红叩甲（1981年6月14日，南台1430m）

19.165a 椭体直缝叩甲（示侧面观）

19.165b 椭体直缝叩甲（2001年8月2日，南台1450m）

19.165c 椭体直缝叩甲（2007年7月15日，南台1300m）

19.166b 黑头红叩甲（2007年7月2日，西台1570m）

19.166c 黑头红叩甲（2007年5月25日，西台1200m）

附：未定种

（1999年6月5日，西台1400m）

（2007年5月5日，西台1180m）

（2002年8月20日，中台1500m）

（1981年6月20日，西台1300m）

（1981年5月28日，南台1300m）

（1989年7月20日，中台1500m）

（2009年6月17日，北台1320m）

（1981年7月15日，南台1380m）

（1980年6月5日，东台1150m）

吉丁虫科 Buprestidae

虫体坚实，常有美丽的金属光泽。体形似叩头虫，但前胸与鞘翅连接处不凹下。前胸腹板后端虽有突起嵌入中胸腹板凹窝内，但前、中胸密接，当虫背着地时不能跃起。触角锯齿状，11节。腹部可见5节，但第1、2节腹板愈合。幼虫钻食针、阔叶树及果树枝干或根部的形成层，可引起树木死亡，为重要的林木、果树昆虫。

19.167 杨锦纹截尾吉丁虫

Poecilonota variolosa (Paykull)

体长雌13～19mm，雄13～17mm。虫体扁平，近似纺锤形楔状，紫铜色，有金属光泽，鞘翅上有黑色的短线点及斑纹。触角锯状，11节。复眼大，肾形。前胸背板有刻点，宽长方形，宽于头部与鞘翅前缘等宽，中线突起光滑呈黑色。每一鞘翅上有10条纵沟。腹部腹面可见5节，具明显亮绿色金属光。雌虫最末腹节腹板先端呈倒“V”形凹入，雄虫则先端凹入部不尖，呈方形。

成虫见于5月下旬～7月上旬。

幼虫钻蛀小青杨、青杨和小叶杨等树干，使树势衰弱以至死亡，遇强风时可导致风折，被寄生后还易感染烂皮病和粗毛栓菌等干部病害。

分布：小五台山西台、南台海拔1200～1400m；承德、张家口；辽宁、吉林、黑龙江。

19.168 山杨柳截尾吉丁虫

Poecilonota chinensis Thery

体长13～17mm，体黑色，具铜色斑纹。头部略显中缝。复眼肾形，黄褐色。胸部侧缘略呈弧形，背部中脊黑色，表面有不平的鼓包，不甚规则。小盾片略呈不规则方型。鞘翅黑色发亮，表面具多条纵沟，铜色斑纹布满其表面，鞘翅末端平截，两鞘翅紧闭，约于整个鞘翅1/4处紧缩。

成虫见于6月下旬。

寄主：山杨、柳。

分布：小五台山西台坟湾海拔约1300m；张家口；山东、吉林、辽宁、黑龙江、内蒙古、山西。

19.169 翡翠吉丁虫

Scintillatrix limbata(Gebler)

又名：金缘吉丁、褐绿吉丁、金背吉丁、梨金缘吉丁。

成虫体长15～18mm。全体翠绿色有金属光泽。前胸背板和鞘翅的外缘红色有金光。颜面有粗刻点，中央有倒“Y”形隆起。触角黑色。前胸背板密布细刻点，中间最宽，外缘弧形，背中线蓝色光滑隆起，其两侧各有2条不整齐的蓝色纵纹。小盾片扁梯形。鞘翅上有14条纵沟，中央2条甚短，另有纵列蓝小斑，略隆起，翅端锯齿状。腹部末端雄虫向内凹较深，雌内略凹入广而浅。

成虫见于6月中旬～7月下旬。

幼虫蛀食苹果、沙果、杏、桃、梨等韧皮层，也可钻蛀木质部。

分布：小五台山西台、东台、北台海拔840～1400m；承德、张家口；宁夏、山西、内蒙古、北京。

19.167a 杨锦纹截尾吉丁虫（1981年6月14日，西台1350m）

19.168 山杨柳截尾吉丁虫（1981年6月29日，西台1300m）

19.169a 翡翠吉丁虫（1981年7月20日，北台1400m）

19.167b 杨锦纹截尾吉丁虫（2007年5月25日，南台1300m）

19.169b 翡翠吉丁虫（2007年6月12日，东台1300m）

19.170 六星吉丁虫

Chrysobothris affinis Fabricius

又名：六星铜吉丁。

体长约13mm，全体紫褐色，有紫色闪光。复眼椭圆形，黑褐色。触角锯齿状，紫褐色。鞘翅上各有3个金绿色小斑点，近圆形，稍凹陷，肩角下方各有一长形浅凹陷。腹面中间部分及腿节内侧翠绿闪光明显。足其他部分紫褐色。

成虫见于7月上旬～8月上旬。

幼虫取食苹果、梨、桃、杏、樱桃、核桃、栗、木槿等树干的皮层及木质部。

分布：小五台山南台、西台海拔1100～1300m；邢台、承德、张家口；辽宁、山东。

19.171 桦双尾吉丁虫

Dicerca acuminata (Pall.)

体长14～23mm。黑色或古铜色具有金属光泽。复眼，椭圆形，黑色有金属光泽。前胸背板中部具2条隆脊，其两侧各有较短的隆起。鞘翅背面具刻点形成的多条纵沟，端部较长，分离。

成虫见于2007年8月上中旬。

寄主：桦、山楂。

分布：小五台山东台、南台海拔1200～1700m；张家口；北京、山西、辽宁、吉林、内蒙古。

负泥虫科 Crioceridae

体小至大型，头一般前伸。前口式。唇基发达，在上颚基部的面积相当大。后头发达，呈颈状，复眼突出，多数有凹切，不与前胸前缘接触。前胸一般筒型，背板两侧无边框。后翅有1个臀室，后足腿节粗大。成虫一般陆生，少数水生，幼虫蛀茎、潜叶、食叶、食根等，食性差异极大。

19.172 蓝负泥虫

Lema (Lema) concinnipennis Baly

体长4.3～6mm，宽2～3mm。体长形，体背金属蓝色，腹面及足黑蓝色，有些个体最后3节腹节为黄褐色。触角第5节明显短于第3、4节之和。头顶呈三角形拱隆，中央有深纵沟，表面有较密的刻点和短毛；颈部有稀刻点，有些个体前胸背板刻点较密则颈部刻点也稍密。前胸背板宽略大于长，两侧中部收缩较深，收缩较深的部位有密皱纹，表面较平坦，刻点变化较大，一般粗大而不太密，但有的很密，并有聚拢成堆的情况，侧凹后横沟深浅也有变化。小盾片舌形，有时末端稍平直，表面有小刻点和细毛。鞘翅基部凸，其后有清楚的横凹。体腹面及足被黄金色短毛。雄虫第1腹节基部有纵隆线，其长度稍短于第7腹节之半。跗爪基部合并。

成虫见于7月中下旬。

寄主：鸭跖草、菊、蓟等。

分布：小五台山北台海拔1400～1500m；承德、张家口；北京、河南、陕西、江苏、浙江、湖北、江西、福建、台湾、广西、四川、云南；朝鲜、日本、俄罗斯、菲律宾。

19.173 枸杞负泥虫

Lema decempunctata Gebler

体长4.5～5.8mm，宽2.2～2.8mm。头、触角、前胸背板、小盾片、体腹面均蓝黑色。头部有粗密刻点，头顶平坦，中央有1条纵沟。触角长度略超过鞘翅肩部，自第3节以后渐粗。前胸背板近方形，两侧中部稍收缩，表面平，无横沟。小盾片舌形。鞘翅基部之后稍宽，末端圆钝，翅面较平，刻点粗大；鞘翅黄褐色至红褐色；每个鞘翅上有5个近圆型的黑斑，其肩胛1个，中部前、后各2个，但斑点的数目、大小有变化，有的个体全部消失。足黄褐至红褐色，基节、腿节端部及颈节基部黑色，胫节端部和跗节黑褐色，有时基部黑色。

19.170a 六星吉丁虫

19.172a 蓝负泥虫

19.172b 蓝负泥虫（1981年7月18日，北台1420m）

19.170b 六星吉丁虫（1981年7月25日，南台1200m）

19.170c 六星吉丁虫（1981年7月31日，西台1280m）

19.171 桦双尾吉丁虫（2007年8月13日，东台1200m）

19.173a 枸杞负泥虫（示交尾状；1999年8月2日，北台1300m）

19.173b 枸杞负泥虫

成虫见于7月中旬～8月上旬。

寄主：枸杞。

分布：小五台山北台上寺沟海拔1100～1300m；张家口、石家庄、邢台；北京、山东、内蒙古、山西、新疆、宁夏、陕西、甘肃、青海、四川、西藏、江苏、浙江、江西、湖南、福建。

19.174 蓝翅距甲

Poecilomorpha (Clytraxeloma) cyanipennis (Kraatz)

又名：短胸距甲。

体长7.9～10.5mm，宽3.6～4.2mm。头、胸、腹面和足红褐色，鞘翅金属蓝紫色。触角（除基部1～4节红褐外）、小盾片、足胫节末端和跗节黑色，有时触角全部褐色或第1～4节上有黑点。体被较长毛。复眼内缘、前、中胸侧板、后胸腹板两侧、中、后足腿节外侧和第5腹节中部有黑斑，头、颈部和前胸背板中央有大黑斑，其形状变异较大。头部刻点密，头顶有凹洼。触角伸达翅肩，第1、3节细长，第2、4节短小，第5节起膨大成锯齿形。前胸背板横沟很深，两条沟之间明显隆起，中央有纵凹，表面刻点细密，有时稀疏。小盾片端部稍隆起，后缘弧形凹节，略呈倒梯形，刻点密。鞘翅基部刻点较深而密，端部渐细而稀。臀板大部外露，端部半圆形。雌、雄虫后足腿节均有1个大齿，位于腹中央稍后，齿尖与腿节垂直，雄虫的齿更大，胫节比雌虫更弯曲，胫节端有2距，爪为单齿。

成虫见于5月下旬～8月上旬。

寄主：豆科植物。

分布：小五台山西台、南台海拔1180～1400m；张家口、保定、承德；黑龙江、辽宁、甘肃、北京、陕西、江苏、浙江、江西、福建；俄罗斯、朝鲜。

肖叶甲科 Eumolpidae

多中、小型种类。体圆柱形、卵形、长方形或五边形。多具鲜艳的金属光泽，表面光滑，个别亚科除外。头顶部分或大部分嵌入前胸内，口器下口式。复眼椭圆形或肾形。唇基与额之间一般无明显分界，上唇横宽。触角丝状、锯齿状或端部膨阔；11节，位于复眼之间或靠近复眼前缘；触角之间被整个额所隔开。鞘翅多具缘褶，后翅翅脉具臀室2个。腹部腹面可见5个腹节，第2～4腹节正常或中部狭缩呈半环形。后足腿节常较粗大或明显膨大；颈节一般较细长，端部凹切或不凹切；跗节第3节分为两叶，假4跗型；爪简单或纵列成两片。不少种类为农林业重要昆虫。

19.175 豆蓝叶甲

Colasposoma dauricum Mannerheim

体长5～7mm，宽3～4mm。体黑铜色，有蓝色光泽。头部向下，大部嵌在前胸内。触角丝状，端部数节粗扁。复眼明显突出。前胸背板稍窄于鞘翅，具清楚的圆形侧缘，前胸宽约为长的2倍，前角尖锐，表面隆起，密布粗深刻点。小盾片近方形，基半部具刻点。鞘翅隆凸，肩胛突出，光亮，其下微凹，刻点粗密混乱。体腹面具白色细毛。雄虫前足胫节顶端膨大并向内弯。

成虫见于6月下旬～7月中旬。

寄主：杨柳、小麦、甘薯等的叶。

分布：小五台山西台、南台、北台水沟海拔1100～1400m；张家口、保定；河南。

19.174a 蓝翅距甲（1980年7月29日，南台1350m）

19.174b 蓝翅距甲（2007年5月25日，西台1180m）

19.175 豆蓝叶甲（1981年6月25日，北台1300m）

19.176 麦颈叶甲

Colasposoma dauricum dauricum Mannerheim

又名：甘薯叶甲指名亚种、金牛、黑盖虫、蓝盖虫。

体长5～7mm、宽3～4mm。体色变异较大，多铜色和蓝色，亦有青铜色、绿色、蓝紫色、蓝黑色及紫铜色等。上唇暗红至黑色。触角基部2～6节，黄褐色，有时向端部略带蓝色，端部5节黑色略粗，呈圆筒形而不扁阔，各节外长约为宽度的2倍，第2节粗短，第3～5节细长，彼此长度略等，第6节较短，稍长于第2节。复眼内侧无纵沟，额唇基后部中央瘤突低平，此处有横向凹陷。头顶明显隆凸，中央常可见纵沟痕。小盾片近于方形。刻点一般较细而稀。鞘翅刻点细小，刻点沟较光平，杂有微细刻点，有时具皮革状细皱纹。雄虫前足胫节顶端明显膨大并向内弯，爪2裂。雄虫阳茎端部较狭，末端尖锐。本种与甘薯叶甲*C. dauricum auripenne*的主要区别：甘薯叶甲在肩胛下方有1个闪蓝色光的三角形斑，触角基部6节蓝色有金属光泽，很少黄色，端部5节的各节长度小于其宽度的2倍，多扁阔粗壮。额唇基中部中央瘤突明显。雄虫阳茎端部两侧稍宽，末端稍钝。

成虫见于5月末～6月下旬。

幼虫取食小旋花的根部，成虫于小麦灌浆期在麦穗颈部咬小孔产卵其中造成损失。

分布：小五台山西台海拔1100m左右；张家口；河北各地；黑龙江、辽宁、吉林、内蒙古、青海、宁夏、甘肃、新疆、北京、山西、陕西、山东、江苏、河南、安徽、湖北、四川；日本、俄罗斯、缅甸、印度、朝鲜。

19.177 甘薯叶甲

Colasposoma dauricum auripenne (Motschulsky)

成虫见于7月上旬。

分布：小五台山西台、北台海拔1100～1300m；张家口。

19.178 杨梢叶甲

Parnops glasunowi Jacobson

又名：杨梢金花虫、咬把虫。

体长5～6.5mm，宽2.1～3mm。体狭长，底色黑或褐黑。背、腹面密被灰黄色或黄绿色平卧的鳞片状毛。额唇基、上唇和足淡棕红或淡棕黄色。头宽，基部嵌于前胸内。复眼内缘稍凹切，内侧无纵沟。唇基横宽与额愈合，前缘中部稍凹，弧形，上唇横宽，前缘凹切。触角丝状，等于或稍长于体长之半，第1节粗大，长椭圆形，第2节短于第3节而稍粗，第3节稍短于第4节，第4节短于其后各节。前胸背板矩形，宽大于长，与翅鞘、翅基部约等宽，其前缘稍弧弯，侧边平直，前角圆形，稍向后突，后角成直角，小盾片舌形。鞘翅两侧平行，端部狭圆，基部稍隆起但不明显。前胸前侧片前缘稍凹。前胸腹板狭而隆起。中胸腹板狭长。足粗壮，中、后足胫节端部外侧稍凹切，跗节1～3节宽，略成三角形，爪纵裂。

成虫见于6月下旬～8月上旬。成虫产卵于土中，幼虫孵化后取食寄主根部。成虫咬食叶部。

寄主：杨、柳、梨。

分布：小五台山西台、北台海拔1100～1300；张家口；河北各地；辽宁、内蒙古、甘肃、新疆、山西、陕西、河南；俄罗斯。

19.179 东北杨梢叶甲

Parnops sp.

体长5.5mm左右，似杨梢叶甲*P. glasunowi*，常与其混合发生，但体色明显为黑褐色，前胸前缘较向前膨出。

成虫见于7月上旬。

寄主：杨、柳等。

分布：小五台山西台坟湾海拔1350m左右；张家口；辽宁、黑龙江。

19.176a 麦颈叶甲（1981年5月28日，西台1100m）

19.176b 麦颈叶甲（1980年6月8日，西台1100m）

19.176c 麦颈叶甲（2009年6月19日，西台1100m）

19.178a 杨梢叶甲（1981年6月28日，北台1300m）

19.176d 麦颈叶甲（示侧面观）

19.178b 杨梢叶甲（1981年6月28日，北台1300m）

19.178c 杨梢叶甲（示侧面观）

19.178d 杨梢叶甲（示旱柳嫩梢被害状）

19.178e 杨梢叶甲（示柳叶叶柄被害状）

19.180 皱背叶甲

Abiromorphus anceyi Pic

体长6～8，宽2.2～2.9mm。体略呈长方形，背面金属绿色，常具紫铜色光泽，腹面铜绿色或铜紫色；被灰色或银白色卧毛，头和体腹面毛被密，前胸背板和鞘翅毛稀疏。头部刻点大而深，刻点间距隆起呈纵皱纹状。上唇棕黄色横宽，具一横列7、8个刻点。触角丝状棕黄色，长稍超过鞘翅肩部，第1节膨大，第2节椭圆形，第3～4节约等长，长于第2节而短于其后各节，末端5节稍粗。前胸背板横宽，略呈四方形，宽一般不超过长的2倍，两侧的中部稍凹下；侧边完整，稍向外敞出；前缘平直，后缘弧形并较粗厚，呈边框状；盘区刻点粗密，间距隆起，呈横皱状。小盾片宽短，表面光亮，末端钝圆。鞘翅基部大于前胸，两侧平行，全面密布横皱纹，刻点较大而深，基部刻点较端部明显。腿节粗大，无齿，中、后足胫节不凹切，爪简单，不具齿。本种明显特征为前胸背板和鞘翅均具横皱纹。

成虫见于7月中下旬。

寄主：柳、杨、枣、桃等。

分布：小五台山西台、北台海拔900～1210m；张家口、保定、邯郸；北京、黑龙江、吉林、辽宁、江苏、浙江；朝鲜。

19.181 中华萝藦叶甲

Chrysochus chinensis Baly

体长7.2～13.5mm，宽4.2～7mm。体粗壮，长卵形，金属蓝、蓝绿或蓝紫色。触角黑色，末端5节无光泽。此种变异较大。头部刻点稀、密、深、浅，因个体而有差异，一般唇基处的刻点较头其它部分细密，毛被亦较密。头中央有1条细纵纹，有时此纹不明显。触角基部各有一光滑而隆起的瘤。触角达到或超过鞘翅的肩部，第1节膨大如球形，第2节短小，第3节约为第2节的2倍，末端5节稍粗而较长。复眼内侧和上方各有1条浅狭沟。前胸背板长大于宽；盘区中部高隆，两侧低下，如球面，前角突出，侧边明显，中部之前弧圆形，中部之后较直，盘区刻点疏、密、大、小不等。小盾片心形或三角形，蓝黑色，有时中部具一红斑，表面光滑或具微细刻点。鞘翅基部稍宽于前胸，肩胛和基部均隆起，二者之间有1条纵凹，基部之后有1条或深或浅的横凹，盘区刻点大小不一，一般在横凹处和肩胛的下面刻点较大，排列成略规则的纵行或不规则排列。前胸前侧片前缘凸出，刻点和毛被密。前胸后侧片光亮，具稀疏的几个大刻点。前胸腹板长方形，在前足基节之后向两侧展宽。中胸腹板亦宽，方形。雄虫的后缘中部有一个向后伸的小尖刺。

成虫见于5月下旬～8月下旬。

寄主：茄、芋、甘薯等。

分布：小五台山西台、北台、南台海拔1100～1400m；河北各地；黑龙江、吉林、辽宁、内蒙古、甘肃、青海、山西、陕西、山东、河南、江苏、浙江；朝鲜、日本、俄罗斯。

19.179 东北杨梢叶甲（1981年7月5日，西台1350m）

19.181a 中华萝藦叶甲（1981年6月18日，西台1200m）

19.181b 中华萝藦叶甲（1997年7月2日，北台1300m）

19.181c 中华萝藦叶甲（2007年5月30日西台1100m）

19.181d 中华萝藦叶甲（2007年6月25日南台1200m）

119.181e 中华萝藦叶甲（2007年6月22日北台1300m）

19.181f 中华萝藦叶甲（2007年6月22日，北台1300m

19.181g 中华萝藦叶甲（2007年6月15日西台1200m）

19.181k 中华萝藦叶甲（2007年8月14日，南台1400m）

19.180 皱背叶甲（1981年7月20日，北台1200m）

19.181h 中华萝藦叶甲（2007年7月16日北台1250m）

19.181i 中华萝藦叶甲（2009年6月17日西台1300m）

19.181j 中华萝藦叶甲（2007年7月10日南台1400m）

19.181l 中华萝藦叶甲（2009年6月7日西台1220m）

19.181m 中华萝藦叶甲（2007年7月12日，南台1400m）

19.181n 中华萝藦叶甲（2007年6月24日，西台1280m）

19.181o 中华萝藦叶甲（2007年7月12日，西台1300m）

19.181p 中华萝藦叶甲（2007年6月22日，北台1300m）

19.182 中华钳叶甲

Labidostomis chinensis Lefevre

体长6～9mm、宽3mm。蓝绿色、有金属光泽；鞘翅土黄或棕黄色，肩部无黑斑。上唇黄色或棕黄色。触角基部4节黄褐色，锯齿节具蓝紫色闪光。头、胸和体腹面着生浓密的白毛。雄虫体型较瘦长。头长方形，斜向前伸。额唇基前缘略呈方形或波浪形凹切，中部微向前突出，两侧双齿较小，相距较宽。额唇基后部在触角基部之间稍隆起，两复眼间的横沟凹陷较浅，凹内刻点粗密。后缘具细皱状隆起。头顶光亮，刻点细小而稀疏。触角较短，约达前胸背板后缘，第1节粗大，长卵形，背面部分染蓝色，第2节球形与第3节略等长而稍宽，第4节长于第3节，外侧顶端微呈角形突出，自第5节起锯齿状。前胸背板横宽，刻点细小而较稀，分布均匀。小盾片长三角形，末端钝圆，表面有小刻点和毛。鞘翅刻点粗密，排列不规则，靠近小盾片和中缝处刻点较疏。前足粗大。胫节细长，向内弯曲，第1跗节较宽而长。雌虫体形略宽短，头部向下，上颚不前伸；两复眼之间的凹较浅。额唇基前缘直，触角较短，第2、3节等长，圆球形；前足正常，前足胫节不明显弯长，前跗第1节不宽大。

成虫见于5月中旬。

寄主：胡枝子、青杨。

分布：小五台山西台海拔1200m左右；承德、张家口；黑龙江、辽宁、内蒙古、山东、北京、山西、甘肃、陕西；朝鲜、俄罗斯。

19.183 二点钳叶甲

Labidostomis bipunctata (Mannerheim)

体长7～11mm，宽3.5～4mm。体长方形，蓝绿到靛蓝色，有金属光泽。鞘翅黄褐色，肩胛上各有1个黑斑。触角基部4节褐黄色，锯齿节蓝黑色。头顶及体腹面被白色竖毛，后者较密，前胸背板光裸无毛。雄虫体形较狭长。头大长方形，上颚强大，钳形前伸。上唇黑色，前缘常带褐红色。额唇基两侧和后部高隆，向前倾斜，唇基前缘凹切呈双齿状，齿间平截；紧靠触角窝的内侧各有1个三角形的深坑，有时向前开口，并沿额唇基侧缘伸达上额基部，形成八字形浅沟。此深坑之后，复眼的两内侧为一高的瘤状突起，使两复眼之间的凹陷更深圆，凹内刻点粗大。头顶高凸，刻点细密。触角第1节粗大，背面黑蓝色，第2节小，圆球形，第3节细长，为第2节长的1.5～2倍，第4节长于第3节。前胸背板刻点细密，近前缘中线两侧有2个斜凹，凹内刻点较深密，基部中央两侧低凹，有时着生短毛。小盾片平滑无刻点。鞘翅刻点细密，不规则排列。前足胫节明显长于腿节，其内侧前缘着生一排刷状毛束，第1跗节长，约为第2、3两节长度之和。雌虫体形较短粗，头部向下，上颚正常。两复眼之间凹陷浅，额唇基前缘呈弧形凹切，触角短，第3节略长于第2节。前足胫节与腿节等长或稍长，不弓弯。

成虫见于5月上中旬。

寄主：胡枝子、青杨、榆。

分布：小五台山西台海拔1200m左右；承德、张家口；黑龙江、辽宁、内蒙古、北京、山西、陕西、山东、甘肃；朝鲜、俄罗斯。

19.184 光背锯角叶甲

Clytra laeviuscula Ratzeburg

体长10～11.5mm、宽4～5mm。长方形，漆黑光亮。鞘翅麦秆黄至棕黄色，肩胛处有一略呈方形或圆形的黑斑，中部稍后有1个宽黑横斑。小盾片黑色。触角除2、3节暗红色外，其余黑色。头顶及体腹面被银白色毛，前胸背板隆凸，侧缘边框狭窄。整个盘区光滑无刻点，仅前缘两侧，后缘和侧角有小刻点。头部刻点粗密，两复眼间明显低洼，中央有一深坑，从此向两触角基窝延伸为"∧"形沟痕。触角从第4节起锯齿状，第1节粗大，球形，背面被白毛。前胸背板横宽，宽稍超过长的2倍。小盾片长三角形，后部隆凸光滑。鞘翅刻点细弱。雄虫腹部末节长，中部稍低凹、光亮、略呈长圆形。雌虫腹部末节较短，其后缘中央有一小凹窝。

19.182 中华钳叶甲（1981年5月17日，西台1200m）

19.183b 二点钳叶甲（2007年5月20日，西台1230m）

19.183d 二点钳叶甲（2007年5月20日，西台1230m）

19.183a 二点钳叶甲（1981年5月18日，西台1200m）

19.183c 二点钳叶甲（2007年5月19日，西台1200m）

19.183e 二点钳叶甲（2007年5月19日，西台1200m）

成虫见于5月上旬～7月中旬。

寄主：柳、桦、榆、水青冈属。

分布：小五台山中台、南台、北台、西台海拔1200～2400m；承德、张家口；黑龙江、吉林，内蒙古、北京、山西、陕西、山东、江苏、江西、辽宁；朝鲜、日本、俄罗斯以及欧洲。

19.185 黑盾锯角叶甲

Clytra atraphaxidi (Pallas)

成虫见于1981年6月下旬。

分布：小五台山西台水沟海拔1300m左右；张家口。

19.186 亚洲锯角叶甲

Clytra asiatica Chujo

体长8.7mm、宽4.5mm左右。略呈长方形。头釉黑色光亮，垂直向下。头顶球面形，光滑无刻点或非常稀疏。额区中央有一"∧"形凹陷，此纹周围点刻和纵皱纹明显。上唇仅基部黑色，端部和中部红褐色。触角粗短，仅达前胸背板的1/2左右，基部4节红褐色，其余各节为黑褐色，第1节粗大，圆球状，2、3节短小，第2节横宽，略呈锯齿状，第3节圆柱形，自第4节起锯齿状，除第1节外，各节均被毛。前胸背板横宽，棕黄色光亮，中央有一前缘微凹的大黑斑。前胸背板很隆凸，光滑无刻点，后缘有边，中部微圆形凸出，前后角各有1根长毛。小盾片黑色三角形，端部微翘起，圆钝，表面平滑无刻点。鞘翅上刻点稀、浅、不太明显。每鞘翅基部有2个相连的方形黑斑，但不在两鞘翅中缝处会合，后部黑带纹中部不收缩。腹面黑色，被银白色毛。足粗壮，腿节黑色。

成虫见于7月上旬。

分布：小五台山北台海拔1500m左右；张家口；辽宁、甘肃、江苏、山东、江西、云南；朝鲜。

19.187 梨光叶甲

Smaragdina semiaurantiaca (Fairmaire)

体长5mm，宽2.5mm左右。体长方形，两侧平行，鞘翅蓝绿色，有金属光泽，唇基前缘、上唇、前胸背板及足淡黄至黄褐色，触角基节黄色，锯齿节略带褐色。头和体腹面密被银白色毛。头小，密布粗刻点，刻点间隆起成斜皱纹，两复眼间微凹，头顶不高凸，中央有深纵沟。触角伸达前胸背板后缘，第1节粗大，圆球形，第2节短圆，第3节细小，光裸无毛，自第5节起锯齿状，但末节为圆锥状，顶端尖锐。前胸背板横宽，隆凸，宽约为长的2～2.5倍，光滑无刻点，侧缘弧形，后角圆。小盾片长三角形，顶端尖锐，端部高凸，蓝绿色，光滑无刻点。鞘翅刻点粗密混乱。雄虫足较粗壮，第1跗节较宽阔。雌虫腹部末节中央具1个小圆窝。

成虫见于7月上旬。

寄主：榆、梨、杏、苹果。

分布：小五台山西台、北台海拔900～1210m；张家口、保定；北京、吉林、黑龙江、山东、陕西、江苏、湖北；日本、朝鲜。

19.184a 光背锯角叶甲（1981年6月15日中台2000m）

19.184b 光背锯角叶甲（2007年6月24日，北台1800m）

19.184c 光背锯角叶甲（示头部）

19.184d 光背锯角叶甲（2007年6月23日，中台1800m）

19.184e 光背锯角叶甲（2007年6月28日，南台1900m）

19.184f 光背锯角叶甲（2007年7月1日，北台2000m）

19.184g 光背锯角叶甲（2007年5月7日，西台1200m）

19.184h 光背锯角叶甲（示侧面观）

19.186 亚洲锯角叶甲（1980年7月8日，北台1500m）

19.187 梨光叶甲

19.188 黑额光叶甲

Smaragdina nigrifrons (Hope)

体长6～7mm，宽3mm左右。体长方形至长卵形，头漆黑，前胸背板黄褐至红褐色，光亮，有时具黑斑，小盾片、鞘翅黄褐或红褐色。鞘翅上具有2条黑色宽横带，1条在基部，1条在中部以后，这2个黑斑变化很大；基部的黑横带通常宽长，从缘折至中缝均为黑色，有时退缩为横斑状，较窄，不包括基缘、侧缘和中缝，有时分裂为两斑，有时仅肩胛处具小斑；中部以后的横带有时完全消失，仅沿后部的侧缘、端缘和中缝黑色。触角除基部4节黄褐色外，其余黑色或黑褐色。腹面毛被稀而短，颜色雌雄明显不同，雄虫大部红褐色，有时腹末端暗褐色；雌虫除前胸腹板和中足基节之间黄褐色外，大部黑色或暗褐色。足除基节、转节黄褐色外，黑色。头部在两复眼间横向凹下，复眼内沿具稀疏短竖毛，唇基稍隆起，具稀疏深刻点，上唇端部红褐色。头顶明显高凸，前缘具斜皱。触角短细，不达前胸背板的后缘，第3节最细，第4节略呈角状。前胸背板隆凸，光滑无刻点，后角明显突出而平展。小盾片宽三角形，长宽相等，平滑无刻点。鞘翅刻点稀疏，不规则的排列，中后方的黑横带沿翅缝和外侧向后延伸包围顶端，但不达顶端。雄虫除腹面基本为红褐色外，前足胫、跗节亦明显较雌虫粗壮；雌虫腹面颜色多变，有时除前胸腹板黄褐色外完全黑色，有时中足基节间和1～2腹节红褐色，其余黑色，但其末端数节总是黑色。腹末节中央具一圆凹窝。

成虫见于8月上旬。

寄主：算盘子、白茅属、蒿属、栗属、柳、榛属、南紫薇。

分布：小五台山；张家口、承德；辽宁、北京、山西、陕西、山东、河南、江苏、安徽、浙江、湖北、江西、湖南、福建、台湾、广东、广西、四川、贵州；朝鲜、日本。

19.189 黄臀短柱叶甲

Pachybrachys ochropygus Solsky

体长3.5mm，宽18mm左右，圆柱形。体背淡黄色具黑斑和纵带，腹面黑色。足棕黄或黄白色，有时腿节顶端具白斑。臀板顶端、腹末节顶端具黄白色斑，中胸前、后侧片黄白色。头部密布白色细毛。刻点粗密。头顶中央具1条或深或浅的纵沟，纵沟黑色，形成纵带，到复眼内缘加宽，有时向下分为2叉，但不伸达触角窝，触角窝黑色。额唇基前缘窄边黑色。头顶后方有1个大黑斑。触角细长，基部淡黄色，端部5节烟褐色。前胸背板横宽，宽约为长的2倍，表面密布刻点，靠近后缘有1条明显的横凹，盘区淡黄，有略似“M”形黑斑纹，通常不伸达前缘和侧缘，有时斑纹部分消失形成5个黑点。小盾片倒梯形，顶端平截，通常漆黑光亮，有时顶端呈方形淡黄色斑。典型个体鞘翅外侧自肩部始有3个黑斑，内侧有一宽的黑纵带，带内刻点更显粗密，中缝黑色。

成虫见于6月中旬～8月下旬。

寄主：柳、白蜡等。

分布：小五台山北台、南台海拔1100～1400m；保定、张家口、承德；黑龙江、辽宁、甘肃、新疆、北京、山西、安徽、四川；朝鲜、俄罗斯。

19.190 花背短柱叶甲

Pachybrachys scriptidorsum Marseul

体长3mm，宽1.5mm左右。圆柱形，腹面黑色，背面淡黄色。头顶中央的黑色纵带前端分叉直达触角窝，形成“人”形斑纹。额唇基前缘黑色，有时完全淡色。两复眼间刻点稀疏，复眼上方的黄色区域无刻点。前胸背板黑斑略似“M”形，不伸达前缘和侧缘，后缘黑色，表面密布刻点。小盾片倒梯形，基部黑色，端部具方形黄斑，有些个体全部黑色光亮。鞘翅基部刻点为11行，行间隆起。鞘翅外侧自肩胛开始有3个黑斑，内侧有2～3条不完整的黑纵纹或至少刻点行内为黑色；中缝黑色，除基部缘折为黄色外，侧缘和后缘黑色。臀板顶端腥末节顶端淡黄色。中胸后侧片具淡黄色斑。足棕黄色，腿节顶端具白斑。前足腿节较中、后足粗壮。后足第1跗节等于第2、3跗节之和。

成虫见于6月下旬～9月上旬。

寄主：胡枝子、蒿属。

分布：小五台山北台、西台海拔1100～1500m；保定、承德、张家口；黑龙江、内蒙古、北京、山西、陕西、山东；朝鲜、俄罗斯。

19.188 黑额光叶甲

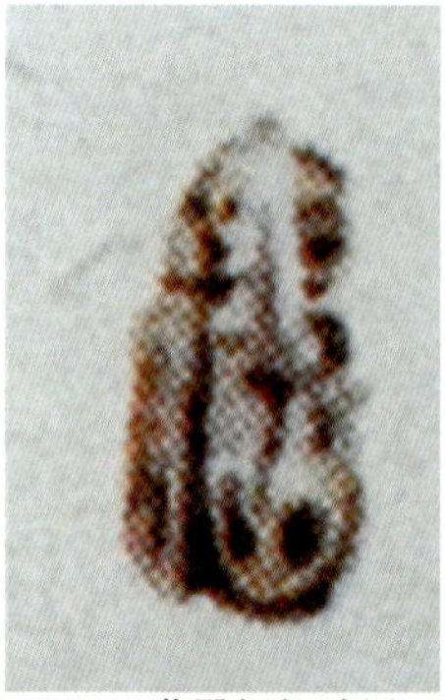

19.189 黄臀短柱叶甲

19.190a 花背短柱叶甲（1981年6月25日，北台1380m）

19.190b 花背短柱叶甲（示翅背面形态）

19.191 褐足角胸叶甲

Basilepta fulvipes (Motschulsky)

体长3～5.5mm，宽2～3.2mm。体卵形或近于方形。体色变异较大，一般体背铜绿色，或头与前胸棕红，鞘翅绿色，或体全为棕红或棕黄。头顶刻点密而深刻，头顶后方具纵皱纹，唇基前缘凹切深。触角丝状，雌虫的达体长1/2，雄虫的达体长2/3；第1节膨大，棒状，第2节长椭圆形，稍短于第3节而较粗，3、4节最细，3稍短于4或约等长，4、5节约等长，自第5节起稍粗，各节近于等长。复眼内缘稍凹切。前胸背板宽近于或超过长的2倍，两侧缘向外近于直线突出，前缘平直，后缘稍外突，前胸背板近于六角形。前胸前侧片前缘较平直，后侧片密布刻点并具纵皱纹。小盾片盾形，光亮或具微细刻点。鞘翅肩胛及其内侧的基部均隆起，基部下面有1条横凹。腿节腹面无明显的齿。

成虫见于6月上旬～8月中旬。

寄主：李、梅、樱桃、苹果、梨、枫杨、酸枣、蒿属、甘草、大豆、谷子、玉米、高粱等。

分布：小五台山南台、西台、北台海拔1100～1400m；张家口；辽宁、吉林、黑龙江、北京、内蒙古、宁夏、山西、陕西、山东、江苏、浙江、湖北、江西、湖南、福建、台湾、广西、四川、云南、贵州；日本、朝鲜。

19.192 榆隐头叶甲

Cryptocephalus lemniscatus Suffrian

体长3.5～6mm，宽2～3.6mm。圆柱形，体淡棕红色。鞘翅淡黄或土黄色，沿中缝有一条窄黑纹，前胸背板和鞘翅上的纵纹、后胸腹面、腹部两侧的斑以及臀板（除边缘外）均为墨绿色，后胸和腹部密被灰色卧毛，体背面被较短的灰色竖毛，鞘翅上的毛较背板上的稍疏。头部刻点小而深刻，较密。额上刻点较大较疏。头顶中央有一个墨绿色前宽后尖的长三角形斑。触角丝状，基部5节棕黄色到棕红色，端节色暗。前胸背板横宽，端部狭于基部，似是缘弧圆，具敞边，后缘黑色，中部向后稍弧凸，盘区刻点小而密，两侧刻点呈长形，中部有2条略呈弧形的宽纵纹。此纵纹有时消失仅成4个斑点。小盾片略呈长方形，端缘平切，黑色、光亮，有时端部有一红黄色斑。鞘翅肩胛隆起，在肩胛内侧有一个明显的纵凹洼，翅基部在小盾片两侧和后面均隆起，每翅自基缘的中间到翅端约1/5处有一宽纵纹，此纵纹变异较多，有时完全消失，有时呈纵列点状，纵纹上的刻点粗大而密，不规则排列，盘区其余部分的刻点小而疏，排列呈规则的纵行，行间有小刻点。沿中缝有一狭窄的黑纵纹。各节腹板两侧各具一不规则墨绿色斑，有时墨绿色扩展到整个腹部，仅两侧黄色。

成虫见于5月中下旬。

寄主：榆树。

分布：小五台山西台海拔1200m左右；张家口、保定、承德、邢台、石家庄；黑龙江、辽宁、内蒙古、北京、山西、山东、陕西、江苏。

19.193 山西隐头叶甲

Cryptocephalus shansiensis Chen

体长4mm左右，头棕红色。在触角窝上内侧各有一黑褐色小圆斑，复眼上方直至头顶有一墨绿色具金属光泽的大斑，在此大斑下方的中部具一纵沟。触角基部1～4节棕红色，第1节粗壮，棒状，第2节短小略呈球形，3、4节细长，第5～11节稍粗大，黑褐色。前胸背板宽大于长，中央隆起，棕红色，光滑无刻点，在中区两侧各有一墨绿色具金属光泽的大斑，此斑后端与前胸背板后缘相连，前端不达前缘；侧缘黄白色。小盾片两侧及后端隆起；小盾片黑色，倒梯形，光滑有光泽，刻点极稀、浅，端部平截。鞘翅墨绿色有金属光泽，侧缘及端缘黄白色至淡棕色。鞘翅基部在肩胛内侧有1条纵凹，使肩胛隆起；基部刻点较乱，端半刻点略呈规则排列，刻点较深，刻点间隆起成横皱。腹下墨绿色。腹部末节腹板及臀板端缘淡色。足红棕色，前足胫节外缘、中、后足胫节及各足跗节色暗。

成虫见于5月中旬～6月中旬。

分布：小五台山南台海拔1300m左右；张家口；山西。

19.192a 榆隐头叶甲（2007年5月25日，西台1200m）

19.192b 榆隐头叶甲（2007年5月26日，西台1200m）

19.193 山西隐头叶甲

19.194 酸枣隐头叶甲

Cryptocephalus japanus Baly

体长6.5～8mm，宽3.5～4.5mm。头、体腹面和足黑色，被灰白色短卧毛或半竖毛。前胸背板和鞘翅淡黄到棕黄色，具黑斑，鞘翅端部具微细淡色毛。头部刻点细密，在触角基部有1个光瘤。触角黑色，第1节较粗，棒状，第2节短小呈球形，3～5节细长，6～11节稍粗。前胸横宽，雄虫基部宽近于或超过雌虫长的2倍；侧缘稍敞出，后缘中部向后凸；盘区刻点细小，中部有2条黑色宽纵纹，两侧对称，略呈括弧形，此纹的后端达背板的后缘，前端接近背板前缘；在纵纹与背板侧缘之间有1个小圆黑斑，在纵纹内，近后方，有1个小圆黑斑或2个黑细斑纹。小盾片长方形。鞘翅长方形，缘折在鞘翅基部1/3处向外凸出成弧圆形；肩胛稍隆起，基缘和小盾片的两侧明显隆起，自小盾片两侧沿中缝到端缘内侧的一半有1条黑纹；每个鞘翅一般具4个黑斑：肩胛与小盾片侧各有1个长方形斑，中部之后有2个斑，与基部的2个斑相对应；斑纹的变异很大，有时内侧的2个斑与中缝的黑纹汇合，或内侧的2个斑很小，甚至消失，有时仅留下肩胛处的1个黑斑，其余各黑斑消失。前、中胸后侧片黄色。

成虫见于5月中旬～6月下旬。

寄主：酸枣、枣、鼠李。

分布：小五台山西台、南台海拔1100～1400m；承德、保定、张家口；黑龙江、辽宁、北京、山西、陕西、山东；朝鲜、日本、俄罗斯。

19.195 槭隐头叶甲

Cryptocephalus mannerheimi Gebler

体长6～7.8mm，宽3.5～4.2mm。体黑色。前胸背板和鞘翅具黄斑，颊上有一黄斑。触角黑色，有时暗红褐色。体背光亮，鞘翅端部常具不明显的微细短毛。体腹面和臀板被较密的灰白色细短卧毛。头顶刻点小而深刻，额的刻点较大较密，常汇集呈皱纹状。复眼内缘深刻凹切。触角基部有一光亮的小瘤。触角第1节粗大棒状，第2节略呈球形，第3节为第2节的1.5倍，第3节短于第4节，第4节稍短于第5节，第6～9节稍宽，长于1～5节，末两节较细，末节末端尖细。前胸背板横宽，基部宽超过长的2倍，自基部向前逐渐变狭，侧缘稍敞出，后缘中部稍向后突，与小盾片相对处较平直，盘区刻点长形，较稀；沿侧缘每侧各有1条黄色宽纵纹，此纹的中部常向内凹，有时在此纹的中部有一黑色小圆斑，自前缘的中部向后伸达盘区中部有1个前宽后狭呈箭头形的黄斑，此斑与基部中央的1个略呈方形的大黄斑相连或不相连。小盾片长方形，后缘平截或稍钝圆，表面具稀疏的刻点。鞘翅基部在肩胛的内侧稍向下凹，肩胛隆起，在小盾片周围变隆起，在肩胛下方常有横皱纹；翅表黄斑常有变异：一般每个鞘翅有4个斑，在基缘中央有1个三角形斑，中部有2个略呈长方形的斑，近端缘处亦有一个略呈方形的大斑；有时翅基的三角形斑消失，有时中部的两个斑汇合成1个横斑；有的个体鞘翅大部分棕黄色具黑斑纹：沿中缝有1条较宽的纵纹，肩胛处有一长方形斜斑，基部内侧有一方形斑，此斑的内侧与中缝的纵纹汇合，在中部之后有一横斑，它的外侧达到鞘翅侧缘，内侧与中缝纵纹向盘区扩展的部分相连，鞘翅端缘亦为黑色。

成虫见于6月上旬。

寄主：榆树、茶条。

分布：小五台山中台海拔1600m左右；石家庄、承德、张家口；黑龙江、辽宁、内蒙古、山西、甘肃；朝鲜、日本、俄罗斯。

19.196 绿蓝隐头叶甲

Cryptocephalus regalis cyanescens Weise

体长4.7～6mm，宽2.8～3.5mm。体背完全金属绿色，有时呈蓝、蓝紫或铜色。触角丝状，黑褐色，第1节背面常具金属光泽，第2节短小，呈球形。头部除唇基外与体背同色。前胸背板横阔，敞边狭窄，后缘中部向后凸与小盾片相对处平切。小盾片略呈舌形，表面具细小清楚的刻点。鞘翅无斑，被淡色半竖细短毛，刻点较前胸背板上的大，盘区具明显横皱纹，刻点紧密杂乱。本亚种与斑鞘隐头叶甲*C. regalis regalis*相似，但斑鞘隐头叶甲鞘翅淡黄色具3个金属绿色斑，此斑有时汇成纵条，鞘翅盘区刻点稀疏，横皱纹不太明显。

成虫见于5月下旬～7月下旬。

寄主：蒿等。

分布：小五台山南台1200m左右；承德、张家口；黑龙江、吉林、内蒙古、青海、山西、陕西、山东、江苏；俄罗斯。

19.194a 酸枣隐头叶甲（1981年6月18日，西台1300m）

19.194b 酸枣隐头叶甲（示侧面观）

19.195a 槭隐头叶甲（1980年6月10日，中台1620m）

19.195b 槭隐头叶甲（1981年6月8日，中台1600m）

19.195c 槭隐头叶甲（示变异）

19.197 绿隐头叶甲

Cryptocephalus hypochoeridis Linnaeus

体长5mm左右。

成虫见于7月中旬。

分布：小五台山北台海拔1400m左右；张家口。

19.198 柳隐头叶甲

Cryptocephalus hieracii Weise

体长4.4～5.2mm，宽2.2～2.3mm。体较狭长。体背金属蓝色，很少绿色或铜色，体腹面和足蓝黑色，有时腿节基部略染成黑褐色。触角基部4节淡棕黄，其中第1节背面黑褐色，其余各节均为黑色。颊上有一小黄斑，额唇基上常有一黄斑。前胸腹板后端常为淡褐色。前胸背板和体腹面被灰白色卧毛，鞘翅具灰白色短竖毛。本种与绿蓝隐头叶甲*C. regaeis cyanescens*十分相似，但本种除体型较狭外，颊上有一黄斑，有时额基上亦有一黄斑，后胸腹板中部较光亮，毛和刻点很稀疏，常具细横皱纹，鞘翅刻点较浅弱，横皱纹亦弱。

成虫见于6～8月。

寄主：柳树。

分布：小五台山西台海拔1100～1300m；张家口；辽宁、吉林、黑龙江、内蒙古、甘肃。

19.196 绿蓝隐头叶甲（1981年7月21日，南台1200m）

19.197a 绿隐头叶甲（1996年7月15日，北台1400m）

19.197b 绿隐头叶甲（示侧面观）

19.198a 柳隐头叶甲（1981年7月5日，西台1180m）

19.198b 柳隐头叶甲（示侧面观）

19.198c 柳隐头叶甲（1997年6月20日，西台1280m）

19.199 斑腿隐头叶甲

Cryptocephalus pustuipes Ménétriès

体长4.4～6.5mm，宽2.4～3.8mm。头部黑色，在唇基上有1个黄色横斑，颊上各有1 个黄色小纵斑，除唇基刻点较大外，头部刻点细小。触角第4～5节棕黄色至褐色，第1节的背面常染黑色，其余各节黑色。前胸背板横宽，侧缘敞边狭，盘区刻点细小，两侧紧密，中部较疏。小盾片黑色，长形或略呈三角形，基宽端狭，端缘平切，鞘翅刻点较前胸背板粗大，排列不规则。体腹面和足黑色光亮，具细小刻点和灰色短毛。前足或中、后足腿节端部各有一黄斑，亦有足为棕红色，跗节黑色，不具黄斑的。体背颜色斑纹变异很大，具几种色型：①前胸背板黑色，前缘、侧缘和中部之后的两斑红或淡黄色，有时前方中央还有1个不明显的淡色小斑，鞘翅红色具3个黑斑，前2后1或前1后2。②前胸背板淡黄或淡红色或前半淡红后半淡黄色，一般具5个黑斑，位于中部的2个为宽弧形斑，其余3个斑分布中部和两侧，鞘翅淡红色，盘区中部淡黄，一般有4个小斑（前2后2）或3个小斑（前2后1）。③前胸背板和鞘翅均为红色，具黑斑；前胸背板两侧淡黄色，中部有2条很宽的弧形纵纹，在盘区中央的后方常有一小纵纹；鞘翅一般有3个斑（前2后1）。④体背大部分黑色具红斑，前胸两侧淡黄色，中部黑色，前方中央有一红色纵纹或盘区中部红色具2条宽黑纵纹；鞘翅黑色，中央有一红色横斑，此斑有时分为2个，另外在鞘翅端还有1个红斑。

成虫见于5月中旬～6月中旬。

寄主：栎属、柳属。

分布：小五台山南台、西台海拔1200～1600m；承德、张家口；黑龙江、辽宁、内蒙古、甘肃、山西、江苏、浙江、江西、四川、湖北；朝鲜、日本、俄罗斯。

19.199a 斑腿隐头叶甲（1980年5月29日，南台1250m）

19.199b 斑腿隐头叶甲（1981年6月2日，西台1220m）

19.200 胡枝子隐头叶甲

Cryptocephalus kraatzi Chüj

成虫见于7月中旬。

寄主：胡枝子。

分布：小五台山南台海拔1200～1500m；张家口。

19.201 齿腹隐头叶甲

Cryptocephalus stchukini Faldermann

体长5～6.2mm，宽2.8～3.2mm。头、体腹面、臀板和足黑色，被灰色细短卧毛。前胸背板和鞘翅淡棕红色具黑斑，沿鞘翅基缘常有1条淡黄色窄横纹。头部刻点深密，头顶中央常有一细短沟纹，颊上有一黄斑，此斑常向上延伸至复眼内缘的下半部。触角基部4节棕黄色，第1节背面常为黑褐色，其余各节黑或黑褐色。前胸背板前缘常为淡黄色，后缘黑色，侧缘弧形，盘区刻点较密；背板黑斑形状有变异，一般在盘区横列4个斑，内侧2个斑大，圆或方形，外侧的2个斑小，圆形；在后缘的中部两侧还各有一横斑，这些斑常相连成纵的斑纹。小盾片黑色，长形，末端平截，具稀疏小刻点。鞘翅肩部及小盾片后方之鞘翅隆起；盘区刻点粗密，不规则；沿中缝有1条前宽后窄的黑纵纹；盘区有4个黑斑（前2后2）：肩上为一长斑，小盾片和肩之间为一方形或圆形斑，在中部之后外侧有一长形或方形大斑，内侧近中缝还有一小斑；有时外侧的2个斑汇成一纵纹或中后部内侧之小斑连成一横纹。臀板基半部刻点细密，端半部刻点大而疏。雄虫腹基部中央有一齿状小突起，在此小突起前，腹板中部有一个长圆形浅凹区。

成虫见于6月。

寄主：榆。

分布：小五台山东台海拔约1000m；张家口、承德；黑龙江、吉林、内蒙古、甘肃、青海、山西、新疆；俄罗斯。

19.202 斑额隐头叶甲

Cryptocephalus kulibini Gebler

体长3.5～5mm，宽1.8～2.7mm。体背金属绿色，个别蓝紫色，腹面墨绿色。前胸背板的侧缘、前缘以及鞘翅侧缘基部的1/2～2/3淡黄色，有时前胸背板前缘为红褐色、褐色甚至墨绿色，鞘翅侧缘完全绿色。足棕黄色，前、中足腿节端部略淡，后足有时黑褐色。头大部分黄色。触角基部有1对金属绿色（个别蓝色）小斑，头顶后方亦为绿色，有时头完全金属绿色，仅唇基黄色。触角基部5节黄或棕黄色，其余各节黑褐色，第1节棒状，第2节球状，3、4、5节各节长于前1节，短于后1节，6节以后约等长。头部刻点小而清楚，额的刻点较大。前胸背板横宽，表面光亮，刻点细小，侧缘弧形，具较宽的敞边。小盾片舌形，端部较隆起，光亮，具稀疏小刻点。鞘翅肩部及小盾片后面隆起，侧缘具狭敞边，盘区刻点粗大，排列不规则，靠近侧缘和中缝处的几行有时呈较不规则的双行；肩下及盘区中部常有横皱。体腹面密被细小刻点和淡色短毛；前胸腹板方形，具较粗密的刻点和竖毛；中胸腹板较短，刻点密，后缘中部有凹刻。臀板基部刻点小而密，端部刻点较大而疏。

成虫见于7月中下旬。

寄主：胡枝子。

分布：小五台山西台、北台、东台海拔约1350m；张家口、保定、承德；黑龙江、吉林、辽宁、山西、内蒙古、甘肃、山东、陕西；朝鲜、俄罗斯。

19.203 艾蒿隐头叶甲

Cryptocephalus koltzei Weise

成虫体长3.2～5mm，宽1.8～2.7mm。体黑色。前胸背板前缘和侧缘黄色，盘区有时具黄斑。每个鞘翅一般具5个大黄斑。触角基淡棕黄色，端节黑褐色。足棕黄或棕红色，腿节常为黑色，端部具乳白色斑。复眼内侧上方有1个略呈方形的淡黄斑，有时此斑以复眼内缘的1条黄色细纵纹与颊上的黄斑相连。在触角基部之间有1个淡黄色横斑。头部被灰白色短卧毛，刻点密，小而清楚，在黄斑上刻点较稀疏，头顶中央有1条纵沟纹。前胸背板两侧边细狭，后缘中部向后凹；盘区刻点小而密，略呈长形，着生很细的淡色卧毛，两侧具纵皱纹；背板的颜色和花纹变异较大，一般除前缘和侧缘外，盘区全为黑色，有时侧缘的黄色纵纹断开成2个斑；有时在近后缘中部有2个黄斑；有时盘区大部分黄色，中部具2个弯钩形黑斑。小盾片黑色光亮，末端平截。鞘翅肩胛和小盾片后方均隆起，刻点小而清楚，排列成略规则的纵行，行间有细小刻点，刻点毛短，稀疏不明显；盘区具5个大黄斑，内侧3个，外侧2个，一前一后，有时外侧的斑汇合成一纵条，少数个体内侧第1大斑分裂成2个小斑，内侧第3斑与外侧第2斑在翅端汇合成弓形斑。体腹面密被细小刻点和灰白色短卧毛。臀板后缘有1个淡黄色或白色横斑。

成虫见于4月末～6月末。

寄主：蒿属。

分布：小五台山北台、西台、南台海拔1200～1700m；张家口；吉林、辽宁、黑龙江、内蒙古、甘肃、山西、陕西、江苏、湖北、浙江；朝鲜、俄罗斯。

19.201 齿腹隐头叶甲（1981年6月15日，东台860m）

19.202 斑额隐头叶甲（1981年7月23日，北台1300m）

19.203b 艾蒿隐头叶甲（1981年5月10日，北台1400m）

19.203a 艾蒿隐头叶甲（2007年6月25日，南台1600m）

叶甲科 Chrysomelidae

体小至中型，圆形、圆柱形或椭圆形。体色多鲜艳而有金属光泽。头为亚前口式。唇基不与额愈合，其前部明显分出前唇基，前缘平直。触丝状11节，少数9或10节，着生于额上，鞘翅完全覆盖腹部。腹部正常，各腹节中部不狭缩。足正常，跗节假4节，少数种类后足特化，腿节粗大。成、幼虫均植食性。

19.204 杨叶甲

Chrysomela populi Linnaeus

又名：缝斑叶甲、白杨金花虫。

体长10～12mm，宽7～8mm。体近椭圆形隆起，蓝黑色，具金属光泽，鞘翅黄褐、朱红或褐色。头部小。触角短，第1节粗壮棒状，第2～5节短小，端末几节逐渐宽阔。头部刻点细小均匀，额部较平，中央纵沟浅伸达头顶。前胸背板蓝紫色，有光泽，侧缘略呈弧形，前端狭于后端，前缘中部强烈凹陷，盘区平滑刻点细而较稀，侧胝刻点粗大较密，内侧的纵凹刻点大而密集。小盾片三角形，端角圆钝。鞘翅上刻点细密不规则，近外缘具1列刻点，端角具一小暗斑，缘折内缘不具纤毛。前胸腹板在前足基节间长度长于中胸腹板，前、后腹板前缘无边缘。腹部第1节腹板中央有一纵列短小的灰白色毛，跗节第3节深裂，二叶形，爪简单。

成虫见于4月中旬～8月中旬。本种常与白杨叶甲*Ch. tremulae*混合发生吃光杨树叶，为小五台山区西台最重要的杨树食叶昆虫之一。

成、幼虫取食多种杨、柳的叶片。

分布：小五台山西台、北台、东台海拔1100～1800m；张家口；河北各地；黑龙江、辽宁、吉林、山西、北京、陕西、内蒙古、新疆、甘肃、青海、江苏、江西，浙江、河南、湖南、湖北、贵州、四川、云南、西藏；朝鲜、日本、印度、俄罗斯以及西亚、北美洲、欧洲等。

19.204a 杨叶甲（2007年6月5日，西台1180m）

19.204b 杨叶甲（2007年7月3日，西台1600m）

19.204c 杨叶甲（示幼虫；2007年5月25日，西台1200m）

19.204d 杨叶甲（2007年7月2日，西台1500m）

19.204e 杨叶甲（2007年7月22日，北台1600m）

19.204f 杨叶甲（2007年8月11日，北台1600m）

19.204g 杨叶甲（2007年5月20日，西台1180m）

19.204h 杨叶甲（2007年5月30日，西台1200m）

19.204i 杨叶甲（示卵；2007年6月5日，西台1200m）

19.204j 杨叶甲（示低龄幼虫；2007年6月15日，西台1200m）

19.204k 杨叶甲（示大龄幼虫；2007年5月30日，西台1280m）

19.205 白杨叶甲

Chysomela tremulae Fabricius

又名：白杨金花虫、波缘叶甲。

体长7～9mm，宽4～5mm。长椭圆形，与杨叶甲*Ch. populi*近似，但本种体较小，鞘翅端角无暗斑，鞘翅近外缘具2行刻点，跗爪基部（在末节跗节上）各有一刺状突起。在小五台山区常与杨叶甲混合发生，为该山区杨树的重要昆虫。

成虫见于4月中旬～8月上旬。

寄主：杨、柳。

分布：小五台山北台、西台、南台海拔1100～1800m；承德、张家口；北京、辽宁、吉林、黑龙江、内蒙古、青海、安徽、四川、贵州、云南、西藏；俄罗斯以及北美洲、欧洲。

19.206 麦细颈叶甲

Oulema erichsoni (Suffrian)

又名：小麦负泥虫。

成虫见于5月末。

分布：小五台山西台坟湾海拔1100m左右；张家口。

19.207 柳椭圆跳甲

Crepidodera pluta (Latreille)

体长约3mm，宽1.8mm。体长卵形。蓝绿色具金属光泽。头顶光滑，不具刻点。触角间具1条短纵脊，触角上方各具1个斜形向上的横瘤突。触角丝状，长于体长的1/3，第1～4节黄褐色，以后各节黑色，第2节长卵形，第3、4节细长，约与第2节等长。前胸背板金属铜绿色，前缘平直，两侧缘近于平行，基部略收狭，基缘中部微弧凸，近基缘有1条横凹沟，两端以伸达基缘的短纵凹沟为界；盘区内刻点圆形，分布均匀。小盾片黑色，光亮、三角形。鞘翅肩胛微隆，肩胛内侧的鞘翅基缘微凹陷；盘区内刻点整齐，排成9行。体腹面蓝黑色。足黄褐色，后足腿节蓝黑色，爪基部具附齿。

成虫见于6月下旬～7月下旬。

寄主：柳、杨。

分布：小五台山北台、西台海拔1120～1400m；张家口、保定；山东、吉林、西藏，云南、湖北。

19.208 柳蓝叶甲

Plagiodera versicolora (Laicharting)

又名：柳蓝金花虫、橙胸斜缘叶甲、柳圆叶甲。

体长3.5～5mm，宽4mm左右。椭圆形凸起，深蓝色，有强烈金属光泽。头宽大于长，刻点细疏，中央纵沟明显，伸达后头。触角短小具毛，第1节深蓝色端部加粗呈棒状，2～5节较细，深褐色，背面常染成深蓝色，具光泽，第6节起，各节逐渐宽阔，黑褐色。前胸背板刻点细疏，光滑，侧缘弧弯，后缘具边，中央向后弧弯。鞘翅刻点较头部和前胸背板的粗大而密，有些部位略成行；侧缘具3列规则的刻点，第2列接近侧缘外且刻点间隙较宽，边缘空隙中央的刻点排列规则；缘折凹入，外缘较锐，内缘不具纤毛。体腹面黑色，有光泽。足胫节端无齿突，第3跗节二叶状。此虫有变异，有时鞘翅暗色，前胸背板橙色或全体淡色。

成虫见于6月上旬～8月中旬。

成、幼虫均取食各种杨、柳树的叶片。

分布：小五台山西台海拔1100～1500m；张家口；河北各地；吉林、辽宁、山东、甘肃、江苏、浙江、江西、安徽、湖北、贵州、台湾、四川、陕西、云南、宁夏、湖南；朝鲜、日本、俄罗斯、印度以及欧洲、北非、北美洲等。

19.205f 白杨叶甲（2007年5月27日，西台1180m）

19.205a 白杨叶甲（2009年6月16日，西台1250m）

19.205b 白杨叶甲（2007年6月5日，西台1200m）

19.205e 白杨叶甲（示初产的卵；2007年6月10日，西台1220m）

19.205g 白杨叶甲（示近孵化的卵；2007年6月17日，西台1200m）

19.205c 白杨叶甲（示低龄幼虫；2007年5月13日，西台1200m）

19.205d 白杨叶甲（示大龄幼虫；2007年5月30日，西台1200m）

19.205h 白杨叶甲（示大龄幼虫体侧面）

19.209 黑肩毛萤叶甲

Pyrrhalta humerali (Chen)
分布:小五台山;张家口。

19.210 榆斑颈毛萤叶甲

Pyrrhalta maculicollis (Motschulsky)
分布:小五台山;张家口。

19.208a 柳蓝叶甲(示幼虫;2007年8月15日,西台1450m)

19.208b 柳蓝叶甲(示幼虫;1989年7月29日,西台1250m)

19.208c 柳蓝叶甲(1990年6月8日,西台1450m)

19.208d 柳蓝叶甲

19.208e 柳蓝叶甲

19.211 旋心异跗萤叶甲

Apophylia flavovirens (Fairmaire)
体长8mm左右。
成虫见于6月上旬~8月中旬。
分布:小五台山西台海拔1100~1450m;张家口。

19.212 黄胸蓝克萤叶甲

Cneorane elegans Baly

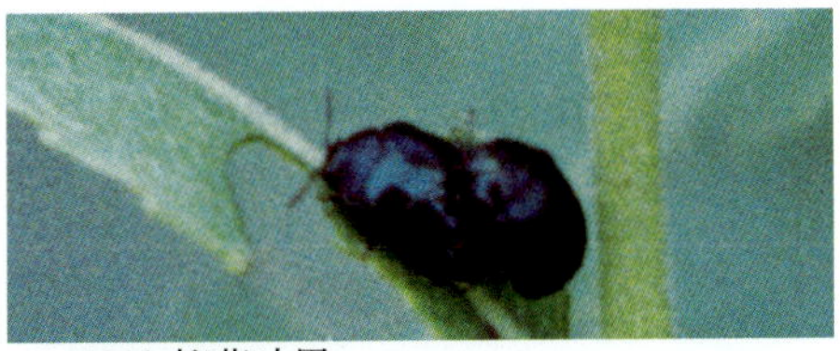

19.208f 柳蓝叶甲

19.208g 柳蓝叶甲

体长10mm左右。
成虫见于6月上旬~7月上旬。
分布:小五台山西台杨树沟海拔1200~1400m;张家口。

19.213 豆长刺萤叶甲

Atrachya menetriesi (Faldermann)
体长约7mm。
成虫见于6月上旬~7月下旬。
分布:小五台山南台海拔1400m左右;张家口。

(2009年6月18日,小五台山)

(2009年6月19日,小五台山)

19.213 豆长刺萤叶甲

(2007年8月1日,东台1350m)

(1981年6月4日,西台1300m)

(1988年6月15日,西台1400m)

(示侧面观;1997年7月18日,西台1250m)

19.211 旋心异跗萤叶甲

19.214 蒿嗜萤叶甲

Phyllobrotica signata (Mannerheim)

成虫见于7月中旬。

寄主：蒿属植物。

分布：小五台山西台海拔1450m左右；张家口。

19.215 四斑长跗萤叶甲

Monolepta quadriguttata (Motscchulsky)

体长约4mm。

成虫见于7月中旬。

分布：小五台山东台海拔1100m左右；张家口。

19.216 薄翅萤叶甲

Pallasiola absinthii (Pallas)

又名：阔胫萤叶甲。

体长7mm，宽3.5mm左右。头部额棕色，后头黑色，刻点大而密，被短白毛。触角着生于复眼前缘水平线前方；触角窝的后方有一横凹和中央纵沟相连，此连接处成深凹，中央纵沟伸达后头；触角窝的前方凹陷。触角短小，被毛，长约至肩后，黑色，第1节粗大、棒状，第2节最短，第3节与第4节约等长。前胸背板淡棕至黄棕色，刻点大、密，被细短白色毛，侧缘呈波形；中央纵沟明显，伸达前后缘；盘区中央有一大黑斑，后缘中央微凹。小盾片黑色，钝三角形，端角钝圆具粗刻点。鞘翅淡棕至黄棕色，刻点较前胸背板的略粗具白色细短半竖毛，中缝黑色，初级脊纹明显，每鞘翅3根，黑色，第1初级脊纹仅伸达鞘翅中后部，第2、3初级脊纹延伸至近翅端部，然后相近或相连。胸部腹面各侧片色较暗，腹面色淡棕至黄棕色，具较密的绒毛。前足基节窝关闭，各足胫节具细毛，中足胫节端具刺，第3跗节简单，宽于第2跗节。

成虫见于7月中下旬。

分布：小五台山南台海拔1500～1650m；承德、张家口；内蒙古、新疆、吉林、辽宁、甘肃、四川、云南；俄罗斯。

19.217 愈纹萤叶甲

Galeruca reichardti Jacobson

体长9mm，宽5mm左右。头部棕褐色，具稀短灰白毛，刻点粗大，刻点间隆起成皱纹状。复眼之间和触角之间各有一横凹，在此两横洼的中央有一纵凹。触角黑褐色具毛，第1～6节略具光泽，第1节粗大，棒状，第2节短小，约为第3节的1/2左右。前胸背板棕色，中部色较暗，刻点粗大深刻，刻点间成皱纹状，具稀疏短毛；两侧具一与侧缘平行的宽阔的侧洼，侧缘在中部之后几无显著的凹缘；后缘中央微凹入。小盾片舌形，除端部为棕色外，其余棕褐色，刻点大而深密。鞘翅棕红至棕色，刻点粗大，每个刻点上具一非常细小的灰白毛；脊纹色稍暗，第3初级脊纹位于肩后短小，第1、4初级脊纹后部愈合。体腹面及足黑色具光泽，被稀疏的灰白色毛（胫节毛黄白或黄褐色除外）。各胫节具脊，中足胫节具刺。跗爪具跗齿。

成虫见于6月中旬～7月下旬。

分布：小五台山南台1400m左右；承德、张家口；辽宁、山东、甘肃、新疆、四川；朝鲜、俄罗斯。

19.218 柳萤叶甲

Galeruca spectabilis Faldermann

体长9mm左右。

成虫见于6月下旬。

分布：小五台山西台坟湾海拔1100m左右；张家口。

19.215 四斑长跗萤叶甲（2009年6月18日，东台820m）

19.216a 薄翅萤叶甲(♀；1997年7月20日，南台1600m)

19.216b 薄翅萤叶甲（2007年7月25日，南台1600m）

19.217 愈纹萤叶甲（♀；2007年6月18日，南台1400m）

19.216c 薄翅萤叶甲（1981年7月15日，南台1550m）

19.218 柳萤叶甲（1981年6月29日，西台1100m）

19.219 二纹柱萤叶甲

Gallerucida bifasciata Motschursky

成虫见于5月上旬～6月下旬。

寄主：酸模、蓼、桃、杨、荞麦等。

分布：小五台山西台海拔1200～1350m；张家口；除新疆、西藏外全国各地。

19.220 欧维叶甲

Oedionychus vibex Erichson

体长约11mm。

成虫见于4月下旬～5月上旬。

分布：小五台山西台草滩海拔1220～1300m；张家口。

19.221 中国胫鬃跳甲

Chaetocnema ingenus (Baly)

又名：粟凹胫跳甲。

分布：小五台山；张家口。

19.219a 二纹柱萤叶甲（左为瓢虫幼虫；2007年5月23日，西台1200m）

19.219b 二纹柱萤叶甲（2007年5月7日，西台1250m）

19.219c 二纹柱萤叶甲（2007年5月20日，西台1300m）

19.219d 二纹柱萤叶甲（2007年5月6日，西台1300m）

19.222 榆紫叶甲

Ambrostoma quadriimpressum Motschulsky

又名：密点缺缘叶甲、榆紫金花虫、榆金花虫。

体长10～11mm，宽6mm左右。卵圆形，背面弧形隆起，腹面平。前胸及鞘翅有紫红与金绿色相间光泽，也有蓝绿色具紫红色光泽或铜绿色具金属光泽的个体。触角蓝紫色具光泽，第1节粗壮，棒状，第2节短于第3节，端部5节略宽阔。头部刻点明显，复眼内侧各有一凹洼，中纵沟浅伸达头顶。前胸背板宽不超过长的2倍，前侧角钝圆前伸；前缘平直，侧缘弧弯，侧区刻点较盘区粗大，深刻，盘区刻点细密，基部无边缘中央略向后弧弯。小盾片略呈半圆形。鞘翅肩后有一不伸达翅缘的横凹，刻点列间的刻点大而较密，折缘具纤毛。后翅红色。腹下常为金绿色闪紫光，前胸侧板前、后缘具灰白色毛，腹部各节腹板具稀疏的刻点，刻点上具半竖的短灰白色毛。足常呈蓝紫色有光泽，前足基节窝开放，后足等3跗节下面全被绒毛，爪简单。雄虫较小，腹末节腹板末端呈波状凹入。雌虫较大，腹部末端钝圆。

19.220 欧维叶甲（1981年4月30日，西台1250m）

（1981年7月25日，南台1350m）

19.222 榆紫叶甲

成虫见于7月。

寄主：榆。

分布：小五台山南台、西台海拔1100～1400m；承德、张家口；黑龙江、吉林、辽宁、内蒙古、山东；朝鲜、蒙古、俄罗斯。

19.223 榆绿叶甲

Pyrrhalra aenescens (Sairmaire)

又名：榆蓝金花虫、榆蓝叶甲、榆绿金花虫、榆毛胸莹叶甲。

体长7～8.5mm，宽3mm左右。近长方形，头淡黄褐至黄褐色，刻点略粗于前胸刻点，具细毛，中央纵沟明显，在触角后瘤的上方形成浅横凹，头顶有一三角形黑纹。触角线状，第1～6节黄褐色，背面常染成黑色，其余各节黑色；第1节棒状，第2节短小，第3、4节约等长。前胸背板淡黄褐至黄褐色，刻点细小，具毛，中部略隆起，中纵沟短，隆起部位的两侧各有一侧凹，侧缘完整，在前胸背中央有一前宽后窄的黑斑，两侧各有一卵形黑斑。小盾片与鞘翅同色，略呈方形，具毛。鞘翅绿色，具金属光泽，有时此光泽为蓝色，刻点细密，略呈横皱状，被灰白色短毛，近侧区及近端区逐渐向侧缘倾斜。体腹面，足黄褐色，被细毛。前足基节窝后方开放。跗爪双齿式。

成虫见于6月下旬～7月中旬。

寄主：榆树。

分布：小五台山西台、北台海拔1100～1450m；邯郸、邢台、石家庄、保定、唐山、沧州、衡水；辽宁、吉林、黑龙江、北京、天津、山西、内蒙古、山东、江苏、陕西、甘肃。

19.223a 榆绿叶甲（1981年6月27日，北台1250m）

19.223b 榆绿叶甲（示蛹和成虫，浅色者为初羽化的成虫）

19.224 榆黄叶甲

Pyrrhalta maculicollis Motschulsky

又名：榆黄金花虫、黑肩毛胸萤叶甲、榆黄毛萤叶甲。

体长6～7.5mm，宽3mm左右。体型与榆绿叶甲*P. aenescens*相似，体棕黄色或深棕色，被黄色毛，无金属光泽。头顶中央具一黑斑，中纵沟浅，刻点较前胸背板略粗。前胸背板中央及两侧共有3个黑斑点，有时中央的黑斑分为2个。小盾片舌形，端圆，基部黑褐色，端缘棕黄或棕褐色。鞘翅肩部为黑褐色。体腹面大部为暗色。前足腿节和中、后足腿节基部有时为红褐色，其余部分常为暗色，跗爪双爪式。

成虫见于6～7月。在小五台山区榆黄叶甲发生量比榆绿叶甲为多，榆绿叶甲发生量较少。

寄主：榆。

分布：小五台山西台、北台海拔1100～1400m；保定、唐山、承德、张家口；辽宁、河南、山东、江苏、浙江、福建、江西、广东。

19.225 花纹山叶甲

Oreina exanthematic（Wiedemann）

分布：小五台山；张家口。

19.226 北京山叶甲

Oreina sulcicollis（Fairmaire）

分布：小五台山；张家口。

19.227 核桃扁叶甲

Gastrolina depressa Baly

体长8mm，宽4mm左右。体扁平，略呈长方形。鞘翅紫色、紫蓝色或紫黑色，略具金属光泽。前胸背板有的全部棕黄色或淡棕色，有的盘区中央具大型纵黑斑，两侧为棕色或棕红色。触角黑色或紫蓝色，第1节粗壮，第2节较粗约为第3节的1/2，第3节和末节约等长，第7节以后稍宽阔。头部刻点较细密，明显，在触角基部以后的中央有一浅凹。前胸背板宽超过长的2倍；侧缘波曲状，前缘强烈后凹，后缘具边缘，中部向后稍弧弯，前侧角钝圆，前指，后侧角稍小于90度；两侧刻点粗大，盘区刻点细小，不明显，在盘区中央有一浅纵沟，沟的后端接一个浅横凹，不伸达前后缘。小盾片半圆形。鞘翅刻点明显，近中缝处排列成较规则的纵列，细小，向侧缘逐渐加粗，鞘翅边上的刻点粗大，有的汇合，排列成不规则的纵列。前胸腹面除腹板在前足基节窝以下黑色外，为淡棕至棕红色，中、后胸侧板、腹板、足及各节腹板基部和中央为黑褐色，腹部各节腹板的两侧和端部为红褐色。第3跗节两叶形，爪简单，爪下基部（爪前跗节）具2强齿。

成虫见于7～8月。

寄主：核桃、核桃楸等。

分布：小五台山东台约870m；唐山、承德、张家口；陕西、河南、湖北、湖南、江苏、浙江、广西、广东、四川、福建；日本、俄罗斯。

19.228 弧斑叶甲

Chrysomela lapponica Linnaeus

体长10mm左右。

成虫见于4月下旬～6月下旬。

寄主：桦、杨、柳、桤木属植物。

分布：小五台山西台、中台、南台道海拔1100～2400m；张家口。

19.229 柳二十斑叶甲

Chrysomela vigintipunctata（Scopoli）

体长7～10mm。前胸背板两侧红棕色，中部绿蓝色，两侧缘中部各有1个黑点。鞘翅多棕红色，刻点明显，每鞘翅有长形青铜色斑10个。

成虫见于4月中旬～5月下旬、7月中下旬。

寄主：柳。

分布：小五台山西台、北台海拔1100～1800m；张家口；吉林、辽宁、宁夏、甘肃、北京、山西、湖北、江苏、浙江、四川、云南等。

19.224a 榆黄叶甲（1981年6月28日，北台1350m）

19.224b 榆黄叶甲（示侧面观）

19.224c 榆黄叶甲（1997年7月15日，西台1400m）

19.227a 核桃扁叶甲（1981年7月20日，东台1200m）

19.227b 核桃扁叶甲（♀；2007年6月25日，西台1300m）

19.228 弧斑叶甲（1981年4月29日，南台1300m）

19.230 柳十八斑叶甲

Chrysomela salicivorax (Fa-irmaire)

又名：江西叶甲。

体长7～8.5mm，宽4～4.5mm。体长椭圆形，黄褐色。头黑色，具光泽，刻点粗密。触角基部6节黄褐色，端部5节暗黑色；第2节小，卵圆形，第3、4节约等长，第5节短于第4节；第6节短于第5节。前胸背板两侧黄褐色，中间黑色，前角向前突出，前缘凹近，两侧各具1个浅纵凹陷。小盾片黑色，光亮，呈三角形，端角钝圆。每鞘翅具9个黑色斑点，中缝黑色。鞘翅斑纹有变异，有时除肩胛有1个小黑斑外，其余全为黄褐色。体腹面黑色光亮。足黄褐色，有时各足端半部黑色。

成虫见于4月下旬、8月下旬。

寄主：杨、柳。

分布：小五台山西台、北台、南台、东台海拔1000～1500m；张家口；山东、辽宁、陕西、甘肃、贵州、江西、安徽。

19.231 薄荷金叶甲

Chrysolina exanthematica (Wiedemann)

体长8mm左右。

成虫见于7月上旬～7月下旬。

分布：小五台山；张家口。

19.232 葡萄十星叶甲

Oides decampunctata (Billberg)

又名：十点宽卵萤叶甲、十星大圆叶虫、葡萄金花虫、葡萄土黄叶虫、黄盖子虫。

体长11～13mm，宽8～9mm。宽椭圆形。体黄色。鞘翅具黑斑，头部甚小，部分缩入前胸内，两复眼间有一凹陷，中央纵沟伸达头顶。触角着生于复眼前缘水平线之后，丝状，具毛，端部3节及复眼黑色。前胸背板宽大于长，刻点细小而非常稀疏，光滑均匀隆起，后缘中央微凹。小盾片三角形，端角圆钝光滑。鞘翅上刻点小而密，每翅具5个大小不等的近圆形黑斑，前2中2后1排列；鞘翅缘折中部约为中区宽的1/4。体腹面及足黄色，后胸除边缘外黑色，腹部的腹板两侧各具1个黑色斑。前足基节窝开放。跗爪双齿式。

成虫见于6月上中旬。

成、幼虫均取食葡萄、野葡萄、爬山虎等的叶片。

分布：小五台山东台、西台、北台海拔约1250m；保定、张家口、承德；吉林、河南、安徽、福建、江西、江苏、浙江、湖南、广东、四川、辽宁、山东、山西、陕西；越南、朝鲜。

19.229a 柳二十斑叶甲（2001年7月15日，西台1600m）

19.230a 柳十八斑叶甲（2007年7月8日，西台1350m）

19.230b 柳十八斑叶甲（2007年5月30日，西台1200m）

19.230e 柳十八斑叶甲（2007年7月17日，南台1400m）

19.229b 柳二十斑叶甲（1981年5月28日西台1200m）

19.230c 柳十八斑叶甲（2007年5月30日，西台1200m）

19.230d 柳十八斑叶甲（2008年7月19日，南台1400m）

19.232b 葡萄十星叶甲（1981年6月12日，东台）

19.231a 薄荷金叶甲（1997年7月10日，小五台山）

19.231b 薄荷金叶甲（示侧面观）

19.232a 葡萄十星叶甲（1981年6月12日，东台）

附：未定种

（1998年7月20日，中台1400m）

（2007年8月14日，西台1300m）

（2007年7月2日，南台1550m）

（2007年6月5日，西台1300m）

（2007年8月16日，西台1250m）

（2007年6月5日，西台1300m）

（2007年8月14日，西台1300m）

（2007年5月25日，西台1300m）

（2007年6月18日，南台1300m）

（2007年6月1日，西台1180m）

（2007年6月1日，西台1480m）

（2007年5月8日，西台1200m）

（2009年8月26日，东台1200m）

（2007年5月18日，西台1280m）

（2007年6月1日，西台1480m）

（2007年6月20日，西台1350m）

（1989年7月10日，北台1500m）

（2007年5月23日，东台1350m）

（2007年5月25日，西台1350m）

（2007年9月5日，东台1300m）

（2007年6月7日，西台1350m）

（2007年6月28日，南台1400m）

（2007年8月15日，东台1200m）

（2007年7月12日，西台1350m）

（2009年6月17日，东台1300m）

（2007年6月13日，南台1400m）

（2009年6月9日，东台1000m）

（2009年6月17日，东台1200m）

花萤科 Cantharidae

中等大小，体狭长，体壁和鞘翅柔软。头前口式，能活动。触角线状或锯齿状，长。前胸背板比鞘翅窄，足细长，跗节5节，第4节瓣状，腹部可见腹板7～8节。无发光器。成、幼虫多为捕食性。

19.233 黑斑黄背花萤

Themus imperiaris (Gorh)

体长约18mm。

成虫见于5月下旬～9月上旬。

寄主：小型昆虫。

分布：小五台山西台、北台、南台、东台、中台海拔900～1700m；张家口；安徽。

19.234 黑斑红背花萤

Themus sp.

体长18mm左右。

成虫见于5月下旬。

寄主：昆虫。

分布：小五台山西台海拔1250m左右；张家口。

19.235 黑翅花萤

Themus sp.

体长17～19mm。

成虫见于6月上旬～7月上旬。

寄主：小型昆虫。

分布：小五台山西台海拔1200～1500m；张家口。

龟甲科 Cassididae

体小至中型。体多圆或椭圆形,鲜艳,往往呈透明色或金属光泽。拟态较多。头顶显著向前突出。口器在下方向后伸(后口式),常部分隐藏在前胸腹板下。前胸背板及鞘翅具宽阔平展的边缘。前胸背板通常全部或大部分盖住头部,以致从背面看不见或仅看见小部分头部。触角短小,棍棒状。足藏于体下,附节4-4-4型,非隐5节型。成、幼虫均取食植物叶片。

19.236 红龟甲

Cassida lineola Creutzer

体长7.5mm，宽5mm左右，长约为宽的1.5倍，状如龟壳。前胸背板向前伸展，覆盖整个头部，后缘中央向后弧弯。前胸背板和鞘翅同色。鞘翅淡红到棕红色，刻点不规则，肩角圆形，具黑斑，每鞘翅上中区及鞘缝上约有6个黑色斑点。小盾片三角形，端角圆钝，黑褐色，具刻点。体腹面黑色。头黑色，刻点粗具光泽。触角棒状，短小被黑色毛，基部7节具光泽，末节的末端略带黑褐色。胸部及腹部腹面具刻点，有光泽，被稀疏的细短灰白毛。

成虫见于6月上中旬。

寄主：蒿、甜菜等。

分布：小五台山南台海拔1500m左右；承德、张家口；辽宁、湖北、福建、台湾、广西；朝鲜、日本、蒙古、俄罗斯以及欧洲。

附：未定种

(2007年7月31日，南台1450m)

(1999年7月2日，南台1300m)

(1981年6月29日，西台1250m)

19.233a 黑斑黄背花萤（2007年7月28日，中台1400m）

19.233b 黑斑黄背花萤（2007年5月29日，东台830m）

19.233c 黑斑黄背花萤（2007年6月17日，东台840m）

19.234 黑斑红背花萤（2007年5月24日，西台1250m）

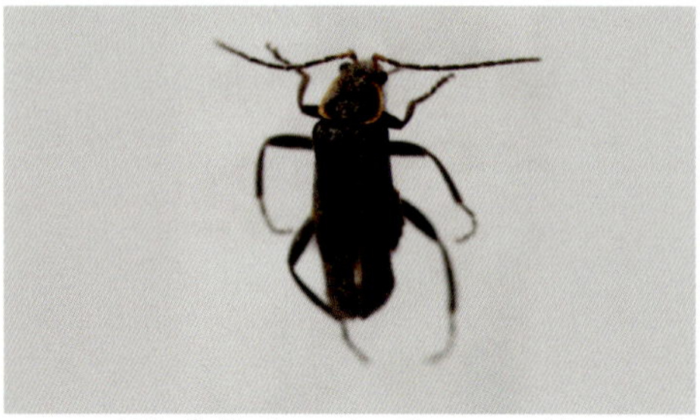

19.235 黑翅花萤（1981年7月20日，西台1400m）

19.236 红龟甲（1980年6月10日，南台1500m）

19.237 甜菜龟甲

Cassida nebulosa Linnaeus

体长7mm，宽5mm左右。状如龟壳。前胸背板及鞘翅边缘均向外展，从背面看不到头部。前胸背板及鞘翅淡棕黄色或锈黄色，有时略带绿色，具不规则的细小黑斑点。前胸背板两侧宽圆。鞘翅上具粗大刻点形成的9条纵沟。小盾片与鞘翅同色，两边有微沟。头、触角第1～6节，腹板侧面及后缘均为黄褐色。其余部分均为黑色。足黄褐色，腿节常具黑斑。

成虫见于5月下旬～8月中旬。

寄主：苋、藜、旋花、甜菜、莴苣等。

分布：小五台山南台、西台、北台海拔1200～1500m；张家口；辽宁、吉林、湖北、山东、江苏、四川；朝鲜、日本、俄罗斯以及欧洲、北美洲。

锹甲科 Lucanidae

体多大、中型，色深暗，有的种类具金属光泽，体壁坚硬。下唇小，不能活动。复眼突出。触角11节，相对较小。前胸背板宽大，两侧缘略呈弧形，或具大小不等的凹缺和突起，有的具尖锐角突。小盾片较小，端角钝。鞘翅近椭圆形，较短，其长度一般不超过头胸之和的2倍，肩角微突或尖锐；鞘翅全部覆盖腹部和臀板。雄虫具极发达的上颚。成虫以腐殖质为食或取食木本植物的树皮和嫩枝。幼虫多生活在枯死潮湿的松木中。

19.238 条锹甲

Macrodorcas binervis Motschulsky

体长25～40mm 。

成虫见于7月上旬。

分布：小五台山西台坟湾海拔1100m左右；张家口。

19.239 荷陶锹甲

Dorcus hopei (Saunders)

体长25mm左右。

成虫见于7月上旬～8月中旬。

分布：小五台山西台海拔1200～1500m；张家口。

19.240 大齿锹甲

Psalidoremns iuclinatus Motsch

体长35～39mm，宽15～16mm。体黄褐色，坚硬。

成虫见于7月中下旬。

寄主：山楂、李、苹果、板栗等衰弱腐朽树木及伐根、烂根。

分布：小五台山南台海拔1300～1700m；张家口；河南。

19.241 黄褐前凹锹甲

Prosopocoilus blanchardi

体长22～45mm(不含上颚)。鞘翅缝、小盾片黑褐色。前胸背板两侧有黑褐色圆斑，界限不清晰，其余部分基本都为黄褐色。♀♂个体差别较大，♂上颚明显发达。

成虫见于7月中旬～8月下旬。

寄主：取食树液。

分布：小五台山西台海拔1200～1500m；张家口。

19.242 齿棱颚锹甲

Prismognathus davidis

成虫见于7～8月。

分布：小五台山南台、西台海拔1200～1400m；张家口；北京、山西、内蒙古、辽宁、吉林等。

19.237a 甜菜龟甲（1980年8月17日，南台1500m）

19.237b 甜菜龟甲（1981年5月30日，北台1220m）

19.238 条锹甲（♀；1981年7月3日，西台坟湾1100m）

19.242 齿棱颚锹甲（2007年7月31日，南台1450m）

19.239a 荷陶锹甲(♀；示侧面观)

19.239b 荷陶锹甲（2007年7月10日，西台1450m）

19.240 大齿锹甲(♂；2007年7月23日，西台1180m)

19.241 黄褐前凹锹甲(♀；2001年7月28日，西台1300m)

铁甲科 Hispedae

体多小至中型。后口式。颚面向后下方扭转，口器后位，仅腹面可见，有时部分或全部隐藏于胸腔之内。触角多丝状，较短，一般不超过体长之半，2个触角着生处十分靠近。腹面背面8节，第8节背片形成臀板；腹面5节。跗节4-4-4式。植食性。

19.243 小点细铁甲

Rhadinosa lebongensis Maulik

体长12mm左右。

成虫见于8月中下旬。

分布：小五台山北台海拔2000m左右；张家口。

水龟虫科 Hydrophilidae

小至大型水生甲虫。体椭圆形，扁平、光滑，似龙虱，但背面更隆起。触角短，6～9节，端部锤状。下颚须线状，与触角等长或更长。中胸腹面有1条长的中脊起。鞘翅盖住腹部，后翅能飞。中、后足长，生有长毛，但不扁平。胫节端距长，第1节很小。腹板通常可见5节，很少4或7节。水生。多腐食性，少数取食水生动物，有的取食水稻。

19.244 水龟虫

Hydrous sp.

体长35～42 mm。

成虫见于6月下旬～8月中旬。

分布：小五台山南台、北台海拔1150～1400mm；张家口。

19.245 稻水龟虫

Hydrophilus acuminatus Motschulsky

又名：长须水龟虫。

体长约5mm。

成虫见于8月中旬。

分布：小五台山西台场部海拔1150～1200m；张家口。

19.246 暗色圆鳖甲

Scytosoma opaca (Reitter)

体长约9mm左右。

成虫见于7～8月。

分布：小五台山；张家口。

龙虱科 Dytiscidae

体小至大型，卵圆形或长椭圆形。头宽阔且与前胸紧密结合。触角丝状，下唇须短，不比触角长。后足基节发达，与后胸腹板占据腹面之半。胫节和跗节有长毛，适于游泳，跗节5-5-5式。后胸腹板无基前片；部分种类雄虫前足基部3个跗节扩展成吸盘状，交尾时抱握雌体。水生、肉食性。

19.247 黄边大龙虱

Cybister japonicus Sharp

又名：日本吸盘龙虱。

分布：小五台山南台海拔1300m左右；张家口。

瓢虫科 Coccinellidae

体小至中型，背面隆起，腹面平坦，形似瓢状。头小，大部分隐蔽于前胸背板之下。触角11节，端部3节膨大，成棒状。下颚须末节斧状或端部稍微收缩末端平截。鞘翅发达，盖住整个腹部，翅上多斑纹，形状多异。跗节多似为3节，爪1对，具齿。腹板可见5～6节。多为肉食性、少数植食性。

19.243a 小点细铁甲（2000年6月20日，南台1450m）

19.244a 水龟虫（示侧面观）

19.243b 小点细铁甲（1981年8月20日，北台2000m）

19.244b 水龟虫

19.244c 水龟虫（1981年6月28日，南台1300m）

19.248a 马铃薯瓢虫（2009年8月25日，东台1200m）

19.248b 马铃薯瓢虫（示交尾状；2009年7月28日，西台1480m）

19.248 马铃薯瓢虫

Henosepilachna vigintioctomaculata (Motschulsky, 1857)

又名：蔓陀萝瓢虫。

体长6.2～7.5mm，宽5.2～5.7mm。体近卵形或心形，呈半球形隆起，红棕至黄红色。头部背面无斑或中部有2个（有时相连）黑点。前胸背板上的黑色斑点常为3+3+4连合成一个三角形的中斑，但少数4斑独立。有些个体前胸背板黑色，只留浅色的前缘及外缘。小盾片在浅色个体中与体色相同，在深色的个体中则由于1斑的扩展而成为黑色。每一鞘翅上有14个斑，有些斑纹常相连而有变异。鞘翅毛被为灰黄色，在黑斑上的则为黑色，但也有黄色的。腹面的基色与背面的相同。中胸腹板侧面及腹板基部黑色，在有些个体中，黑色部分往往扩及整个腹面，以至鞘翅缘折。足腿节及跗节亦为黑色。腹部第5节腹板常为浅色。鞘翅端角内缘与鞘缝成切线相连，不成角状突出。

成虫见于6月中旬～8月下旬。

寄主：马铃薯、茄、番茄、蔓陀萝、双色茉莉等。

分布：小五台山东台、北台、南台、西台海拔820～1350m；张家口；河北各地；黑龙江、辽宁、陕西、北京、福建、台湾、广西、云南、西藏、吉林、山东、山西、河南、甘肃、江苏、浙江、四川；日本、朝鲜、俄罗斯、越南、尼泊尔、印度。

19.249 茄二十八星瓢虫

Henosepilachna vigintioctopunctata (Fabricius, 1775)

体长5～7mm，宽4.3～5.7mm。翅上斑纹变化很大，从典型的28斑减少至12斑，或黑斑相连，背面几乎全黑。与马铃薯瓢虫*H. vigintioctomaculata*的区别是每个鞘翅上第2排的斑点几乎是在一条斜线上。

成虫见于5月～9月。

分布：小五台山西台、东台、南台、北台海拔830～1300m；张家口、保定、承德、石家庄；辽宁、河南、山东、陕西、江苏、浙江、安徽、四川、江西、湖南、湖北、福建、台湾、广东、广西、海南、贵州、云南、西藏；韩国、日本、印度、尼泊尔、缅甸、泰国、越南、印度尼西亚、新几内亚、澳大利亚。

（示幼虫形态；2009年8月25日，西台1250m）

（2007年6月22日，西台1350m）

（示马铃薯叶被取食状；2009年8月25日，西台1250m）

（2007年6月23日，南台1300m）

（1989年8月22日，南台1350m）

（2007年7月27日，北台1250m）

（1989年6月17日，西台1180m）

（示侧面观）

（右为成虫；2007年6月22日，西台1350m）

19.248c 马铃薯瓢虫

（2007年6月13日，西台1200m）

（示幼虫形态；2007年7月17日，西台1250m）

（示幼虫形态；2007年7月12日，北台1200m）

（2007年6月22日，北台1200m）

（2009年6月18日，东台1200m）

（2007年6月24日，北台1300m）

19.249 茄二十八星瓢虫

19.250 多异瓢虫

Adonia variegata (Goeze)

体长4～4.7mm，宽2.5～3mm。长卵形，扁平拱起，背面无毛。头前部黄白色，后部黑色或颜面有2～4个黑斑，毗连或融合，有时与黑色的后面部分连接。复眼黑色，触角、口器黄褐色。前胸背板黄白色，基部通常有黑横斑，常向前四叉分出或构成两个“口”字形斑。小盾片黑色，在两侧各有一黄白色分界不清的斑。鞘翅黄褐色至红褐色，两鞘翅上共有13个黑斑，除小盾片的一黑斑跨翅缝外，各鞘翅有6个黑斑，黑斑变异甚大。向黑色型变异时黑斑相互连接或部分黑斑相互连接，向浅色型变异时部分黑斑消失。唇基前缘在两前角之间平齐。触角锤节紧密。前胸背板后缘有狭窄的边。折缘黄色。胸部和腹部腹面黑色，仅中、后胸后侧片及后胸前侧片末端黄白色。前胸腹板无中纵隆线。足细长，腿节伸出体缘外，基部黑色，端部褐色，中、后足胫节末端各具2个距刺，爪中部具小齿。

成虫见于4月下旬～9月中旬。

寄主：棉蚜、豆蚜、麦蚜、玉米蚜、刺槐蚜等。

分布：小五台山西台、北台海拔1200～1500m；保定、唐山、承德、张家口；北京、吉林、内蒙古、山东、山西、河南、四川、云南、西藏；印度以及非洲中部。古北区。

19.251 灰眼斑瓢虫

Anatis ocellata (Linnaeus)

体长8～9mm，宽6～7mm。体卵圆形，呈弧状拱起，表面光滑不被绒毛。头部黑色，复眼间具2方形黄斑，触角黄褐色，唇基和上唇黑色（雌）或唇基前缘黄色（雄）。前胸背板黄色，中央具一香炉形大黑斑，前部靠近凹入前缘“香炉脚”伸达后缘，两侧脚肥大，侧缘黑色，并在中后方扩展内伸，成舌状黑斑。小盾片黑色。鞘翅一般浅褐黄色，各具10个黑斑，黑斑常具浅色外缘，呈2、4、3、1排列。鞘翅上斑常有变异，常无浅色外围或相互连接形成纵条，鞘翅缘折、外缘黑色，其余部分为黄色。鞘翅末端有窄长的缺刻，形成不缝合的空隙，内生长绒毛，是明显的特征。腹面黑色，中、后胸后侧片黄白色。足黑色，跗节褐色。

成虫见于7月上中旬。

寄主：松、柏上的蚜虫。

分布：小五台山；张家口、承德；北京、黑龙江、吉林、辽宁。

19.252 二星瓢虫

Adalia bipunctata (Linnaeus)

体长4.5～5.3mm，宽3.1～4mm。体卵形，呈半圆形拱起，背面光滑无毛。头部黑色，复眼内侧各有一半圆形的黄白色斑，复眼黑色，触角黄褐色，唇基白色，上唇黑色。前胸背板黄白色，有一“M”形黑斑，此斑上部或下部黄白空间有时被黑色填满。小盾片黑色。鞘翅橘红色至褐黄色。每一鞘翅中央有2个横长黑斑，鞘翅上的色斑变化很大，出现若干变型，向浅色变型变异时鞘翅上的黑斑缩小以至消失，或在黑斑边缘有浅色的外环；向深色变型变异时，鞘翅基色为黑色，两鞘翅上共有12个浅色斑，或仅有4个、2个浅色斑。腹面除腹部外缘黑褐色外，其余全部为黑色。足黑色，跗节略浅，黑褐色。触角约为额长的1.5倍。后基线伸达腹板的3/4处而弯向前外侧。爪的基部有一尖齿。

成虫见于4月下旬～8月中旬。

寄主：桃粉蚜、棉蚜、槐蚜、麦二叉蚜、吹绵蚜等。

分布：小五台山西台、南台海拔1200～2000m；保定、承德、张家口；北京、山东、江苏、福建；亚洲、非洲、欧洲、南美洲。

19.253 六斑异瓢虫

Aiolocaria hexaspilota (Hope, 1831)

体长9～10.5mm，宽8.4～9mm。斑纹多变，有20余种，以往有1种曾称奇变瓢虫*A. mirabilis*。

成虫见于6月上旬～8月上旬，生活在榆、核桃、松等多种针阔叶树上，取

19.250b 多异瓢虫(典型斑纹；2007年8月27日，西台1500m)

19.252 二星瓢虫（1981年5月10日，南台1350m）

19.250a 多异瓢虫（1981年5月7日，北台1250m）

19.251 灰眼斑瓢虫

19.253a 六斑异瓢虫（示一种变异；2009年6月19日，北台1350m）

食多种叶甲、蚜虫的卵和幼虫。

分布：小五台山南台、西台、北台海拔1100～1500mm；张家口、承德、保定、石家庄、唐山；北京、黑龙江、吉林、内蒙古、甘肃、陕西、河南、湖北、四川、台湾、福建、贵州、云南、西藏；日本、印度、尼泊尔、缅甸、俄罗斯、朝鲜等。

19.254 七星瓢虫

Coccinella septempunctata Linnaeus

体长5.2～7mm，宽4～5.6mm。体卵圆形，半球形隆起，背面光滑无毛。头黑色，额与复眼相连的边缘上各有一个圆形淡黄色斑。复眼黑色，内侧凹入处各有一个淡黄色小点有时与上述黄斑相连。触角栗褐色。唇基前缘有窄黄条，上唇、口器黑色，上颚外侧黄色。前胸背板黑色。鞘翅红色或橙黄色，两鞘翅上共有7个黑斑，其位于小盾片下方的小盾斑为鞘翅缝分割成每边一半。每一鞘翅上另有3个黑斑，上侧斑位于外线上，距基部1/3处；中斑位于鞘翅中央、稍偏近内线中部；下侧斑位于外线上，距端部1/3处；鞘翅基部靠小盾片两侧各有一个小三角形白斑。腹面黑色无斑纹，只中胸后侧片白色，具有白色细毛。触角稍长于额宽，锤节紧密，前胸腹板窄而下陷，有纵隆线。后基线分叉，内支伸到第1腹板后缘，外支伸到第1腹板之外前角。后胸腹板侧隆线围绕前突前缘，足黑色密生细毛，胫节末端内侧具2个距，爪基部有大型齿。

成虫常年可见，但多见于4月中旬～9月中旬。

寄主：棉蚜、豆蚜、槐蚜、缢管蚜、桃蚜、大豆蚜、麦二叉蚜等。

分布：小五台山东台、北台、南台、中台、西台海拔1000～2710m；张家口；河北各地；北京、黑龙江、吉林、辽宁、山东、山西、河南、陕西、新疆、江西、湖北、湖南、四川、江苏、浙江、福建、广东、云南、西藏；印度。古北区。

19.253b 六斑异瓢虫（示侧面观）

19.253c 六斑异瓢虫（示一种变异；1981年8月7日，北台1450m）

19.254f 七星瓢虫（2007年9月6日，西台1400m）

19.253d 六斑异瓢虫（1980年7月20日，北台1300m）

19.254c 七星瓢虫（2007年6月9日，南台1400m）

19.254a 七星瓢虫（2007年8月4日，北台1900m）

19.254d 七星瓢虫（2007年7月24日，西台1500m）

19.254g 七星瓢虫（2007年6月15日，北台1600m）

19.254b 七星瓢虫（2007年8月16日，东台850m）

19.254e 七星瓢虫（2007年5月10日，西台1180m）

19.255 双七星瓢虫

Coccinula quatuordecimpustulata (Linnaeus)

体长3.3～4mm，宽2.6～2.9mm。体卵圆形，呈半球拱起，前胸背板与鞘翅相接较紧密。头部黄色，头顶黑色（雄）或头部黑色而复眼附近有黄色斑（雌）。复眼黑色，触角黄褐色，上唇深黄色，口器大部分为黄色，上颚亦有大部分黄色。前胸背板黑色，前角具黄斑，并沿侧缘狭窄的向后延伸，前缘黄色而将两角的黄斑相连，并在中部向后伸延。小盾片黑色。鞘翅黑色，各有7个黄斑，按2、2、2、1排成内外两行，其中2、4、6斑依次在外线上，而斑外侧延达鞘翅的边缘隆起上，1、3、5斑依次列于内线上，7斑位于端角处，而1、2斑的前缘附着在基缘上。腹面黑色，缘折及中胸后侧片、后胸前侧片的后半和第1腹板外侧黄色。围绕后胸腹板的侧隆线不到达中央。第5腹板后缘雄虫轻微内凹，雌虫齐平。第6腹板后缘雄虫明显半圆形内凹，雌虫尖圆凸。前、中足腿节末端及胫节和跗节、后足跗节和胫节末端红褐色。爪黑色。

成虫见于6月上旬～8月上旬。

寄主：麦蚜、艾蒿蚜、苹蚜等。

分布：小五台山；张家口、承德；北京、黑龙江、辽宁、内蒙古、山东、山西、河南、陕西、甘肃、新疆、江西；日本。古北区。

19.256 长隆小毛瓢虫

Scymnus (Scymnus) folchinii Canepari

体长2.2～2.5mm，宽1.5～1.8mm。成虫头黄褐色，眼黑色，前胸背板黄褐色，仅在小盾片前方有大黑斑。鞘翅黑色。幼虫体背具有厚厚的蜡层。

幼虫见于8月中旬。

栖息于杨、榆、紫薇、荆条、木槿以及多种草本植物上，捕食多种蚜虫。

分布：小五台山西台海拔1200m左右；张家口；北京、山东、河南、湖北、浙江、四川。

19.257 菱斑和瓢虫

Synharmonia conglobata (Linnaeus)

体长4.4～5mm，宽3.1～4.3mm。体椭圆形，呈半圆形拱起，背面光滑无毛。头部黄白色，复眼黑色，触角、口器黄褐色。背面基色为黄色，前胸背板中央中线两侧各有一长形斑，呈“八”字形排列，后缘中部一窄条形小黑斑，在其两侧各有1个不规则形黑斑，两侧缘后部各有一逗点形黑斑，共7个黑斑。小盾片黑色或黄褐色，边缘黑色。鞘翅上各有8个大小不一的黑斑，呈2、2、1、2、1排列。鞘缝黑色，腹面大部分黑色，但外缘及端部黄褐色，中胸后侧片黄色。足黄褐色，爪细小，具基齿。

成虫见于4月末～8月中旬。

寄主：棉蚜、木槿蚜、柳蚜、小麦蚜、苹果绵蚜、小叶杨瘤蚜、玉米蚜、高粱蚜、蓟菜蚜、菜蚜。

分布：小五台山西台、北台海拔1200～1400m；保定、承德、张家口；北京、内蒙古、河南、山东、山西、陕西、福建、甘肃、新疆、西藏； 蒙古。古北区。

19.258 十二斑和瓢虫

Synharmonia bissexnotata (Mulsant)

体长4.4～5.1mm，宽3.6～4mm。长圆形，呈弧形拱起，光滑无毛。头部前部黄褐色。复眼黑色或带有浅色外环，触角黄褐色，口器褐色。前胸背板黑色，在两个前角上各有一大型四边形黄斑，并在前缘以黄带纹相连，在中部向后伸出，达前胸背板中后部，前角斑伸展至腹面缘折前部。小盾片黑色。鞘翅基色黑色，各有6个黄斑，排列为内外两行，内行与鞘翅缝有相当距离，1斑近三角形或四边形，在小盾片旁，前缘附着在鞘翅基缘上；3斑略前于鞘翅1/2处，横长；5斑圆形，在内线2/3处；外行靠近外缘，2斑长形，在肩角处，由基缘沿肩外侧向后伸展达1/6处；4斑圆形在外缘1/2处；6斑在外缘5/6处，有时较小。腹面黑色。足除腿节部分黑色外，都为褐色。缘折除外缘1/3及2/3处黑色外，黄色。后基线斜伸至腹板后缘分为两支：一支伸达外缘，一支转向前，达外前角。爪不分裂，基部具齿。

成虫见于5月上旬～8月下旬。

寄主：榆瘤蚜、苹果绵蚜等。

19.255a 双七星瓢虫（1986年7月10日，小五台山）

19.255b 双七星瓢虫（1992年7月28日，小五台山）

19.256 长隆小毛瓢虫（示幼虫；两个白色体；捕食白毛蚜；2009年8月13日西台1200m）

19.257 菱斑和瓢虫（1981年5月20日，西台1250m）

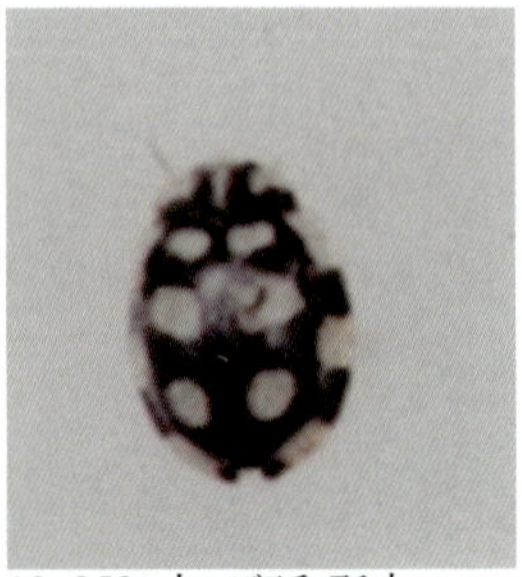

19.258 十二斑和瓢虫（1980年6月30日，北台1400m）

分布：小五台山北台1300～1500m；张家口、石家庄、承德；辽宁、吉林、黑龙江、山东、四川；俄罗斯。

19.259 龟纹瓢虫

Propylaea japonica (Thunberg)

体长3.8～4.7mm，宽2.9～3.2mm。基色黄色而带有龟纹状黑色斑纹。头部雄虫前额黄色而基部在前胸背板之下黑色，雌虫前额有一三角形黑斑，有时扩至全头黑色。复眼黑色，口器、触角黄褐色。前胸背板中央有一大型黑斑，其基部与后缘相连，有时几乎扩展至整个前胸背板而仅留黄色的前缘及后缘。小盾片黑色，鞘缝黑色，在距基部1/3、2/3及5/6处各有方形和齿形的外伸部分；鞘翅的肩胛上有一斜置的长斑，中部还有一斜置的方斑与鞘缝伸出的黑色部分相连。鞘翅上黑斑常有变异，黑斑扩大相连或缩小而成独立的斑点，黑斑有时甚至消失。腹面胸部雌虫全为黑色；雄虫前、中胸黄褐色，中、后胸侧片白色，腹部中央黑色，边缘黄褐色。足黄褐色。

成虫见于5月上旬～8月下旬。

寄主：日本球竖蚧、棉蚜、麦蚜、玉米蚜、高粱蚜和豆类、蔬菜及初春作物上的蚜虫。

分布：小五台山西台、北台、东台、南台海拔1000～1400m；张家口；河北各地；北京、辽宁、黑龙江、吉林、内蒙古、山东、河南、陕西、甘肃、江苏、浙江、江西、湖南、湖北、四川、台湾、福建、广东、广西、云南；日本、俄罗斯、印度。

19.260 方斑瓢虫

Propylaea quatuordecimpunctata (Linnaeus)

体长5～7mm。

成虫见于4月中旬～8月中旬。

寄主：蚜虫、粉蚧、木虱等。

分布：小五台山西台砖瓦窑、东台杨家坪海拔850～2000 m；张家口。

19.261 二十二星菌瓢虫

Thea vigintiduopunctata (Linnaeus)

体长4～5mm。

成虫见于9月上旬。

寄主：白粉菌。

分布：小五台山西台坟湾海拔1100 m左右；张家口。

19.262 十二斑菌瓢虫

Vibidia duodecimguttata (Poda)

体长3.7～5mm，宽3～3.7mm。体椭圆形，半圆形拱起，背面光滑无毛。头部乳白色，无斑纹，复眼黑色，触角黄褐色。前胸背板和鞘翅基色褐色，前胸背板两侧各有一乳白色纵条，有时分为前角和基角两斑，后者四边形。鞘翅上各有6个乳白色斑点，1斑位于鞘翅基角，近方形，基部一边横平；2斑位于外缘1/6处，长圆形，一侧向外延伸接近外缘；3斑在中线偏内1/3处；4斑位于2/3处，近圆形，一侧向外伸延接近外缘；5斑略后于4斑靠近鞘缝，长圆形；6斑位于端角中部，圆形横长。腹面前、中胸腹板及侧片乳白色，其他部分和足黄到黄褐色。爪完整，细小而基齿宽大。

成虫见于6月上旬～9月上旬。

寄主：白粉菌。

分布：小五台山西台海拔1100m左右；保定、唐山、承德、张家口；北京、河南、湖南；俄罗斯以及小亚细亚、欧洲。古北区。

19.259a 龟纹瓢虫（2007年8月7日，东台900m）

19.259b 龟纹瓢虫（2007年6月22日，西台1200m）

19.260 方斑瓢虫（1981年5月2日，西台1120m）

19.261 二十二星菌瓢虫（1981年9月7日，西台1100m）

19.259c 龟纹瓢虫（2009年6月9日，东台850m）

19.259d 龟纹瓢虫（变异；2007年8月27日，南台1400m）

19.262 十二斑菌瓢虫（1980年6月10日，西台1180m）

19.263 异色瓢虫

Leis axyridis (Pallas)

体长5.4～8mm，宽3.8～5.2mm。体卵圆形，半球形拱起，但外缘向外平展部分较窄。背面的色泽及斑纹变化甚大。头部为橙黄色或橙红色至全为黑色。前胸背板浅色而有一“M”形黑斑，向深色型变异时该斑黑色部分扩展相连以至中部全为黑色，仅两侧浅色；向浅色型变异时，该斑黑色部分缩小，仅留下2个或4个黑点。小盾片橙黄色至黑色。鞘翅上各有9个黑斑，向深色变异时，斑点相连成圆形斑，或鞘翅黑色而各有6个、4个、2个或1个浅色斑，甚至全为黑色；向浅色型变异时，鞘翅上黑点变小部分消失，以至全部消失，使鞘翅全为橙黄色。腹部的色泽也有变异，浅色的中部黑色，外缘黄色；深色的中部黑色，其余部分褐黄色。鞘翅近末端7/8处有一明显的横脊痕，这是该种鉴定的重要特征。雄虫第5腹板后缘弧形内凹，第6腹板后缘半圆形内凹；雄虫第5腹板外突，第6腹板中部有纵脊，后缘弧形突出。异色瓢虫在小五台山区已知有如下变种：鲜明变种、暗黄变种、豹斑变种、十九斑变种、显明变种等。

成虫常年可见，但多见于4月下旬～10月上旬。

寄主：菜缢管蚜、豆蚜、棉蚜、高粱蚜、甘蔗蚜、橘蚜、木虱、粉蚧、瘤蚜等。

分布：小五台山西台、南台、东台、北台、中台海拔1000～2200m；张家口；河北各地；北京、黑龙江、辽宁、吉林、山东、山西、河南、陕西、甘肃、江苏、浙江、江西、湖南；朝鲜、日本、俄罗斯、蒙古。

19.263a 异色瓢虫（2007年5月28日，南台1500m）

19.263b 异色瓢虫（2007年5月9日，西台1200m）

19.263c 异色瓢虫

19.263d 异色瓢虫（2007年8月27日，中台1800m）

19.263e 异色瓢虫

19.263f 异色瓢虫

19.263g 异色瓢虫（十九斑变种）

19.263h 异色瓢虫

19.263i 异色瓢虫（豹斑变种）

19.263j 异色瓢虫

19.263k 异色瓢虫（2007年6月5日，南台1500m）

19.263l 异色瓢虫(显明变种)

19.263m 异色瓢虫(暗黄变种)

19.263n 异色瓢虫

19.263o 异色瓢虫

19.263p 异色瓢虫

19.263r 异色瓢虫

19.263x 异色瓢虫

19.263s 异色瓢虫

19.263t 异色瓢虫

19.263y 异色瓢虫

19.263u 异色瓢虫

19.263v 异色瓢虫

19.263z 异色瓢虫

19.263w 异色瓢虫（示其卵被草蛉幼虫取食；1989年8月28日，西台1200m）

19.263.1a 异色瓢虫（示群体寻找越冬场所；1990年10月8日，西台1300m）

19.263.1b 异色瓢虫（示幼虫）

19.264 梯斑巧瓢虫

Oenopia scalaris (Timberlake, 1943)

体长约3～4mm，宽约2～3mm。黑色的鞘翅上具3个黄白色斑，翅的外缘黄白色，有时成黄白色斑纹。

成虫见于6月中下旬。

寄主：捕食蚜虫。

分布：小五台山南台海拔1450m左右；张家口；北京、福建、广东、台湾；越南、日本、朝鲜等。

19.265 十四星裸瓢虫

Calvia quatuordecimguttata (Linnaeus, 1758)

体长5～6mm，宽4～4.7mm。翅棕黄色，每1个鞘翅上有7个乳白色斑。斑纹的形状和颜色变化很多、很大。

成虫见于6月下旬。

寄主：捕食针、阔叶树上的蚜虫。

分布：小五台山西台海拔1600m左右；张家口；北京、吉林、甘肃、陕西、湖北、四川、西藏；日本、俄罗斯以及欧洲、北美洲。

19.266 黑缘红瓢虫

Chilocorus rubidus Hope

体长5.2～7mm，宽4.5～4.7mm。体背面明显拱起。头部、前胸背板及鞘翅周缘黑色，背面中央枣红色，小盾片常为黑色，枣红色与黑色之间的分界不明显。在越冬的部分个体中，鞘缝亦为黑色，因而每一鞘翅中央为枣红色，向边缘逐渐变成黑色。触角8节，短于头宽。唇基向两侧伸延至复眼之前，触角基部全部被唇基所遮盖。前胸背板窄于鞘翅基缘，后角钝圆，与鞘翅基缘不紧密衔接，两前角之间前伸部分刻点较粗，且有白短毛。鞘翅缘折宽阔并达末端。胸腹部腹面红褐色，但胸部中央色泽较深，趋于枣红色。雌虫第5 腹板后缘圆弧形外突，第6腹板几乎不外露；雄性的第6腹板稍露出而后缘较平截。

成虫见于4月中旬～8月下旬。

寄主：桃球形蚧、沙里院蚧、油茶绵蚧、东方盔蚧、白蜡虫、黍缢管蚜。

分布：小五台山西台、北台海拔1100～1400m；石家庄、保定、衡水、唐山、承德、张家口；北京、黑龙江、内蒙古、山东、河南、江苏、浙江、湖南；日本、蒙古、俄罗斯、印度以及大洋洲。

19.267 红点唇瓢虫

Chilocorus kuwanae Silvestri

体长3.4～4.4mm，宽3.3～4mm。体周缘近圆形。背面黑色而有光泽，每一鞘翅的中央各有一褐黄色至红褐色的长圆形斑。唇基向两侧伸展至复眼之前。触角着生于头部的腹面，基部全被唇基所遮盖，触角8节，短于头宽。前胸背板的前侧突部分披细毛。鞘翅缘折宽阔并达末端。鞘翅上的刻点细小，但近边缘处的刻点较粗深。鞘翅外缘的细窄的隆线，肩胛明显。胸部腹面及缘折黑色，腹部褐黄色。雄虫第5腹板长度不及第4腹板的2倍，后缘齐平，第6腹板后缘齐平。雌虫第5腹板长度超过第4腹板长度的2倍。第6腹板后缘圆突，足黑色，跗节褐色。

成虫见于5～9月。

寄主：东方盔蚧、桃球形蚧、桑白蚧、矢根蚧、刺槐坚蚧等。

分布：小五台山南台、中台海拔1200～1300m；廊坊、唐山、承德、张家口；北京、黑龙江、吉林、辽宁、河南、山东、江苏、江西、四川、云南；朝鲜、日本、意大利。

19.264 梯斑巧瓢虫（2007年6月25日，南台1450m）

19.266a 黑缘红瓢虫（示蛹皮；2007年8月15日，西台仁用杏园内1100m）

19.265 十四星裸瓢虫（1981年6月25日，西台1550m）

19.266b 黑缘红瓢虫（2007年7月16日，西台仁用杏园内1180m）

19.266c 黑缘红瓢虫（2007年7月17日，西台1180m）

19.266d 黑缘红瓢虫（1981年5月21日，西台1200m）

19.266e 黑缘红瓢虫（示成虫去取食蚧虫；2007年8月15日，西台仁用杏园内1100m）

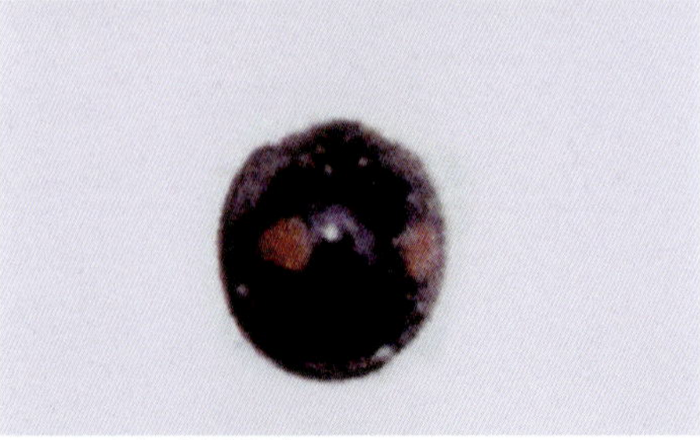

19.267 红点唇瓢虫

19.268 暗红瓢虫

Rodolia concolor Lewis

体长4.4～5mm，宽3.4～4mm。体长圆形，两侧几平行，扁平拱起，体后部最高，被白色密毛，体色均匀较暗，头部除上唇前部暗红色外，全部黑色。前胸背板、小盾片、鞘翅均为褐红色。腹面褐红至褐黄色，但后胸腹板和足为黑色。下颚须斧状。触角8节，锤节直长，约占全长的2/5，端节最长，其后1节最短，着生于头部复眼之前，基部不被唇基所覆盖。前胸背板最宽处在基部之前。前胸背板肩角圆形，基角不明显，后缘弧形，在小盾片前平截。后基线在腹板1/2处弯转前伸，到达腹板前缘。雄虫第5腹板后缘线微内凹，第6腹板中央部分内凹。雌虫第5腹板后缘齐平，第6腹板后缘圆凸。

成虫见于5月中旬～8月上旬。

寄主：木虱等。

分布：小五台山东台、西台、南台海拔980～1300m；张家口、唐山；北京；日本。

19.269 红环瓢虫

Rodolia limbata Motschulsky

体长4～6mm，宽3～4.3mm。体长圆形，两侧近于平行，弧形拱起，披黄白色细毛。头部黑色，复眼黑色并常具浅色的周缘。前胸背板前缘、侧缘及每一鞘翅的周缘均为红色，其余部分为黑色。小盾片黑色。腹面中央部分黑色，其余部分红色。但端末红色或留红色边缘，其余部分红色。下颚须斧状。触角着生于头部复眼之前，基部不被唇基所遮盖。前胸背板最宽处在基部之前。前胸腹板纵隆线前面部分近于平而与前缘的隆线垂直相接。后基线伸达中部之前而弯曲伸达前缘。

成虫见于6月上旬～8月中旬。

寄主：桑虱、吹绵蚧、桑芽蚧。

分布：小五台山西台海拔1100～1500m；唐山、张家口；北京、黑龙江、辽宁、山西、江苏、浙江、云南；日本、俄罗斯。

19.270 黄菌瓢虫

Halyzia sp.

体长3～5mm。

成虫见于6月中旬。

寄主：真菌。

分布：小五台山南台辉川对面坡海拔1400m左右；张家口。

19.271 六斑显盾瓢虫

Hyperaspis gyotokui Kamiya

体长3.2～5.3mm。

成虫见于5月下旬～6月中旬。

寄主：麦蚜 、麦二叉蚜、蓟菜蚜。

分布：小五台山西台坟湾海拔1100m左右；张家口。

19.272 四斑显盾瓢虫

Hyperaspis leechi Miyatake

体长3～5.3mm。

成虫见于4月中旬～8月下旬。

寄主：蚜虫、叶甲的卵。

分布：小五台山西台葱地沟和坟湾、北台海拔1050～1500m；张家口。

19.268 暗红瓢虫（1981年8月3日，南台1300m）

19.270 黄菌瓢虫（1981年6月14日，南台1400m）

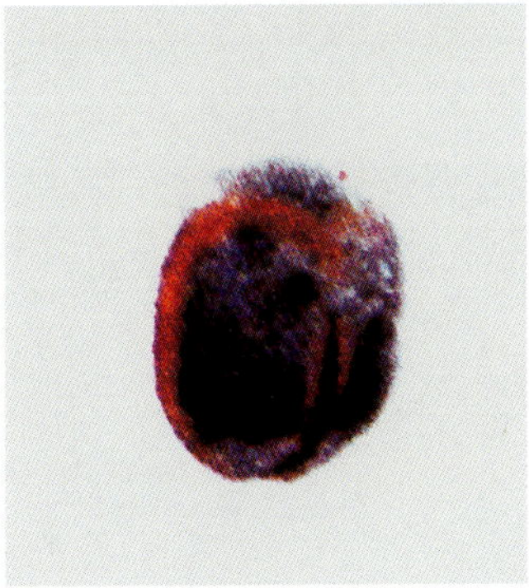
19.269 红环瓢虫

19.271 六斑显盾瓢虫（1980年5月27日，西台1100m）

19.272 四斑显盾瓢虫（1981年4月20日，西台1050m）

天牛科 Cerambycidae

体小至大型，少有微型。体长圆筒形。触角细长，着生在触角基瘤上，11～12节，长于或短于体长。复眼大，内侧呈肾形凹入，环绕触角基部。中胸背板常具发音器，前胸背板两侧钝圆或具边缘，常具锯齿、刺。鞘翅多长达腹端，光亮或具绒毛、花斑。跗节为隐5节，第4节很少，嵌入第3节背面的小窝内，不能活动。附节常具端刺。爪强大，简单，少数附齿式。多以幼虫钻蛀植物的干、茎、根部。大部分种类取食木本植物，为林果业的重要昆虫；少数取食草本植物，为农作物的重要昆虫。

19.273 曲牙锯天牛

Dorysthenes hydropicus Pascoe

又名：曲牙土天牛。

体长34～44mm，宽14～16mm。体较阔，栗棕色。头部向前突出，略向下弯。大颚长大呈刃状，彼此交叉向后弯曲。复眼之间头顶狭窄而浅凹。触角12节，第3～10节外端角较钝。雌虫触角较短，接近鞘翅中部，雄虫超过中部。前胸较阔，侧缘具2齿，较尖锐，分离较远，中齿较前齿发达，微向后弯。小盾片舌形，基部两侧密被刻点。鞘翅基部阔大，向后端渐尖，内角明显，外角圆形，每翅微现2、3条纵隆线。雌虫腹部第1节前缘呈三角形。

成虫见于7月上旬～8月上旬。

寄主：柳、枫杨、水杉、刺槐、杨等。

分布：小五台山西台、北台海拔1100～2600m；邯郸、保定、承德、张家口；山东、江苏、浙江、河南、湖北、湖南、台湾、内蒙古、陕西。

19.274 大牙锯天牛

Dorysthenes paradoxus Fald.

又名：大牙土天牛。

体长32～41mm，宽12～15mm。本种与曲牙锯天牛*D. hydropicus*很相近，但本种触角第3～10节的外端角较尖锐，曲牙锯天牛较钝；本种前胸侧缘前齿较小，与中齿接近，曲牙锯天牛反之；本种雌虫腹基中央呈圆形，曲牙锯天牛呈三角形。

成虫见于6月中旬～7月中旬。

寄主：榆、玉米、高粱等。

分布：小五台山西台、北台海拔1200～2600m；承德、保定、衡水、张家口、沧州；宁夏、吉林、辽宁、黑龙江、内蒙古、甘肃、山东、四川。

19.275 土天牛

Dorysthenes sp.

体长约31mm。

成虫见于6月下旬。

分布：小五台山西台海拔1180～1300m；张家口。

19.273a 曲牙锯天牛（1981年7月12日，西台1300m）

19.273b 曲牙锯天牛（1980年8月5日，北台2200m）

19.273c 曲牙锯天牛（1983年7月20日，西台1180m）

19.273d 曲牙锯天牛（示侧面观）

19.273e 曲牙锯天牛（2007年7月19日，西台1800m）

19.273f 曲牙锯天牛（2007年8月4日，北台2300m）

19.273g 曲牙锯天牛（2004年7月21日，西台1800m）

19.273h 曲牙锯天牛（2007年7月28日，西台1200m）

19.276 锯天牛

Prionus insularis Motschulsky

体长21～31mm，宽9～12mm。体扁平，棕栗色到黑褐色，微带金属光泽。头部较短，向前突出，大颚短而坚，相互交叉。触角基瘤突起，额前端横凹深沟状，两眼分离，中间刻点粗大，头顶较细，头顶与额前沟间有一深纵沟。触角向后，12节，第3～9或10节的外端角突出呈锯齿状，末节长圆形。雌虫触角短细，不超过鞘翅之半，雄虫粗扁而长，不超过腹部末端。前胸扁阔，具金属光泽，后缘中间稍向后呈弧形，侧缘具2齿，中齿发达，略向后弯曲，2齿基部稍突，后角钝齿状。前胸背板前、后有整齐棕色毛。小盾片圆形，刻点细小，有光泽。中胸腹面密布棕色毛。鞘翅基部宽，端部狭，内缘末端明显，具小齿，外缘圆形。翅面有刻点与皱纹，每翅上微隆直纹2～3条。足较长，除跗节棕色外，一般与体色同，胫节内外侧凹槽形，具无数棘状突起，尤以中后足内侧为多。

成虫见于7～8月。

寄主：松、冷杉、云杉、榆、苹果、栎等。

分布：小五台山西台海拔1200～1900m；邯郸、唐山、张家口、保定、承德；台湾、黑龙江、辽宁、吉林、内蒙古、北京、浙江、四川；朝鲜、日本。

19.274a 大牙锯天牛（1980年7月18日，西台1500m）

19.274b 大牙锯天牛（1981年7月28日，西台2600m）

19.274c 大牙锯天牛（2001年7月2日，北台1800m）

19.274d 大牙锯天牛（示侧面观）

19.274e 大牙锯天牛(♀；1980年7月15日，北台2600m)

19.274f 大牙锯天牛(♀；1980年7月2日，西台1500m)

19.275a 土天牛（2002年6月25日，西台1200m）

19.275b 土天牛（示侧面观）

19.276a 锯天牛(♀；1980年7月8日，西台1600m)

19.276b 锯天牛(♀；示侧面观)

19.276c 锯天牛(♂；1981年7月20日，西台1800m)

19.277 薄翅锯天牛

Megopis sinica White

体长32～48mm，宽9～13.5mm。全体赤褐色，鞘翅有时较淡，为深棕红色。头部具细密颗粒式刻点，并密生细短灰黄毛，上唇有较硬直的棕黄长毛，上颚黑色，分布深密刻点。前额中央凹下，后头较长，自中央至前额有一细纵沟。雄虫触角与体等长或略超过，第1～5节下面有刺状粒，柄节粗壮，第3节最长，约为第4节的2倍。雌虫触角较细短，约伸展至鞘翅后半部。前胸背板前窄后阔呈梯形，两边仅基部有较清楚边缘，表面密布颗粒刻点和灰黄短毛，有时中域被毛较稀。小盾片三角形，后缘稍圆。鞘翅宽于前胸背板，向后渐形狭窄，表面呈微细颗粒刻点，基部略粗糙，有2～3条细小纵脊。腹面后胸腹板被密毛。足扁形。

成虫见于7月中旬～8月中旬。

寄主：苹果、枣、杨、柳、榆、桑、栎、栗、白蜡、云杉、冷杉。

分布：小五台山北台、西台海拔1200～2000m；邯郸、保定、张家口、唐山、承德；黑龙江、吉林、辽宁、山西、河南、山东、江苏、浙江、福建、台湾、安徽、江西、湖南、四川、广西、贵州、云南；朝鲜、日本、越南、缅甸。

19.278 中华锯花天牛

Apatophysis sinica (Semenov)

体长19.5mm，宽6mm左右，体黄褐色，头部和前胸色深。复眼眼面粗大。触角柄节不超过复眼后缘，第3、4节等长，第6～10节略扁，外端角突出。头部在复眼后方渐窄，不呈细颈状。前胸宽大于长。前胸背板近后缘两侧各具1个横形隆突。鞘翅黄褐色，具密而不规则刻点，缝角呈锐角。后足腿节下侧具小刺。

成虫见于6月上旬～7月上旬。

寄主：榆。

分布：小五台山南台、西台海拔1050～1350m；张家口、承德、保定、石家庄；山东、四川、江西。

19.279 芫天牛

Mantitheus pekinensis Fairmaire

体长18～21mm，宽5～7mm。黄褐色，有时前胸、肩、触角棕红，雄虫鞘翅肩后角较淡，无光泽；雌虫鞘翅端部暗褐，全身被稀细的淡色短毛。头略宽于前胸，复眼大，前额有凹穴。头部刻点粗大，头顶布细颗粒刻点。触角柄节粗短，第3～10各节近于等长，长相当于柄节的3倍。前胸背板近方形，靠前缘两侧各有1个光滑小突点，表面密布刻点，中纵区光滑，无刻点。小盾片阔舌状，密生细刻点。本种雌、雄异型，雌虫的外形十分像芫菁，鞘翅短缩，仅达腹部第2节，侧缘及中缝两侧逐渐收窄，端缘略圆形；翅面刻点较粗糙，每翅有4条纵脊线，缺后翅；腹部膨大，不为鞘翅所覆盖；头正中有一条细纵线；触角较细，长度不超过腹部。雄虫体较窄，鞘翅覆盖整个腹部，肩部之后鞘翅显著收狭，至端部呈尖角形；翅面密布细刻点，端部皱纹显著，翅纵脊不明显，可见2或3条，具后翅；头正中无细纵线，仅复眼之间稍凹下；触角较粗扁，长度超过体长。

成虫见于7～8月。

寄主：刺槐、白皮松等。

分布：小五台山南台、西台海拔1100～1300m；张家口；内蒙古、北京、山西。

19.277a 薄翅锯天牛（1981年7月29日，西台1899m）

19.278 中华锯花天牛（1981年7月5日，南台1350m）

19.279a 芫天牛（♂；1981年7月21日，南台1200m）

19.279b 芫天牛（♀；1981年7月29日，西台1300m）

19.277b 薄翅锯天牛

19.280 松幽天牛

Asemum amurense Kraatz

体长19mm，宽5.6mm左右。体黑褐色，密生灰白色绒毛，腹面有显著光泽。触角短，只达体长之半，第5节显著长于第3节。头上刻点密，复眼凹陷不大，触角间有一明显纵沟。前胸背板的侧刺突只呈圆形向外伸出，背板中央少许向下凹陷。小盾片长，黑褐色。前翅长，顶端呈圆弧状，翅面有纵隆起线，近前缘处还有一些横皱。足短，尾端暗褐。

成虫见于5月上旬～6月中旬。

寄主：红松、赤松、油松、华山松、云杉。

分布：小五台山北台海拔1260～1500m；承德、张家口；黑龙江、吉林、内蒙古、陕西、浙江；朝鲜、俄罗斯、日本。

19.281 褐幽天牛

Arhopalus rusticus Linnaeus

体长20～21mm，宽5.5～6mm。体较扁，褐色，雌虫体色较黑，密被很短的灰黄色绒毛。头刻点密，中央有1条纵沟自额前端至头顶中央。触角雄比雌粗而长，达体长3/4，雌约为体长1/2，基部5节较粗，自第6节逐渐变细，第3节最长，长于第4节及第5节。前胸宽大于长，两侧圆。前胸背板刻点密，中央有1条光滑而稍凹的纵纹，与后缘前方中央的1个横凹陷相连接，在背板中央的两侧各有1个肾脏形的长凹陷，后缘直，前缘中央稍向后弯。小盾片大，末端圆钝，舌形。鞘翅薄，两侧平行，后缘圆，各翅具2条平行的纵隆纹。体腹面较光滑，颜色较背面淡。雄虫腹末节较短阔，雌虫腹末较狭长。

成虫见于6月上旬～7月中旬。

寄主：赤松、日本扁柏、桧、冷杉、柏等。

分布：小五台山南台、北台、西台海拔1370～1600m；承德、张家口；内蒙古、辽宁、吉林、黑龙江、陕西；朝鲜、日本、俄罗斯以及欧洲。

19.282 黄胫宽花天牛

Evodinus bifasciatus（Olivier）

体长17～20mm，宽6.5～8mm。体黑色，头刻点细密，头、胸密生短粗黑褐绒毛，额中央具纵沟，触角较短粗，第2～5节黄色，一般可伸至鞘翅中部稍后，雌性略短，柄节粗大。前胸背板长大于宽，前端窄，后端宽，前、后端各有1条横沟，横沟之间有1条纵线，两侧略凸，侧缘中部之前瘤突明显。小盾片三角形，端角圆，刻点细密。鞘翅黄褐色具黑色斑纹，近小盾片的翅基缘黑色，鞘翅基部约1/4的近中缝处及侧缘的中部各有1个黑色小斑点，有时侧缘基部尚有1个黑色小斑点，此三黑点略成三角形；中部之后有黑色横斑和端部横斑，两斑在侧缘相连接；鞘翅端缘圆弧形，表面具细密皱纹刻点。腿节黑色，胫节大部分黄色。

成虫见于6月下旬～7月中旬。

寄主：芍药等。

分布：小五台山南台、西台海拔1100～1350m；张家口、承德；北京、辽宁、吉林、黑龙江、内蒙古、甘肃、西藏；朝鲜、俄罗斯。

19.280a 松幽天牛（♂；1981年6月10日，北台1400m）

19.280b 松幽天牛（♀；1981年6月12日，北台1450m）

19.281a 褐幽天牛（1980年6月28日，南台1400m）

19.281b 褐幽天牛（1981年7月12日，西台1500m）

19.281c 褐幽天牛（1987年7月2日，西台1450m）

19.281d 褐幽天牛（示侧面观）

19.282 黄胫宽花天牛（1981年6月28日，南台1200m）

19.283 黑胫宽花天牛

Evodinus interrogationis (Linnaeus)

体长9~11.5mm，宽3.9~4.5mm。体黑褐色。头中央有1条纵线，刻点细密。触角黑色细短，一般达鞘翅中部稍后，柄节膨大，有时第3、4、5节基部及胫节前端红褐色。前胸背板长略大于宽，前端稍窄，侧缘中部之前微具瘤突，前后端各有1条浅横沟。头胸着生细稀黄绒毛。小盾片三角形。前翅黄色，端缘圆弧形，翅面具细密刻点。每个鞘翅具6个黑斑，第1个位于翅基缘，接近小盾片，第2个在肩下侧缘，第3个斜纵斑在中部之前近中缝处，有时第2、3斑连接，第4个近圆形，在翅中部外缘，第5个较大，斜横斑，位于翅中部之后，第6个较小，位翅末端，有时第3斑后端与第5斑前端相连接。足胫节黑色。

成虫见于6月下旬~7月下旬。

分布：小五台山南台、北台海拔1200~1500m；张家口、承德；内蒙古、辽宁、吉林、黑龙江、上海；蒙古、俄罗斯、朝鲜、日本以及欧洲北部。

19.284 突花天牛

Pseudosieversia sp.

体长13mm左右。全体栗红色，仅眼黑色。

成虫见于5月下旬。

分布：小五台山南台海拔1300m左右；张家口。

19.285 曲纹花天牛

Leptura arcuata Panzer

体长14~15mm，宽4~4.5mm。体黑色，密被金黄色有光泽的绒毛。触角约为体长的5/6，雄虫触角第1~5节黑褐色，雌虫赤褐色，第6~11节黄褐色。前胸背板前后端各有1条横沟，中央有2条纵沟，后缘双曲形，后端角突出，尖三角形。翅底色黑色，具4条黄色横纹，基部第1条黄纹弯曲，略呈横S形，第2、3、4条横纹直，横纹在翅外缘处较狭，内缘处较阔，有时2、3在内缘处汇合，翅端黑色。足赤褐色到黑褐色，雄虫后足胫节弯曲，基部较细，末端较粗，内侧凹，具2条纵脊纹。

成虫见于6月中旬~7月下旬。

寄主：云杉、冷杉、松、雪松、桦、坚桦。

分布：小五台山南台海拔1500~1750m；承德、张家口；辽宁、吉林、黑龙江、山东；朝鲜、日本、俄罗斯以及欧洲。

19.286 驼花天牛

Pidonia sp.

体长12mm左右。

成虫见于6月下旬。

分布：小五台山中台海拔1300~1500m；张家口。

19.287 十二斑花天牛

Leptura duodecimguttata (Fabricius, 1801)

雌体长13~14mm，宽4~4.4mm。雄体长12~12.5，宽3.5~4mm。体黑色，鞘翅上斑点乳黄色。头与前胸背板中部等宽，密布细刻点及灰黄色细毛。额横宽，头顶宽，复眼钝三角形。触角柄节与第4节等长，短于第3节和第5节，第3节等于第5节，第6节以后稍短。前胸背板长与中部宽相等。小盾片较宽，三角形。翘翅面较光滑，仅生细短毛，每

19.283a 黑胫宽花天牛（1981年7月12日，南台1350m）

19.284 突花天牛（1981年5月28日，南台1300m）

19.285a 曲纹花天牛（1980年7月28日，南台1750m）

19.286a 驼花天牛（1983年6月24日，东台1400m）

19.283b 黑胫宽花天牛

19.285b 曲纹花天牛（2007年7月17日，南台1500m）

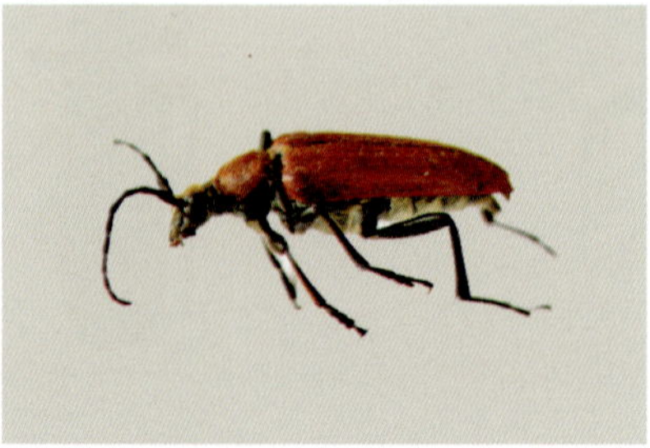
19.286b 驼花天牛（示侧面观）

个鞘翅上生6个斑点，共12个小斑点，中缝外侧等距纵列4个小斑点，第2、3斑点外侧近侧缘各有1个小斑点，后1个小斑有时与第3斑连接；鞘翅侧缘较平行，向后渐收狭，缘角稍尖突。

成虫见于6月下旬～7月上旬。

寄主：云杉、柳杉、青冈栎、杨、柳、栎等。

分布：小五台山南台湖上沟海拔1500m左右；张家口；黑龙江、内蒙古、吉林、辽宁、陕西；俄罗斯、日本、朝鲜。

19.288 伞花天牛

Corymbia sp.

体长17mm左右。

成虫见于7月下旬。

分布：小五台山南台大虎沟海拔约1450m；张家口。

19.289 云杉大墨天牛

Monochamus urussov (Fischer, 1806)

又名：云杉大黑天牛。

体长30～37mm，宽8.5～11mm。体黑色，具墨绿色光泽，被棕黄色绒毛。前胸背板多皱纹，侧缘具圆锥形刺突，端部不尖锐。小盾片密被棕黄色绒毛。鞘翅基部密被颗粒状刻点，每粒具黄色短绒毛1根；鞘翅端部1/4处密被淡棕色毛，呈一片土黄色。

成虫见于6月下旬～7月上旬。

寄主：云杉、红松、臭冷杉、落叶松、白桦等。

分布：小五台山西台、北台、中台海拔1400～1900m；张家口；辽宁、吉林、黑龙江、内蒙古、江苏、河南、山东、陕西、新疆、宁夏；日本、朝鲜、俄罗斯以及北欧。

19.290 栗山天牛

Mallambyx raddei Blessig

体长40mm，宽11mm左右。体灰棕色，鞘翅和全身被棕黄色短绒毛。触角和两复眼间的中央有深沟，延长到头顶，在头顶处更深陷。触角近黑色，约为体长的1.5倍，各节均有刻点，柄节粗大，呈筒状，第3节较长，约等于第4、5节之和，第7～10节呈棒状，端部粗大，内侧无刺，外侧无扁平边缘，突起和棱角。前胸背板具横皱褶，无平滑区，两侧弧形有皱纹，无侧刺突。鞘翅后缘呈圆弧形，缝角刺状。

成虫见于6月中旬～7月下旬。

寄主：锥栗、枹栗、麻栎、板栗、桑、栎等。

分布：小五台山南台、北台、西台海拔1300～1700m；张家口；黑龙江、吉林、河南、山东、台湾、浙江、福建、四川；日本、朝鲜、俄罗斯。

19.287 十二斑花天牛（2007年6月30日，南台1500m）

19.289a 云杉大墨天牛(♂；1980年6月27日，西台1700m)

19.290a 栗山天牛（♂；1980年7月10日，南台1500m）

19.290d 栗山天牛（2007年7月18日，南台1600m）

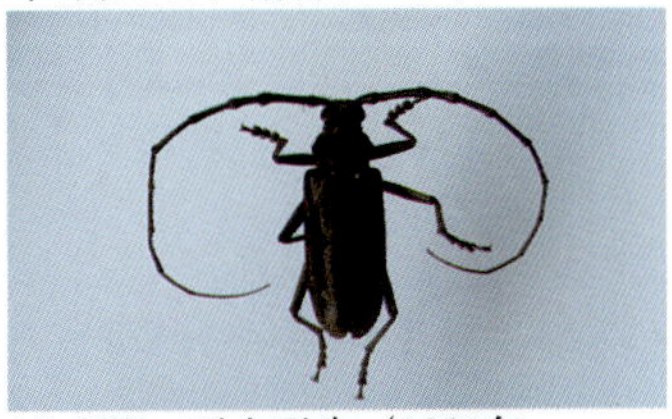
19.290b 栗山天牛（1981年6月30日，西台1300m）

19.290e 栗山天牛(♀；1992年6月19日，北台1400m)

19.288 伞花天牛（1980年7月24日，南台1450m）

19.289b 云杉大墨天牛(♀；1981年7月5日，北台1650m)

19.290c 栗山天牛（2007年7月18日，南台1600m）

19.290f 栗山天牛(♀)

19.291 橡黑天牛

Leptura aethiops Poda

体长12～14mm，宽3.5～4.2mm。体黑色，密被黑色绒毛，腹面被灰色毛。头刻点细密，额中央有1条纵沟。触角雌虫较短，约为体长的3/4，雄虫与体等长或略短。前胸背板刻点密，前后端各有1条横沟，后端的横沟较浅，中央有1条纵纹，中域隆起，后缘双曲形，后端角突出，尖锐。小盾片三角形，末端尖。鞘翅基部阔，末端较窄，后缘斜切但中央稍凹。雄虫后足胫节弯曲，内侧凹，左右各具1条纵脊纹。腹末节腹板后端中央凹下，后缘直。

成虫见于7月中下旬。

寄主：橡、槲、柞、桦、榛。

分布：小五台山南台海拔1300～1700m；唐山、承德、张家口；黑龙江、吉林、辽宁、内蒙古、山西；朝鲜、日本、俄罗斯以及欧洲。

19.292 血翅纵天牛

Nivellia sanguinosa（Gyllenha）

体长13.5mm，宽4mm左右。体黑色，鞘翅暗朱红色。头部刻点密，被稀疏的浅黄色竖毛，额至头顶正中有光滑细纵沟，后头呈圆筒形无毛。下颚须和下唇须黑褐色，触角向后伸展，雌虫较短，不达鞘翅末端，雄虫超过末端，第5节最长，超过第3节。前胸前窄后宽，两侧缘中部浅弧形，后缘中部向后稍突出，呈浅弧形。胸面密布刻点，无毛，两侧略隆起，中央形成纵沟。小盾片盾状，被黄色绒毛。鞘翅前宽后窄，翅面刻点细小而稀疏，被短小稀疏的黑色绒毛。足中等大小，后足第1跗节约为第2、3跗节总长的2倍。

成虫见于6月下旬～8月上旬。

寄主：松、冷杉。

分布：小五台山南台、西台海拔1400～1800m；张家口、承德；内蒙古、辽宁、吉林、黑龙江；俄罗斯、蒙古、朝鲜以及欧洲。

19.293 赤杨褐天牛

Anoplodera rubra dichroa（Blanch.）

体长13～18mm，宽4～6mm。体黑色，前胸、鞘翅及胫节赤褐色。头部点刻密并有黄灰色竖毛，头顶及额正中具细窄纵沟，后头呈圆筒状，下颚须深褐色，下唇须黄褐色。触角向后伸展，雌虫较短，接近鞘翅中部，雄虫超过中部；第3节最长，但雄虫的末1节与第3节约等长；第3、4节略呈圆筒形，第5～10节末端肥大，外端角突出呈锯齿状，以雄虫为显著，但不尖锐。前胸长度与宽度约略相等，两侧缘呈浅弧形，前部最窄，中域隆起，后缘骤然凹陷，后端角钝，略为突出。胸面密布刻点及黄色竖毛，中央有1细窄光滑纵纹。小盾片呈正三角形，密被黄色细毛。鞘翅肩部最宽，向后逐渐狭窄斜切，端角尖锐。腹面刻点细，被黄色细毛，具光泽。足有灰黄色细毛，后足第1跗节长约为第2、3节总长的1.5倍以上。

成虫见于6月中旬～7月下旬。

寄主：赤杨、松、杨、栎。

分布：小五台山西台、南台、东台海拔1000～1450m；唐山、承德、张家口；辽宁、吉林、黑龙江、陕西、浙江、湖南、四川；俄罗斯、朝鲜、日本。

19.294 家茸天牛

Trichoferus campestris（Faldermann）

体长11～21mm，宽3～5.8mm。体棕褐至黑褐色，被灰褐色绒毛，小盾片及肩部着生较密淡黄毛。头较短，具粗密刻点，触角基瘤微突，基瘤间稍低。雄虫额中央有1条细纵沟，雌虫无。雄虫触角长达鞘翅端部，雌虫稍短，第3节同柄节约等长。前胸背板宽大于长，前端略宽，两侧缘弧形，无侧刺突。胸面刻点粗密，刻点间着生细小刻点，而雌虫则无细小刻点。小盾片短，舌状。鞘翅两侧近平行，后端稍窄，外端角弧形，缝角垂直；翅面具中等刻点，端部渐弱。雄虫腹部末节较短阔，端缘较平直，雌虫腹部末节则稍狭长，端缘弧形。腿节稍扁平，后足第1跗节较长，约与第2、3之和等长。

成虫见于6月中旬～8月中旬。

寄主：刺槐、油松、枣、丁香、杨、黄芪、苹果、桦、云杉。

分布：小五台山北台、西台海拔1300～1500m；张家口、保定、承德、石家庄、邯郸、唐山；山西、内蒙古、北京、黑龙江、吉林、辽宁、甘肃、青海、河南、四川、山东、江苏、上海、新疆、陕西；朝鲜、日本、俄罗斯、蒙古。

19.291 橡黑天牛（1981年7月15日，南台1600m）

19.292 血翅纵天牛（1981年8月8日，南台1700m）

19.293 赤杨褐天牛（1980年7月25日，南台1400m）

19.294a 家茸天牛（2000年6月25日，北台1300m）

19.295 刺角天牛

Trirachys orientalis Hope

体长约38mm，宽约9mm。体灰黑色，鞘翅上布有呈丝光的棕黄色及银灰色绒毛。头顶中部两侧具纵沟，后部有粗细刻点。触角灰黑色，雌虫超过体长，雄虫为体长2倍。雄虫触角3～7节，雌虫3～10节有明显内端端角刺，雌虫6～10节还有明显外端角。柄节呈筒状，具环形波状脊。前胸具较短的侧刺突，背板粗皱，中央偏后有一小块近三角形的平板，上覆棕黄色绒毛，平板两侧较低洼，无毛，有平行的波状脊。鞘翅略高低不平，末端平切，具内、外角端刺。腹部光亮被稀疏绒毛，臀板一般露于鞘翅之外。

19.294b 家茸天牛(♂；1980年8月5日，西台1450m)

19.295 刺角天牛（1980年7月10日，西台1150m）

19.294c 家茸天牛(♀；1981年7月20日，西台1300m)

成虫见于7月。

寄主：柳、梨等。

分布：小五台山西台海拔1000～1300m；承德、张家口、邢台；河南、山东、江苏、台湾、上海、浙江、福建、四川、广东。

19.296 桃红颈天牛

Aromia bungii Fald.

体长27～37mm，宽8～10mm。体黑色，胸部棕红色，有光泽。头黑色，头顶两复眼间有深凹，触角基部两侧各有一叶状突起，尖端锐。触角及足黑蓝紫色。前胸有不规则粗糙点，胸面有4个具光泽的光滑瘤突，侧刺突明显，尖端锐；前、后缘亮黑蓝色，收缩而下凹密布横皱。触角雌虫超过体长，雄虫与体约等长。雄虫前胸腹面密布刻点，雌虫无刻点，但密布皱纹。小盾片黑色略向下凹而表面平滑。鞘翅基部宽于胸，翅面光滑并有2条不明显条纹。

19.296a 桃红颈天牛（示杏树干基天牛排泄物）

19.296b 桃红颈天牛（2007年7月30日，北台1600m）

19.296c 桃红颈天牛（2007年7月16日，西台1100m）

成虫见于7月上旬～8月上旬。

寄主：桃、杏、樱桃、杨、柳、栎、核桃、桦、榆、梨、柿、梅等，为小五台山西台仁用杏产区的主要蛀干昆虫。

分布：小五台山东台、北台、西台海拔1000～2000m；保定、张家口、邢台、邯郸、石家庄、承德、唐山、衡水；辽宁、山西、内蒙古、北京、甘肃、陕西、四川、山东、江苏、浙江、福建、湖北、广西、广东；俄罗斯、朝鲜、日本。

19.296d 桃红颈天牛（示西台海拔1180m处仁用杏园杏树被蛀枯死）

19.296e 桃红颈天牛（2007年7月31日，西台1200m）

19.296f 桃红颈天牛（2007年7月9日，东台1200m）

19.296g 桃红颈天牛（2007年7月12日，东台1100m）

19.297 杨红颈天牛

Aromia moschata orientalis Plavils.

体长26.5mm，宽6.5mm左右。体墨绿色。头、触角及足为蓝黑色，两复眼间有深凹。触角基部两侧各有一叶状突起，尖端锐，雄虫触角比体长，雌虫与体约等长。前胸背板赤黄色，前、后缘呈蓝色，具光泽，近后缘处有2个瘤突，侧刺突明显。腹面有横皱。小盾片黑色，光滑，略向下凹。鞘翅密布刻点和皱纹，各有2条纵隆线，在近端处消失。

成虫见于7～8月。

寄主：杨、柳。

分布：小五台山西台、北台海拔1100～1400m；张家口、保定；内蒙古、辽宁、黑龙江、吉林、陕西、河南、甘肃；俄罗斯、朝鲜、日本。

19.298 黄带蓝天牛

Polyzonus fasciatus (Fabricius)

又名：多带天牛。

体长15～18mm，宽3～4mm。体色和斑纹变化很大。头、触角、足、胸、鞘翅蓝黑色，亦有深绿、蓝绿、蓝等色。鞘翅基部、足具光泽。鞘翅中央有2条黄色横带，形状变化较大，翅面有刻点，并补白色短毛。体腹面被银灰色茸毛。雄虫腹部腹面可见6节，第5节后缘凹陷，雌虫可见5节，第5节后缘拱凸呈圆形。

成虫见于5月下旬～9月上旬。

寄主：柳、菊、竹、香白子等。

分布：小五台山东台、西台、北台、南台、中台海拔1300～2050m；邯郸、保定、承德、张家口；黑龙江、吉林、辽宁、山西、北京、内蒙古、江苏、山东、浙江、江西、福建、广东；俄罗斯、朝鲜。

19.299 红缘天牛

Asias halodendri (Pallas)

又名：红缘亚天牛。

体长11～17mm，宽3.5～6mm。体黑色，窄长。头部短，刻点密，被灰白色细长竖毛。触角细长，雌虫与体长约相等，雄虫约为2倍，第4节长于第1节，而短于第3节，雌虫以第3节、雄虫以第11节最长。前胸宽略大于长，侧缘刺突短钝，胸面刻点密而深，呈网状，被灰白色细长竖毛。小盾片呈等边三角形。鞘翅窄长而扁，基部有1对朱红色斑，斑的形状、大小略有变化；外缘自前至后有一朱红色窄条，两侧缘平行，末端圆钝；翅基刻点间呈皱褶状，中部呈细网状；翅面被黑色短毛，基部红斑上布灰白色长毛。腹面布刻点和灰白色长绒毛，前、中胸腹板刻点粗糙而密。足细长，后足第1跗节长于第2、3节之和。

成虫见于5月上旬～7月上旬。

19.297 杨红颈天牛（1980年7月25日，西台1200m）

19.298b 黄带蓝天牛（2007年7月25日，北台1450m）

19.298c 黄带蓝天牛（2007年7月10日，西台1300m）

19.298f 黄带蓝天牛（2007年7月24日，北台1500m）

19.298e 黄带蓝天牛（2007年7月10日，中台1480m）

19.298h 黄带蓝天牛（2007年8月15日，西台1650m）

19.298a 黄带蓝天牛（2007年7月28日，西台1500m）

19.298d 黄带蓝天牛（2007年7月28日，西台1500m）

19.298g 黄带蓝天牛（2007年8月10日，东台1700m）

19.299a 红缘天牛(♂；2009年5月9日，东台850m)

19.299b 红缘天牛(♀；2009年6月16日，东台860m)

寄主：枣、小叶榆、刺槐、旱柳、榆、沙枣、枸杞、锦鸡儿、糖槭、忍冬等。

分布：小五台山南台、西台、北台、东台海拔850～1400m；张家口、保定、承德、石家庄、沧州、唐山；内蒙古、黑龙江、山西、吉林、北京、辽宁、河南、山东、江苏、浙江、宁夏、甘肃；俄罗斯、蒙古、朝鲜。

19.300 帽斑天牛

Purpuricenus petasifer Fairm.

体长15～21mm，宽5～7mm。体黑色。触角雌虫较短，接近鞘翅末端，以第3节最长，雄虫则约为体长2倍，第11节最长。前胸背板朱红色，短阔，两侧缘中部具侧刺突，背面有5个小黑斑（前2后3），布粗糙刻点，刻点间呈皱褶状，并被细长灰白色竖毛，黑斑处略隆起。前胸腹板前部有朱红色横带。小盾片锐三角形，被黑色绒毛。鞘翅朱红色，具2对黑斑，近翅基1对小而圆，翅中1对较大，在中缝处连接成毡帽状，两侧缘平行，后缘圆形，翅面有粗糙刻点，帽斑上被黑色绒毛。腹面具细小刻点，被灰白稀疏柔毛。

成虫见于7月中下旬。

寄主：栎、苹果等。

分布：小五台山南台、中台、西台海拔1050～1350m；张家口、承德、唐山、邢台；辽宁、吉林、甘肃、江苏、云南；俄罗斯、日本、朝鲜。

19.301 阿尔泰天牛

Amarysius altajensis (Laxmann)

体长11～16mm，宽3～5mm。体窄长，黑色。头短，刻点粗糙而稠密，被棕色细毛，额阔。触角向后伸展，雌虫较短，接近鞘翅末端，雄虫超过体长，约为体长2倍。前胸两侧缘呈弧形，无侧刺突，背面密布粗糙刻点，有5个不显著的隆起（前2后3），被暗棕色的细长竖毛。小盾片三角形，具黑色细毛。鞘翅朱红色，中部有大黑斑，在中缝处连接呈长卵形，自小盾片后方伸延至翅长的4/5处。鞘翅后部较前部宽，端缘圆形，翅面扁平，有细小刻点，被黑色短小竖毛。腹面具刻点和灰棕色柔毛。后足第1跗节长于第2、3节之和。

成虫见于6月中旬。

寄主：忍冬、锦鸡儿、小叶榆。

分布：小五台山南台海拔1600m左右；承德、张家口；黑龙江、辽宁、吉林、内蒙古；俄罗斯、蒙古、朝鲜。

19.299c 红缘天牛(♀；2007年6月10日，西台1200m)

19.300a 帽斑天牛(♀；1981年7月17日，中台1300m)

19.301a 阿尔泰天牛（1981年6月18日，南台1600m）

19.299d 红缘天牛(♀；2009年6月17日，东台1100m)

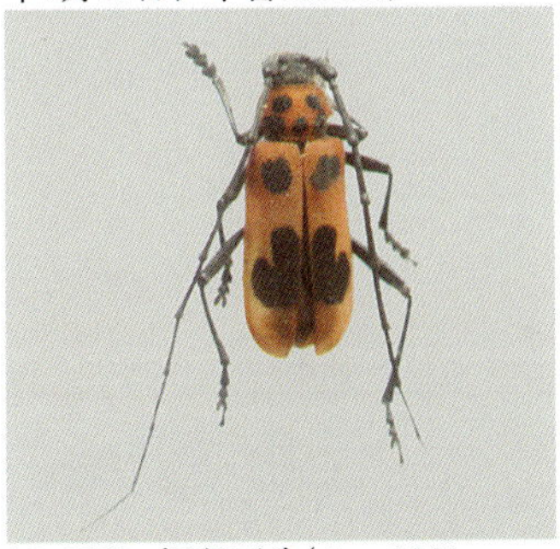
19.300b 帽斑天牛(♂；1981年7月17日，中台1300m)

19.301b 阿尔泰天牛（1981年6月15日，南台1600m）

19.299e 红缘天牛(♀、♂；2009年6月20日，东台860m)

19.299f 红缘天牛(♂；2007年6月24日，西台1300m)

19.302 冷杉虎天牛

Xylotrechus cuneipennis (Kraatz)

又名：冷杉脊虎天牛。

体长11～15mm，宽3.5～4.5mm。体黑褐色，头、胸色较深。头部被刻点和绒毛，无光泽，额中间有2条隆线，至眼前缘附近合并直至唇基。触角短，超过前胸3～5节，第1节色暗，第2节最短，第3、4节约等长。前胸球面形，长略大于宽，两侧中央微凸，密被细小刻点与褐色绒毛，基部具2条白色细短纵条。小盾片圆形，黑褐色，密被同色绒毛。鞘翅基部宽，端部狭，后缘圆形，近基部两侧各有一淡黄色斑点；自小盾片沿鞘翅缝向后有同色直纹，至鞘翅中部分向两侧，波纹呈钝角，后部还有“人”字形斜纹。腹部与足黑色，第1腹节腹面后缘两侧被淡黄色绒毛，中间绒毛稀少。

成虫见于7月上旬～8月中旬。

寄主：冷杉、榆等。

分布：小五台山西台海拔1200～1900m；承德、张家口；辽宁、吉林、黑龙江；朝鲜、日本、俄罗斯。

19.303 桑虎天牛

Xylotrechus chinensis Chevrolat

又名：桑虎脊天牛。

体长20～27mm，宽6～7mm。体黄色，腹面黑色。头部粗糙，头顶至前额有1纵脊线，额中央有2条斜脊向前方合并成尖角形。触角略呈丝状，棕褐色，基部几节有黄毛。前胸背板球形中部具一宽阔红色横带，前、后部各有黄黑横条，基部中央有黄斑。后胸腹板前端两旁及后胸前侧片各有1黄斑。小盾片具黄色绒毛。鞘翅前半部有3条斜宽黑带，有棕黄带相间，其下又有1条黑色横带，端部黄色。腹节后半部被黄色绒毛，呈黄色横条。足的腿节大部黑褐色，其余各节棕色。后足第1跗节长于其他三节之和。

成虫见于6月中旬～8月上旬。

寄主：桑、苹果、梨等。

分布：小五台山北台、西台、南台海拔980～1300m；廊坊、张家口；吉林、辽宁、黑龙江、山东、江苏、浙江、安徽、湖北、四川、台湾、广东；朝鲜、日本。

19.304 槐绿虎天牛

Chlorophorus diadema Motschulsky

又名：刺槐虎天牛、樱桃虎天牛。

体长8～14mm，宽2.5～4mm。体棕褐色。触角基瘤内侧呈角状突起，头顶无毛，布深密刻点。触角约为体长的1/2，柄节略长于第3节。前胸背板长略大于宽，略呈球面，前缘及基部有灰黄色绒毛，有时绒毛分布较多，使中央成一褐色带，或前缘与基部绒毛扩大至中央相遇，使褐带成断续斑点。小盾片后端圆形，被黄绒毛。鞘翅基部有少量黄绒毛，肩部前后有黄绒毛斑2个，近小盾片沿内缘为外弯斜的条斑，其外端与肩部第2斑点相接，中央稍后有1条黄绒毛组成的横条，末端黄绒毛亦成横条，后缘斜切，外缘角较明显。

成虫见于7月上旬～8月中旬。

寄主：刺槐、桦、樱桃等。

分布：小五台山西台、南台海拔1100～1500m；邯郸、石家庄、保定、唐山、承德、张家口；吉林、甘肃、台湾、山西、山东、江苏、湖北；俄罗斯、蒙古、朝鲜、日本。

19.305 六斑绿虎天牛

Chlorophorus sexmaculatus (Motschulsky)

又名：六斑绿虎天牛。

体长11～12.5mm，宽2.5～3.5mm。体黑色，被灰色绒毛。触角基瘤很接近，内侧呈角状突出。触角长达鞘翅中部略后，第3节与第4节约等长。前胸背板长大于宽，中区有1个叉形黑斑，两侧各有1个黑斑点。鞘翅较短，端缘略切平，每翅具6个黑斑，基部黑环斑纹在前端及后侧开放，为2个黑斑，肩部有1个，基部中央有1个纵形斑，中部及端部分有2个平行相近的黑斑，近侧缘2个黑斑较小。腿节中央无细纵沟。

19.302 冷杉虎天牛（1981年7月19日，西台1600m）

19.303a 桑虎天牛（1980年8月24日，南台1300m）

19.303b 桑虎天牛（1980年7月18日，北台1220m）

19.304e 槐绿虎天牛（2007年7月12日，南台1200m）

19.304a 槐绿虎天牛（示侧面观）

19.304b 槐绿虎天牛（2007年7月6日，西台1150m）

19.304c 槐绿虎天牛（2007年8月12日，南台1400m）

19.304d 槐绿虎天牛

成虫见于5月下旬~7月中旬。

寄主：枣、栎、板栗、油松、核桃、山杨、桑。

分布：小五台山东台、南台海拔1000~1300m；张家口、保定、承德；黑龙江、辽宁、吉林、内蒙古、陕西、云南、江西、青海、湖北、广西、新疆、甘肃、山东、福建、四川；朝鲜、俄罗斯、日本。

19.306 杨柳绿虎天牛

Chlorophorus motschulskyi (Ganglbauer)

又名：杨柳虎天牛。

体长12mm，宽3mm左右。体黑褐色，被灰白色绒毛，足跗节色深。头顶无毛，刻点深密。触角基瘤内侧呈角状突起，触角长达体长1/2，柄节与第3~5各节等长。前胸背板近球形，长略大于宽，密布粗糙刻点，被灰白色绒毛，中域有细长的竖毛，中域还有一小区无灰白色绒毛。形成一小黑斑。后胸腹面前侧片具浓密的白色绒毛。小盾片半圆形，密被灰白色绒毛。鞘翅基部沿小盾片及内缘向后外方弯斜成1条狭的灰白色绒毛条斑，肩部前后2小斑，鞘翅中部稍后有1条横斑，但靠内缘一端较宽阔，末端为一宽阔的横斑，后缘平直。后足第1跗节长于其他三节之和。

成虫见于5月下旬。

寄主：杨、柳、桦等。

分布：小五台山西台、中台、南台海拔1100~1500m；张家口；黑龙江、吉林、内蒙古、山东、河南、陕西；俄罗斯、朝鲜。

19.307 双条杉天牛

Semanotus bifasciatus (Motsch.)

体长14mm，宽4.5mm左右，体型阔扁。头部、前胸黑色，触角及足黑褐色。触角短，雌虫为体长1/2，雄虫超过3/4。前胸两侧弧形，背面具5个光滑瘤突（前2后3），呈梅花形，中胸及后胸腹面均有黄色绒毛。鞘翅棕黄色及黑色带纹相间，基部及中部的后方为棕黄带，在中部及末端部为黑色带。腹部为巧克力色，亦被绒毛，末端超过鞘翅。足被黄色竖毛。

成虫见于6月下旬。

寄主：侧柏、扁柏、桧柏、松、罗汉柏、马尾松、罗汉松。

分布：小五台山南台、东台海拔1100~1300m；保定、张家口；北京、安徽、江苏、江西、福建、四川；朝

19.308 红肩丽虎天牛

Plagionotus christophi (Kraatz), 1879

又名：红肩虎天牛。

体长15mm，宽5mm左右。体赤褐色，头、胸黑色，触角、足棕红色，腿节中部黑色。头部具细颗粒状刻点，两触角间高凸而宽阔，无隆脊，仅有1条细凹中线，头顶有1条黄色绒毛横条。触角与体长近乎相等，中段几节的末端内外节颇显著。前胸背板宽略大于长，近球形，前缘稍后有1条黄色绒毛横斑。后胸前侧片后部有一乳黄色圆斑。小盾片具光泽，末端圆形。鞘翅基部深红色，其上有稀少白毛；深红色区后有一堆黄色绒毛形横斑，翅中、翅2/3处各有1条黄色绒毛横斑，翅末端还有1个黄斑，翅后缘圆形。腹部腹面各节后缘呈黄边，中、后足腿节有长毛，后足腿节略达鞘翅末端。

成虫见于6月中旬~7月下旬。

寄主：栎、苹果等。

分布：小五台山西台、南台海拔1100~1500m；保定、承德；辽宁、吉林、湖北、河南、黑龙江、安徽；俄罗斯、朝鲜、日本。

19.305 六斑绿虎天牛（2007年7月10日，南台1250m）

19.307 双条杉天牛（1980年6月29日，东台900m）

19.306a 杨柳虎天牛（2007年5月25日，西台1250m）

19.306b 杨柳虎天牛（2007年5月25日，西台1250m）

19.308 红肩丽虎天牛（1981年6月29日，南台1450m）

19.309 四星栗天牛

Stenygrinum quadrinotatum Bates，1873

体长11mm，宽2.8mm左右。体红褐色，头、胸色较深。额正中具纵纹1条，头顶刻点细密。雄虫触角比体稍长或相等，雌虫较体短，第3节与柄节约等长，比第4节长1/3，第5～7节各节约等长，较第3节略长。前胸略呈圆筒形，中央具短而微突的平滑纵纹。鞘翅有光泽，中间1/3呈黑色或棕黑色，在此区域内每翅前后2个黄色椭圆形斑纹，鞘翅末端呈锐圆形，接近内缘的前端与中域稍后部分略为低陷。后胸腹板、腹部和腿节的棒状部分光滑。

成虫见于6月中旬。

寄主：栎、栗、油松等。

分布：小五台山西台海拔1300～1700m；承德、张家口；黑龙江、台湾、辽宁、吉林、江西、江苏、浙江、四川、云南、广西；朝鲜、缅甸、印度、日本。

19.310 栎蓝天牛

Dere thoracica White，1855

又名：红胸天牛。

体长8～10mm，宽2.5～3.9mm。体窄长，扁平。头、足黑色，前胸朱红色，前后缘黑色，鞘翅暗蓝并具金属光泽。头前部正中有窄纵沟。触角短，约为体长3/5，第3节最长，第3～10节外端角呈凿状，但不向外侧突出。前胸长大于宽，侧缘呈浅弧形，背面刻点粗，中部稍纵凹。鞘翅两侧缘平行，翅面扁平，翅端呈圆弧形。腹面隆起，布有浓密灰白色绒毛。足短小，前、中足腿节端部膨大，呈球棒状，具光泽。后足腿节虽逐渐膨大，但不呈球棒状，深密刻点显著。

成虫见于6月下旬～7月上旬。

寄主：栎、合欢、云南松、光叶石楠、梨、郁李、泡桐等。

分布：小五台山西台海拔1100m左右；衡水、张家口；江苏、浙江、河南、黑龙江、吉林、内蒙古、山西、北京、四川、山东、湖南、湖北、江西、云南；朝鲜、日本、老挝。

19.311 麻斑草天牛

Eodorcadion impluviatum (Faldermann),1833

体长14～19mm，宽4.5～6mm。体黑色，略带酱红色。头部刻点细而稀，额阔，额前缘两侧、两颊及复眼下叶内沿均有毛斑。触角约为体长2/3，雄虫稍长，第3～9节基部有灰白色绒毛。触角基瘤之间及头顶中区各有2条纵斑。前胸背板中区两侧及沿侧刺突内沿各有1条纵斑，中部有一宽的光滑无刻点纵区，此区边缘与侧刺突之间的区域略为隆起。小盾片侧缘有毛斑。鞘翅表面拱凸，两侧中部较阔，肩下有1条尖脊线，伸达端部，有时脊线隆起较低，向后渐消失。肩脊线内有2、3条脊线，不显突起，有时不清晰。翅面有不规则的小斑点，有时极密或极稀，有时中区无，仅留下肩下脊线左右的斑点。

成虫见于7月上旬。

寄主：碱草根。

分布：小五台山西台海拔1400m左右；邯郸、承德、张家口；内蒙古；俄罗斯、蒙古。

19.312 密条草天牛

Eodorcadion virgatum (Motschulsky)，1854

体长13～20mm，宽6～8mm。体长卵形，黑色。触角粗壮，略扁平，向端部逐渐变细。雄虫触角长达翅端，第3节略长于柄节，雌虫稍短，第3节与柄节约等长。头、前胸背板各有2条大致平行的灰黄色绒毛纵纹。前胸背板宽大于长，侧刺突基部粗大，顶部较钝，中央有1条纵凹沟，近基部纵凹较深，背面刻点粗糙。小盾片光滑无刻点，两侧具灰白色绒毛。鞘翅两侧缘弧形，中部较宽，十分拱凸，每个鞘翅有9条绒毛纵条纹，有时外侧条纹愈合，中缝黑色，光滑无毛。雄虫腹部末节后缘中央微凹，雌虫腹部末端后缘切平。

成虫见于6月中旬～7月末。

19.309 四星栗天牛（1980年6月10日，西台1450m）

19.310 栎蓝天牛（1981年6月28日，西台1100m）

19.311 麻斑草天牛（1980年7月5日，西台1400m）

19.312a 密条草天牛（1981年7月20日，北台1500m）

19.312b 密条草天牛（1980年7月2日，南台1450m）

19.312c 密条草天牛（♀；1980年7月20日，西台1500m）

19.312d 密条草天牛（1997年7月20日，南台1500m）

19.312e 密条草天（示侧面观）

19.312f 密条草天牛（2009年6月26日，西台1400m）

19.312g 密条草天牛（♂；2000年6月20日，西台1400m）

19.312h 密条草天牛（示侧面观）

寄主：杨、刺槐、核桃等。

分布：小五台山南台、北台、西台海拔1100～1600m；承德、张家口；内蒙古、北京、山西、辽宁、吉林、黑龙江、陕西、湖南、浙江、上海；朝鲜、俄罗斯、蒙古。

19.313 绿天牛

Chelidonium sp.

体长约15mm。

成虫见于5月下旬。

分布：小五台山西台海拔1250m左右；张家口。

19.314 光肩星天牛

Anoplophora glabripennis (Motschulsky)，1853

体长20～36mm，宽6.5～11.5mm。形似星天牛A.chinensis，体形较狭，体色黑色中带紫铜色，有时微带绿色。触角比星天牛略长。前胸背板无毛斑，中瘤不显突，侧刺突较尖锐。中胸腹板瘤突较不发达。鞘翅基部无颗粒，光滑，翅面刻点较密，有细小皱纹，白色毛斑大小及排列比星天牛更不规则，有时较不清晰。足及腹面黑色，密被蓝白色绒毛。

成虫见于7月上旬～8月中旬。为侵入种。1980年前蔚县、涿鹿两县无此种，1980～1981年普查亦未发现。2007年7月7日在北台赤崖堡村边榆树、杏树上首次发现，2010年8月18日又在北台涿鹿县柳沟村（1220m）元宝枫上发现。

寄主：柳、杨、榆、苦楝、桑、水杉、槭、桦、元宝枫。在小五台山北台主要取食散生榆树、元宝枫。

分布：小五台山北台海拔1200～1400m；张家口；河北各地；辽宁、吉林、北京、山东、安徽、江苏、浙江、福建、河南、湖北、湖南、山西、宁夏、甘肃、陕西、四川、天津、上海、江西、内蒙古、云南、贵州、广东、黑龙江、广西；朝鲜、日本。

19.315 星天牛

Anoplophora chinensis (Forster)，1771

体长24～29mm，宽8.5～11mm。体漆黑色略带金属光泽，具小白斑点。头部和体腹面被银灰色和部分蓝灰色细毛。触角第3～11节基部有浅蓝色毛环，长短不一，一般约占节长的1/3，触角柄节端疤关闭式，雌虫触角较雄虫短。前胸背板中瘤明显，两侧另有瘤状突起，侧刺突粗壮，并无明显毛斑。小盾片不具明显灰毛，有时较白。鞘翅基部颗粒大小不等，一般很密，约占翅长1/4，排列整齐处显出2～3条隆纹，肩部下亦杂有粗刻点，每鞘翅约有20个白色毛斑，排列成不整齐的5横行。斑点数量、形状变异较大，但不少于15个。

成虫见于7～8月，与光肩星天牛混合发生，但较少。

寄主：榆、杨、柳、刺槐、苹果、梨、核桃、桑、栎、椴等。

分布：小五台山北台海拔1100～1400m；张家口、承德、唐山、保定、廊坊；辽宁、吉林、北京、山东、江苏、山西、河南、广东、云南等；日本、朝鲜、缅甸。

19.313 绿天牛（2007年5月25日，西台1250m）

19.314b 光肩星天牛（2007年7月7日，北台赤崖堡1400m）

19.314d 光肩星天牛（2007年7月30日，北台赤崖堡1400m）

19.314a 光肩星天牛（2007年8月11日，北台1400m）

19.314c 光肩星天牛（示交尾状）

19.314e 光肩星天牛

19.315 星天牛

19.316 双带粒翅天牛

Lamiomimus gottschei Kolbe，1886

又名：双带粒天牛。

体长34～38mm，宽12.5～14mm。体黑色，无光泽，被茶褐色和浅灰褐色绒毛，后者绒毛使全身布有浅色小斑点，腹面绒毛分布较密，体背以鞘翅中部前和翅端1/3区域为密，形成明显的2条宽阔横带，其它则为散乱的淡色小斑点，夹杂于深的茶褐色绒毛之间。头部表面粗糙，多皱纹，额平，小眼面粒粗。触角黑褐色，端部稍淡，雄虫触角超过体长3～4节，雌虫仅达第4腹节后缘，柄节端疤开放式，第3节比柄节、第4节为长。前胸背板布皱纹，中瘤明显凸起，其侧有4个瘤突，呈八字形分立于左右。前、后横沟较深，侧刺突壮大。小盾片密生淡色毛，基部有1个三角形黑色无毛小区。鞘翅基部满布瘤状小颗粒，占全翅1/3左右，后部为粗刻点和皱纹，每鞘翅还隐约可见细直隆纹4条，翅末端平切。前足胫节略向内弯，前足胫节下沿、中、后胫节外沿1/3处有瘤状突起，有时前胫节瘤状突起呈刺状。雌虫无此特征，在中、后足胫节仅留痕迹。

成虫见于7月中旬。

寄主：柳、栎、槲、柞、杨、椿、油松、槐等。

分布：小五台山中台、西台海拔1200～1500m；邢台、保定、唐山、承德、张家口；黑龙江、吉林、辽宁、北京、江苏、浙江、安徽、江西、山东、山西、湖南、贵州、湖北、四川、陕西、河南；朝鲜、俄罗斯。

19.316a 双带粒翅天牛(♂；1981年7月14日，东台1450m)

19.316b 双带粒翅天牛（示大龄幼虫；2007年6月20日，北台1300m）

19.317 丽天牛

Rosalia sp.

体长约20mm，宽5mm。本种似蓝丽天牛*R. coelestis*，体被淡蓝色绒毛具黑斑纹，触角柄节中部及雄虫端部数节黑色，雌虫触角末节黑色。触角第3～6节端部丛生浓密黑色簇毛。前胸背板中部有1个近方形大黑斑。每个鞘翅具3个黑色不规则横黑斑，前1个黑斑不达翅肩、不达翅内缘，后2个黑斑达翅外缘和内缘。但本种颈部蓝色，前、中、后足腿节基半部蓝色，而与蓝丽天牛的颈部黑色，腿节中后有环状淡蓝色绒线而明显不同。

成虫见于7月上旬。

分布：小五台山北台海拔1450m左右；张家口。

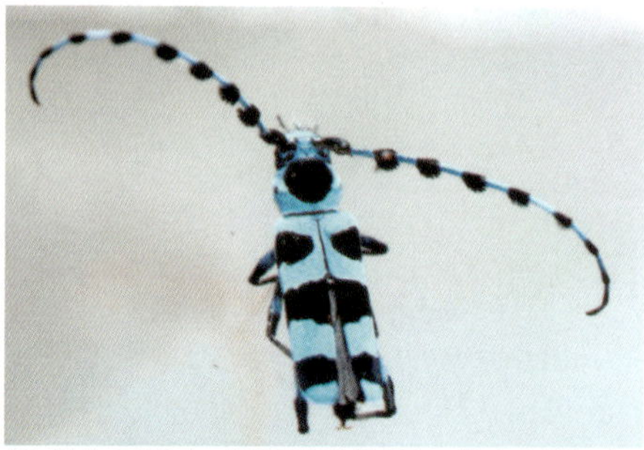

19.317 丽天牛（2002年7月6日，北台1450m）

19.318 苜蓿多节天牛（1980年，南台1350m）

19.319a 麻天牛（2007年6月25日，西台1180m）

19.318 苜蓿多节天牛

Agapanthia amurensis Kraatz，1879

体长12～17mm，宽3～4.5mm。体金属深蓝色，头、胸及体腹面近于黑蓝色。触角黑色，自第3节起各节基部被淡灰色绒毛。额宽阔，前缘有1条细横沟，上唇半圆，前半部密生黑色长毛。雌雄触角均超过体长，柄节较长，向端部逐渐膨大，第3节最长，第1、3节端部具毛刷状簇毛，基部6节下沿有稀少细长缨毛。前胸背板长宽近相等或长略短于宽。小盾片半圆形。鞘翅密布刻点，半卧黑色短竖毛。足较短，后足腿节不超过腹部第2节末端。

成虫见于6月下旬。

寄主：苜蓿、刺槐、松、菖兰等。

分布：小五台山南台、西台海拔1200～1450m；保定、唐山、承德、张家口；黑龙江、吉林、内蒙古、北京、山东、陕西、上海、江苏、浙江、江西、河南、四川、福建；朝鲜、俄罗斯、日本。

19.319b 麻天牛（2007年7月10日，北台1400m）

19.319c 麻天牛（2007年7月10日，北台1420m）

19.319 麻天牛

Thyestilla gebleri (Falderman), 1835

又名：大麻天牛、麻竖毛天牛。

体长11～15mm，宽4～5mm。体形与色彩很像葵花子。体黑色。触角下沿淡灰色，上沿自第2节起每节基部淡灰色。雌虫触角较体短，雄虫较长，最长略超过尾端。前胸背面具3条灰白色绒毛狭直纹（中央1条，两侧各1条）。小盾片被灰白色绒毛，两个前侧角黑色。鞘翅各有2条灰白色纵纹，1条沿中缝至翅端，顺后缘弯向侧缘。另1条从肩基侧缘到端区。

成虫见于6月上旬～8月上旬。

寄主：大麻、苎麻、棉花、桑、苘麻、蓟。

分布：小五台山南台、北台、西台、东台海拔850～1500m；唐山、承德、张家口；吉林、辽宁、黑龙江、内蒙古、北京、山东、宁夏、河南、江西、贵州、广西、山西、陕西、江苏、浙江、安徽、湖北、四川、台湾、福建、广东；俄罗斯、朝鲜、日本。

19.319d 麻天牛（2007年6月2日，西台1250m）

19.319e 麻天牛（2007年6月4日，西台1250m）

19.319f 麻天牛（2007年6月25日，北台1420m）

19.320 白带坡天牛

Pterolophia albanina Gressitt，1942

体长10mm，宽4mm左右。体长形，黑褐色，触角、鞘翅肩部及跗节棕红。触角被棕黄色绒毛，第3节起各节基部有白色毛环，触角下沿有中等长缨毛，柄节膨大，短于第3节，第3节长于第4节，第5节之后逐渐减短变细。雌虫触角与体等长，雄虫超过体长。前胸背板宽略大于长，前后缘有横凹沟，表面微拱凸。鞘翅两侧近于平行，基部刻点粗深，并有1个短的纵隆脊，其上着生黑色竖毛。每翅中部有1条较宽的灰白色横带，靠外侧略弯曲。体腹面被灰白色绒毛，雄虫第1腹节后缘具浓密淡黄色绒毛。

成虫见于7月上旬。

寄主：核桃、水竹、华山松等。

分布：小五台山南台、西台海拔1100～1300m；张家口、承德；安徽、浙江、辽宁、吉林、黑龙江、山东、甘肃、四川、湖北、湖南、贵州、广西、福建。

19.320 白带坡天牛(1981年7月8日，南台1200m)

19.321a 青杨楔天牛（示羽化后待出孔的成虫；2007年5月25日，西台1200m）

19.321b 青杨楔天牛（2007年5月25日，西台1300m）

19.321 青杨楔天牛

Saperda populnea (Linnaeus), 1758

又名：山杨天牛、杨枝天牛、青杨天牛。

体长雌虫13mm，雄11mm左右。体黑色，密被浅黄色茸毛，雄虫茸毛较少，体色较雌虫深。复眼黑色，椭圆形。触角鞭状，着生于复眼内上方。雄虫触角约于体长相等，雌虫稍短，相当于体长的5/6；柄节最短，第3节最长，远长于柄节及梗节之和，其后各节逐渐减短。柄、梗两节均为黑色，鞭节颜色雌雄各不同，雄虫每节的前半部为黑色，后半部为银灰色，雌虫每节的前1/3 部分黑色，后2/3部分银灰色。前胸背板近圆筒形，中区两侧各有1条黄色茸毛纵带，前方延伸到头部的后缘。鞘翅两侧平行，上面布满粗糙的刻点，其内生有浅黄色茸毛。两鞘翅上各有4或5个形状不整齐的黄色茸毛斑纹，以第3个最大，最明显。雄虫鞘翅斑纹隐约可见，不甚明显。

成虫见于5月中下旬。

幼虫钻蛀毛白杨、小叶杨、银白杨、山杨、河北杨、垂杨木、青冈栎、加杨、青杨、北京杨、钻天杨、箭杆杨、蒿柳及朝鲜垂柳等的枝。

分布：小五台山南台、北台、西台海拔 1000～1800m；张家口；河北各地；黑龙江、辽宁、陕西、甘肃、宁夏、青海、新疆、内蒙古、山东、北京、江苏、贵州、福建、河南、江西、吉林、山西等；朝鲜、蒙古、俄罗斯、北非以及欧洲。

19.321c 青杨楔天牛（示预蛹形态；1998年5月2日，西台1200m）

19.321d 青杨楔天牛（示感病已死亡的未出孔成虫；2007年5月25日，西台1200m）

19.322 锈斑楔天牛

Saperda balsamifera Motschulsky，1860

体长12～16mm。体密被锈黄色绒毛。头很短。前胸背板黑色，两侧及中域有纵黄带，有时中间断续。鞘翅黑色，布满小瘤状突起及锈黄色绒毛斑。小盾片半圆形。鞘翅基部较宽，翅端部合拢后略有角缝。

成虫见于5月中下旬。

寄主：山杨、青杨等杨树、红皮灌柳等。

分布：小五台山西台海拔1100～1300m；张家口；辽宁、吉林、内蒙古、陕西、青海、西藏、新疆；俄罗斯、朝鲜、日本。

19.323 双条楔天牛

Saperda bilineatocollis Pic

体长10～11mm，宽约3mm左右。体黑色，头被橙黄色绒毛。本种似青杨楔天牛*S. populnea*，但本种前胸背板2条橙黄色绒毛纵带较宽；鞘翅光亮，黑色，很少被绒毛，无黄色绒毛斑点。

成虫见于5月中下旬～6月上旬。在小五台山区本种与青杨楔天牛、锈斑楔天牛*S. balsamifera*混合发生，但以青杨天牛为主，其他2种较少。

寄主：山杨、小叶杨、青杨、漆木、酸枣等。

分布：小五台山西台海拔1100～1400m；张家口；北京、辽宁、内蒙古、河南、甘肃、湖北、陕西、江苏、四川。

19.324 楔天牛

Saperda sp.

体长约11mm，宽约3mm。似双条楔天牛*S. bilineatocollis*，但每个鞘翅中央有1条纵向、较宽、边界模糊的橙黄色绒毛带。

成虫见于5月中下旬。

分布：小五台山西台海拔1100～1250m；张家口。

19.325 金绿楔天牛

Eutetrapha metallescens (Motschulsky)，1860

又名：金绿直脊天牛。

体长14mm，宽4mm。体长形，底黑色，密被金绿色鳞片。头顶3个黑斑。触角黑色，与体等长或稍长。前胸背板近于圆筒形，无侧刺突，中区有2个圆形黑斑。小盾片舌形。鞘翅长形两侧近于平行，端缘圆形，肩下1条纵脊线明显，外侧还有1条不太显突的脊线，肩纵脊线黑色；每个鞘翅基部、中央、中部之后分别有黑斑，3个黑斑排成1纵列，前2个斑近圆形，后1个为钩状斑纹。雌虫体较宽，腹部较长，尾节外露，腹面中央有1条细凹沟，端缘中央深凹陷。后足腿节达腹部第4节。雄虫体较狭长，触角比体长，腹部较短，尾节不外露，后足腿节超过腹部。足胫节黑色。

成虫见于7月下旬。

寄主：柳、椴、松等。

分布：小五台山南台、西台海拔1100～1600m；承德、张家口；黑龙江、辽宁、吉林；俄罗斯、朝鲜。

19.322a 锈斑楔天牛（2007年5月28日，西台1320m）

19.322b 锈斑楔天牛（1981年5月21日，西台1200m）

19.323 双条楔天牛（1980年5月27日，西台1200m）

19.326 培甘弱脊天牛（1981年5月16日，东台1000m）

19.324a 楔天牛（1980年5月26日，西台1180m）

19.324b 楔天牛（1984年5月17日，西台1200m）

19.324c 楔天牛（示侧面观）

19.325 金绿楔天牛（1981年7月29日，西台1500m）

19.326 培甘弱脊天牛

Menesia sulphurata (Gebler), 1825

又名：培甘天牛。

体长8mm，宽2.5mm左右。体棕栗到黑色。头顶大部被淡色毛。触角除柄节外为棕黄色，雌雄差别不大，超过体长1/4，第3、4节近乎等长，各节下沿具缨毛。前胸节圆筒形，长宽略等，背板中区两侧各具2个黑斑，但变异较大，有时2个黑斑合并为1个阔的黑斑，则2个大黑斑之间仅以中央的细狭淡色纵纹所分开。小盾片近方形，被黄色绒毛。鞘翅刻点粗密，不规则，末端几乎切平，内、外端角小而尖。翅面上，每个翅具4个黄色大斑点，从基部到端区排成直行，有时彼此向内合并或前2个全部合并。腹面淡绒毛一般较稀，除黄色毛外，还有深棕色绒毛及较淡的短竖毛。足棕黄色。

成虫见于6月中旬。

寄主：山核桃。

分布：小五台山东台海拔约1000m；承德、张家口；吉林、辽宁、黑龙江、山东；俄罗斯、朝鲜、日本。

19.327 菊小筒天牛

Phytoecia rufiventris Gautier, 1870

又名：菊天牛。

体长10.5mm，宽2.8mm左右。体圆筒形，黑色，被灰色绒毛。触角被灰色和棕色毛，下沿有稀疏的缨毛；触角长度与体等长，雄虫稍长。前胸背板宽略大于长，刻点粗糙，红斑内中央前方有一纵形或长卵形区无刻点，此处非常拱凸。前胸背板中区有一个大的、略带卵圆形的三角形红色斑。腹部、各足腿节（中、后足腿节端部除外）、前胫节除去外沿端部及中、后胫节基部外沿均呈橘红色。

成虫见于5月初。

寄主：菊花、山白菊等菊科植物。

分布：小五台山北台海拔1200m左右；张家口；黑龙江、辽宁、吉林、内蒙古、山东、山西、湖北、江苏、浙江、安徽、江西、四川、福建、台湾、广东、广西；俄罗斯、朝鲜、日本。

19.328 黑角瘤筒天牛

Linda atricornis Pic, 1924

又名：黑角筒天牛。

体长16mm，宽4mm左右。体长圆筒形。头部刻点较粗，复眼黑色，面粒细小，下叶很大。触角黑色，较体略短，第3节较柄节或第4节稍长。触角基瘤上有时具黑斑。唇基及大颚除基部外亦呈黑色。前胸背板中区拱凸，中央隐约有1条纵脊纹，两侧中后方各有1瘤状隆起，无侧刺突。小盾片横长方形，被棕黄色绒毛。鞘翅黑色，基缘内边及缘折基部带橙红色，刻点粗且深，排成略有规则的直行，每隔2、3行有微隆纹1条；鞘翅中部表面及两侧均微凹；翅末端斜形，微凹，外端角较长，突出而尖锐。足黑色，腿节基部1/3～3/4及膝部一般呈橙黄色。体其它部分为橙红或橙黄色。

成虫见于5月下旬。

寄主：苹果、梅、李、梨、杏、板栗、布荆、臭椿等。

分布：小五台山南台海拔1300m左右；保定、张家口、承德；江苏、浙江、福建、四川、广东、辽宁、吉林、黑龙江、河南、江西、云南、广西、台湾、湖南、安徽、湖北。

19.329 日本筒天牛

Oberea japonica (Thunberg), 1787

体长16～20mm，宽2～3mm。体狭长，橙黄色。头部黑色，被灰白色绒毛。触角黑色，雄虫与体同长，柄节密布细刻点，无纵沟纹。前胸长宽约相等，中区拱凸，中央隐约可见1条光亮的纵纹。鞘翅除基部外熏烟色，中部被灰白色绒毛，侧区被深棕色绒毛，翅面刻点排列纵行，向后渐小，仍清晰；末端斜切，内、外端角均尖锐，后者伸展很长。腹部尾节黑色，雄虫尾节中区有一凹洼。中、后足胫节端部外沿较黑。

成虫见于6月上中旬。

寄主：桑、桃、梅、杏、樱、苹果、梨、山楂、栗、榛、杉等。

分布：小五台山东台、西台、北台海拔1000～1300m；张家口；吉林、台湾、辽宁、黑龙江、河南；朝鲜、日本。

19.329b 日本筒天牛（1981年6月19日，北台1200m

19.327 菊小筒天牛（1980年5月2日，北台1200m）

19.328 黑角瘤筒天牛（1981年5月21日，南台1300m）

19.329a 日本筒天牛（1980年6月10日，东台1000m）

19.329c 日本筒天牛（示侧面观）

19.330 双簇污天牛

Moechotypa diphysis (Pascoe), 1871

又名：双簇天牛。

体长17～23mm，宽6.4～9.8mm。体阔，黑色。被黑色、灰色、灰黄色绒毛。触角雄虫较体略长，雌虫较体略短，第3节为柄节的2倍，第3节起各节基部都有一淡色毛环。前胸背板多瘤状突起，中央有1个“人”字形突起，两侧各有1个大瘤，侧刺突末端钝圆，其前方有一个较小瘤突。鞘翅亦多瘤状突起，鞘翅基部1/5处各有一簇黑色长毛，有时在其前方和侧方另有2丛较短的黑毛。鞘翅瘤突上被黑绒毛，瘤突间具淡色绒毛，形似龟纹。各足基节及后胸腹板两侧，腹部1～4节腹面两侧均有极显著的粉红色毛斑。

成虫见于5月中旬～6月中旬。

寄主：栎、栗、杨、核桃、香椿、松、柏、花椒、青冈栎。

分布：小五台山东台海拔约1000m；张家口、唐山、承德；黑龙江、吉林、辽宁、四川、甘肃、北京、山西、湖南、湖北、内蒙古、河南、陕西、安徽、浙江、广西；俄罗斯、朝鲜、日本。

19.331 四点象天牛

Mesosa myops (Dalman), 1817

体长9～15mm，宽4～6mm。体黑色，被灰色短绒毛，并杂有火黄色或金黄色毛斑。触角第1节背面杂生金色毛，第3节起每节基部近1/2灰白色。前胸背板具刻点和小颗粒，中区两侧各具2个黑丝绒状斑，前后各1个，前斑长形，后斑较短，每斑左右有火黄色毛斑。鞘翅有许多黄色和黑色斑点，布满全翅，但基部较少。

成虫见于8月上中旬。

寄主：杨、柳、榆、核桃楸、水曲柳、栎、柏、赤杨、苹果、漆树、槭等。

分布：小五台山东台海拔约1100m；张家口；辽宁、吉林、黑龙江、甘肃、青海、内蒙古、安徽、四川、台湾、广东；俄罗斯、日本、朝鲜以及北欧。

19.332 八星粉天牛

Olenecamptus octopustulatus (Motschulsky), 1860

体长12mm，宽3mm左右。体淡棕黄色。头部沿复眼前缘、内缘和后侧以及头顶或多或少被白色粉毛。触角较体色略淡，极细长，约为体长的2.3（♀）～3.2（♂）倍。前胸背板中区两侧各有白色大斑点2个（一前一后），有时连接在一起。小盾片被黄毛。每个鞘翅上有4个大白斑，排成直行。鞘翅刻点粗大，末端平切，外端有时尖锐，有时不显。腹面棕褐色，被白色绒毛，中央稀疏，两侧厚密，尤其是胸部，腹部末端棕黄色。足较体色略淡。

成虫见于6月中下旬。

寄主：栎、枫杨、核桃、杨、桑、檫、泡桐、油桐。

分布：小五台山南台海拔1550m左右；张家口、承德、邯郸；内蒙古、辽宁、陕西、江西、贵州、吉林、黑龙江；朝鲜、俄罗斯。

19.333 微天牛

Anaesthetobrium sp.

体长约5mm，宽1.4mm。体翅黑褐色。

成虫见于8月上旬。

寄主：刺槐。

分布：小五台山东台海拔1000m左右；张家口、石家庄。

19.330a 双簇污天牛（1980年5月18日，东台1100m）

19.330b 双簇污天牛（2009年6月17日，东台1320m）

19.331 四点象天牛（2007年8月8日，东台1240m）

19.330c 双簇污天牛（2009年6月17日，东台1200m）

19.330d 双簇污天牛（2009年6月17日，东台1200m）

19.332 八星粉天牛（1981年6月19日，南台1550m）

19.334 双斑锦天牛

Acalolepta sublusca (Thomson)

体长11～25mm，宽5～7.5mm，体栗褐色，头、前胸密被棕褐色绒毛，鞘翅上的绒毛浅灰色具丝光。头部具细密刻点，正中有1条细纵线。触角有稀少灰白色绒毛。雄虫触角长度超过体长1倍。

成虫见于6月下旬。

寄主：卫矛、榆、桑、大叶黄杨等。

分布：小五台山中台海拔1350m左右；张家口、石家庄；北京、辽宁、山东、江苏、安徽、浙江、上海、四川、江西、湖北、陕西、山西、河南；越南、老挝、缅甸、马来西亚。

象甲科 Curculionidae

体小至大型。体色暗黑或鲜明，卵形，长形或圆柱形。体表常粗糙或具粉状分泌物。头前口式，额和颊向前伸成喙，口器位于喙端，有口上片，无上唇。触角膝状，10～12节，末端3节膨大。复眼突出，前足基节窝闭式，跗节5节或隐5节。可见腹板5节，第1、2节腹板愈合。成、幼虫均植食性。

19.334a 双斑锦天牛（2001年6月25日，中台1350m）

19.334b 双斑锦天牛（示沙棘干基部幼虫；2001年6月25日，中台1350m）

19.335 胖遮眼象

Callirhopalus sellatus Marshall

体长5.5～7.2mm,宽3.1～4.2mm。体壁黑色。喙较粗短，基部窄，背面中部凹洼，中间有不甚明显的中隆线。喙和头部密被褐色鳞片，间有半倒伏状片状毛。口上片的隆线明显，上方鳞片稀。触角沟背面可见。触角膝状，柄节长，端部粗，休止时能遮盖复眼。前胸宽大于长，从基部至3/4处两侧近平行，向前缩细，眼叶发达，背面中间和侧鳞片暗褐色，其间者色淡，鳞片间稀有片状毛。鞘翅卵形，强度隆起，肥胖样，鳞片稠密，行纹较宽，行间稍隆，各行间有1列向后的片状毛，肩部有暗色斑，行间1～5有1条自中前方斜向肩后的黑褐色条纹，其后为1条淡色宽横带，再后有白、褐、黑色鳞片组成的花斑。各足鳞片密集，爪合生。

成虫见于4月下旬～7月下旬。

分布：小五台山西台1100～1400m；承德、张家口；山西、陕西、甘肃。

19.335a 胖遮眼象（2007年5月30日，西台1300m）

19.335b 胖遮眼象（2007年5月28日，西台1250m）

19.335c 胖遮眼象（2007年5月30日，西台1200m）

19.336 金绿树叶象

Phyllobius virideaeris Laichart

体长3.5～6mm。体长椭圆形，略隆。体壁黑色，密被卵形略发金色的绿色鳞片。鞘翅鳞片间散布短而细的淡褐色倒伏毛。喙长略大于宽，两侧近于平行，背面略凹，触角间的宽略小于额宽的1/2。触角沟开放；触角短，柄节弯，长略过前胸前缘，索节头2节相当短，1略长于2，3、4圆锥形，长大于宽，5～7圆珠形。眼小突出，位于头的侧面。前胸宽大于长，前后端宽约相等，两侧相当凸，背面沿中线突出。小盾片长大于宽，端部钝。鞘翅两侧雄平行，雌后端略放宽，肩明显，行纹细，行间近于扁平。腿节略呈棒形，无齿。

成虫见于6月中下旬。

寄主：杨、李等。

分布：小五台山南台海拔1100～1300m；张家口；山西、北京、内蒙古、吉林、黑龙江，甘肃；蒙古、俄罗斯、阿尔及利亚以及欧洲。

19.335d 胖遮眼象（2007年5月30日，西台1300m）

19.335e 胖遮眼象（1981年4月25日，西台1200m）

19.335f 胖遮眼象（1981年7月25日，西台1400m）

19.337 榛象

Curculio dieckmanni Faust

又名：榛实象。

体长6.5~8.0mm，宽3.8~4.2mm。体卵形，黑色，局部被有褐色和黄色长形和毛状鳞片。喙细长，圆筒形，端半部弯曲，光亮，红褐至黑褐色，基半部较粗，黑色，有隆线，隆线间有成排的刻点，雌虫喙长为前胸的3倍，雄虫为2倍。触角细长，膝状，棒较细小，雌虫触角着生于喙中间以后，柄节长几乎等于前5索节之和，雄虫触角着生于喙中间以前，柄节长等于前6索节之和。额中间有一小窝；复眼近圆形；头顶密布皱刻。前胸宽大于长，中部膨隆，前缘猛缩，密布刻点，稀被白色和褐色针状鳞片，小盾片前方有一三角形黄褐色斑。小盾片舌形，密被黄褐色鳞片。鞘翅略呈三角形，肩圆钝，行纹明显成沟，内有白色细毛，中后部散布黄褐色不规则的横纹。各足稀被白色细毛，后足较长，腿节内侧有一三角形齿，各爪有一小齿。腹面突隆，前、中足基节、中足间突起、中胸侧片、腹板两侧等处鳞片明显较密。

成虫见于6月上旬~7月下旬。

寄主：榛子、胡榛子。

分布：小五台山南台、北台、西台、中台、东台海拔1200~1500m；张家口、保定、唐山、承德；黑龙江、吉林、辽宁；俄罗斯、日本。

19.338 柞栎象

Curculio arakawai Matsumura et Kono

又名：橡实象鼻虫、柞实象。

体长5.5~9.8mm，宽3.3~4.6mm。体略呈菱形，体壁红褐至黑褐色，密被褐色、赤锈色和白色长形和针形鳞片。喙细长圆形，红褐色，端部黑褐，中间以前向下弯，雌虫喙几乎与体等长，雄虫喙长为体长的1/2，触角后稍粗，有刻点和中隆线。触角生于喙基部1/3处，细长，柄节等于前4索节长之和，端部粗，索节1长于索节2，棒长卵形小而尖。复眼近圆形，二者背面相距近。头顶布刻点。前胸背板宽大于长，中部鼓隆，前端缩细，密布刻点，中间和近两侧处各有一淡色纵纹。小盾片舌形，两侧裸露，背面覆鳞片。鞘翅前宽后窄，肩突出，略呈三角形，行纹呈沟，内有1排淡色鳞片，翅面有不太清晰的斑纹。臀板稍外露。腹面中后胸和腹基部隆起；末腹板中间洼，雄虫末腹板端有一光滑的三角区，后缘截断形，具长毛。各足腿节内侧有一片状三角形齿，跗节3甚宽，爪内有一小齿。

成虫见于7月上旬。

寄主：柞栎、麻栎、栓皮栎、蒙古栎、辽东栎、板栗的种实。

分布：小五台山西台、南台海拔1300~1600m；张家口、唐山、承德、邢台、邯郸；黑龙江、吉林、辽宁、北京、山东、陕西、河南、江苏、浙江；日本。

19.339 黑白象

Curculio distinguendus (Roelofs)

体长7mm左右。

成虫见于6月下旬~7月中旬。

分布：小五台山；张家口。

19.240 红背绿象

Chlorophanus solarii Zumpt

雄虫体长9.6~10.5mm，宽3.6~3.8mm，体黑色，较扁。头和喙被绿色或砖红色鳞片，额部红者为多。喙长仅略大于基部之宽，上有5条隆线，中隆线长达额，边隆线和亚边隆线上达眼。触角沟短，远离眼。触角细，红褐色，有灰白色纤毛，触角棒长卵形，端部尖。额有的凹陷。复眼突出。前胸背面鳞片砖红色，两侧淡绿色。小盾片三角形，淡绿色。鞘翅较扁平，肩部突出，行间1~6（肩部1~7）鳞片与前胸中部鳞片色同，行间7~11的鳞片与前胸两侧的同色，有的虫体鳞片上还被黄粉，行间1或多或少有绿色鳞片。雄虫有前胸腹板领，腹板1、2中间洼。雌虫较胖，背面暗褐色，腹板末节中间隆起。各足鳞片皆绿色，跗节红褐色。

成虫见于6月下旬。

寄主：柳、枸杞。

分布：小五台山北台、西台、南台海拔1100~1400m；张家口；内蒙古、吉林、辽宁。

19.340 红背绿象（1981年6月29日，南台1400m）

19.337 榛象（1981年7月10日，南台1400m）

19.338 柞栎象（1981年7月6日，南台1500m）

19.339a 黑白象（2001年6月28日，小五台山）

19.339b 黑白象（示侧面观）

19.341 金足绿象

Chlorophanus roseipes Heller

体长10.2~11.1mm，宽3.6~4.1mm。体壁黑色，背面和腹面被覆均一的绿色闪光鳞片，鳞片间散布短而细的白毛。喙短宽，中隆线明显，上达额，边隆线不发达，端部中有一三角形缺刻，端部和腹面闪金光。触角沟位于喙的两侧，向后直指向眼。触角略呈膝状，较细长，红褐色，闪金光，柄节长与前3索节之和相等，索节1短于索节2，不呈圆锥形，棒长卵形，端尖。复眼椭圆、高凸。前胸背板梯形，长略大于宽，后缘深二凹形，背面扁平，两侧有横皱纹，前缘两侧具长纤毛，雄虫有前胸腹板领。小盾片小，三角形，鞘翅鳞片色均一，肩部明显突起，行纹较宽，刻点间距离大于刻点之长，末端锐突长而尖。各足腿节、胫节闪金光，前足胫节端部明显向里弯，跗节3的两叶甚宽大。

成虫见于7月中旬。

寄主：柳等。

分布：小五台山西台海拔1200m左右；张家口；北京、山西、内蒙古、甘肃；朝鲜。

19.342 西伯利亚绿象

Chlorophanus sibiricus Gyllenhyl

雄虫体长9.3~9.4mm，宽3.4~3.7mm；雌虫体长10.1~10.7mm宽3.8~4.3mm。体壁黑色，被绿色鳞片。喙粗短，短于前胸背板，中隆线明显，上至头顶；两条边隆线平行。触角沟直，指向复眼。触角膝状，柄节达复眼前缘，索节1短于索节2，各节皆长大于宽。复眼突出。前胸背板宽大于长，基部最宽，后缘二凹较宽，后角较尖，中部平坦，散布横斜皱纹，近两侧鳞片稀，外侧黄色。小盾片小，三角形，色较淡。鞘翅行纹刻点前部的明显，后部的浅而细长，第8行间鳞片黄色。雌虫喙的边隆线内方凹陷成沟，沟内侧又隆起成为亚边隆线，末腹节腹板端部膨隆。雄虫有前胸腹板领，末腹节腹板平坦，鞘翅末端的锐突较长。

成虫见于6月中旬~8月上旬。

寄主：柳等。

分布：小五台山西台、北台、南台海拔 1000~1400m；保定、承德、张家口；黑龙江、吉林、辽宁、北京、山西、陕西、内蒙古、宁夏、甘肃、青海、四川；俄罗斯、朝鲜、蒙古。

19.343 圆锥绿象

Chlorophanus circumcinctus Gyllenhyl

本种似西伯利亚绿象*Ch. sibiricus*，但本种喙背面两侧不平行，基部宽，边隆线略显，后端未达背面，所以触角沟从背面只能看到端部，而不是从端部至复眼处都能看到；前胸背板平，无皱折，不象西伯利亚绿象那样崎岖不平；鞘翅行纹刻点间距离小，明显连成沟状；足完全被覆绿色鳞片。

成虫见于6~7月。

分布：小五台山北台、西台海拔1200~1500m；承德、张家口；内蒙古、甘肃、青海；蒙古、俄罗斯。

19.344 短带长毛象

Enaptorrhinus convexiusculus Heller

雄虫体长8.6~10.2mm，宽2.2~2.6mm；雌虫体长8~10.5mm，宽3~3.7mm。体黑色，雄虫被闪玫瑰色光的白鳞片，雌虫白鳞片不闪光。喙长于其端部之宽，背面基半部鳞片密集披针状。触角沟短，急弯向下。触角较短，索节1长于索节2，棒节粗而短。前胸长大于宽，中部最宽，中沟细，中沟和两侧有白色鳞片，整个背板上满布颗粒状突起，上有凹窝，窝内生1根毛。鞘翅较扁平，鳞片稀，行间1~3在翅坡前有一密集鳞片组成的弓形带纹，行间4、5稍隆，行间7~10和鞘翅端部鳞片密集，翅坡上的长毛黄至黑褐色。雄虫后足胫节长毛黄色。本种与中华长毛象相似，但本种鞘翅仅较扁平，后者平而微洼；本种行间5仅稍隆起，后者行间5呈隆线形。

成虫见于5月下旬~7月中旬。

寄主：悬钩子、松、荆条、枫杨等。

分布：小五台山中台、西台、南台海拔1200~1700m；张家口、唐山、承德；北京、辽宁、山东、安徽。

19.341 金足绿象（1981年7月14日，西台1100m）

19.3420a 西伯利亚绿象（1980年6月18日，西台1300m）

19.342b 西伯利亚绿象（1980年8月2日，北台1400m）

19.343 圆锥绿象（1981年7月20日，北台1300m）

19.344 短带长毛象（1981年7月12日，南台1680m）

19.345 中华长毛象

Enaptorrhinus sinensis Waterhouse

雄虫体长7.4~8.6mm,宽2~2.4mm；雌虫体长7.7~8.6mm，宽2.6~3.7mm。体细长，沥青样黑色，被白色至褐色鳞片。头部密布皱纹和刻点，被白色或褐色鳞片。喙短，其上鳞片长形，喙额间有深横沟。触角褐色，棒长卵形。前胸背板中沟明显，中沟和近两侧处覆白色鳞片，呈3条白色纵纹。小盾片三角形。鞘翅窄，两侧几乎平行，只是前后端部缩窄；行间5呈隆线形，以内部分平坦，中间微洼，其上鳞片互相分离；以外部分近垂直，鳞片密集；翅坡直立，上有褐色至黑色长毛，翅坡前有一白色鳞片带。足上鳞片细小，片间有毛。雄虫后足胫节的毛远较其它足胫节的毛为长。雌虫后足胫节较短，其上的毛与其他足胫节的毛等长。

成虫见于6月下旬~7月中旬。

寄主：板栗、苹果、梨。

分布：小五台山南台、西台海拔1100~1300m；唐山、张家口、承德；北京、山东、浙江、江西。

19.346 北京灰象

Sympiezomias herzi Faust

雄虫体长6.5~7.7mm,宽2.9~3.3mm；雌虫体长8.2~8.8mm,宽3.7~4.1mm。体被褐色和白色鳞片。喙较粗短，长宽近相等；中沟深，向上逐渐变窄浅，中沟两侧各有1条纵沟（傍中沟），喙端部被白色闪光鳞片，后部和头顶鳞片闪光弱。触角沟位于喙两侧，从触角基处斜向下。触角柄节达眼中前部，索节1~5节逐渐变短，索节7长大于宽。复眼黑色，较凸。前胸宽稍大于长，前后缘皆平直，中沟窄浅不太清晰；鳞片色中间的黑褐，外方的白色，侧面的淡褐。鞘翅卵形（♂）或椭圆形（♀），鳞片灰褐和白色，背面有云状褐色斑纹，刻点行较细，行间平坦。腹部腹面鳞片白色，闪红铜色光。各足鳞片闪光较强，前足胫节内侧有1排小齿，各足跗节黑褐色。

成虫见于6月上中旬。

寄主：马铃薯、大豆等。

分布：小五台山西台、北台海拔1100~1450m；保定、唐山、承德、张家口；黑龙江、吉林、北京、山东、山西、陕西；朝鲜、日本。

19.347 大灰象

Sympiezomias velatus (Chevrolat)

雄虫体长7.3~9.5mm,宽3.2~4.3mm；雌虫体长8~12.1mm，宽3.9~5.2mm。体壁黑色，被覆土褐色和金黄色鳞片。雄虫宽卵形，雌虫肥胖椭圆形。喙和头密被金黄鳞片，喙短粗，长略大于宽，背面平，中沟深，上窄下宽，上达头顶，中沟两侧各另有一沟。触角膝状，着生于喙的近端部，棒卵形，各节密实，端稍尖。复眼较大。前胸背板宽大于长，两侧略突，满布颗粒，中沟细，中沟两侧被较稀的金黄色鳞片，呈暗色中纹，其外方为淡色纵带。小盾片不发达。鞘翅宽卵形（♂）或椭圆形（♀），前胸中纹延长至中间，形成长方形斑纹，中部前后及两侧有云状褐色斑纹，行纹宽而深，行间隆，端部缩尖。腹面鳞片间有稀的短毛，末腹板毛密。各足密被鳞片和短毛，胫节端部毛密而长，前足胫节内侧有小齿1列。

成虫见于5月末~9月中旬。

寄主：杨、柳、榆、槐、核桃等树的幼苗和多种农作物。

分布：小五台山东台、西台海拔1100~1300m；张家口；河北各地；辽宁、内蒙古、北京、河南、湖北、山西、陕西。

19.348 蒙古土象

Xylinophorus mongolicus Faust

又名：蒙古小灰象。

雄虫体长4.4~4.8mm,宽2.3~2.6mm；雌虫体长4.7~5.8mm,宽2.7~3.1mm。体被褐色和白色鳞片，头部闪铜光，鳞片间有片状毛。喙扁平，基部宽，中沟细而达头顶。前胸宽大于长，两侧圆凸，前后二缘平直，鳞片闪亮光；中间和两侧的鳞片褐色，其间者白色。小盾片三角形，不发达。鞘翅鳞片土褐色，杂有白色者，行间3、4基部和肩部鳞片白色，行纹细深，行间平坦，上有成排的白色毛。足密被鳞片和毛，前足胫节内侧有1列小齿，胫节端部宽扁，跗节褐色。雄虫末节腹板端部圆钝。雌虫末节腹板端部尖，基部两侧有沟纹。

成虫见于6月中下旬。

寄主：杨、柳、栎、柞、板栗、刺槐、枣、杏等树和玉米、棉花、花生、豌豆等农作物。

分布：小五台山东台、中台、西台、北台海拔1000~1800m；唐山、承

19.347b 大灰象

19.345 中华长毛象（1981年7月10日，西台1200m）

19.346a 北京灰象（1981年6月10日，西台1180m）

19.346b 北京灰象（1980年6月18日，北台1400m）

19.347a 大灰象（1981年6月20日，东台1300m）

19.347c 大灰象（2007年6月20日，西台1200m）

德、张家口、保定、石家庄、邢台、邯郸；内蒙古、北京、山东、黑龙江、吉林、辽宁、天津、山西、河南；俄罗斯、蒙古、朝鲜。

19.349 隆胸球胸象

Piazomias globulicollis Faldermann

体长5.5~6.5mm，宽2.0~2.5mm。体黑色，被浅绿色鳞片，并散布带白色长毛的刻点。头和喙散布刻点和不规则脊纹。喙扁平，端部略向下倾斜，两侧平行，中沟长达颚顶。触角柄节长达眼中部，索节1节长于第2节，第3～5节渐缩短，第7节长大于宽。雄虫前胸长、宽约相等，两侧和背面十分隆凸，呈球形。雌虫前胸宽胜于长，两侧和背面稍隆凸，不呈球形，表面密布瘤状颗粒，两侧的鳞片较背面厚密。前足胫节内缘的齿较粗短，中、后足胫节内缘着生数根长刺。小盾片缺如。鞘翅行纹宽，刻点长方形；行间扁，散布带毛的颗粒；第3及第7～11行间密被圆形淡绿色鳞片，其余行间的鳞片稀疏。

成虫见于8月上旬。

寄主：榆、荆条等。

分布：小五台山西台、东台海拔1100～1400m；张家口；北京、山东、内蒙古、江苏、安徽。

19.350 淡绿球胸象

Piazomias breviusculus (Fairmaire)

体长14mm左右。

成虫见于5月中旬～6月下旬。

分布：小五台山东台、中台海拔1000～1300m；张家口。

19.351 大球胸象

Piazomias validus Motschulsky

体长8.8～11mm，宽3.2～5mm。体黑色，被淡绿色和白色鳞片，夹杂有金黄色鳞片，鞘翅鳞片较密，头、胸、腹、足鳞片较稀。喙短粗，端部向下弯曲，中沟宽而深，上端达额顶。触角沟斜向眼下，触角细较长，柄节达眼中部，索节1比索节2长得多，索节5最短。眼高凸。前胸膨大成球形（♂）或略膨大（♀），中间最宽，宽大于长，密布颗粒。小盾片不发达。鞘翅卵形，两侧中间外凸，行纹线形，行间平，行间8～11鳞片尤密，形成边纹，鳞片间有带短毛的小颗粒。腹板3～5节被白毛，无鳞片。各足毛较长，胫节内侧有1列小齿，前足的齿甚粗壮，爪合生。

成虫见于6月下旬～8月初。

寄主：枣、苹果、泡桐、杨、榆、桑、柠条、荆条、大豆、甘薯、马铃薯。

分布：小五台山南台、中台、西台海拔1100～1550m；邢台、保定、张家口；北京、山东、河南、山西、陕西、安徽。

19.348 蒙古土象（1981年6月21日，中台1800m）

19.350a 淡绿球胸象（2009年6月20日，东台900m）

19.350b 淡绿球胸象（示侧面观）

19.350c 淡绿球胸象（1989年5月28日，中台1300m）

19.351a 大球胸象（示侧面观）

19.351b 大球胸象（1981年7月10日，中台1500m）

19.351c 大球胸象（1987年7月21日，中台1480m）

19.351d 大球胸象（1981年7月10日，南台1500m）

19.351e 大球胸象（1980年6月21日，中台1300m）

19.352 金绿球胸象

Piazomias virescens Boheman

体长约6mm。

成虫见于6月中下旬。

分布：小五台山；张家口。

19.353 中国方喙象

Cleonus freyi Zumpt

体长9～11mm，宽3.6～4.2mm。长椭圆形，体壁黑色，密被灰色和白色毛状鳞片。喙近方形，较粗短，长为宽的2倍，背面4条隆线，3条沟，侧面各有一沟，中沟底上半部又隆起一脊，将中沟分成2条沟。复眼横长，上方和后下方有白色毛眶。触角沟前端从上面可见，向后斜下，其上缘与复眼下缘接触。前胸长大于宽，中沟不清晰，中部暗色斑纹宽大，前窄后宽；后缘中间向后突，且凹陷。小盾片尖小。鞘翅两侧大部近于平行，基部略宽于前胸；肩部微突，有自前胸连续下来的白纹，白纹后有2条斜向中后的平行的暗色条纹，后者较宽。鞘翅基半部和前胸有细小粒状突起。腹面鳞毛较长。本种与欧洲方喙象*C. piger*极似，但本种鞘翅和胸部的粒状突起小；鞘翅上暗色斜纹细而清晰，且斜度大；喙中沟内上半部有隆起的脊。

成虫见于7月末。

寄主：落叶松等。

分布：小五台山西台、北台海拔1400～1800m；张家口；黑龙江、内蒙古、北京、山西、陕西、甘肃。

19.354 欧洲方喙象

Cleonus piger Scopoli

体长11.2～17mm，宽4～5mm。体长椭圆形，体壁黑色，密被灰白色毛状鳞片。喙方形，短粗，长为宽的2倍，背面有隆线4条，沟3条，两侧各有沟1条。触角沟前端从背面可以看到，后端斜向眼下，其上缘与眼的下缘相接。触角膝状，柄节端部粗，索节1略长于2，其他节宽大于长，第7节宽近于棒，棒长椭圆形，环纹明显，色淡。复眼较扁，横长。头顶鳞毛黄褐色。前胸基部宽，向端部渐窄，基部宽略大于长，中沟明显，色淡，中部有一龙骨状突，突的中部宽，中沟基部凹下；背面有一“凸”字形深色斑。小盾片尖三角形，色淡。鞘翅灰色，基部略宽于胸，肩微突，自肩后斜向中后方有一暗色条纹，中部另有一与此平行的斜纹，二纹粗细不匀，翅瘤处有一暗色斑，鞘翅基半部与胸散布粒状突起。腹部腹面毛较长，散有无毛的“雀斑”。后足第1跗节甚长。

成虫见于7月中旬～8月上旬。

寄主：甜菜和蓟属等植物。

分布：小五台山东台、南台海拔1000～1550m；张家口；黑龙江、辽宁、内蒙古、北京、山西、陕西、甘肃、新疆；俄罗斯、蒙古、孟加拉国以及欧洲。

19.355 黑斜纹象

Chromoderus declivis Olivier

又名：斜纹象甲。

雄虫体长7.5～10mm，雌虫体长9～11.5mm。体略呈纺锤形，体壁黑色，被白色至黄褐色披针状鳞片，裸露处呈黑色斑纹。喙短宽，略扁，短于前胸背板，从基部向端部略缩窄，中隆线高度隆起，前端分成两叉。触角沟端部从背面可见，后端猛折向眼下。触角膝状，柄节基半段细，红褐色，端部粗，黑色，索节1长宽近等，索节2长为1的2倍，3～7节宽大于长，触角棒近纺锤形。额宽于喙。复眼前上缘弧形，后下缘近直。前胸背板宽略大于长，两侧近平行，前1/4缩窄；中沟不明显，后端凹洼；中纹黄褐色，其外为裸露的黑色纵带纹，再外密被白色毛。小盾片不显。鞘翅略宽于前胸，两侧平行，肩部和端部1/3缩窄，端部在行间2、3处突尖；斑纹与前胸的连续，黑色纵带在鞘翅中前部间断成两段，并分别向内后方延伸成2条黑斜纹，后段黑纹渐窄，其间镶有白色细纹。鞘翅和前胸的黑色条纹上有大刻点。腹面密被白色至淡黄色毛。前足基节互相接触，各足爪合生。

成虫见于8月。

寄主：甜菜、灰菜等。

分布：小五台山西台海拔1300m左右；张家口；黑龙江、吉林、辽宁、北京、内蒙古、甘肃、青海、新疆、朝鲜、蒙古、俄罗斯、匈牙利。

19.352a 金绿球胸象（示侧面观）

19.353 中国方喙象（1981年7月28日，北台1500m）

19.354a 欧洲方喙象（1981年8月3日，东台1100m）

19.354b 欧洲方喙象（2007年7月29日，南台1500m）

19.352b 金绿球胸象（2000年6月20日，小五台山）

19.352c 金绿球胸象（示侧面观）

19.356 波纹斜纹象

Lepyrus japonicus Roelofs

体长8.5～13mm，宽3.5～4.9mm。体黑褐色，密被土褐色细鳞片，其间散布白色鳞片。喙较长，略弯、端部粗，密被鳞片，中隆线细。触角沟直，因喙弯而达眼下。触角膝状，柄节长而直，端部粗，索节3～7宽均大于长，棒卵形，黑褐色。前胸背板圆锥形，宽略大于长，中隆线较明显，后端消失，散布较深的皱刻，两侧各有1条黄白色斜纹。鞘翅肩较突，翅瘤较发达，末端各呈一钝尖，翅面凹凸不平，行纹细，有成行的白色鳞片，中部有一明显的白色波状横带纹，肩部有白色短纵带。腹板1～4两侧各有一密被土褐色鳞片的斑。各足鳞片土褐色，腿节内侧具一小而尖的齿。

成虫见于8月中旬～9月上旬。

寄主：杨、柳。

分布：小五台山西台、北台海拔1100～1400m；张家口；河北各地；黑龙江、吉林、辽宁、北京、内蒙古、山西、山东、陕西、安徽、浙江、江苏、福建；朝鲜、日本、俄罗斯。

19.357 甜菜象

Bothynoderes punctiventris Germar

体长11.5～14mm，宽4.9～5.6mm。长椭圆形，体壁黑色，密被灰褐色鳞片。喙较长而直，端部略粗，中隆线明显，达额，两侧有深沟。触角沟端部从上面可见，后端下折。触角膝状，索节2长超过宽的2倍，远长于索节1。复眼扁平，近半圆形。额隆，中间有一小凹窝。前缘背板宽大于长，基部最宽，端部两侧缩窄；前胸中间前突，有眼叶，中突与眼叶间凹；中隆线明显，其后端处深凹；中纹宽阔，前窄后宽，暗色，密布小刻点和不规则的大刻点。复眼后方为一细暗纹，外侧是一较粗的淡色纵带。小盾片三角形，有的被鳞片掩盖。鞘翅较长，行纹细，行间平，肩部突；行间3和5基部隆起，色暗鳞稀；行间1中后部隆起，翅瘤明显，瘤后色暗，鞘翅中部有一较粗的黑褐色斜带纹。雄虫第1腹板中间洼，前足跗节3长于跗节2。雌虫第1腹板中间平，前足2、3跗节等长。

成虫见于7～8月。

寄主：甜菜、猪毛菜、碱蓬、藜、滨藜、地肤、苋等。

分布：小五台山南台、西台、北台海拔1100～1500m；保定、沧州、承德、张家口；黑龙江、北京、山西、陕西、内蒙古、宁夏、甘肃、新疆；俄罗斯、土耳其以及欧洲中东部。

19.358 漏芦菊花象

Larinus scabrirostris Faldermann

体长7mm左右。

成虫见于6月下旬。

分布：小五台山；张家口。

19.355 黑斜纹象（1981年8月19日，西台1300m）

19.356a 波纹斜纹象（1981年8月20日，北台1300m）

19.357 甜菜象（1981年7月29日，西台1200m）

19.358a 漏芦菊花象（1988年7月27日，小五台山）

19.356b 波纹斜纹象（示侧面观；2000年9月2日，西台1100m）

19.358b 漏芦菊花象（示侧面观）

19.359 大菊花象

Larinus kishidai Kono

体长11～13mm，宽5.5～6mm。体卵形，黑色，前胸两侧，腹面及鞘翅的局部被灰白色毛。喙圆筒形，较长且直，略长于前胸，两侧密布微小刻点和稀疏大刻点，中隆线不明显。触角沟位于喙两侧，从上面看不到，后端弯向眼下，其上缘与眼下缘相接。触角位于喙的中间稍前，柄节长达于眼；索节1、2长大于宽，且二者近等，3～7节宽大于长；棒节长椭圆形。额中间有一小坑。前胸宽大于长，前缘宽不及后缘的1/2，两侧较圆突，基部中间低洼，散布较大刻点，大刻点间密布小刻点，有较窄的眼叶。小盾片不明显。鞘翅前缘向前突，能遮盖前胸后缘，肩部隆；行纹明显，基部刻点较端部者为深；行间平宽，有小刻点和横皱纹；后端圆。腹面毛均匀，密布小刻点，各足腿节棒形，胫节直，跗节3长于2，爪合生。

成虫见于8月。

寄主：蓟类。

分布：小五台山西台海拔1200～1500m；承德、张家口；辽宁、山西。

19.360 平行大粒象

Adosomus parallelocollis Heller

体长12～15mm，宽4.8～7mm。长椭圆形，体壁黑色，有白毛斑纹。喙粗短，长不足宽的2倍，向下弯，中隆线粗，钝圆，喙额间凹洼。触角沟近于喙端，背面可看见，后端猛弯向眼下。触角较短，膝状，索节1长于索节2，棒卵形不尖。复眼横长而扁。前胸宽略大于长，基缘近平截，中部稍后凸；两侧近平行，前1/4缩窄；中隆线细，中间宽成菱形，前端消失，沿中隆线有白色毛组成的中纹；两侧各有白毛纵带2条，这2条白色纵带各在中部并靠。小盾片很小，三角形。鞘翅略宽于前胸，有白色斑纹，自肩后斜向中后方的1条为最长而规整，其他不规则。鞘翅和前胸散布大小不一的光亮颗粒，鞘翅后半部粒稀。腹部腹面白毛较密，有"雀斑"。各足腿节中后部膨粗，前足较甚。

成虫见于7月上中旬。

分布：小五台山南台海拔1450m左右；唐山、张家口、承德；黑龙江、吉林、辽宁、内蒙古、北京、山东、安徽。

19.361 尖翅筒喙象

Lixus acutipennis Roelofs

体长约10mm。

成虫见于5月下旬。

寄主：旋覆花、艾蒿、蓟等。

分布：小五台山西台杨树沟海拔1200m左右；张家口。

19.362 雀斑筒喙象

Lixus ascanii Linnaeus

本种极似油菜筒喙象*L. ochraceus*，其主要区别是：本种喙略弯曲，触角着生处至额间平直；喙中隆线两侧外方的毛白色；前胸背板的刻点较小而稀；前胸较鞘翅稍窄；前胸背板和鞘翅不被粉末；鞘翅末3行间的白毛稀。

成虫见于8月中旬～9月中旬。

寄主：黎科、蓼科、锦葵科、石竹科、十字花科、豆科、伞形花科、菊科等科植物。

分布：小五台山北台海拔1100～1500m；张家口；我国北方各地；俄罗斯以及欧洲。

19.359a 大菊花象（2000年8月5日，西台1400m）

19.359b 大菊花象（1981年8月25日，西台1450m）

19.360a 平行大粒象（1980年7月8日，南台1400m）

19.360b 平行大粒象（2007年7月10日，南台1450m）

19.362 雀斑筒喙象（1981年8月25日，北台1250m）

19.359c 大菊花象（示侧面观）

19.360c 平行大粒象（示侧面观）

19.361 尖翅筒喙象（1981年5月28日，西台1200m）

19.363 油菜筒喙象

Lixus ochraceus Boheman

体长6.7～10.2mm，宽2.5～3.2mm。体细长，筒形稍扁，体壁黑色。喙短于前胸背板，筒形，弯曲，略粗于前足腿节；中隆线不太显，其外方密被褐色针状鳞片；额无小窝。触角沟背面看不到，后端下弯。触角较短，着生在喙前1/3处，休止时贴于喙下，棒梭形，端部尖。前胸背板宽大于长，基部最宽，自基部向前渐窄，后缘呈双凹形，有窄小的眼叶，背面密布大刻点，刻点间散布小刻点，中隆线不明显，两侧密被白色鳞片。小盾片不显。鞘翅狭长，两侧平行，后1/3缩窄，二翅各缩成一钝尖，基部各有2洼，行纹浅，行间平；行间1～6和7的一部分密被灰色短毛，其上有赤锈色粉末；行间8和7的另一部分毛更短，几乎光滑；行间9～11密覆针状鳞片，与前胸两侧的白色带纹连成一明显的白边。腹板和足被白色鳞片，有"雀斑"，腹板5无雀斑；腹板3～5中间有一光滑斑。

成虫见于8月中旬～9月上旬，2010年8月18日见成虫进入室内（北台柳湾村海拔1220m）。

成虫取食榆树叶，幼虫取食油菜、萝卜、白菜等十字花科蔬菜的苔。

分布：小五台山西台、北台海拔1100～1300m；张家口；辽宁、北京、山西、江西、内蒙古；蒙古。

19.364 松树皮象

Hylobius abietis haroldi Faust

雄虫体长6.3～9.5mm，宽2.8～4mm；雌虫体长8.7～11.7mm，宽3.5～4.6mm。长椭圆形，体壁褐色至黑褐色，斑纹被白色至黄褐色披针状鳞片，鳞片易掉。喙较长，背面圆隆；中隆线细，不太明显，两侧各有一深沟，上部宽，端部宽扁，色深；喙有和头顶一样的皱刻。复眼半圆形，后缘为一弧线，前缘近直微凹。前胸长宽近等，两侧凸圆，前端缩窄，有眼叶；中隆线细，基部消失；两侧中间以后有2个斑点，中隆线后端处有1个斑点。小盾片端圆，有刻点。鞘翅明显宽于前胸，翅坡后猛缩，行纹刻点长形且大而深，行间平有微小皱刻，前后各一倾斜横带，横带间通常具似成"X"形的斑纹，端部有2～3个斑点。腹板两侧鳞毛密。各足腿节内侧有一齿；爪离生。

成虫见于6月下旬～8月下旬。

寄主：油松、落叶松、云杉、红松、云南松。

分布：小五台山西台海拔1100～1500m；承德、张家口；黑龙江、吉林、辽宁、山西、陕西、四川、云南；俄罗斯、朝鲜、日本。

19.365 豹纹盘斑象

Paroplapoderus pardalls Senllen von Vollenhoven

又名：具斑切叶象甲。

体长8～9.2mm，宽4.2～5mm。体黄色至黄褐色，具黑色斑纹，各虫斑纹大小及数目有变。喙很短，前端宽。触角非膝状，着生于喙背，黄色，棒色深。复眼圆形，很凸。头在眼后为圆形，中沟明显，眼间二斑，有的眼后又各有一斑，甚至此二斑分别与前二斑并连成"八"字形斑。前胸背板平而前倾，满布皱刻，近前后缘处缩缢成横沟，中沟明显，中沟外方各侧二斑，有的二斑相连，两侧各有二斑。小盾片近半圆形，大部分黑色。鞘翅近长方形，肩部突起，满面成行的皱刻，各有4条纵隆，雌虫在第3纵隆的基部有向内的角状突，翅面具21个斑纹，有的斑纹二并一。中、后胸的腹板和侧板大部为黑色。腹部腹板1～4两侧有黑斑。臀板有2大斑，有的全黑。后足腿节背面有一斑，有的中足腿节背也有一斑，各足胫节端具2刺。

成虫见于5月下旬～6月下旬。

寄主：核桃楸。

分布：小五台山东台、西台海拔1100～1350m；承德、张家口；日本。

19.363a 油菜筒喙象（1980年8月20日，西台1300m）

19.363b 油菜筒喙象（1981年9月2日，西台1100m）

19.364 松树皮象（1981年7月21日，西台1450m）

19.365c 豹纹盘斑象（1981年6月28日，东台1100m）

19.365a 豹纹盘斑象（1995年5月28日，西台1250m）

19.365b 豹纹盘斑象（2007年5月25日，西台1200m）

19.366 红长颈切叶象甲

Paracentrocorynus nigricollis Roelofs

体长10mm，宽4mm左右。头黑色，喙短粗，前半宽，后半窄，触角间隆起，有2脊上达额。触角非膝状，柄节短，各索节等粗，棒细长，仅略粗于索节。额平，复眼处最宽。复眼圆，高突；头的眼后部分强度略缩和前伸，呈长颈状，其上有横皱。前胸圆锥状，近二端处缩缢呈"绾袖"状，前部中间隆起，背面暗红色，侧面和腹面黑色。小盾片月牙形，黑褐色。鞘翅略呈长方形，后端各自分离缩圆，肩部突起，沿小盾片缘呈隆脊状，其后各有一略呈"U"字形的凹沟，中后部较隆，行纹9条，行间稍隆，行间3、5基部隆起较高且靠近。中、后胸腹面和侧面黑色，有大刻点，后胸腹板四角外方一点和后侧片被金黄色毛。前足基节甚长，各足胫节细而直，端部具一刺。

成虫见于6月下旬

分布：小五台山南台、中台海拔1100～1350m；张家口、承德；日本。

19.367 沟眶象

Eucryptorrhynchus chinensis (Olivier)

又名：臭椿大沟眶象。

体长15～18.5mm，宽7.5～10mm。体黑色，粗糙。头散布互相连合的大刻点。喙长于前胸，触角基以前较扁，端部放宽，刻点细小，触角基以后圆筒形，中隆线明显，两侧各有2纵沟，外长内短。触角着生于喙中部，膝状，柄节达眼，索节2长于索节1，3～7节逐渐缩短，第7节宽大于长。额中间一深窝。复眼上方有深沟眶。前胸背板满布大而深的刻点，中隆线纵贯全长；中部两侧各有一突起的胝，上被赭色鳞片；腹面有胸沟，休止时喙可隐入沟内。眼叶发达，复眼部分被眼叶遮盖。小盾片圆形，被黑色片状毛。鞘翅肩部最宽，肩很突出，被白色鳞片，基部中间覆赭色鳞片，端部1/3鳞片白色和赭色，近翅缝处赭色者多，刻点大，行纹宽，行间窄，奇数行间隆起明显。各足腿节内侧有一齿。

成虫见于7月上旬～8月中旬。

寄主：臭椿。

分布：小五台山东台海拔 约1000m；张家口、邯郸、邢台、石家庄、保定、廊坊、唐山、承德；北京、天津、山东、山西、陕西、上海、湖北、四川。

19.368 臭椿沟眶象

Eucryptorrhynchus brandti (Harold)

又名：臭椿小沟眶象。

体长9～11.5mm，宽3.5～4.6mm。本种与沟眶象*E. chinensis*近缘，形态相似，其主要区别是，本种：前胸的几乎全部、鞘翅的肩部及后1/4处被有白色鳞片，偶有少数赭色的鳞片为鱼鳞状，长宽近相等； 额无深窝；喙两侧无明显的沟；个体较小。

成虫见于7月上旬～8月中旬。常与沟眶象混合发生。

寄主：臭椿。

分布：小五台山东台海拔1000m左右；保定、廊坊、衡水、唐山、承德、张家口；黑龙江、北京、山东、山西、陕西、上海、江苏、四川；朝鲜。

19.369 米 象

Sitophilus oryzae (Linnaens)

体长2.4～3mm，宽0.9～1.5mm左右。体长卵圆形，红褐至沥青色，背无光泽或略具光泽。头顶刻点较明显，额前端扁平。 喙基部较粗，触角着生于基部1/3～1/4处，顶端圆形。前胸长宽约相等，基部宽，向前缩窄，背面密布圆形刻点。小盾片心形，有宽纵沟。鞘翅肩明显，两侧平行；行纹略宽于行间，行纹刻点上各具1根直立鳞毛，每鞘翅基部和翅坡各具一个椭圆形黄褐至红褐斑。腿节棒状，胫节刻点与毛排列成纵列，端部有沟。

成虫见于7月上旬～9月下旬。

寄主：高粱、小麦、玉米、大米、面粉等各种仓储谷物。成虫啃食谷粒，幼虫钻食谷粒。

分布：小五台山东台、南台、西台海拔1000～1250m；张家口、石家庄、承德；北京、山西、山东、江苏等。

19.367b 沟眶象（2007年7月9日，东台1250m）

19.366a 红长颈切叶象甲（♀；1981年6月29日，中台1300m）

19.366b 红长颈切叶象甲（♂；1981年6月21日，南台1350m）

19.367a 沟眶象（1981年8月10日，东台1200m）

19.367c 沟眶象（2007年7月10日，东台1250m）

豆象科 Bruchidae

体小型。体卵圆形，体表被刻点、毛斑。头下口式，在眼后强烈收缩。复眼大，前缘强烈凹入。触角位于复眼前方，11节，端部数节改变呈锯齿状或栉齿状。鞘翅宽短，具9～10条刻点行。臀板外露。前足基节窝后方关闭，跗节假4节；爪基部一般具附齿。多食豆科植物种子。

19.370 窃豆象

Acanthoscelides plagiatus Reiche et Saulcy

分布：小五台山；张家口。

19.371 绿豆象

Callosobruchus chinensis (Linnaens)

体长2～3.5mm，宽1.3～2mm。体卵圆形，深褐色。头密布刻点，额部具1条纵脊。触角雌锯齿状，雄栉齿状。前胸背板后端宽，两侧向前部倾斜，前端窄，具刻点和着生灰白、黄褐色毛，后缘中部1对被白色毛的瘤状突起，中部两侧各有1个灰白色毛斑。小盾被灰白色毛。鞘翅基部宽于前胸背板，刻点小而密，中部前后有2条向外倾斜的由灰白色毛和黄褐色毛组成的斑纹。臀板被灰白色毛，近中部和端部两侧有4个褐色斑。后足腿节端部内缘有1个长而直的齿，外端具1个端齿；后足胫节腹面端部有尖的内、外齿各1个。

成虫见于6～7月。在小五台山区发生普通，为绿豆的主要种实昆虫。

寄主：绿豆、赤豆、豌豆、蚕豆、菜豆、江豆、扁豆等。

分布：小五台山南台、西台、北台、东台海拔1000～1250m；张家口；全国各地。

19.368a 臭椿沟眶象（1981年8月2日，东台1200m）

19.368b 臭椿沟眶象（示侧面观）

19.369 米象（2002年8月20日，南台1200m）

附：未定种

（2000年6月25日，西台1300m）

（1981年6月29日，北台1700m）

（1997年5月20日，西台1200m）

（1981年7月28日，东台1180m）

（1981年7月，中台1600m）

（1981年7月12日，中台1600m）

（1981年8月2日，南台1600m）

（2007年7月17日，西台1400m）

（2007年6月24日，西台1350m）

（2007年8月20日，北台1500m）

（2007年7月16日，北台1450m）

（2007年7月29日，西台1400m）

（2007年7月12日，西台1350m）

（2007年5月6日，西台1200m）

（2009年7月7日，东台1100m）

（2007年7月16日，西台1400m）

（2007年6月10日，西台1350m）

（2007年7月16日，西台1400m）

（2007年7月30日，西台1350m）

（2007年7月7日，西台1300m）

（2009年7月29日，西台1400m）

（2007年6月5日，西台1250m）

（2007年6月10日，西台1300m）

（2007年6月10日，西台1300m）

（2007年5月6日，西台1250m）

（2007年6月22日，西台1280m）

（2007年6月8日，西台1350m）

（2007年7月7日，西台1300m）

（2008年7月5日，中台1500m）

（2007年6月19日，西台1300m）

（2007年6月12日，西台1400m）

（2007年6月25日，南台1400m）

卷叶象科 Attelabidae

体小至中型。体不被覆鳞片，一般体色鲜艳并具金属光泽。喙延长或头基部延长，无上唇而代之为口上片。下颚须、下唇须退化，外咽片消失，外咽缝愈合。触角不呈膝状，末3节呈疏松棒状，跗节5节，假4节，第4节很小，藏与第3节之间。喙长、上颚扁平，外缘具齿，腹板第1～2节愈合，爪分离、有附爪；或喙短，上颚外缘不具齿，腹板第1～4节愈合，爪合生。雌虫能切叶卷筒，产卵于筒内，幼虫在卷叶筒内生活；或在果实上钻孔，卵产于果实中，幼虫蛀果。多数寄主为林木。

19.372 山杨绿卷象

Byctiscus omissus Voss

又名：杨狗子、梨卷叶象甲、山杨卷叶象甲。

体长6～8mm，宽3.3～3.8mm。草绿色或深蓝色，有强烈的金属光泽。喙方形，向下弯，端部宽，满布刻点和纤毛，端部背面有数根粗壮长毛。额凹陷，额上方有与眼缘平行的皱纹，头顶有刻点和横皱纹。触角非膝状，11节，索节1与柄节近等长，棒较长，各节等宽。前胸宽大于长，中后部膨隆，前后两端有横皱纹，中沟明显而浅，密布细小刻点，光亮，雄虫两侧前方各有一猫耳状尖刺。小盾片近长方形，具小刻点。鞘翅近方形，后端圆，肩部突起，密布成纵行的较大刻点和短毛，肩部刻点小，翅坡后毛长。蓝色者各足与体同色，绿色者喙和足闪金红色光。

成虫见于4月中旬～9月中旬。成虫食叶补充营养，卷叶产卵其中。是小五台山区西台杨树苗圃、幼林的重要食叶昆虫。

寄主：杨、桦、椴、槭、榆、梨、苹果、山楂、胡枝子、榛。

分布：小五台山、西台海拔1100～2000m；保定、唐山、承德、张家口；辽宁、吉林、青海。

19.373 梨虎象

Rhynchites foveipennis Fairm

又名：梨虎、梨狗子。

19.372i 山杨绿卷象（2007年5月4日，西台1250m）

19.372d 山杨绿卷(示成虫補充营养杨叶被啃食状)

19.372e 山杨绿卷象（2007年5月4日，西台1250m）

19.372j 山杨绿卷象（示山杨叶被卷状；2007年5月10日，西台1300m）

19.372b 山杨绿卷象(♂；2007年5月12日，西台1250m)

19.372f 山杨绿卷象（♂；示蓝色个体；1981年5月15日，西台1200m）

19.372g 山杨绿卷象（♂；示绿色个体；1980年6月1日，西台1250m）

19.372c 山杨绿卷象（示枯死卷叶内的幼虫；2007年7月12日，西台1250m）

19.372h 山杨绿卷象（示卷叶后期枯死状；2007年5月25日，西台1250m）

19.372k 山杨绿卷象（示卷叶内卵粒形态；2007年5月4日，西台1250m）

体长6～9mm，宽3.5～4.5mm。黑紫色，闪强烈的紫红色或蓝绿色光泽。喙较长，中部方形，端部宽扁，触角上方中隆线明显，雄虫喙端向下弯，雌虫者直。触角非膝状，柄节长约为宽的2倍，索节7节，1、7两节长近相等，2、3两节几乎各等于第1节的2倍，棒分节明显，不闪光。头部满布小刻点，头顶上方有细横皱纹。前胸长宽近等，中沟较浅，两边外方各一洼槽，三者排列如倒"小"字形，雄虫两侧前足基节前方各有一突起，雌虫无。鞘翅较宽，翅基沿小盾片两侧隆起，行纹刻点为大而深的凹窝，窝间和行间满布小刻点，肩部突起，末端圆钝，臀板外露。体背面纤毛褐色，腹面纤毛白色。各足跗节黑色。

成虫期7月上旬～8月中旬。

寄主：梨的果实。

分布：小五台山西台、南台、北台海拔 1100～1300m；唐山、承德、张家口；宁夏、陕西、四川、北京、山西、辽宁、江苏、浙江、湖北等。

19.374 杏虎象

Rhynchites faldermanni Schoenherr

体长5～6.5mm，宽2.5～3cm。体红色具绿色金属光泽。喙端部略放宽，基半部中隆线粗；侧隆线细，位于2列纵刻点之间；端半部布纵皱刻点。头密布刻点和软毛，中部具1个小圆形凹陷，头顶具横皱纹。眼小隆突。触角着生于喙中部，柄节短，与索节1节等长，索节2～4节等长，棒3节，较紧密。前胸宽胜于长，两侧圆弧形，前缘之后和基部之前略缢缩；中沟后端较深，两侧各有1个倒"八"字形浅凹陷；雄两侧缘各具1齿。小盾片倒梯形。鞘翅两侧缘平行，行纹窄，刻点明显，行间宽，密布不规则刻点。爪离生，具附齿。

成虫见于5月上中旬。

寄主：杏、桃、樱桃。

分布：小五台山西台、东台海拔850～1250m；张家口、承德、保定、石家庄；山东、吉林、辽宁、内蒙古、山西、陕西。

19.375 苹绿卷象

Byctiscus princeps (Solsky)

又名：苹果卷叶象鼻虫。

体长5.3～7.2mm，宽3.8～4mm。喙近方形，端部粗，金绿色，背面闪紫红色光。触角非膝状，柄节与第1索节等长，索节3～6逐渐缩短增粗，6为球形，棒3节等粗。头绿色或紫红色，额微凹，头顶后部有横皱纹。复眼较扁。前胸绿色光亮，有的紫红色，密布细小刻点，中部膨隆，两端缩窄，后端和近前端处有横皱纹，中沟明显且浅。小盾片发达，尖端截形。鞘翅略成方形，后端圆突，密布刻点，基部有近三角形的、后部有近圆形的紫红色大斑。臀板紫红色外露。足为绿至紫红色，跗节黑色，爪褐色。本种与山杨绿卷象*B. omissus*相似，但本种鞘翅绿色有4块紫红色斑，刻点较小，仅略大于胸部刻点。而山杨绿卷象鞘翅色均一，刻点大而深，较胸部刻点大得多。

成虫见于6月上旬～7月下旬。

寄主：梨、苹果。

分布：小五台山；保定、承德、张家口；辽宁、黑龙江。

19.376 桦绿卷象

Byctiscus betulae Linnaeus

体长8mm左右。具豆绿、青蓝2种体色，带紫色光泽，全体被稀疏短茸毛。

成虫见于5月上旬～6月中旬。

寄主：桦、杨、梨、苹果、山楂等。

分布：小五台山西台海拔1500～1700m；张家口；北京、山西、辽宁、吉林、河南等。

19.377 核桃锐卷象

Tomapoderus sp.

体长约13mm。

成虫见于7月下旬～8月中旬。

寄主：核桃、核桃楸。

分布：小五台山东台海拔850～920m；张家口、邯郸。

19.373a 梨虎象（1981年7月20日，西台1200m）

19.373b 梨虎象（1980年8月3日，北台1280m）

19.375 苹绿卷象（♂；1981年6月25日，西台1100m）

19.377a 核桃锐卷象（2007年8月1日，东台1300m）

19.376 桦绿卷象（示桦叶被卷叶状；2007年6月2日，西台1700m）

19.377b 核桃锐卷象（2007年8月1日，东台1200m）

19.377c 核桃锐卷象（示核桃叶被卷状；2007年8月1日，东台1200m）

19.378 榆锐卷象

Tomapoderus ruficollis (Fabricius)

又名：榆卷象。

体长6mm左右，黄褐色，雄鞘翅深蓝色，带金属光泽。复眼黑褐色，半球形，触角着生于的中部，第一节黄褐色，其余多节赤褐色。前胸背板窄后宽，拱起若半球形，表面有不甚明显的浅刻点。

成虫越冬，野外见于6月、8月下旬～9月下旬。

寄主：榆树。

分布：小五台山南台海拔1350m左右；张家口、石家庄；山东、辽宁、北京、吉林。

皮蠹科 Dermestidae

小至中型，体卵形，半球形或长形。头小能活动，略带下口式。触角短，棒状或锤状，一般5～11节，锤状部由1～3节组成，可放在前胸下的沟内。眼发达，额上通常有单眼1个。鞘翅常盖住腹部。后翅常发达，能飞，足短，前足基节长，斜、圆锥形，互相接近。中足基节卵形。后足基节扁平而阔，能嵌入腿节。跗节5节有时有距。爪简单。腹节可见腹板5节。取食干燥的动物质，有时取食干燥的植物质。

19.378a 榆锐卷象（示卷叶内的卵粒）

19.379 赤带皮蠹（1981年6月17日，南台1430m）

19.379 赤带皮蠹

Dermestes vorax Motschulsky

又名：暴食皮蠹。

体长5～8mm。

成虫见于6月中旬。

分布：小五台山南台东沟寺海拔1430m左右；张家口。

锯谷盗科 Silvanide

下唇须比触角短，触角棍状，末节多个膨大。体扁，背面几成平板状，两侧平行。跗节一般5节。鞘翅上无蜡质斑纹。前足基节窝闭式。

19.380 锯谷盗甲

Oryzaephilus surinamensis (Llinnaeus)

体长2～3.5mm，扁长椭圆形，深褐色，密被黄褐色细毛。头部呈大三角形。触角棍棒状，11节。复眼黑色突出。前胸背板长卵形，侧缘各生6个锯齿状突起。鞘翅长，两侧几乎平行，末端近圆形，翅面具4条纵脊和许多纵刻点。

成虫见于6～8月。

成、幼虫取食玉米，小米等仓储粮食和蘑菇等食用菌。

19.378b 榆锐卷象（示其产卵卷叶状）

分布：小五台山南台、西台、北台、东台的村落民居；全国各地；世界性仓储昆虫。

小蠹科 Scolytidae

小型种类。体短，椭圆形或圆柱形，多为浅褐色或黑色。与象甲科Curculionidae近缘，但头部不延伸成喙，头部被前胸背板盖住大部。触角11～12节，成膝状弯曲，末端3～4节膨大呈锤状。前胸背板大，与鞘翅等宽。足短粗，胫节扁平；前足胫节外缘具成列小齿，中、后足各有2个端距；前足第1跗节短于第2～4跗节之和。成、幼虫钻住木本植物皮下或木质部，形成不同形状的坑道。

19.381 纵坑切梢小蠹

Tomicus piniperda Linnaeus

体长3～5mm，头部前胸背板黑色，鞘翅红褐色至黑褐色，有较强光泽。额部隆起，额心有点状凹陷；额面中隆线起自口上片，止于额心凹点，突起显著，突起的高低在不同个体中有差异；额部底面平滑光亮，额面刻点圆形，分布疏散；点心生细短茸毛，倾向额顶，口上片边缘的额毛长密下垂。

19.378c 榆锐卷象（示成虫形态及榆叶被食状）

19.380 锯谷盗甲（2009年6月7日，西台1180m）

前胸背板的长度与背板基部宽度之比为0.8，鞘翅长度为前胸背板长度的2.6倍，为两翅合宽的1.8倍。鞘翅刻点沟凹陷，沟内刻点圆大，点心无毛；沟间部宽阔，翅基部的沟间部生有横线隆堤，起伏显著，以后渐平，出现刻点，点小疏散；翅中部以后的沟间部出现小颗粒，后排成纵列；沟间部的刻点中心生短毛，微小清晰，贴伏于翅面上，短毛起自横向隆堤之后，一直到翅端，但不显著，沟间部的小粒后面伴生刚毛，挺直竖立，似小粒，自翅中部起至翅端止排成等距纵列；斜面第2沟间部凹陷，其表面平坦，只有小点，没有颗粒和竖毛。母坑道为复纵坑。

成虫见于7月中旬～8月下旬。

寄主：油松、赤松、马尾松、华山松、云南松、黑松、樟子松等。成虫补充营养取食嫩梢。

分布：小五台山西台大老婆肚海拔1400～1600m，与横坑切梢小蠹*T. minor*混合发生；张家口；河南、吉林、辽宁、江苏、浙江、湖南、陕西、四川、云南；日本、朝鲜、俄罗斯、蒙古、瑞典等以及北美洲。

19.382 横坑切梢小蠹

Tomicus minor Hartig

体长3～5mm。黑褐色。似纵坑切梢小蠹*T. piniperda*但本种鞘翅末端斜面第2沟间没有凹陷，上面的颗粒和竖毛依然存在，直到翅端。鞘翅沟间的刻点较稀疏。母坑道为复横坑。

成虫见于7月中旬。

寄主：油松、马尾松、黑松、红松、云南松、糖松等。

分布：小五台山西台大老婆肚海拔1400m左右，20世纪60年代初期此处油松林内即有发生，2009年8月仍可见，但较少；张家口；河南、陕西、江西、四川、云南；日本、朝鲜、俄罗斯、丹麦、法国以及北美洲。

19.383 脐腹小蠹

Scolytus schevyrewi Semenov

体长3.2～4.2mm，个体间差异较大。头黑色，触角黄色至黄褐色。雌虫额面稍突，有趋向唇基的条纹；雄虫额面平凹，在额周缘上长有向内弯曲的黄色额毛。前胸背板前缘和后缘红褐色，中部黑褐色，上有刻点。前胸背板长、宽约相等。小盾片黑色。鞘翅红褐至黑褐色，部分个体在鞘翅1/2～3/4处有1条色泽略深的横带。侧缘和后缘微锯齿形。胸部两侧和腹板黑色。足红褐色，有黄褐色茸毛。腹部自第2节腹板向上极度收缩，与第1腹板呈钝角，第2腹板中部的瘤突黑色，端部扁宽。

成虫见于5月上旬。

寄主：榆、柳。

分布：小五台山北台上寺海拔1300m左右；张家口；黑龙江、河南、陕西、宁夏、新疆；俄罗斯。

19.381a 纵坑切梢小蠹（示发生林分；2009年8月24日，西台1580m）

19.381c 纵坑切梢小蠹（示侧面观；2009年8月24日，西台大老婆肚1580m）

19.382c 横坑切梢小蠹（示羽化孔；去除皮层的状态）

19.383 脐腹小蠹（1981年5月8日，北台1300m）

19.381b 纵坑切梢小蠹（示坑道）

19.381d 纵坑切梢小蠹（示腹面观）

19.382a 横坑切梢小蠹（1980年7月17日，西台1400m）

19.382b 横坑切梢小蠹（示羽化孔）

19.384 多毛小蠹

Scolytus seulensis Murayama

又名：桃小蠹。

体长约4mm。体黑色，头和前胸背板黑色，鞘翅黄褐色有光泽。头部短小，额部密生白色细毛，触角锤状。体密布刻点，鞘翅上有纵列刻点，腹部末端腹面斜截形，第1节有小突起。本种似脐腹小蠹*S. schevyrewi*，但本种第7背板无大刚毛。

成虫见于6月中旬～7月上旬。

寄主：仁用杏、山杏、桃、梨、樱桃、锦鸡儿、李等。

分布：小五台山西台场部、大老婆肚海拔1100～1500m；张家口；河南、山西、陕西等。

19.385 六齿小蠹

Ips acuminatus Gyllenhal

体长3.2～4.2mm，体圆柱形，黑褐至赤褐色，有光泽。鞘翅长为前胸背板长的1.4倍，为两翅合宽的1.6倍，刻点沟中刻点明显。翅盘开始于鞘翅2/3处，两侧各有3齿，由小渐大。

成虫见于5月中旬～6月下旬。

寄主：油松、落叶松、云杉等。

分布：小五台山西台、北台海拔1250～1450m；张家口；内蒙古、辽宁、吉林、黑龙江、陕西、新疆、湖南、四川、云南；蒙古、朝鲜、日本、俄罗斯以及欧洲。

19.386 角胸小蠹

Scolytus butovitschi Stark

体长2.1～2.7mm。头、前胸背板、胸部、腹部黑色。前胸背板与鞘翅约等长。前胸背板后缘中部向后延伸成一尖角，突出在小盾片前面。小盾片下陷，表面粗糙无毛，刻点沟不凹陷，沟中刻点圆形较大。腹部急剧收缩，第1、2腹板构成直角腹面。母坑道单纵坑，子坑道稠密，长而曲折。坑道筑于韧皮部与木质部之间。

成虫见于6月中下旬。

寄主：榆树渐枯萎、生长势弱的植物枝条。

分布：小五台山西台、南台海拔980～1200m；张家口；北京、山东、陕西。

19.384a 多毛小蠹（示仁用杏树干上的成虫羽化孔；2007年6月22日，西台1160m）

19.384d 多毛小蠹（示杏树皮下的已死成虫；2007年6月22日，西台1160m）

19.384b 多毛小蠹（示仁用杏树干被寄生后造成干部流胶；2007年6月22日，西台1160m）

19.384e 多毛小蠹（示仁用杏被寄生后枯死；2009年6月20日，西台1150m）

19.384c 多毛小蠹（示幼虫形态；2007年6月22日，西台1160m）

19.384f 多毛小蠹（示其坑道）

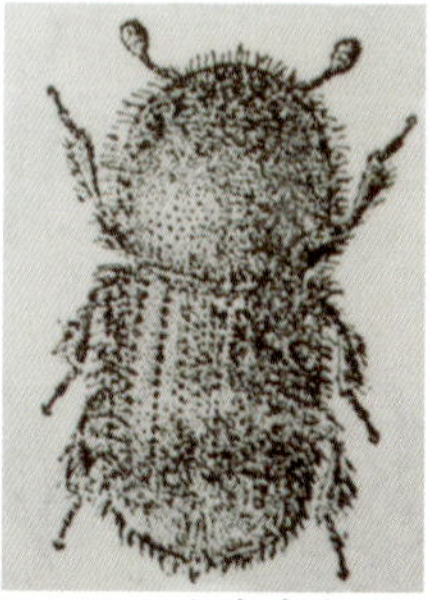

19.385a 六齿小蠹

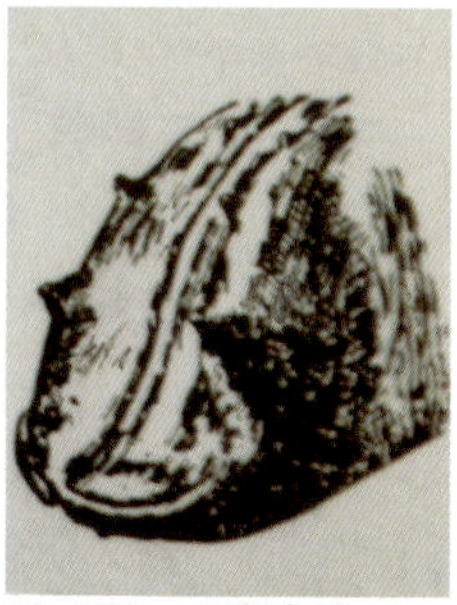

19.385b 六齿小蠹（示鞘盘形态）

19.387 三刺小蠹

Scolytus esurieus Blandford

又名：榆三刺小蠹。

成虫见于6月下旬~7月下旬。

寄主：榆。

分布：小五台山西台坟湾、北台海拔1100~1800m；张家口。

19.387a 三刺小蠹(♀；1980年6月27日，北台1800m)

19.387b 三刺小蠹(♂；1980年7月20日，西台1800m)

19.388b 小小蠹（示35年生榆树枝被害，树枝枯死状；2007年4月27日，东台1180m）

19.388 小小蠹

Scolytus confusus Egger

体长1.5~2mm。体形狭窄。头部及前胸背板黑色，鞘翅黑褐色，体表有稀疏白毛。额短阔，额上部有条纹，条纹间有散生刻点。前胸背板宽略大于长，前缘及后缘色稍浅。小盾片表面有刻点及灰白色毛。鞘翅狭长，末端变窄，鞘翅沟间部有许多纵条纹，沟间部的刻点稀疏。腹部背面平直，翅面无斜面；腹面由基部向端部逐渐向上收缩。母坑道单纵坑。

成虫见于5月上旬~5月下旬。

寄主：榆树。

分布：小五台山东台海拔1180m左右；张家口；北京、山东、陕西。

19.389 黄色梢小蠹

Cryphalus fulvus Niisima

体长1.5~1.9mm。体圆柱形，有光泽，黄色。额面平，有光泽，中隆线微弱，额面刻点细小，雌虫刻点更少，雄虫额上部有一个锐利的横向隆堤。前胸背板宽略大于长，前部宽阔圆钝，前缘有4个大小相等的颗瘤；刻点区一般只生绒毛，仅有少许鳞片或无鳞片，鞘翅上的刻点沟清晰，沟中的刻点圆大。

成虫见于5月上中旬。

寄主：油松。

分布：小五台山东台海拔1100~1300m，与红皮臭梢小蠹*C. piceus*混合发生，已造成数百株油松幼树枯死，几十年生的大树枝枯；张家口；北京、山东、黑龙江。

19.390 建庄油松梢小蠹

Cryphalus tabulaeformis Chienzhuangensis Tsai et Li

体长1.5~1.7mm。体椭圆形，褐色，前胸背板与鞘翅同色。触角锤状部椭圆形，雄虫额上方有一条横向隆堤，隆堤上面的压迹成沟状；雌虫无隆堤；额面有纵向条纹和颗瘤，中隆线两性均较显著。前胸背板长稍小于宽，背板前部圆钝；背板前缘上有4~6枚颗瘤，以中间两枚较大；背板前半部的颗瘤散生，一般颗瘤疏少，排列松散，背板顶部颗瘤构成钝角形瘤区后缘，后缘在前胸背板后1/3处。鞘翅长度为前胸背板长度的1.9倍，为两翅合宽的1.5倍，鞘翅肩角显著。

成虫见于5月上中旬。

寄主：油松。

分布：小五台山东台海拔1100~1300m，与红皮臭梢小蠹*C. piceus*混合发生；张家口；陕西。

19.389 黄色梢小蠹（2008年5月10日，东台1200m）

19.390 建庄油松梢小蠹(显微片；2009年5月10日，东台1100m)

19.388a 小小蠹（示成虫飞翔期梨花正盛开；小五台山东台1100m）

19.388c 小小蠹（示榆树韧皮部与木质部之间的坑道；2008年5月20日，东台1180m）

19.391 红皮臭梢小蠹

Cryphalus piceus Eggers

体长1.2～1.6 mm。体长椭圆形，稍有光泽。鞘翅背面、足、触角鞭节为棕黄色。头部、前胸背板、体腹面、鞘翅基部及两侧以及触角锤部均为棕黑色。额部平隆，额面有不规则的皱纹。鞘翅上刻点沟不凹陷，由1列圆小刻点组成，点心生微毛；沟间部宽阔；在翅基部小盾片附近有皱纹。

成虫见于5月上中旬。

寄主：油松、云杉、冷杉等。

分布：小五台山东台杨家坪管理区附近，海拔1000～1200m；近年来已造成几百株油松幼树死亡，大树枝枯，与黄色梢小蠹*C. fulvus*混合发生；张家

19.391a 红皮臭梢小蠹（2007年5月10日，东台1200m）

19.391b 红皮臭梢小蠹（示与黄色梢小囊混合发生致油松死亡状；2008年5月20日，东台1150m）

19.391c 红皮臭梢小蠹（示致油粉幼树死亡状；2007年4月26日，东台1200m）

19.393a 朽木甲（2007年5月15日，西台1250m）

19.392 梢小蠹

Cryphalus sp.

体长1.5～2.0mm。

成虫见于5月中旬。

寄主：油松等，在小五台山区寄生50多年生油松，致上部枝条枯死。

分布：小五台山东台杨家坪海拔1100m左右；张家口。

朽木甲科 Cistelidae

头不延伸呈喙状，有2咽缝。触角非鳃叶状，下唇须比触角短。前中足跗节5节，后足4节。爪梳齿状，鞘翅不太短，如短则柔软，末端非截形；腹部末端一般不露出，或只露出2节以下。体不极扁，两侧不平行。

19.391d 红皮臭梢小蠹（示羽化孔；2008年5月18日，东台1180m）

19.391e 红皮臭梢小蠹（寄生50年生油松的上部枝条，致枝条枯死；2007年4月26日，东台1200m）

19.393b 朽木甲（2007年6月2日，西台1300m）

19.393 朽木甲

Serropalpus substriatus Haldeman

体长15～20mm。

成虫见于5月下旬～7月下旬。

分布：小五台山南台、西台、北台海拔1100～1500m；张家口。

19.391f 红皮臭梢小蠹（示羽化孔；2008年5月15日，东台1180m）

19.393c 朽木甲（2007年5月25日，西台1200m）

19.393e 朽木甲（2007年7月13日，南台1500m）

19.393f 朽木甲（2007年7月16日，西台1200m）

19.391g 红皮臭梢小蠹（示成虫在树皮下边材补充营养留下的痕迹；2008年5月15日，东台1180m）

19.393g 朽木甲（2007年7月10日，西台1400m）

附：未定种

（1981年6月12日，西台1100m）

（2001年7月2日，西台1300m）

（2007年5月4日，西台1180m）

（1980年7月21日，东台1700m）

（2007年6月18日，北台1300m）

（1980年6月29日，北台1400m）

（2007年7月2日，南台1550m）

（2007年6月23日，南台1400m）

（2007年5月25日，西台1250m，体长12mm）

（2009年6月16日，北台1300m）

（2007年6月17日，西台1400m。体长4mm）

（2007年7月12日，南台1350m）

（2007年5月18日，西台1300m）

（2009年6月16日，东台950m）

（2007年5月26日，西台1200m）

（2007年6月23日，西台1250m）

（2009年6月16日，东台1500m）

（2007年6月5日，西台1350m）

（2007年9月11日，东台850m）

（2009年6月16日，东台1400m）

（2007年6月25日，南台1400m）

（2007年5月24日，西台1200m）

（2007年7月25日，南台1400m）

（2007年5月25日，西台1250m）

（2007年7月12日，南台1300m）

（2007年5月25日，西台1200m）

（2009年5月1日，东台900m）

（2007年5月20日，西台1200m）

二十、双翅目 DIPTERA

头小，多呈球形或半球形，活动自如。成虫都只有 1 对发达的膜质前翅，翅脉简单，后翅退化为平衡棒。复眼很大，单眼 3 个。触角长而多节，或短而少节，或只有 3 节，第 3 节变形为触角芒。口器有的下唇端部扩大成盘状而适于舐食，有的吐出唾液滋润后舐吸食物，有的变化而适于吸血。跗节 5 节。雌虫腹部末端数节能伸缩而成为伪产卵器，无真正的产卵器。完全变态。本目包括各种蝇、蚊、虻、蚋、蠓等。

大蚊科 Tipulidae

体小至大型。具细长的身体和足，足脆弱而易脱落，翅上常有斑纹或晕。头大，无单眼。触角多毛，12～13 节，雌线状，雄梳状或锯状。口器显著，须 4～5 节。中胸“V”形缝明显。翅狭长，Sc 脉近端部弯曲，连接于 R_1；Rs 脉 3 分支；A 脉 2 条直而长；在 2 个长形的基室外有 1 个小形的盘室。雄性腹部末端常膨大，有 2 对生殖突起。

20.1 斯大蚊

Tipula (*vestplax*) *serricuda* Alexander

体长 25 ～ 30mm。

成虫见于 5 月中旬～ 6 月上旬。

分布：小五台山西台、北台海拔 1150 ～ 1800m；张家口。

20.1a 斯大蚊（1980 年 6 月 1 日，西台）

20.2 大 蚊

Tipula praepotens Wiedmann

体长约 18mm。体、足细长，足纤细易脱落，翅上常有斑纹。触角雌线状，雄单栉状，多毛，12 ～ 13 节。中胸有明显的“√”纹。翅狭长。

幼虫取食禾本科植物的根部。

分布：小五台山南台、北台、西台海拔 1100 ～ 1500m；河北各地；全国各地。

20.2 大 蚊（1999 年 7 月，西台 1200m）

20.1b 斯大蚊（2007 年 5 月 28 日，北台 1200m）

20.3 短柄大蚊

Nephrotoma sp.

体长 14mm，前翅长 19mm 左右。体橘黄色，中胸背板黑色，腹背具黑色横纹；足正面黑褐色，侧面黄褐色；翅透明，具彩虹样金属光泽。

成虫见于 6 月上旬～ 8 月上旬。

分布：小五台山北台、西台海拔 1100 ～ 1350m；张家口；全国各地。

20.3a 短柄大蚊（2007 年 6 月 2 日，北台 1200m）

20.3b 短柄大蚊（2009 年 7 月 27 日，北台 1300m）

20.4 花翅大蚊

Hexatoma sp.

体长约 16mm。

成虫见于 6 月中下旬。

分布：小五台山北台海拔 1250m 左右；张家口。

20.3c 短柄大蚊

20.4a 花翅大蚊（1980 年 7 月 25 日，南台 1400m）

20.4b 花翅大蚊

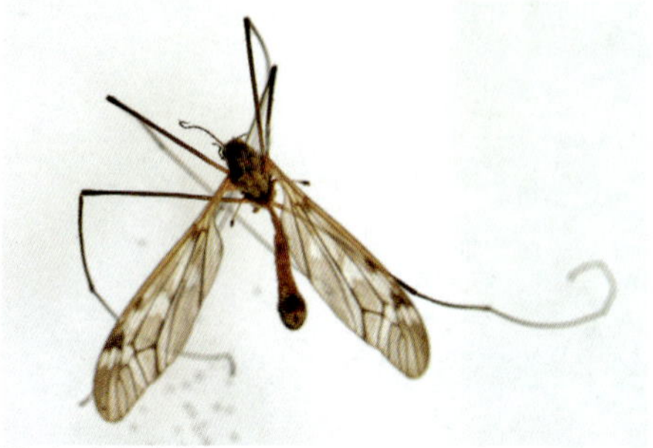
20.4c 花翅大蚊

蚊 科 Culicidae

多小型。体细长，多毛或鳞片。头小，近圆球形。复眼大，肾形，无单眼。下唇成喙管，上唇、上颚、下颚及舌，均变为针刺，宜吸血。触角细长，轮生毛，雄性羽状，14～15 节。胸背隆起，小盾片常3叶状。翅狭长，后缘有毛和鳞有 3 条长脉达翅缘；Rs、M 脉各 3 分支。足细长，基节短，跗节长，爪简单，有齿。腹部 10 节，细长。雄性交配器发达，有抱雌器、小抱器及阳基侧突。幼虫称“孑孓”，水生，头大，多毛丛。

20.5 伊 蚊

Aedes sp.

体长 6mm 左右。

成虫见于 7 ～ 8 上旬。

雌虫吸食人及其他哺乳动物血液，可传播疟疾、大脑炎等疾病。

分布：小五台山东台海拔 1100 m、西台海拔 1150m 以下；张家口、保定、石家庄；北京、江苏等。

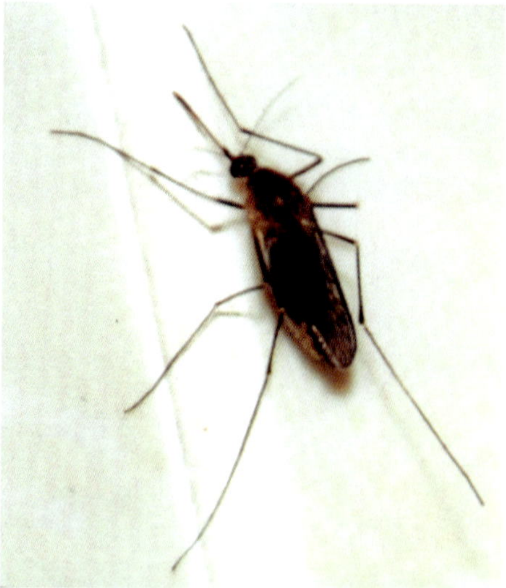
20.5 伊 蚊

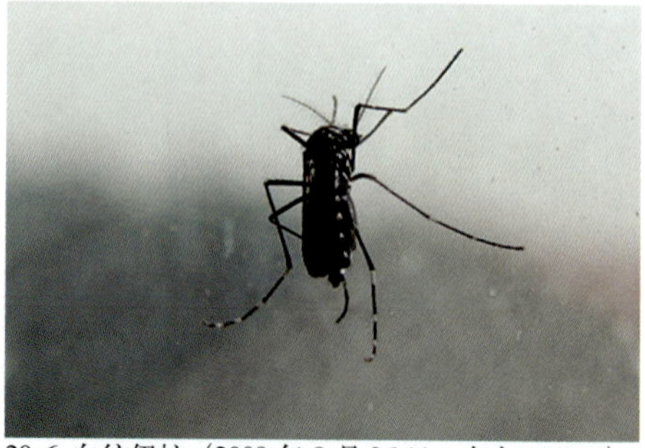
20.6 白纹伊蚊（2009 年 8 月 26 日，东台 1100m）

20.6 白纹伊蚊

Aedes albopictus (Skuse)

体长 4mm 左右。

成虫见于 8 月中下旬。

成虫吸食人的血液。

分布：小五台山东台海拔 1100m 左右；张家口、石家庄、保定；江苏、安徽、浙江等。

20.7 库 蚊

Culex sp.

体长约 7mm。

成虫见于 7 ～ 9 月上旬。

雌虫吸食人及其他哺乳动物血液，可传播疟疾、大脑炎等疾病。

分布：小五台山西台海拔 1150m 以下；张家口、保定；山东、河南、安徽等。

附：未定种

（2007 年 7 月 8 日，南台 1400m）

（2007 年 5 月 11 日，西台 1180m）

（2007年5月13日，西台1350m）

（2007年7月8日，南台1300m）

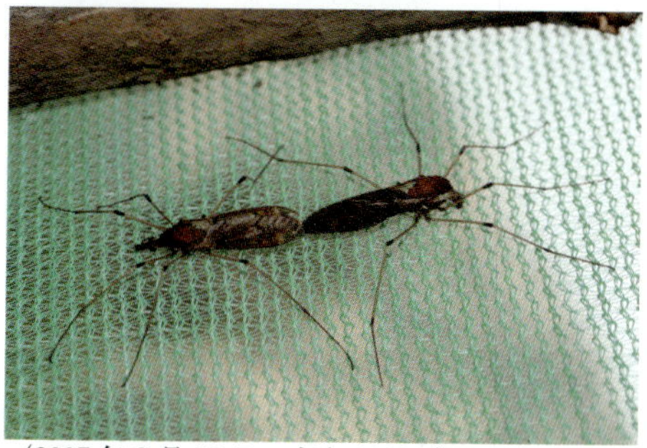
（2007年8月18日，东台1000m）

摇蚊科 Chironomidae

微小至小型。蚊形，体长5～10mm，或更小。头小。触角细，多毛，基节膨长，雄性成羽状，或称环毛状，5～14节。眼卵形或肾形，光滑或有毛。无单眼，喙短，无作用。胸部大，后胸有纵沟，足细长，前足特别长，休息时举起。胫节有距，跗节根长。翅狭，前面翅脉明显，其余翅膀不明显，只1条r-m横脉，R与M脉都只2条。

20.8 摇 蚊

Chironomus sp.

体长约8mm。

成虫见于5月上中旬。

分布：小五台山西台海拔1200m左右；张家口。

瘿蚊科 Cecidomyiidae

小型。外形似蚊而小，体纤细，足细长。触角念珠状，细长，11～36节，毛明显。复眼发达或左右愈合成1个。前翅阔，有毛或鳞，仅有3～5条纵脉，很少横脉。足基节短，胫节无距。腹部8节，能伸缩。成虫一般不取食。幼虫有的植粮性，很多能起虫瘿，有的捕食性、腐食性，有的专吃锈菌孢子。

20.9 菊瘿蚊

Diarthronomyia chrysanthemi Ahlberg

雌体长3.0～3.5mm，初羽化时橘红色，渐变为黑褐色，腹部暗橘红色，背部各节有黑色横斑，触角念珠状。足黄色。翅淡灰色，半透明，端圆，有明显的纵纹3条，无横脉。雄虫较瘦小，体长约3.0mm。腹部灰至灰褐色，触角念珠状，前翅圆阔，纵脉3条，后翅退化为平衡棒。腹背黑色。

成虫见于6月上旬。

寄主：菊科植物。被寄生部位生桃状或纺锤状虫瘿。

分布：小五台山西台海拔1200～1450m；张家口、石家庄；北京、河南、安徽、重庆、四川等。

20.8 摇 蚊（♀；2007年5月10日，西台1200m）

20.9a 菊瘿蚊（示寄主叶面上的虫瘿）

20.9b 菊瘿蚊（示艾茎上的虫瘿；2007年8月15日，西台1400m）

20.9c 菊瘿蚊（示寄主茎上虫瘿；2007年7月25日，西台1280m）

毛蚊科 Bibionidae

体小至中型。体粗壮，大多黑色，或有红色或褐色毛。体长 9 ～ 15mm。头较小，活动。眼大，雄虫合眼式，有毛。有单眼。触角短，8 ～ 16 节，念珠状。足的腿节粗。翅阔，翅脉显著；有 2 基室，长过翅的 1/2；Rs_2 分支以下，M_2 分支。

20.10 日本毛蚊

Bibio japonica Motschulsk

体长约 10mm。

成虫见于 4 月下旬～ 6 月中旬。

分布：小五台山西台、北台海拔 1100 ～ 2000m；张家口。

蠓 科 Ceratopogonidae

微小形体长 2mm 左右。口器刺吸式。头小，半球形。触角长，雄性羽状，雌性纤毛状。无单眼。后胸背板短，无纵沟。翅狭长，休息时平放在腹部上面。前缘脉不超过翅的顶角；只 1 个基室。Rs 脉不分支，M 与 Cu 脉都 2 分叉。足基节通常短，腿节膨大。成虫多白天活动，在河边特多，常刺吸人及其他哺乳动物的血，引起痛痒及皮肤病。

20.11 库 蠓

Culicodes sp.

体长约 2mm。

成虫见于 7 月上旬～ 9 月上旬。

寄主：雌虫吸食人及其他哺乳动物血液。

分布：小五台山南台、西台、北台、东台海拔 1100 ～ 1300m；张家口。

虻 科 Tabanidae

中至大形。通称“牛虻”。头大，半球形，后方平截或凹陷。复眼大，占头的大部分，雄性合眼式，雌性离眼式，在两眼间有突起的疣。单眼有或无。触角向前伸出，端部的 3 ～ 8 节愈合成角状。口器适于刺吸。上颚剑状，喙直。胸部大，扁平，常多绒毛，小盾片小，半圆形。足粗，中足胫节有 2 距。跗节 5-5-5 式。翅大，透明或有斑纹，有发达腋瓣，边缘有毛。前缘脉包住全翅。平衡棒显著。腹部阔，扁平，多毛。幼虫多水生或半水生，少数陆生，肉食性，捕食小动物，雌虫喜吸哺乳动物血液，并能传播人畜疾病。

20.12 赤牛虻

Tabanus chrysurus Löw

又名：金色虻。

体长 17mm 左右。

成虫见于 7 月下旬～ 8 月初。

分布：小五台山南台、西台棺材沟海拔 1300m 左右；张家口。

20.13 龟甲花虻

Volucella jeddona Bigot

体长约 15mm。

成虫见于 7 月。

寄主：粉虱、叶蝉、蚜虫等。

分布：小五台山西台、南台湖上沟海拔 1300 ～ 1600m；张家口。

20.14 双斑黄虻

Atylotus bivittateinus Takabasi

体长：雌虫 13 ～ 17mm，雄虫 11 ～ 13mm。黄色种。

成虫见于 7 月上旬～ 8 月下旬。

分布：小五台山南台海拔 1100 ～ 1500m；张家口；北京、黑龙江、辽宁、吉林、内蒙古、山西、陕西、上海、江苏、浙江、福建；日本、俄罗斯。

20.15 花 虻

Volucella tabanoides Motschulsky

体长约 16mm。

成虫见于 7 月下旬～ 8 月下旬。

分布：小五台山北台、南台湖上沟海拔 1300 ～ 1600m；张家口。

20.10a 日本毛蚊（♀；1980 年 6 月 28 日，西台 1300m）

20.12 赤牛虻（1980 年 7 月 30 日，西台 1300m）

20.14 双斑黄虻（2007 年 7 月 22 日，南台 1400m）

20.10b 日本毛蚊（♂）

20.13 龟甲花虻（1980 年 7 月 20 日，西台 1400m）

20.15 花 虻（1980 年 7 月 30 日，北台 1400m）

木虻科 Xylomyiidae

头非半球形，离眼式。腹部长方形。腋瓣小而退化，M_3 室闭式。

20.16 木 虻

Slova spp.

体长 15 ~ 19mm。

成虫见于 5 月中下旬。

分布：小五台山西台海拔 1400m；张家口。

20.16a 木 虻（2007 年 6 月 7 日，南台 1400m）

20.16b 木 虻（2007 年 6 月 2 日，南台 1350m）

20.16c 木 虻（2007 年 6 月 7 日，南台 1350m）

20.16d 木 虻（2007 年 5 月 9 日，西台 1200m）

长吻虻科 Bombyliidae

小至中形。又称“蜂虻”，外形似胡蜂、熊蜂或蜜蜂。体多毛，为刺毛或绒毛。头半球形，眼大，雄性合眼式，有单眼。触角 3 节，刺突小，仅 1 ～ 2 节。喙通常细长。胸部驼形或略隆起。足细弱，无刺，无中垫。翅发达，R_{2+3} 脉与 R_4 脉弯曲达顶角前，只有 3 个闭室，腋瓣明显。腹部卵形成椭圆形，6 ～ 8 节。

20.17 长吻虻

Bombylius sp.

体长约 10mm。

成虫见于 4 月上旬。

分布：小五台山西台、北台、南台海拔 1100 ~ 1350m；张家口。

20.17a 长吻虻

20.17b 长吻虻（2009 年 4 月 5 日，西台金河口 1250m）

20.16e 木 虻（2007 年 5 月 19 日，西台 1400m）

20.18 绒蜂虻

Villa sp.

体长约 13mm。体被绒毛。头黑，喙长。胸部绒毛黄褐色，中胸背板毛稀疏。翅黑褐色。腹背具白色横带。

成虫见于 6 月下旬。

分布：小五台山西台海拔 1380m 左右；张家口；全国各地。

20.18 绒蜂虻（2008 年 6 月 22 日，西台 1380m）

附：未定种

（1980 年 6 月 28 日，西台 1450m）

（1980 年 7 月 20 日，中台 1650m）

（1980 年 8 月 5 日，南台 1400m）

食虫虻科 Asilidae

小至大型。又称“盗虻”。体长5～50mm。体粗壮，长形或细长，多毛和鬃，有时细长而光裸。复眼分开宽，单眼3个。头顶明显凹陷。触角前伸。口器较长而坚硬。翅大而长，R脉长，通到顶角前，有4～5个闭室，基室很长。腹部8节。足较粗壮，有发达的鬃。成、幼虫均为捕食性。

20.19 鬃腿食虫虻

Hoplopheromerus sp.

体长20mm左右。

成虫见于6月中旬。

分布：小五台山南台海拔1400m左右；张家口；安徽等。

20.20 毛腹食虫虻

Laphria sp.

前翅长20mm。

成虫见于7月下旬。

分布：小五台山；张家口。

20.21 盗 虻

Antipalus sp.

前翅长15mm。

成虫见于6月上旬。

分布：小五台山西台小林背；张家口。

20.22 食虫虻

Ommatius sp.

体长约20mm。

成虫见于7月下旬。

分布：小五台山东台、西台、北台、南台海拔1000～1480m；张家口。

20.23 阿谷食虫虻

Neoitamus angusticornis Loew

体长18mm左右。

成虫见于4月中旬～5月中旬。

分布：小五台山西台、北台海拔1200～1300m；张家口。

20.19 鬃腿食虫虻（2007年6月18日，南台1400m）

20.20 毛腹食虫虻（1980年5月10日，西台1550m）

20.21 盗 虻（1981年7月25日，南台1600m）

20.22 食虫虻（1980年6月2日，中台1700m）

20.23 阿谷食虫虻（1981年5月2日，西台1200m）

附：未定种

（2007年7月10日，南台1400m）

（2007年7月12日，东台1400m）

（1980年7月10日，西台1470m）

（2007年7月10日，东台850m）

（2007年6月25日，北台1500m）

（2007 年 6 月 12 日，西台 1300m）

（1980 年 6 月 30 日，中台 1500m）

（1981 年 6 月 5 日，南台 1500m）

（2009 年 6 月 20 日，东台 1200m）

（1980 年 8 月 5 日，南台 1400m）

（1997 年 7 月 20 日，西台 1300m）

（2001 年 8 月 2 日，西台 1500m）

（1981 年 7 月 20 日，南台 1500m）

（1981 年 6 月 20 日，西台 1600m）

（1996 年 7 月 5 日，北台 1300m）

（1981 年 7 月 20 日，中台 1550m）

（1998 年 7 月 10 日，东台 1100m）

（2005 年 6 月 25 日，东台 1700m）

（2007 年 7 月 12 日，北台 1220m）

（2007 年 6 月 2 日，西台 1380m）

（2007 年 6 月 13 日，西台 1450m）

食蚜蝇科
Syrphidae

中型。外形似蜜蜂或胡蜂。体色鲜艳明亮，腹部常有黄黑相间的横斑。翅大，翅外缘有与边缘平行的横脉，R_{4+5}与M_{1+2}之间有1条两端游离的伪脉。眼大，雄性合眼式，雌性离眼式。捕食性，亦有植食性或腐食性。

20.24 暗纹斑目食蚜蝇

Eristalinus sepulchralis (Linnaens)

又名：钝黑离眼食蚜蝇。

体长约 8mm。

成虫见于 7 月上旬～ 8 月下旬。

寄主：蚜虫。

分布：小五台山西台、南台海拔 1100 ～ 1600mm；张家口；安徽等。

20.24a 暗纹斑目食蚜蝇（2005 年 5 月 18 日，西台 1280m）

20.24b 暗纹斑目食蚜蝇（2007 年 7 月 31 日，西台 1400m）

20.24c 暗纹斑目食蚜蝇（2007 年 5 月 18 日，西台 1280m）

20.25 灰背管食蚜蝇

Eristaiis cerealis (Fabricius)

体长约 12mm。

成虫见于 5 月上旬～ 9 月下旬。

寄主：粉虱、蚜虫、叶蝉等。

分布：小五台山西台东坡、北台、南台、东杏河海拔 1100 ～ 1800m；张家口；安徽等。

20.26 靠食蚜蝇

Epistrophe balteata De Geer

20.24d 暗纹斑目食蚜蝇（1980 年 7 月 25 日，南台 1500m）

20.24e 暗纹斑目食蚜蝇（2007 年 5 月 18 日，西台 1200m）

20.24f 暗纹斑目食蚜蝇（2007 年 7 月 10 日，西台 1500m）

20.25a 灰带管食蚜蝇（2007 年 6 月 2 日，西台 1300m）

体长约 13mm。

成虫见于 5 月下旬～ 6 月下旬。

寄主：蚜虫、粉虱、叶蝉等。

分布：小五台山西台、东台、北台海拔 1200 ～ 1400m；张家口。

20.27 食蚜蝇

Eudoryias sp.

体长 12mm 左右。

成虫见于 5 月上旬～ 9 月上旬。

分布：小五台山；张家口。

20.25b 灰带管食蚜蝇（2007 年 5 月 25 日，西台 1200m）

20.25c 灰带管食蚜蝇（2007 年 5 月，西台 1100m）

20.25d 灰带管食蚜蝇（2007 年 6 月 4 日，西台 1300m）

20.27 食蚜蝇（1980 年 8 月 5 日，中台 1500m）

20.28 黄条食蚜蝇

Helophilus flaviceps Mats

体长约 13mm。

成虫见于 5 月上旬～ 10 月上旬。

寄主：蚜虫、粉虱、叶蝉等。

分布：小五台山西台海拔 1100 ～ 1450m；张家口。

20.29 阔鼓额食蚜蝇

Lasiopticus komabensis Matsumura

体长 11mm 左右。

成虫见于 5 月上旬～ 10 月上旬。

寄主：蚜虫、叶蝉、粉虱等。

分布：小五台山西台、北台海拔 1100 ～ 1450m；张家口。

20.30 细腹食蚜蝇

Sphaerophoria javana Wiedemann

体长约 13mm。

成虫见于 5 月中旬～ 7 月下旬。

分布：小五台山西台杨树林海拔 1560m 左右；张家口。

20.31 阔罗食蚜蝇

Syrphus corollae Fabricius

体长约 12mm。

成虫见于 5 月上旬。

寄主：粉虱、蚜虫、叶蝉等。

分布：小五台山西台海拔 1220m 左右；张家口。

20.32 凹带食蚜蝇

Syrphus nitens Zetterstedt

体长 10 ～ 12mm。

成虫见于 6 月上旬。

寄主：蚜虫。

分布：小五台山西台海拔 1100 ～ 1500m；张家口；安徽等。

20.33 黄腿食蚜蝇

Syrphus ribesii (Linnaeus)

体长约 14mm。

成虫见于 5 月上旬～ 9 月末。

寄主：毛蚜、粉虱、叶蝉等。

分布：小五台山西台葱地沟、北台、南台海拔 1100 ～ 1800m；张家口。

20.34 黑带食蚜蝇

Epistrophe balteata (De Geer)

体长 9mm 左右。体略狭长。头

20.33b 黄腿食蚜蝇（1980 年 8 月 10 日，北台 1700m）

20.28 黄条食蚜蝇（1980 年 5 月 20 日，西台 1200m）

20.31 阔罗食蚜蝇（1981 年 5 月 1 日，西台 1220m）

20.33c 黄腿食蚜蝇（1980 年 9 月 20 日，南台 1750m）

20.29 阔鼓额食蚜蝇（1980 年 8 月 20 日，北台 1400m）

20.32 凹带食蚜蝇（2007 年 6 月 4 日，西台 1450m）

20.34a 黑带食蚜蝇（2009 年 4 月 25 日，西台 1200m）

20.30 细腹食蚜蝇（1980 年 6 月 20 日，西台 1500m）

20.33a 黄腿食蚜蝇（1980 年 6 月 10 日，南台 1500m）

20.34b 黑带食蚜蝇（2007 年 8 月 3 日，北台 1400m）

部单眼三角区棕褐色，其余棕黄色。颜毛黄色，额毛黑色。胸部蓝绿色，背部有4条亮黑色纵条，内侧2条窄，不达盾片后缘；外侧2条较宽，达盾片后缘。小盾黄色，毛黑色。腹部斑纹变异较大，大部棕黄色；腹部各背板中央有1条细狭黑横带，达或不达背板侧缘；第1背板绿黑色，第2、3背板后缘黑色，第4背板后缘棕黄色。

成虫见于4月下旬～8月上旬。

寄主：蚜虫等。

分布：小五台山西台、北台海拔1180～1450m；张家口、承德、保定；辽宁、黑龙江、吉林、北京、上海、江苏、浙江、江西、安徽、四川、福建、广东、广西、云南、西藏；日本、印度以及欧洲、大洋洲、非洲北部。

20.35 斜斑鼓额食蚜蝇

Scaeva purastri (Linnaeus)

体长约14mm。眼被密毛。雄性额鼓出，棕黄色，毛黑密。颜棕黄，毛同色，但雄虫在两侧沿眼缘处有明显黑毛。小盾片黄棕色，大部被长密黑毛。腹部第2、3对黄色新月斑略向外倾斜，第4、5节背板后缘黄色。

成虫见于7月下旬。

寄主：各种蚜虫。

分布：小五台山西台海拔1150m左右；张家口、保定；北京、山东、辽宁、黑龙江、吉林、江苏、上海、江西、四川、云南、西藏；亚洲西部和北部、欧美、非洲北部。

20.36 蜂蚜蝇（1981年5月30日，中台1500m）

20.37 肇食蚜蝇

20.36 蜂蚜蝇

Volucella sp.

翅展约39mm。

成虫见于5月下旬。

分布：小五台山中台海拔1500m左右；张家口。

(2007年5月25日，西台1200m)

20.37 肇食蚜蝇

Olbiosyrphus sapporensis Masumura

体长约10mm。

成虫见于7月中下旬。

寄主：叶蝉、粉虱、蚜虫等。

分布：小五台山中台梁下海拔1500m左右；张家口。

(2007年7月27日，西台1400m)

附：未定种

(2007年6月3日，南台1400m)

(2007年8月12日，西台1480m)

(2007年8月10日，东台1200m)

(2007年8月10日，西台1500m)

(2007年7月29日，南台1500m)

(2007年6月4日，南台1450m)

(2009 年 6 月 18 日，东台 1000m)

(2009 年 6 月 19 日，东台 1100m)

(2009 年 6 月 18 日，北台 1500m)

(1980 年 6 月 20 日，西台 1700m)

(2007 年 8 月 11 日，东台 1200m)

(2007 年 8 月 11 日，西台 1450m)

(2007 年 6 月 27 日，西台 1250m)

(2007 年 7 月 25 日，北台 1300m)

(2007 年 7 月 31 日，西台 1400m)

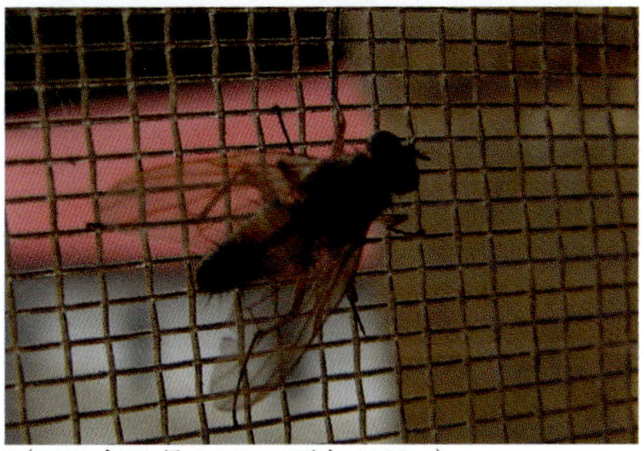
(2009 年 8 月 26 日，西台 1180m)

(2007 年 6 月 28 日，南台 1400m)

(2007 年 8 月 13 日，西台 1300m)

(1981 年 6 月 20 日，西台 1300m)

(2007 年 7 月 24 日，南台 1500m)

(2007 年 8 月 15 日，东台 1000m)

(1981 年 7 月 8 日，南台 1300m)

(1980 年 7 月 10 日，西台 1300m)

(1980 年 7 月 22 日，南台 1380m)

(1980 年 8 月 5 日，南台 1500m)

(1980 年 7 月 20 日，中台 1350m)

(1981 年 7 月 28 日，北台 1400m)

(2000 年 5 月 5 日，西台 1180m)

(2000 年 6 月 20 日，北台 1500m)

头蝇科 Picunculidae

触角芒着生在背面。复眼特别大，几乎占圆球形头的全部。M_1 脉不与 R_5 脉相接触，r_5 室开放。无伪脉。

20.38 头 蝇

Dorylas sp.

体长 10mm 左右。

成虫见于 8 月中旬。

寄主：叶蝉、飞虱等。

分布：小五台山西台、北台海拔 1100 ~ 1300m；张家口。

蝇 科 Muscidae

小至大形。体长 3 ~ 8mm，有灰黑斑。体上鬃毛较少。头大，能活动。复眼大，离眼式，少数雄性合眼式。触角芒全长为羽状。喙肉质能伸缩。前胸腹板发达。翅大，翅侧片上部有毛丛，下侧片有不成行的鬃或无鬃，M_{1+2} 脉向前弯，Cu_1+A_1 脉不达翅缘，腋瓣发达。平衡棒小，腹部有毛，短，基部收缢。多为卫生昆虫。

20.39 家 蝇

Musca domestica Linnaens

体长 8mm 左右。

成虫见于 5 月下旬～ 9 月下旬。

生活于宅居附近，重要的卫生昆虫，成虫传播多种人畜疾病。

分布：小五台山东台、西台、北台、南台海拔 1300m 以下；张家口；河北各地。

麻蝇科 Sarcophagidae

中至大形。通常灰色，胸部背面有暗色纵条纹。腹部背面有银色云斑或镶嵌状斑纹。眼大，红色。触角芒大部或基部羽状。喙肉质。前胸侧板与腹板无鬃，常有 4 背侧鬃。足粗大。翅具大型腋瓣，圆形，达小盾片。M_1 脉急向前弯，在弯曲有时还有 1 条距状短脉（M_2）。腹部中间各节很少有粗毛。腐食性。

20.40 麻 蝇

Sarcophaga carnaria Linnaeus

体长约 14mm。

成虫见于 6 月上旬～ 9 月上旬。

分布：小五台山各台海拔 1500m 以下；张家口。

20.38 头 蝇（2007 年 8 月 16 日，北台 1120m）

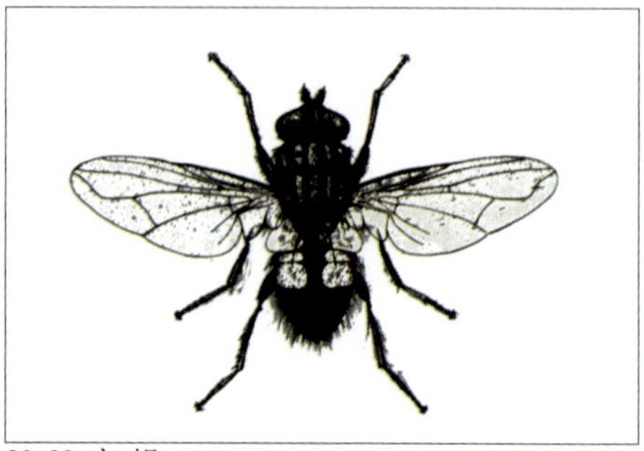
20.39 家 蝇

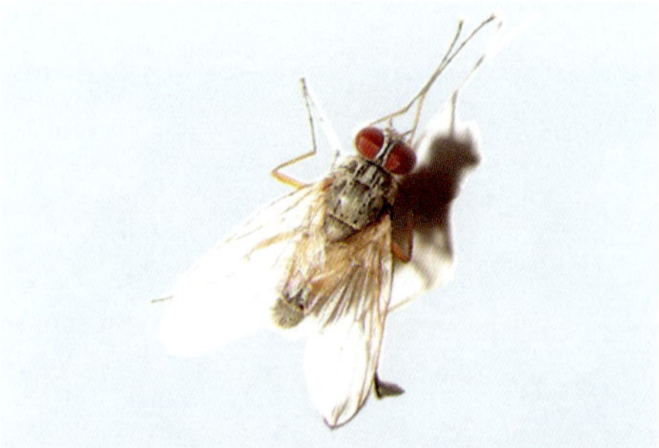
20.40 麻 蝇（2009 年 8 月 26 日，西台 1200m）

20.41 贪食亚麻蝇（2008 年 6 月 8 日，西台 1200m）

20.41 贪食亚麻蝇

Parasarcophaga harpa (Pandelle)

体长约 14mm。

成虫见于 6 月上旬。

分布：小五台山西台海拔 1200m 左右；张家口；安徽、江苏、河南、北京等。

丽蝇科 Calliphoidae

中至大型。体长 5 ～ 17mm，状似家蝇，暗黑、暗灰色，常有蓝或绿或金黄色的金属闪光。喙肉质，触角芒全部羽状。复眼大，雄性合眼式，雌性离眼式。头胸侧板及前胸腹板有毛，常有背侧鬃 2 根。翅有很大的腋瓣。腹部大，短阔，中间的节很少粗毛，只末后的节有粗毛和鬃。一般为腐食性，成虫污染食物，传染疾病。

20.42 绿丽蝇

Lucilia caeser (Linnaeus)

体长约 13mm。

成虫见于 7 ～ 8 月。

分布：小五台山西台、北台海拔 1100 ～ 1350m；张家口；安徽。

20.42 绿丽蝇（1980 年 8 月 1 日，北台 1250m）

20.43 红头丽蝇（2007 年 10 月 4 日，西台 1180m）

20.43 红头丽蝇

Calliphora vomitoria (Linnaeus)

体长约 12mm。

成虫见于 7 月上旬～ 9 月上旬。

分布：小五台山西台海拔 1000 ～ 1350m；张家口。

附：末定种

（2007 年 8 月 25 日，西台 1400m）

（2007 年 8 月 25 日，西台 1400m）

寄蝇科 Tachinidae

小至中型。体粗状多毛和鬃，腹部鬃粗大。头大能动。雄性眼合眼式。触角芒状无毛或有短毛。中胸背板有盾间沟裂开。翅有腋瓣；M_1 脉急向前弯，似蝇科 Muscidae，但其后盾片发达，明显突出呈垫状。下侧片和翅侧片各有 1 列长鬃。腹部有细毛，并有明显的缘鬃，背鬃和端鬃而成列，腹面的骨片被背板覆盖。成虫活泼、寄生性，寄生鳞翅目、鞘翅目、直翅目等昆虫。

20.44 茸毛寄蝇

Servillia sp.

体长约 7mm。

成虫见于 4 月下旬～ 5 月下旬。

分布：小五台山西台葱地沟、北台海拔 1100 ～ 1800m；张家口。

20.45 伞裙追寄蝇

Exorista civilis Rondani

体长 6 ～ 12mm。头部覆浓厚的灰白色粉被。复眼大，裸。颊和额前方被白毛。触角黑色。下颚须黄色，末端略加粗。胸部黑灰色，覆黄灰色粉被，背面具 4 条黑色纵条，毛色雌雄个体之间变化较大，一般雄整个胸部背黑色，而雌胸部侧板被黄白色毛。腹部黑灰色，第 3 背板两侧具不甚明显的黄褐色斑，第 3 ～ 5 背板基部 1/2 ～ 3/5 覆黄灰色粉被，后缘黑色光亮，第 3、4 两背板的粉被沿背中线向后突出，各形成 1 个三角形尖齿。

成虫见于 7 月上旬。

寄主：落叶松毛虫、马尾松毛虫、棉铃虫、玉米螟等。

分布：小五台山西台、北台海拔 980 ～ 1500m；张家口、承德、保定；吉林、新疆、内蒙古、山东、安徽、江西、湖南、广东、广西；俄罗斯。

20.46 蚕饰腹寄蝇

Blepharipa zebina (Walker)

体长 11 ～ 17mm。头覆金黄色粉被，后头被黄毛。复眼裸。额鬃较短。单眼鬃细小。颊密被黑色短毛。

20.44 茸毛寄蝇（头部缺损；1980 年 5 月 2 日，西台 1500m）

20.45 伞裙追寄蝇（2007 年 7 月 5 日，西台 1180m）

下颚须端部 1/3 黄褐色，基部 2/3 黑褐色。喙短粗，具肥大唇瓣。胸部黑色，具浓密的细小黑毛并覆稀薄的灰色粉被，背面具 4 条狭窄的黑色纵条。小盾片暗黄。翅下腋瓣杏黄，内缘凹陷。腹部两侧及腹面暗黄，沿背中线及前、后端雄虫黑色，有时整个腹部黑色，仅两侧及腹面具不明显的暗黄色斑（雌），第 2、3 背板无中缘鬃；腹部粉被灰色。

成虫见于 7 月上旬。

寄主：落叶松毛虫、柞蚕等。

分布：小五台山南台、北台、西台海拔 1100 ~ 1450m；张家口、承德、保定；全国各地；日本。

20.47 松狭颊寄蝇

Carcelia rasella Baranoff

体长 8mm 左右。雄虫额宽约为复眼宽的 1/2。头部背面及整个体表覆灰绿色粉被。胸背具 2 条黑灰色纵条。腹部两侧的黄斑不甚明显，第 2 背板粉被稀薄，黑色；第 3 ~ 5 背板基部 2/3 粉背较浓厚，向后缘渐稀薄，呈不清晰的黑色横带，第 3、4 背板具很狭的黑色纵带。翅前缘脉基鳞黄色。后足基节后表面被毛，后胫节基部和端部黑色。

成虫见于 7 月。

寄主：松毛虫。

分布：小五台山西台、北台海拔 1100 ~ 1480m；张家口、保定、承德、唐山；山东、辽宁、吉林、江苏、浙江、江西、湖南、云南、海南；欧洲东部。

20.48 天幕毛虫抱寄蝇

Baumhaueria goniaeformis Meigen

体长约 10mm。额宽为复眼宽的 2 倍，复眼裸。额鬃排成 1 ~ 2 行。触角第 1、2 节和第 3 节基部红色，第 3 节端部黑色，第 3 节长度为第 2 节的 5 倍，触角芒全长加粗。侧额被毛。下颚须黄色。腹部黑色，覆褐灰色粉被。小盾片基部黑，其余黄。翅下腋瓣内缘向外突出，第 4+5 径脉基部具数根细鬃。腹部黑，覆褐灰色粉被，第 3、4 背板各具 2 对中心鬃。足黑色，中足胫节具 3 根前背鬃。

成虫见于 4 月下旬～ 5 月下旬。

寄主：天幕毛虫、舞毒蛾、枯叶蛾、大蚕蛾等。

分布：小五台山南台海拔 1050 ~ 1300m；张家口；辽宁；欧洲北部（除英国外）。

20.47 松狭颊寄蝇

(1980 年 6 月 30 日，西台 1500m)

(1980 年 7 月 14 日，西台 1400m)

附：未定种

(2009 年 6 月 18 日，东台 1400m)

(1980 年 7 月 8 日，西台 1350m)

(2007 年 6 月 28 日，西台 1450m)

(2007 年 7 月 17 日，北台 1350m)

(2007 年 8 月 15 日，东台 1100m)

(1980 年 6 月 20 日，西台金河口 1200m)

(1980 年 6 月 18 日，西台 1400m)

(2007 年 7 月 31 日，西台 1500m)

(2007 年 6 月 24 日，西台 1400m)

(1980 年 7 月 2 日，中台 1500m)

(1980 年 6 月 25 日，南台 1450m)

花蝇科 Anthomyiidae

小至中型。体黑色，细长多毛，活泼。眼大，雄虫两复眼几乎在中间接触。触角芒裸或羽状。中胸背板有 1 条完整的盾间沟将其划分为 2 块（连小盾片 3 块）。中胸侧板有成列的鬃。翅侧片与下侧片无鬃。腹侧片有 4 鬃，有 2 生在后方。翅脉全直，直达翅缘，M_1 脉不向前弯曲，腋瓣大。可见腹节 4 ～ 5 节。

20.49 萝卜地种蝇

Delia floralis (Fallén)

又名：白菜蝇、地蛆、根蛆。

体长约 7mm。雄蝇暗褐色，后足腿节外下方有 1 列稀疏长毛，腹部扁平。雌蝇黄褐色，胸、腹背面无斑纹。雌雄翅基背毛与盾间沟后背中毛大致相等。

成虫见于 5 ～ 7 月。

寄主：萝卜、白菜等十字花科蔬菜。

分布：小五台山西台海拔 1000 ～ 1200m；张家口；内蒙古、吉林、辽宁、黑龙江、新疆、河南、陕西等。

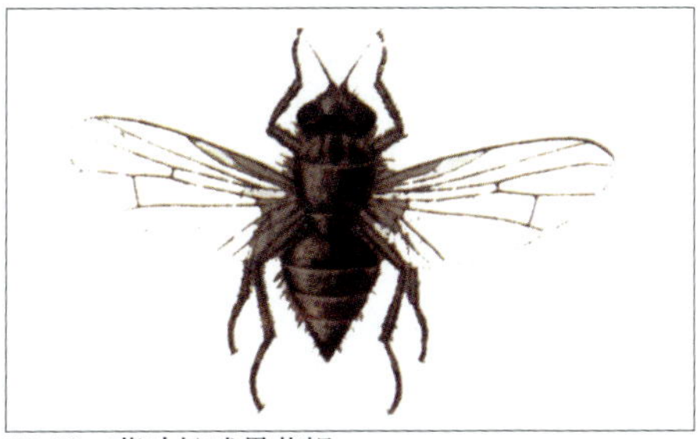
20.50a 落叶松球果花蝇

20.50 落叶松球果花蝇

Lasiomma laricicola (Karl)

体长 4 ～ 5mm。雄虫眼裸。触角不达口前缘，触角芒呈纺锤形增粗，基部 2/5 裸。前额长约为高的 2 倍，粉被薄。翅前鬃约等于前侧片鬃。翅基淡灰褐色，前缘脉下面的毛止于第 1 径脉相接处，腋瓣白。腹背粉被薄，具正中黑色纵条和狭的暗色前缘带，第 5 腹板侧叶端部明显变狭，外缘明显内卷，肛尾叶后面观呈心形。雌虫间额带棕色，向后渐暗，具额间鬃。灰色粉被，胸背无明显纵条，腹部全部为黑色，略具光泽。

成虫见于 5 月上中旬。

寄主：落叶松球果及种子。

分布：小五台山西台、南台、北台海拔 1300 ～ 1600m，近 50 多年来一直为该山区华北落叶松最重要的种实害虫；张家口；山西、内蒙古、黑龙江；日本、俄罗斯以及欧洲。

粪蝇科 Scatophagidae

小至中型。体长一般 4 ～ 10mm。似蝇科 Muscidae，但 M_1 不向前弯曲；亦似花蝇科 Anthomyiidae，但额无下颜鬃，下侧片和翅侧片有鬃，腹侧片上只有 1 鬃，很少 2 或 3 鬃。离眼式，额鬃不分叉，中胸背板盾间沟中断，腹部第 1、2 节背板分节明显。

20.50b 落叶松球果花蝇（示左为华北落叶松松塔被害畸形状；右为正常松塔）

20.51 粪　蝇

Scatophaga stercoraria (Linnaeus)

体长约 8mm。

7 月上旬～ 9 月上旬常见于牛粪上。

分布：小五台山各台海拔 1100 ～ 2400m；张家口。

虱蝇科 Hyppoboscidae

微小至小型，或中型。体扁平，有毛或微小的鬃，翅有或无。外形似虱，头扁，常陷入胸部内。眼大，触角小。喙细长，胸部比头阔，比腹部狭。足短粗，爪大，有齿。如有翅，则翅脉集中在前方，后面的翅脉少而弱。腹部大而扁。寄生于鸟及哺乳动物。

20.52 羊虱蝇

Melophagus ovinus (Linnaeus)

俗称羊虱子。

体长约 7mm。

成虫见于 7 ～ 9 月。

寄主：羊。

分布：小五台山海拔 850 ～ 2100m 羊群；张家口、保定、承德；内蒙古、北京。

20.53 狗虱蝇

Hyppobosca capensis Olfers

俗称狗蝇子。

体长约 6mm。浅褐或紫褐色，有翅可飞翔。

成虫见于 7 ～ 9 月。

寄主：狗。

分布：小五台山区村落；张家口；江苏、安徽、河南等。

20.52 羊虱蝇

附：未定种

(2007 年 5 月 18 日，西台 1200m)

(2010 年 8 月 25 日，东台 850m)

(2008 年 7 月 2 日，北台 1450m)

(2009 年 6 月 20 日，西台 1400m)

(1980 年 7 月，南台 1500m)

(2007 年 6 月 24 日，西台 1280m)

(1990 年 6 月 2 日，西台 1400m)

(2007 年 7 月 16 日，北台 1200m)

(2009 年 5 月 12 日，西台 1300m)

(2007 年 7 月 15 日，南台 1450m)

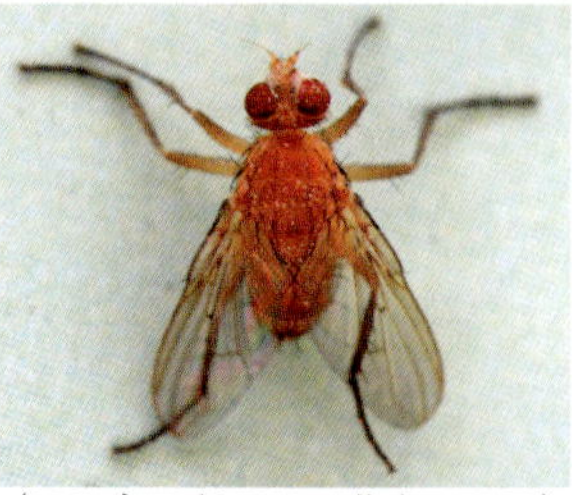

(2009 年 6 月 18 日，北台 1220m)

(2009 年 8 月 26 日，北台 1300m)

(1980 年 7 月 20 日，西台 1400m)

二十一、蚤 目 SIPHONAPTERA

又称隐翅目。微小型。体长 0.8～5mm。体侧扁，多刺毛，皮肤坚韧。头小，眼小或无，无单眼。触角短，锤状，部分隐于触角沟内。刺吸式口器。无翅。头胸小，腹部大，末节有一感觉器称为臀板，雄虫有 1 对抱握器。后足跳跃式，跗节 5 节。雄性较雌性小。成虫期长，寄生于哺乳动物或鸟类。有的外寄生于人类和畜禽，能传染疾病，或为绦虫的中间寄主。完全变态。

21.1 猫 蚤

Ctenocephalides felis Bouché

寄生于猫。

分布：小五台山区村落；张家口；全国各地。

21.2 狗 蚤

Ctenocephalides canis (Curtis)

寄生于狗。

分布：小五台山区村落；张家口；全国各地。

21.3 跳 蚤

Pulex irritans Linnaeus

又称蚤，人蚤。隐栖于居室、阴暗潮湿处，吸人血液，并可传染疾病。现仍可见，2007 年 7 月 20 日自西台西金河口村采到标本。

分布：小五台山区村落民居中；全国各地。

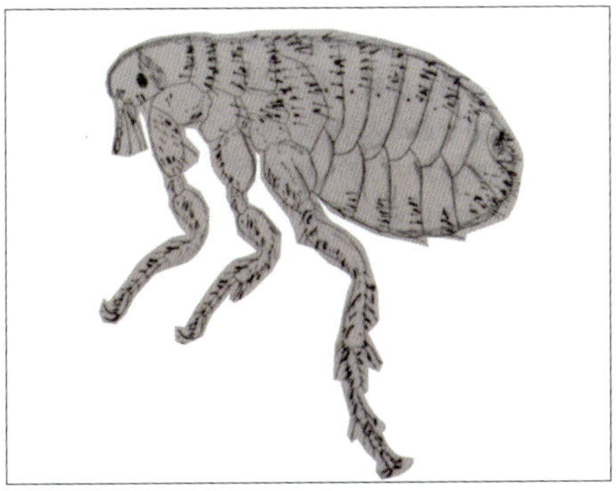

21.3 跳 蚤